高等学校电子与电气工程及自动化专业"十二五"规划教材

现代能源与发电技术

（第二版）

主编　邢运民　陶永红　张　力

主审　杜正春

西安电子科技大学出版社

内 容 简 介

　　本书主要介绍现代各种一次能源转换为电能的发电原理和技术，及其发展前景和趋势。主要内容包括现代能源及其相关能源问题、火力发电技术、水力发电技术、核能发电技术、垃圾发电技术、风力发电技术、太阳能热发电技术、太阳能光伏发电技术、生物质能发电技术、地热发电技术、潮汐能发电技术、燃料电池发电技术以及新能源与分布式发电技术。特别地，在介绍各种发电技术的同时，本书还对大部分相关一次能源的分布状况和储量作了较为系统的介绍。

　　本书可作为普通高等学校电气工程和能源动力工程类专业学生的辅修课程教材，也可作为电力系统工程技术人员和管理层人员的培训参考用书，亦可供广大能源爱好者阅读和参考。

图书在版编目(CIP)数据

现代能源与发电技术/邢运民，陶永红，张力主编. —2版.

—西安：西安电子科技大学出版社，2015.5

高等学校电子与电气工程及自动化专业"十二五"规划教材

ISBN 978 - 7 - 5606 - 3629 - 0

Ⅰ. ① 现… 　Ⅱ. ① 邢… 　② 陶… 　③ 张… 　Ⅲ. ① 能源－高等学校－教材
② 发电－高等学校－教材 　　Ⅳ. ① TK01 　② TM6

中国版本图书馆 CIP 数据核字 (2015) 第 077118 号

策　　划　马乐惠

责任编辑　马乐惠　牛　帅

出版发行　西安电子科技大学出版社(西安市太白南路2号)

电　　话　(029)88242885　88201467　　邮　编　710071

网　　址　www.xduph.com　　　　电子邮箱　xdupfxb001@163.com

经　　销　新华书店

印刷单位　陕西天意印务有限责任公司

版　　次　2015 年 5 月第 2 版　2015 年 5 月第 3 次印刷

开　　本　787 毫米×1092 毫米　1/16　印张 22

字　　数　520 千字

印　　数　6001～9000 册

定　　价　38.00 元

ISBN 978 - 7 - 5606 - 3629 - 0/TM

XDUP　3921002－3

前　言

本书第一版于 2007 年 7 月正式出版，至今已经有整整 7 年。作为第一本以新能源发电技术为主要内容的教科书，本书完整地向读者介绍了现代各种一次能源及其发电技术，出版后一直深受各界好评。

自本书第一版出版以来，新能源发电技术一直蓬勃发展，其社会价值和经济价值获得国际社会越来越广泛的认同，有关科学技术已经取得很大进步，作者的初衷也得到充分肯定。

但是，新能源发电是一门涉及多种学科的发展中的新技术，新能源产业也日新月异，发展速度与规模常常超乎意料，让人惊叹不已。进入 21 世纪，我国风力发电和光伏发电更是跳跃式发展，短短数年就跃居世界前列，风电已位居世界第一，光伏已是第三，并且有望在 3～4 年内超越意、德两国，居于首位。同时，它们也超越核电，成为我国继火电、水电之后的主要能源。另外，我国常规能源也发展迅速，数年之间也不复当初。

本书第一版从 2007 年开始就一直选为本校电气工程本科专业教材，近几年来编者感觉到书中各种技术数据、发展态势的描述已然过时，急需更新和替换。因此，借此再版之机，我们全面更新了本书的相关数据，重新理清了发展形势和现状，补充了相关新技术和新动态。同时，为节省篇幅，我们忍痛删减了部分教学中暂时无法顾及的相关内容。修编后，本书在总体结构和内容上基本未变，但是，鉴于分布式发电技术与新能源发电密切相关，我们增设了第十三章，特别地将分布式发电技术及其相关的微电网新技术推荐给读者，同时，也期望让本书的现代发电技术内容更趋完整。

本书在编写过程中，参考和引用了众多专家和学者的专著，在此郑重道谢。

本书的修编工作由西华大学邢运民和张力共同完成，其中，第 1～8 章由邢运民修编，第 9～13 章由张力修编，并由邢运民对全书进行统稿。

本次修编过程中甘肃洁源风电的李青和吴吉军工程师给予了极大帮助，在此表示由衷的谢意。

希望本书能为广大读者扩展知识面，推动与发展新能源技术稍尽绵薄之力。

由于编者水平有限，书中不当之处在所难免，敬请读者批评指正。

编　者
2015 年 1 月于成都西华大学

第 一 版 前 言

21世纪，没有任何一个问题像"能源与可持续发展"那样能够引起全人类的关注，引起全人类的共鸣，因为它关系到人类文明的延续。

毫无疑问，要实现可持续发展的战略目标，可持续能源供应的支持是必不可少的。

坚持节能优先，提高能源效率；优化能源结构，以煤为主多元化发展；加强环境保护，开展洁净煤利用；采取综合措施，保障能源安全；依靠科技进步，开发利用新能源和可再生能源，是建立可持续能源系统最主要的政策措施，也是我国长期的能源发展战略。

电能使用起来方便清洁，易于输送，容易转化成其他形式的能量，是一种十分理想的二次能源。电能已经成为现在应用最多最广泛的二次能源。

电力作为现代文明的象征，一个国家的人均用电量往往体现了该国经济发展的水平。

作为能源，电能是由一次能源转化来的。除了少数小容量的干电池、蓄电池，我们通常使用的电能都是指从发电厂发出来的电。基本上大部分的一次能源都在为电力行业服务，一次能源（特别是煤）对电力的转换率是一个国家能源结构是否先进合理的重要标志。

本世纪是可持续发展的关键时期，显而易见，今天这些选择学习"电力"和"动力"类专业的大学生，在毕业后的四五十年中，现代能源利用和新能源发展的重担就在他们肩上。因此，他们不可以不了解现代能源形势和各种新能源发展趋势，否则，很难成为合格的新一代"能源人"。

编写本教材的初衷是因为在教学工作中，感觉到我们一些学习电力和动力专业的大学生有必要了解一些关于能源和能源转换的相关知识，以扩大知识面和弥补某些知识缺陷。为此，我们将"发电厂动力部分"课程和"新能源及其发电技术"相关知识结合，新开了一门"现代能源与发电技术"课程，教学中，我们无法选择到一本集上述两部分内容的教材，因此不得不"勉为其难"了。

本书第一章介绍了现代各种主要一、二次能源及其相关能源问题，以下各章分别介绍了火力发电、水力发电、核能发电、垃圾发电、风力发电、太阳能热发电、太阳能光伏发电、生物质能发电、地热发电、潮汐发电以及燃料电池发电（氢能发电）的相关技术。特别在第二章火力发电技术中，引入了燃气轮机发电的相关技术，还特别强调了总能系统的概念，特别强化了燃气轮机和汽轮机按总能系统概念联合运行，分层用能的发展趋势，这一趋势代表着未来热力发电厂提高热效率和能源效率的发展方向。

本书所介绍的包括燃气轮机在内的十二种发电技术都是已经进入商业化运行的、相对成熟的技术。此外还有很多新的发电技术正在研究和成熟中，我们期待着它们的到来。

本书作为一本基础性质的教材，在编写过程中，着重于原理的描述，淡化了数字分析的内容，力求通俗易懂。因此，本书既可作为教材供相关专业本、专科师生选用，也可作为电力系统管理层人士和广大工程技术人员开阔眼界、提高素质的培训用书，还能作为科普读物为广大能源爱好者阅读和参考。

本书内容丰富，涉及面广，由于编者学识水平所限，再限于篇幅，难免不详不尽，如读者有更深层次的要求，请参看有关专著。另外，由于内容较多，作为教材时应根据侧重点不同而选择适宜的章节。

本书编写过程中，大量参考和引用了众多专家先贤的专著，在此郑重道谢。

本书由西华大学邢运民和陶永红共同完成，第4章、第9章、第10章和各章的复习思考题由陶永红编写；其余各章均由邢运民编写，并由邢运民统稿。

全书初稿由资深教授颜怀梁、牟道槐、曾丹苓三位先生共同审阅，并提出了许多宝贵意见，在此表示衷心的感谢。杜正春教授也审阅了全书，并提出了许多建设性的意见，对最后定稿帮助良多，在此一并表示深深的谢意。

本书插图的处理过程中钟嘉智工程师给予了极大帮助，在此表示由衷的谢意。

希望本书能为广大读者扩展知识面和推动与发展新能源技术稍尽绵薄之力。

由于编者水平所限，书中不当之处在所难免，敬请读者批评指正。

编　者

2006 年 11 月于成都

目　录

第一章　能源 ……………………………… 1
　1.1　能源的概念 ………………………… 1
　　1.1.1　能源的定义 …………………… 1
　　1.1.2　能源的分类 …………………… 2
　1.2　能源资源的利用及其开发 ………… 3
　　1.2.1　常规能源的开发和利用 ……… 3
　　1.2.2　新能源和可再生能源的开发利用 … 6
　1.3　人类利用能源的历史和未来 …… 10
　　1.3.1　人类利用能源的历史 ……… 10
　　1.3.2　能源的未来 ………………… 11
　1.4　世界能源利用的现状及面临的问题 … 12
　　1.4.1　能源结构 …………………… 12
　　1.4.2　能源效率 …………………… 12
　　1.4.3　能源环境 …………………… 13
　　1.4.4　能源安全 …………………… 14
　1.5　中国能源现状、问题及对策 …… 14
　　1.5.1　中国能源现状 ……………… 14
　　1.5.2　中国能源存在的问题 ……… 14
　　1.5.3　中国的能源发展对策 ……… 17
　　1.5.4　中国的新能源与可再生能源 … 18
　1.6　电力 ……………………………… 20
　　1.6.1　电力——理想的二次能源 … 20
　　1.6.2　发电厂的类型与新能源发电 … 21
　复习思考题 …………………………… 21
第二章　火力发电技术 ……………… 22
　2.1　火力发电的基本原理 ………… 22
　　2.1.1　工程热力学基本概念 …… 22
　　2.1.2　热力系统的能量平衡 …… 26
　　2.1.3　水蒸气的动力循环 ……… 29
　　2.1.4　提高朗肯循环热效率的途径 … 33
　　2.1.5　火电厂生产流程 ………… 37
　2.2　锅炉设备 ……………………… 40
　　2.2.1　锅炉设备概述 …………… 41
　　2.2.2　燃料的成分及发热量 …… 43
　　2.2.3　减少对环境污染的措施 … 44
　　2.2.4　锅炉设备的组成 ………… 45
　2.3　汽轮机 ………………………… 52

　　2.3.1　汽轮机工作原理 ………… 52
　　2.3.2　汽轮机主要工作参数 …… 54
　　2.3.3　汽轮机设备组成 ………… 55
　2.4　锅炉和汽轮发电机组运行调节 … 62
　　2.4.1　锅炉的运行调节 ………… 62
　　2.4.2　汽轮机的调节与保护 …… 62
　2.5　燃气轮机与燃气蒸汽联合循环总能系统 … 63
　　2.5.1　燃气轮机概述 …………… 63
　　2.5.2　燃气蒸汽联合循环 ……… 67
　复习思考题 ………………………… 77
第三章　水力发电技术 …………… 78
　3.1　水电资源概述 ………………… 78
　　3.1.1　水文循环、水量资源、水能资源 … 78
　　3.1.2　我国水电能源概况 ……… 80
　3.2　水力学基础与水力发电开发利用方式 … 84
　　3.2.1　水力学基础知识 ………… 84
　　3.2.2　水力发电的基本原理 …… 88
　　3.2.3　水电能资源开发的基本方式和水电站的类型 … 89
　3.3　水电站主要水工建筑物和动力设备 … 95
　　3.3.1　水电站主要水工建筑物 … 95
　　3.3.2　水轮机 …………………… 97
　　3.3.3　水电厂的主要辅助设备 … 108
　复习思考题 ………………………… 111
第四章　核能发电技术 …………… 112
　4.1　核能发电基本知识 …………… 112
　　4.1.1　核能发电的发展概况 …… 112
　　4.1.2　物质元素的原子和原子结构 … 114
　　4.1.3　原子核裂变的巨大核能 … 114
　　4.1.4　重核裂变能应用中的一些重要技术性问题 … 116
　　4.1.5　核反应堆的类型 ………… 118
　4.2　压水堆核电厂及其一般工作原理 … 118
　　4.2.1　核反应堆的控制原理 …… 118

4.2.2　压水堆本体基本结构和工作
　　　　特点 ················· 120
4.2.3　压水堆核电厂的系统布置　123
4.2.4　常规岛蒸汽发电系统的设备
　　　　布置及特点 ············ 124
4.3　核电厂辐射防护和三废处理 ···· 126
4.3.1　核电厂的辐射防护 ······· 126
4.3.2　核电厂的三废处理 ······· 127
4.3.3　核电厂乏燃料的处理 ····· 127
复习思考题 ······················· 128

第五章　垃圾发电技术 ············· 129
5.1　城市垃圾及其处理 ············ 129
5.1.1　城市生活垃圾 ··········· 129
5.1.2　城市垃圾的综合处理 ····· 131
5.2　垃圾发电技术及设备 ·········· 132
5.2.1　垃圾焚烧发电技术 ······· 132
5.2.2　垃圾焚烧发电设备 ······· 135
5.2.3　垃圾卫生填埋场沼气发电技术 ··· 141
5.2.4　未来新趋势——废弃物气化
　　　　再生能源发电 ·········· 144
5.3　垃圾焚烧发电的污染控制 ······ 145
5.3.1　垃圾焚烧发电污染物来源及
　　　　形成机理 ·············· 145
5.3.2　垃圾焚烧发电污染物控制处理
　　　　技术 ·················· 146
5.4　垃圾发电技术的发展和现状 ···· 148
5.4.1　国外垃圾发电技术的发展及
　　　　现状 ·················· 148
5.4.2　我国垃圾发电的现状及发展 ··· 150
复习思考题 ······················· 153

第六章　风力发电技术 ············· 154
6.1　风与风力资源 ················ 154
6.1.1　风的产生与特性 ········· 154
6.1.2　风力资源 ··············· 155
6.2　风能计算与风力机原理 ········ 160
6.2.1　风能参数与测量 ········· 160
6.2.2　风力机工作原理 ········· 164
6.3　风力发电原理及设备 ·········· 169
6.3.1　风力发电原理及输出功率 ··· 169
6.3.2　风力发电系统及设备 ····· 170
6.3.3　典型并网型风力发电机组特点
　　　　介绍 ·················· 174
6.3.4　风电技术的发展趋势 ····· 175

6.4　风力发电运行方式 ············ 177
6.4.1　独立运行方式 ··········· 177
6.4.2　并网运行方式 ··········· 178
6.5　风力发电现状与展望 ·········· 180
6.5.1　风力发电发展简史 ······· 180
6.5.2　世界风力发电现状与展望 ··· 180
6.5.3　中国风力发电发展与现状 ··· 183
复习思考题 ······················· 187

第七章　太阳能热发电技术 ········· 188
7.1　太阳能及其利用 ·············· 188
7.1.1　太阳和太阳能 ··········· 188
7.1.2　太阳能利用基本方式 ····· 189
7.2　中国的太阳能资源 ············ 190
7.2.1　中国的太阳能资源分布及其特点 ···
　　　　·················· 190
7.2.2　中国的太阳能资源等级划分　191
7.2.3　中国的太阳能资源带 ····· 192
7.3　太阳能热发电系统 ············ 193
7.3.1　太阳能热发电系统基本工作
　　　　原理 ·················· 193
7.3.2　太阳能热发电系统组成 ··· 194
7.4　太阳能热发电系统基本类型 ···· 197
7.4.1　槽式线聚焦系统 ········· 197
7.4.2　塔式系统 ··············· 199
7.4.3　碟式系统 ··············· 201
7.5　太阳能热发电系统的发展与未来
　　　展望 ······················ 202
7.5.1　太阳能热发电技术的发展及
　　　　现状 ·················· 202
7.5.2　太阳能热发电的现状和展望　205
7.5.3　其他几种太阳能热发电技术　208
复习思考题 ······················· 209

第八章　太阳能光伏发电技术 ······· 210
8.1　太阳能光伏发电及其系统 ······ 210
8.1.1　太阳能光发电 ··········· 210
8.1.2　太阳能光伏发电系统 ····· 211
8.1.3　太阳能光伏发电系统的应用
　　　　前景 ·················· 212
8.2　太阳能电池及太阳能电池方阵 ·· 212
8.2.1　太阳能电池及其分类 ····· 212
8.2.2　太阳能电池的工作原理及制造
　　　　方法 ·················· 216
8.2.3　太阳能电池方阵 ········· 217

8.3 独立太阳能光伏发电系统 ……… 219
　　8.3.1 独立太阳能光伏发电系统 … 219
　　8.3.2 独立太阳能光伏发电系统的
　　　　　组成 ……………………… 220
8.4 联网太阳能光伏发电系统 ……… 223
　　8.4.1 联网太阳能光伏系统的优越性
　　　　　和国外发展简况 ………… 223
　　8.4.2 联网太阳能光伏系统类型、
　　　　　工作原理和设备构成 …… 226
　　8.4.3 联网系统的太阳能电池方阵 … 227
　　8.4.4 联网逆变器 ……………… 228
8.5 中国太阳能光伏发电系统及应用
　　实例 ………………………… 230
复习思考题 …………………………… 234

第九章　生物质能发电技术 ……… 235
9.1 生物质与生物质能 ……………… 235
　　9.1.1 生物质与生物质能资源 … 235
　　9.1.2 生物质能的分类 ………… 236
9.2 生物质能的转化与热裂解技术 … 237
　　9.2.1 生物质能转化技术 ……… 237
　　9.2.2 生物质热裂解技术 ……… 244
9.3 生物质能的应用与发电技术 …… 245
　　9.3.1 生物质能的特点及其应用 … 245
　　9.3.2 生物质能发电技术 ……… 246
　　9.3.3 生物质发电技术的发展 … 250
9.4 中国生物质能利用现状与前景 … 251
　　9.4.1 生物质能在中国的发展 … 251
　　9.4.2 生物质能发展的制约因素分析 … 253
　　9.4.3 开辟多元途径，促进生物
　　　　　能源商业化发展 ………… 254
复习思考题 …………………………… 256

第十章　地热发电技术 …………… 257
10.1 地热能基本知识 ……………… 257
　　10.1.1 地球的构造 …………… 257
　　10.1.2 地热、地热分布与地热
　　　　　　异常区 ……………… 258
　　10.1.3 地热分类 ……………… 259
10.2 地热资源 ……………………… 260
　　10.2.1 概述 …………………… 260
　　10.2.2 地热的利用方式 ……… 263
　　10.2.3 世界地热资源 ………… 264
　　10.2.4 中国地热资源 ………… 265
10.3 地热发电原理和技术 ………… 267

　　10.3.1 地热发电原理及分类 … 267
　　10.3.2 地热发电资源勘探与开采 … 272
10.4 地热发电现状与展望 ………… 274
　　10.4.1 世界地热发电 ………… 274
　　10.4.2 中国地热发电 ………… 278
复习思考题 …………………………… 281

第十一章　潮汐能发电技术 ……… 282
11.1 潮汐和潮汐能 ………………… 282
　　11.1.1 海洋和海洋能 ………… 282
　　11.1.2 潮汐和潮汐能定义 …… 284
11.2 潮汐能发电技术 ……………… 286
　　11.2.1 潮汐能发电的原理及型式 … 286
　　11.2.2 潮汐能发电站的组成 … 290
　　11.2.3 潮汐能发电站建设的相关
　　　　　　问题 ………………… 294
11.3 潮汐能发电现状与展望 ……… 295
　　11.3.1 世界潮汐能发电 ……… 295
　　11.3.2 中国潮汐能开发利用简史 … 301
　　11.3.3 中国潮汐能资源 ……… 302
　　11.3.4 中国潮汐能发电现状 … 304
　　11.3.5 中国潮汐能发电前景 … 306
复习思考题 …………………………… 307

第十二章　燃料电池发电技术 …… 308
12.1 燃料电池发电原理 …………… 308
　　12.1.1 燃料电池简史 ………… 308
　　12.1.2 燃料电池的基本原理 … 309
12.2 燃料电池 ……………………… 312
　　12.2.1 磷酸型燃料电池 ……… 312
　　12.2.2 熔融碳酸盐型燃料电池 … 315
　　12.2.3 固体电解质型燃料电池 … 318
　　12.2.4 质子交换膜型燃料电池 … 321
　　12.2.5 直接甲醇型燃料电池 … 323
12.3 燃料电池发电系统 …………… 326
　　12.3.1 燃料电池发电系统的特征 … 326
　　12.3.2 燃料电池发电系统 …… 327
　　12.3.3 燃料电池应用范围 …… 328
复习思考题 …………………………… 329

第十三章　新能源与分布式发电技术 … 330
13.1 分布式发电技术的概念 ……… 330
　　13.1.1 分布式发电技术的定义 … 330
　　13.1.2 分布式发电技术的特点 … 331
　　13.1.3 分布式发电技术的运行方式 … 332

13.2　分布式发电技术 ··············· 332

13.2.1　新能源分布式发电技术 ········· 332

13.2.2　燃气轮机、内燃机、微燃机
分布式发电技术 ··········· 333

13.2.3　分布式发电的储能技术 ······· 333

13.3　分布式发电的微电网集成技术
与应用 ··············· 335

13.3.1　微电网集成技术 ··········· 335

13.3.2　微电网的结构 ··········· 336

13.3.3　微电网的运行方式 ········· 337

13.3.4　微电网的控制功能 ········· 337

13.3.5　微电网的保护 ·············· 338

13.3.6　微电网的能量管理系统 ········· 338

13.4　分布式发电技术的研发重点与
应用前景 ··············· 339

13.4.1　分布式发电技术的研究与
开发的重点 ··········· 339

13.4.2　分布式发电技术的应用前景 ······· 340

复习思考题 ······················· 340

参考文献 ························· 341

第一章　能　　源

能源是人类社会生存与发展的物质基础。过去 200 多年，建立在煤、石油、天然气等化石燃料基础上的能源体系极大地推动了人类社会的发展。然而，人们在物质生活和精神生活不断提高的同时，也越来越意识到大规模使用化石燃料所带来的严重后果：资源日渐枯竭，环境不断恶化，还诱发不少国家、地区之间的政治经济纠纷，甚至冲突和战争。人类在深刻反思过去的发展历程后，严肃地提出了未来的发展模式——必须走可持续发展的道路！

21 世纪，没有任何一个问题像"可持续发展"那样能够引起全人类的关注，它关系到人类文明的延续。毫无疑问，要实现可持续发展的战略目标，可持续能源供应的支持是必不可少的。因此，人类必须寻求一种新的并且是清洁、安全、可靠的可持续能源系统。

我国快速持续发展的经济，正面临着有限的化石燃料资源和更高的环境保护要求的严峻挑战。我国近期采取的措施包括：坚持节能优先，提高能源效率；优化能源结构，以煤为主多元化发展；加强环境保护，开展洁净煤利用；采取综合措施，保障能源安全；依靠科技进步，开发利用新能源和可再生能源。这些措施是建立可持续能源系统最主要的政策措施，也是我国长期的能源发展战略。

1.1　能　源　的　概　念

能源的问题是 21 世纪的热门话题。这个话题涉及自然科学和社会科学的众多科学领域。当我们乘坐着公共汽车或坐在家中看电视的时候，能源始终关照着我们的生活。不要说全面的能源危机，即使是须臾的停电也是现代社会经济和生活不能忍受的，如果没有飞机、汽车、电灯、电视等工具，无法想象现代人的生活会变成什么样子。

1.1.1　能源的定义

从物理学的观点看，能量可以简单地定义为做功的本领。广义而言，任何物质都可以转化为能量，但是转化的数量及转化的难易程度是不同的。一般认为，比较集中而又较易转化的含能物质称为能源。同时，还有另一类型的能源，即物质在宏观运动过程中所转化的能量，即所谓能量过程，例如水的势能落差运动产生的水能及空气运动所产生的风能等。

由于科学技术的进步，人类对物质性质的认识及掌握的能量转化方法也在深化，因此，严格地说并没有一个很确切的能源的定义。但对于工程技术人员而言，在一定的工业发展阶段，能源的定义还是比较明确的。因此，能源的定义可描述为：**比较集中的含能体**

或能量过程称为能源。换句话说，能源是可以直接或经转换后提供人类所需的光、热、动力等任何形式能量的载能体资源。

1.1.2　能源的分类

1. 按蕴藏方式分类

按能量蕴藏方式的不同，可将能源分为以下三大类。

1）来自地球以外的太阳能

人类现在使用的能量主要来自太阳能，故太阳有"能源之母"的说法。现在，人类除了直接利用太阳的辐射能之外，还大量间接地使用太阳能源。例如目前使用最多的煤、石油、天然气等化石资源，就是千百万年前绿色植物在阳光照射下经光合作用形成有机质而长成的根茎及食用它们的动物的遗骸在漫长的地质变迁中所形成的。此外如生物质能、流水能、风能、海洋能、雷电等，也都是由太阳能经过某些方式转换而形成的。

2）地球自身蕴藏的能量

这里主要指地热能资源以及原子能燃料，还包括地震、火山喷发和温泉等自然呈现出的能量。据估算，地球以地下热水和地热蒸汽形式储存的能量，是煤储能的1.7亿倍。地热能是地球内放射性元素衰变辐射的粒子或射线所携带的能量。此外，地球上的核裂变燃料（铀、钍）和核聚变燃料（氘、氚）是原子能的储存体。即使将来每年耗能比现在多1000倍，这些核燃料也足够人类用100亿年！

3）地球和其他天体引力相互作用而形成的能源

这类能源主要指地球、太阳、月球等天体间有规律运动而形成的潮汐能。地球是太阳系的九大行星之一。月球是地球的卫星。由于太阳系其他八颗行星或距地球较远，或质量相对较小，结果只有太阳和月亮对地球有较大的引力作用，导致地球上出现潮汐现象。海水每日潮起潮落各两次，这是引力对海水做功的结果。潮汐能蕴藏着极大的机械能，潮差常达十几米，非常壮观，是雄厚的发电原动力。

2. 按比较方法分类

能源按相对比较的方法可分为以下五类。

1）一次能源和二次能源

在自然界中天然存在的，可直接取得而又不改变其基本形态的能源，称为一次能源，如煤炭、石油、天然气、风能、地热等。为了满足生产和生活的需要，有些能源通常需要经过加工以后再加以使用。由一次能源经过加工转换成另一种形态的能源产品叫做二次能源，如电力、煤气、蒸汽及各种石油制品等。大部分一次能源都转换成容易输送、分配和使用的二次能源，以适应消费者的需要。二次能源经过输送和分配，在各种设备中使用，即终端能源。终端能源最后变成有效能。

2）可再生能源与非再生能源

在自然界中可以不断再生并有规律地得到补充的能源，称为可再生能源。如太阳能和由太阳能转换而成的水力、风能、生物质能等。它们都可以循环再生，不会因长期使用而减少。经过亿万年形成的、短期内无法恢复的能源，称为非再生能源，如煤炭、石油、天然气、核燃料等。随着大规模的开采利用，非再生能源的储量越来越少，总有枯竭之时。

3) 常规能源与新能源

在相当长的历史时期和一定的科学技术水平下，已经被人类长期广泛利用的能源，不但为人们所熟悉，而且也是当前主要和应用范围很广的能源，称为常规能源，如煤炭、石油、天然气、水力、电力等。一些虽属古老的能源，但只有采用先进方法才能加以利用，或采用新近开发的科学技术才能开发利用，还有一些能源近一二十年才被人们所重视，新近才开发利用，而且在目前使用的能源中所占的比例很小，但很有发展前途，称这些能源为新能源或替代能源，如太阳能、地热能、潮汐能等。

常规能源与新能源是相对而言的，现在的常规能源过去也曾是新能源，今天的新能源将来又成为常规能源。

4) 燃料能源与非燃料能源

从能源性质来看，能源又可分为燃料能源和非燃料能源。属于燃料能源的有矿物燃料（煤炭、石油、天然气）、生物燃料（薪柴、沼气、有机废物等）、化工燃料（甲醇、酒精、丙烷以及可燃原料铝、镁等）、核燃料（铀、钍、氘等）共四类。非燃料能源多数具有机械能，如水能、风能等；有的含有热能，如地热能、海洋热能等；有的含有光能，如太阳能、激光等。

5) 清洁能源与非清洁能源

从使用能源时对环境污染的大小，又把无污染或污染小的能源称为清洁能源，如太阳能、水能、氢能等；对环境污染较大的能源称为非清洁能源，如煤炭、油页岩等。石油的污染比煤炭小些，但也产生氧化氮、氧化硫等有害物质。所以，清洁与非清洁能源的划分也是相对比较而言，不是绝对的。

1.2　能源资源的利用及其开发

1.2.1　常规能源的开发和利用

1. 煤炭

埋在地壳中亿万年以上的植物，由于地壳变动等原因会经受一定的压力和温度作用而形成含碳量很高的可燃物质，这种物质称为煤炭，又称原煤。根据各种煤的形成年代及碳化程度的不同，可将其分为无烟煤、烟煤、褐煤、泥煤等。这种分类方法以其挥发物含量和焦结性为主要依据。烟煤又可以分为贫煤、瘦煤、焦煤、肥煤、漆煤、弱黏煤、不黏煤、长焰煤等。

煤炭既是重要的燃料，又是珍贵的化工原料。煤的用途非常广泛，我们的生产和生活都离不开它。煤的类型和用途不同，各种行业对煤质的要求也不同，但各种类型的煤都可以作为工业燃料和民用燃料。煤炭主要用于电力生产和在钢铁工业中炼焦，某些国家蒸汽机车的用煤比例也很大。电力工业多用劣质煤（灰分大于30%），蒸汽机车用煤则要求质量较高，灰分低于25%，挥发分含量要求大于25%，易燃并具有较长的火焰。在煤矿附近建设的"坑口发电站"通常使用大量的劣质煤来做燃料，将其直接转化成电能向各地输送。另外，由煤转化的液体和气体合成燃料对补充石油和天然气的使用也具有重要意义。

根据成煤条件,地球上的煤炭资源主要分布在北半球,集中在北美、中国、俄罗斯等地区,这些地区的煤炭储量约占世界总蕴藏量的80%以上,南半球仅在南非、澳大利亚和博茨瓦纳等国有较大储量。中国煤炭资源的分布十分广泛,遍及全国各省区,并且各地质时代的煤炭都有。中国煤炭资源总储量很大,居世界第一位,探明储量达4万亿吨,现在年开采量达14亿吨,在一次能源中占70%。

2. 石油

石油是一种用途极为广泛的宝贵矿藏,是天然的能源物资。在公路上奔跑的汽车,在天上飞翔的飞机,在水里航行的轮船,它们都是使用石油或石油产品来做燃料的。假如没有了石油,那么可以想象一下,交通瘫痪,工厂停产,我们的日常生活都会受到影响。

但是石油是如何形成的呢?这个问题科学家一直在争论。目前大部分科学家都认同的一个理论是:石油是由沉积岩中的有机物质转变而成的。在已经发现的油田中,99%以上都分布在沉积岩区。另外,人们还发现海底和湖底的近代沉积物中的有机物正在向石油慢慢地变化。

石油是一种黏稠状的液体,颜色深,直接开采出来的未经加工的石油称为原油。由于所含胶质和沥青的比例不同,因此石油的颜色也不同。石油中含有石蜡,石蜡含量的高低决定了石油的黏稠度的大小。另外,含硫量也是评价原油的标准之一,含硫量的大小对石油及其产品性质的影响很大。

石油同煤相比有很多的优点。首先,石油释放的热量比煤大的多。每千克标准煤(kgce)燃烧释放的热量为20 900 kJ(5000 kcal),而每千克石油燃烧释放的热量至少为10 000多千卡。就发热量而言,石油大约是煤的两倍。石油使用方便,易燃且不留灰烬,是理想的清洁燃料。

从已探明的石油储量来看,世界总储量为1043亿吨。目前世界有七大储油区,第一大储油区是中东地区,下来依次为拉丁美洲地区、俄罗斯地区、非洲地区、北美洲地区、西欧地区和东南亚地区。这七大油区占世界石油总储量的95%。

中国的石油储量占世界石油总储量的2.4%,人均占有量仅为世界人均占有量的11%。

3. 天然气

天然气是地下岩层中以碳氢化合物为主要成分的气体混合物的总称。天然气是一种重要能源,燃烧时有很高的发热值,对环境的污染也较小,而且还是一种重要的化工原料。天然气的生成过程同石油类似,但比石油更容易生成,它主要由甲烷、乙烷、丙烷和丁烷等烃类物质组成,其中甲烷占80%～90%。天然气有两种不同类型:一是伴生气,由原油中的挥发性组分所组成。约有40%的天然气与石油一起伴生,称油气田,它溶解在石油中或是形成石油构造中的气帽,并对石油储藏提供气压。二是非伴生气,与液体油的积聚无关,可能是一些植物体的衍生物。60%的天然气为非伴生气,即气田气,它埋藏更深。很多来源于煤系地层的天然气称为煤成气,它可能附于煤层中或另外聚集。在7～17 MPa和40℃～70℃时每吨煤可吸附13～30 m^3 的甲烷。即使在伴生油气田中,液体和气体的来源也不一定相同。它们所经历的不同的迁移途径和迁移过程完全有可能使它们最终来到同一个岩层构造中。这些油气构造不是一个大岩洞,而是一些多孔岩层,其中含有气、油和水,这些气、油、水通常都是分开的,各自聚在不同高度水平上。油、气分离程度与二者的相对比例、石油黏度及岩石的孔隙度有关。

天然气的勘探、开采同石油类似，但收采率较高，可达 $60\%\sim95\%$。大型稳定的气源常采用管道输送至消费地区，输送时每隔 $80\sim160\ km$ 需设一个增压站，加上天然气压力高，故长距离管道输送投资很大。

天然气中主要的有害杂质是 CO_2、H_2O、H_2S 和其他含硫化合物。因此天然气在使用前也需净化，即脱硫、脱水、脱二氧化碳、脱杂质等。从天然气中脱除 H_2S 和 CO_2 一般采用醇胺类溶剂。脱水则采用二甘醇、三甘醇、四甘醇等，其中三甘醇用得最多；也可采用多孔性的吸附剂，如活性氧化铝、硅胶、分子筛等。

近 10 年来，液化天然气技术有了很大发展，液化后的天然气体积仅为原来体积的 1/600。因此可以用冷藏油轮运输，运到使用地点后再将天然气气化。另外，天然气液化后，可为汽车提供既方便污染又小的燃料。

中国的天然气储量占世界天然气总储量的 1.2%，但人均占有量仅为世界人均占有量的 4%。

4. 水能

许多世纪以前，人类就开始利用水的下落所产生的能量。最初，人们以机械的形式利用这种能量。在 19 世纪末期，人们学会将水能转换为电能。早期的水电站规模非常小，只为电站附近的居民服务。随着输电网的发展及输电能力的不断提高，水力发电逐渐向大型化方向发展，并从这种大规模的发展中获得了益处。

水能资源最显著的特点是可再生、无污染。开发水能对江河的综合治理和综合利用具有积极作用，对促进国民经济发展，改善能源消费结构，缓解由于消耗煤炭、石油资源所带来的环境污染有重要意义，因此世界各国都把开发水能放在能源发展战略的优先地位。

世界河流水能资源理论蕴藏量为 40.3×10^4 亿千瓦时，技术可开发水能资源为 14.3×10^4 亿千瓦时，约为理论蕴藏量的 35.5%；经济可开发水能资源为 8.08×10^4 亿千瓦时，约为技术可开发的 56.5%，为理论蕴藏量的 20%。发达国家拥有技术可开发水能资源 4.8×10^4 亿千瓦时，经济可开发水能资源 2.51×10^4 亿千瓦时，分别占世界总量的 33.6% 和31.1%。发展中国家拥有技术可开发水能资源共计 9.5×10^4 亿千瓦时，经济可开发水能资源 5.57×10^4 亿千瓦时，分别占世界总量的 66.4% 和68.9%。可见，世界开发水能资源主要蕴藏量在发展中国家，而且发达国家可开发水能资源到 1998 年已经开发了 60%，而发展中国家到 1998 年才开发 20%，所以今后大规模的水电开发将主要集中在发展中国家。

中国水能资源理论蕴藏量、技术可开发水能资源和经济可开发水能资源均居世界第一位，其次为俄罗斯、巴西和加拿大。

5. 核能

从 1932 年发现中子到 1939 年发现裂变，经历了 7 年之久才把巨大的裂变能从铀核中解放出来。裂变能同已知的只有几个电子伏的化学能相比要大几百万倍，而同一般的核反应能相比也要大十倍左右。仅发生裂变释放能量还不理想，核燃料的原子核在中子轰击下会发生分裂。一个原子核吸收一个中子而发生裂变后，除了能释放出巨大能量外，还伴随产生两至三个中子，即由中子引起裂变，裂变后又产生更多的中子。在一定的条件下，这种反应可以连续不断地进行下去，称为链式反应。经过科学家的努力，目前已实现了人为控制链式反应，即使得裂变可以进行，也可以停止，从而形成了反应堆。

裂变后会释放出巨大的能量，这种能量就称为核能，核能发电比火电更清洁、环保。到2014年初，全世界32个国家和地区，共有435台核电机组在运行，总装机容量约为373GW。全球核电最多的国家依次为美国、法国、日本、俄罗斯、韩国、中国。这六国的核电总装机量占全世界的71.35%。

1.2.2　新能源和可再生能源的开发利用

1. 太阳能

太阳是一颗巨大的恒星，它不停地通过核聚变反应向宇宙释放大量的能量。到达地球的能量是太阳辐射总量的二十亿分之一，经大气层的反射和吸收，到达陆地的能量约为1.7×10^{13} kW·h，是地球上每年发电功率的几万倍。如果人类能有效地利用这些能量，那么未来的世界就不会为能源的枯竭问题担忧了。

目前，人们利用太阳能的方式很多，主要利用太阳能加热、取暖、发电等。我们现在可以使用太阳能热水器、太阳能灶、太阳能硅电池等，但是使用的范围还非常小。太阳能作为可再生能源，利用及发展最完善的应该算是太阳能热水器。太阳能热水器利用太阳辐射聚集热量，从而节约了电能。太阳能热水器的种类繁多，常用的有整体式热水器、平板式热水器和真空管热水器。我国在研究开发太阳能热水器的领域中发展很快，目前中国的太阳能热水器产量居世界第一。

太阳能的发展方向是利用太阳能发电，太阳能发电分光热发电和光伏发电。就当前看来，不论产销量，还是发展速度和发展前景，光伏发电都优于光热发电。光伏发电根据光生伏打效应原理，利用太阳能电池将太阳光能直接转化为电能。光伏发电被认为是目前世界上最有发展前途的一种可再生能源技术。

光伏电池发展的最大障碍是发电成本过高，太阳能转化率低，因此各个国家都在通过各种方式来降低成本，以促进光伏电池市场的发展。世界光伏产业和市场在严峻的能源形势和人类生态环境（地球变暖）形势压力下，自20世纪90年代后期进入了快速发展时期，太阳能电池产量逐年增长，过去10年的平均年增长率达到40%，超过了IT产业，已经成为世界上发展最快的产业之一。目前，世界太阳能电池的产能已经远超50～60 GW，累计装机容量已突破130 GW。光伏市场的增长主要是由于成本下降、新增应用领域、较大的投资收益以及持续强有力的政策支持。光伏发电系统除了在偏远地区和特殊场合具有很强的竞争力之外，大规模的光伏电站和分布式联网电站也大量涌现。世界各国都纷纷加入到光伏产业的发展当中，制定了宏伟的发展计划。预计到21世纪中叶，太阳能光伏发电将达到世界发电总量的20%左右，成为人类的基础能源之一。

2. 风能

风是地球上的一种自然现象，它是由太阳辐射热引起的。太阳照射到地球表面，由于地球表面各处受热不同，因此会产生温差，进而引起大气的对流运动，这样就形成了风。风是流动的空气，有速度，有密度，所以风包含能量。虽然到达地球的太阳能中只有大约2%转化为风能，但其总量仍是十分可观的。据世界气象组织估计，全球的风能约为2.74×10^{12} kW·h，其中可利用的风能为2×10^{10} kW·h，比地球上可开发利用的水能总量还要大 10 倍。

风能就是空气流动所产生的动能。大风所具有的能量很大，风速为 9～10 m/s 的 5 级风吹到物体表面上的力，每平方米面积上约有 10 kg。风速为 20 m/s 的 9 级风吹到物体表面上的力，每平方米可达 50 kg 左右。台风的风速可达 50～60 m/s，它对每平方米物体表面上的压力高达 200 kg 以上。汹涌澎湃的海浪是被风激起的，它对海岸的冲击力相当大，有时可达每平方米 20～30 t 的压力，最大时甚至可达每平方米 60 t 左右的压力。

据专家们估计，风中含有的能量比人类迄今为止所能控制的能量高得多。全世界每年燃烧煤炭得到的能量还不到风力在同一时间内所提供给我们的能量的 1%，可见，风能是地球上非常重要的能源之一。

目前风能利用的主要形式是风能发电和风能提水，其主要设备是风力机和风力发电系统。风力提水的历史悠久，近代的风力提水发展得最好的国家应该算是荷兰，荷兰被称作"风车之国"。荷兰人拦海造田，风车帮助他们提干了海水，留下大片土地。荷兰还制定出世界上最特别的法律——《风法》，授予风车主人以"风权"，他人不得在风车附近修筑其他建筑物。

风力发电在新能源和可再生能源行业中增长最快，据全球风能理事会的预测，未来全球风电还将保持 20% 以上的年增长速度。到 2013 年，全球风电装机容量已达到 3.18×10^8 kW，年发电 6.5×10^{11} kW·h，风电约占全球电力供应的 4%。其中，欧洲、亚洲和北美市场的风电装机容量分别为 1.21×10^8 kW、1.16×10^8 kW 和 7.088×10^7 kW，占全球市场的份额依次是 38.18%、36.44% 和 22.28%，亚洲的市场份额明显上升，其次是北美，而欧洲在全球风电市场中的份额明显下降，这表明风力发电机组的分布在全球范围将趋于更加广泛和均衡。另一方面，风力发电技术更加趋于成熟，单机容量不断扩大，单位造价降低，使风电价格不断下降，加上政府政策支持，在有些地区已可与火电等能源展开竞争。

全球风能理事会在 2006 年发表的《2050 年风电发展展望》中认为，如果采取积极措施，2030 年和 2050 年，全球风电装机容量将分别达到 2.1×10^9 kW 和 3×10^9 kW，发电量分别达到 5×10^{12} kW·h 和 8×10^{12} kW·h。

3. 生物质能

生物质是讨论能源时常用的一个术语，是指由光合作用而产生的各种有机体。生物质能是太阳能以化学能形式储存在生物中的一种能量形式，是一种以生物质为载体的能量，它直接或间接地来源于植物的光合作用。在各种可再生能源中，生物质能是独特的，它是储存的太阳能，更是一种唯一可再生的碳源，它可转化成常规的固态、液态和气态燃料。据估计，地球上每年通过植物光合作用固定的碳达 2×10^{11} t，含能量达 3×10^{21} J，因此每年通过光合作用储存在植物的枝、茎和叶中的太阳能相当于全世界每年耗能的 10 倍。生物质能是第四大能源。生物质遍布世界各地，其蕴藏量极大，形式繁多，其中包括薪柴、农林作物(尤其是为了生产能源而种植的能源作物)、农业和林业残剩物、食品加工和林产品加工的下脚料、城市固体废弃物、生活污水和水生植物等。

生物质能可以转化为多种形式的二次能源，如转化为气体燃料或液体燃料，也可以直接用于发电。生物质能转化为电能的技术包括：直接燃烧(包括与煤及其他燃料共燃)、气化和热解。气化和直接燃烧是利用生物质原料发电的主要方法。

生物质的转化大致有三种途径：热化学法、生物化学法和提取法。不同的途径可以得到不同的生物质燃料，热化学法转化的主要产品有生物质燃气、液体燃料和煤气；生物化学法转化的主要产品有沼气和液体燃料；提取法转化的主要产品是生物油。

4. 海洋能

地球表面积约为 $5.1 \times 10^8 \text{ km}^2$，其中陆地表面积为 $1.49 \times 10^8 \text{ km}^2$，占 29%；海洋面积为 $3.6 \times 10^8 \text{ km}^2$，占 71%。以海平面计，全部陆地的平均海拔约为 840 m，而海洋的平均深度却为 380 m，整个海水的容积多达 $1.37 \times 10^9 \text{ km}^3$。一望无际的汪洋大海不仅能为人类提供航运、水产和丰富的矿藏，而且还蕴藏着巨大的能量。海洋能是指潮汐能、波浪能、海流能、温差能、盐差能以及新近发现的海底甲烷冰等。根据联合国教科文组织 1981 年出版物的估计数字，前五种海洋能理论上可再生的能量总量为 $7.66 \times 10^{10} \text{ kW}$。其中，温差能为 $4 \times 10^{10} \text{ kW}$，盐差能为 $3 \times 10^{10} \text{ kW}$，潮汐能和波浪能各为 $3 \times 10^9 \text{ kW}$，海流能为 $6 \times 10^8 \text{ kW}$。但是难以实现把上述全部能量取出，设想只能利用较强的海流、潮汐和波浪以及大降雨量地域的盐度差，而温差的利用将会受到热机卡诺效率的限制。因此，估计技术上允许利用功率为 $6.4 \times 10^9 \text{ kW}$，其中盐差能 $3 \times 10^9 \text{ kW}$，温差能 $2 \times 10^9 \text{ kW}$，波浪能 $1 \times 10^9 \text{ kW}$，海流能 $3 \times 10^8 \text{ kW}$，潮汐能 $1 \times 10^8 \text{ kW}$。

潮汐能来源于月球、太阳的引力，其他海洋能均来源于太阳辐射。海洋面积占地球总面积的 71%，太阳到达地球的能量大部分落在海洋上空和海水中，其中一部分转化为各种形式的海洋能。海水温差能是热能，低纬度的海面水温较高，与深层冷水存在温度差，因而海洋中储存着温差热能，其能量与温差的大小和水量成正比。潮汐能、潮流能、海流能、波浪能都是机械能。潮汐能是地球旋转所产生的能量通过太阳和月亮的引力作用而传递给海洋，并由长周期波储存的能量，潮汐的能量与潮差大小和潮量成正比；潮流、海流的能量与流速的平方和通流量成正比；波浪能是一种在风的作用下产生的，并以位能和动能的形式由短周期波储存的机械能，波浪的能量与波高的平方和波动水域面积成正比。河口水域的海水盐度差能是化学能，入海径流的淡水与海洋盐水间有盐度差，若隔以半透膜，则淡水向海水一侧渗透可产生渗透压力，其能量与压力差和渗透流量成正比。由此可见，各种能量涉及的物理过程、开发技术及开发利用程度等方面存在很大的差异。

海洋能的利用方式主要是发电。

5. 地热能

据科学家们研究，我们居住的地球，最初也是一个高热的球体，大概像太阳一样，放射性元素不断进行热核反应，大约经过四五十亿年以后，表面逐渐冷却，于是形成了地壳。但是地球的内部仍是炽热的，而且它的热一直不断地向太空释放，这种现象在地球物理学上就叫大地热流。地热能是来自地球深处的可再生热能，它源于地球的熔融岩浆和放射性物质的衰变。地下水的深处循环和来自极深处的岩浆侵入到地壳后，把热量从地下深处带至近地表层。人们把地热资源按存在形式分为五种，即地热蒸汽、地热水、地压热、干热岩热和岩浆热。目前主要利用地热蒸汽和地热水两种，地压热和干热岩热的开发利用正处于实验阶段，而岩浆热的开发还处于基础研究阶段。一般把有经济价值可供开采利用的地区叫地热田，地热田可分为水热地热田和干热岩体地热田两大类。前者上面有一层不透水的盖层，可防止热水自发上升到地表。地热田岩层以下储存的是热水，其温度在 200℃～300℃ 之间，通过钻孔流到地面后，由于压力降低，使得一部分热水变为蒸汽。后者是指地壳里的地下岩体温度高达数百摄氏度，由于地下既无热水又无蒸汽，不易将其热量引到地面上应用，一般需采取钻孔注水的办法将其热量引出。如果热量提取的速度不超过补充的速度，那么地热能便是可再生的。

6. 氢能

氢是自然界中最轻的元素，正在能源领域崭露头角。氢能是人类热切期待的新的二次能源。然而，自然存在的氢气很少，氢大多以化合物的形式存在，因此获得自然（或自由）氢很困难，需要消耗较多的其他能量才能得到适量的自然氢，从经济角度来看很不划算。这就是氢虽好但长期未被作为主要能源的原因。自从 20 世纪 70 年代两次石油危机以来，人类逐步使用高新技术加快了对氢能源的开发速度，扩大了氢能源的使用规模。

氢的燃烧热值异常高，每公斤氢可产生热能 120.4 MJ，是汽油的 3 倍，除核燃料外，所有的矿物燃料或化工燃料均望尘莫及。氢易燃烧，爆发力强，并且燃烧速度快。氢元素的储量极多，占整个宇宙物质的 75% 以上，太阳的成分中 80% 是氢（体积分数），按重量计算，地壳有 1/4 是氢物质。氢还是一种无色、无味、无毒的清洁气体，扩散速度快，热导率和热容都很高，因此它是一种极佳的冷却工质和热载体。可以采用气态、液态和金属氢化物的固态形式对氢进行运输或储存。氢燃烧时无烟无尘，只生成水，而水又可被某种能量分解成氢和氧，以此循环而再生不已。因此，氢是人类长期以来梦寐以求的清洁能源。

传统的制氢方法消耗化石燃料或耗电量大，并且产量少、成本高，难以满足作为能源的要求。低电耗氧化制氢法的全称叫低电耗化学催化氧化制氢法，又叫水煤浆液电解制氢法或电化学气化法，是美国柯弗林教授首先提出的，即在酸性电解质中，于阳极区加煤粉或其他含碳物质作为去极化剂。其反应结果是：阳极产物为二氧化碳；阴极产物为纯氢。这样产氢的电解效率接近 100%，所用的电解电压仅 1 V 左右，比普通的电解电压低一半，从而大大降低了产氢的电耗。而且，此种制氢方法可在电网低峰负荷（用电量最少）时进行，这不仅使制氢成本降低，还能对电网起调峰作用。20 世纪 80 年代以来，各国学者纷纷在上述方法的基础上进行研究，1988 年美国在新墨西哥州着手试验，目前已建起年产氢气 2.8×10^5 m^3 的装置，与此同时，日本和西欧一些国家还对此作了某些改进，我国也已在这方面着手进行研究。

氢在通常情况下呈气态存在。目前，氢的储运有三种方式：一是气态储运，将氢气储在地下库罐内，也可装入钢瓶中；二是液态储运，即把氢气冷却至零下 240℃，使其变为液态，储存在大罐内；三是利用金属氢化物储存，即利用各种能捕获氢的所谓储氢材料来储存氢，这些材料多半是合金材料。现已研制成的储氢合金有：稀土系的镧镍，每千克可储氢 153 L；钛系的钛铁，吸氢量较多；镁系的镁合金，其吸氢量最大；此外还有锆系。这些储氢材料储氢性能良好，但价格较昂贵。金属储氢材料可应用于汽车，进行汽油、氢混合燃烧，只要在汽油中加入 5% 的氢，就可节省 20%～30% 的汽油，且使汽车排气清洁许多。

燃料电池发电系统是实现氢能应用的重要途径。利用燃料电池驱动的汽车受到了很多国家的欢迎。美国、法国和德国有关的电动汽车与氢燃料电池的厂商和科研机构均参加了研究，目前已有一些示范项目在进行。我国目前也开始开发研制氢燃料电池。

氢能所具有的清洁、无污染、效率高、质量轻、储存及输送性能好、应用形式多等诸多优点，赢得了人们的青睐。利用氢能的途径和方法很多，例如航天器燃料、氢能飞机、氢能汽车、氢能发电、氢能空调、氢能冰箱等，有的已经实现，有的正在开发，有的尚在探索中。随着科学技术的进步和氢能系统技术的全面进展，氢能应用范围必将不断扩大，氢能将深入到人类活动的各个方面，直至走进千家万户。

1.3 人类利用能源的历史和未来

1.3.1 人类利用能源的历史

随着生产的发展和科学技术的进步，人类利用能源的范围在逐步扩大。人类对能源的利用，有一个漫长的历史发展过程。从原始人的茹毛饮血、穴居野外的生活，发展到现代社会高度发达的物质文明与精神文明，对能源利用范围的扩大与结构的变化起了重要的作用。

在历史上，人类社会已经经历了3个能源时期，即柴草时期、煤炭时期和石油时期。

1. 柴草时期

史前的人类，依靠采集植物和猎取动物取得能量，以满足自身生存和繁衍的基本需要。火的发现是人类史上自觉地利用能源的开端，人类学会了用火，才实现了人类利用能源历史上的第一次大突破。有了火，人们开始利用枯枝、杂草等燃料烧煮食物和取暖、照明。以后，人们逐渐把火用于熔炼金属、烧制陶器、加工各种工具和物件等方面，作为燃料的柴草消费量不断增加。火的发现和柴草的使用，为人类从游牧生活向定居生活过渡创造了条件，推动了农牧业的发展，导致了集镇的兴起，开拓了人类物质文化生活的新局面。

早期的人类社会，生产活动的主要动力是人力，后来才逐渐从单纯依靠人力扩大到使用畜力。用牲畜耕作和运输是人类从自然界获取动力的开端。后来，人们寻求并发现了风力和水力，最初是利用风帆和水流推动船舶、漂移木筏，风车和水车则是早期的动力机械装置，用来灌溉、排水、碾米、磨面以及带动其他机械装置从事生产。

在漫长的岁月里，人类一直以柴草作为能量的主要来源，而辅之以水力、风力和畜力。由于在能源利用上没有什么新的突破，因而几千年来人类社会的进步也不大。

从世界范围来说，在19世纪末以前，许多国家都处于柴草时期。1860年，在世界能源消费中，薪柴和农作物秸秆占世界能源总消费量的73.8%，而煤炭仅占25.3%。

2. 煤炭时期

18世纪70年代，英国人瓦特发明了蒸汽机，首次完成了热能向机械能的转换，为工业的发展提供了原动力。蒸汽机的应用需要大量的燃料，仅仅依靠柴草是远远不够的，于是，人类开始广泛利用煤炭。蒸汽机的应用使工场手工业逐渐解体，促进了大工业的发展，形成了纺织、钢铁、机械、化学、煤炭等工业体系，扩大了城市的规模，使社会劳动生产率得到了极大的提高。煤炭发热量高、使用方便，它的大量使用，促进了蒸汽机的广泛应用，形成了"蒸汽机时代"，从而有力地推进了以英国产业革命为先导的工业大发展，推动了资本主义社会的发展，使人类进入了机械化时代。

1881年，美国人爱迪生建成了世界上第一个发电站，同时还研制成功了实用的发电机和电灯。从这时开始，在各个领域中，电力被广泛应用，人类社会进入了"电气化时代"。在1860—1910 年的半个世纪里，煤炭的消费总量增加了 37.3 倍，由占全世界能源总消费量的 25.3％增长到 63.5％，而柴草却由占 73.8％下降为 31.7％。

3. 石油时期

从 20 世纪 60 年代开始到 20 世纪 70 年代末，石油和天然气逐渐取代了煤炭，在世界能源消费构成中占据了主要地位。

石油是一种热值高、灰分少、使用方便、易于运输的优质化石能源。19 世纪中叶，大油田的发现开拓了能源利用的一个新时期。尤其是 20 世纪 50 年代初，首先在美国，而后在中东、北非等地区，相继发现了巨大的油田和气田，国际石油公司投入大量资金进行大规模的开采，大量石油涌入国际市场。于是，以工业发达国家为首的许多国家的能源消费结构逐渐由煤炭向石油和天然气转换。到了 20 世纪 50 年代中期，世界石油和天然气的消费量已经开始超过煤炭，成为世界能源供应的主力。这是继柴草向煤炭转换之后，能源结构演变的又一个重要里程碑，它对促进世界经济的繁荣和发达起到了重要作用。

1.3.2 能源的未来

从上面的历史回顾中可以看到，从钻木取火到利用原子能，人们一直在为获得新的能源而努力。

1973 年，西方世界爆发的石油危机震撼了全世界，它宣告了石油时代的结束，预示着一场新的能源变革将要来临。从此，能源结构的演变进入了一个过渡时期。当前，新科技革命在能源领域中变革的主要特征是：正在趋于枯竭的、非再生的、在消费过程中产生污染和公害的化石能源，将逐步被可再生的、储量丰富的、无污染和无公害的各种可再生的新能源所代替。但是，要摆脱化石燃料将是一个漫长的过程。世界有名的学术组织——国际应用系统分析研究所于 1981 年 5 月发表的题为《有限世界的能源》的研究报告中指出："从全球观点来说，一项新能源技术代替另一项能源技术，需要很长时间；期望世界能源系统的转变在不到 50 年之内出现，是不可想象的。"该报告的结论是：一次世界性能源替换，将需要 100 年的时间。当然，在今后几十年内，随着以信息技术为核心的新科技革命的影响和新能源开发利用技术的不断发展和成熟，能源替换的时间将有可能缩短，但依然不会短于半个世纪。

过渡期能源结构演变的主要特点是：由以石油、天然气为中心，逐步向比较丰富的煤炭、核能以及太阳能等可再生能源的方向转变，重点是寻求石油、天然气的替代能源，建立一个持久的、可再生的、干净的能源体系，从而更好地满足人类在 21 世纪的能源需要。由石油向煤炭转变，要比由煤炭向石油转变困难得多。这是因为：第一，煤炭是固体燃料，它的运输、储存、使用条件都远不如流体石油优越，要改变已经形成的油气供应利用系统是相当困难的。第二，煤炭的物理、化学特性决定了其不如石油、天然气受欢迎，煤炭的热值低、灰分高，并且远不如石油和天然气干净。第三，太阳能等新能源的开发利用技术要比石油、天然气的开发利用技术复杂得多，难度亦大。因此，这个过渡期的能源变革将会经历相当艰难的历程，并且需要很长的时间，人们必须为此付出很大的代价，做出巨大的努力。

1.4　世界能源利用的现状及面临的问题

1.4.1　能源结构

世界的资源分布是极不均匀的，每个国家的能源结构差异也是非常大的。在发达国家的人们充分享受着汽车、飞机、暖气、热水这些便利条件的时候，贫困国家的人们甚至还靠着原始的打猎、伐木来维持生活。

国际能源署的能源统计资料清楚地告诉我们：非经济合作发展组织的地区，如亚洲、拉丁美洲和非洲，是可燃性可再生能源的主要使用地区。这三个地区使用可燃性可再生能源的总和达到了总数的 62.4%，其中很大一部分用于居民区的炊事和供暖。

各个国家和地区在能源生产和消费中各类能源所占比例就称为该国或该地区的能源结构。目前世界各国能源结构的特点，一般取决于该国资源、经济和科技发展等因素。

（1）煤炭资源丰富的发展中国家，在能源消费中往往以煤为主，煤炭消费比重较大，例如 2002 年，中国为 66.5%，印度为 55.6%，美国为 24.2%。

（2）发达国家石油在消费结构中所占比重均在 35% 以上，例如 2002 年美国为 39.0%，日本为 47.6%，德国为 38.6%，法国为 35.9%，英国为 35.0%，韩国为 51.0%。

（3）天然气资源丰富的国家，天然气在消费结构中所占比例均在 35% 以上，例如 2002 年俄罗斯为 54.6%，英国为 38.6%。

（4）化石能源缺乏的国家根据自身特点发展核电及水电，例如 2002 年，日本核能在能源消费结构中所占比例为 14.0%，法国核能占 38.3%，韩国核能占 13.1%，加拿大水力占 27.2%。

（5）世界前 20 个能源消费大国中，煤炭占第一位的有 5 个，占第二位的有 6 个，占第三位的有 9 个。

总之，当前就全世界而言，石油在能源消费结构中占第一位，所占比例正在缓慢下降；煤炭占第二位，其所占比例也在下降；目前天然气占第三位，所占比例持续上升，前景良好。

1.4.2　能源效率

按照联合国欧洲经济委员会（ECE）提出的"能源效率评价和计算方法"，能源系统的总效率由开采效率（能源储量的采收率）、中间环节效率（包括加工转换效率和贮运效率）及终端利用效率（即终端用户得到的有用能与过程开始时输入的能量之比）三部分组成。其中，中间环节效率与终端利用效率的乘积，通常称为能源效率。

矿物燃料是工业、运输和民用系统的主要能源。发电主要是靠矿物燃料燃烧后所放出的化学热来实现的。世界上公认的燃料的有限性以及人类社会对能源的高度依赖性，促使人们以极大的努力来研究各种替代能源。与此同时，矿物燃料则开始变得越来越宝贵，而且按长远观点来看，工业界将不得不以节能作为一种自我保护措施。在这种情况下，浪费燃料必须受到制止，能源利用的综合效率应当成为工程设计中的一个重要评价标准。

"能源效率"和"节能"虽然相关，但不一样。能源效率是指终端用户使用能源得到的有效能源量与消耗的能源量之比。节能是指节省不必要的能耗，例如当你在客厅看电视时还把厨房里的灯开着，无目的耗能就是浪费。避免这种浪费不代表牺牲，反而恰恰是省钱。我们必须认识到生产能源是需要成本的——无论是电、汽油、民用燃料油，还是天然气等。这不是指经济成本，而是能源成本。比如石油精炼厂需要能量才能运转。假设一家精炼厂需要相当于 1 L 的汽油才能生产出 5 L 供汽车使用的汽油，设想现在有了新科技，只需要相当于 1 L 的汽油就可以生产出 10 L 供汽车使用的汽油，显而易见，能源效率得到了提高。又比如，汽车和卡车的汽油和柴油发动机能源效率并不高。假设有了新技术，将汽车燃料的有效使用率从每 10 L 有效使用 4 L 提高到 6 L，则能源效率就会上升 50%，诸如此类。还可以设想有一种新科技，用全新能源替代汽油和柴油，其内在能源效率要比燃料发动机高得多。

提高能源效率是缓解能源危机的一条途径，由于欠发达国家在技术和资金方面欠缺，其能源效率十分低下，与发达国家的差距非常巨大（当然，发达国家自己也同样需要继续开发新的技术来实现更高的能源效率）。因此，许多发达国家开始帮助一些不发达的国家和地区来改善能源的使用情况，实现一种互利的合作关系。

1.4.3　能源环境

世界著名的八大公害案分别是：比利时马斯河谷烟雾事件、美国多诺拉烟雾事件、伦敦烟雾事件、美国洛杉矶光化学烟雾事件、日本水俣病事件、日本富山骨痛病事件、日本四日市哮喘病事件、日本米糠油事件。其中，前四次事件都是由于人类在工业发展和生活中对能源利用管理不当而造成的环境污染。这些事件中最典型的是伦敦烟雾事件和美国洛杉矶光化学烟雾事件，下面简单回顾一下这两次事件当时造成的危害，以帮助读者理解能源利用和环境保护的重要关系。

伦敦烟雾事件：1952 年 12 月 5～8 日，伦敦城市上空高压，大雾笼罩，连日无风。而当时正值冬季大量燃煤取暖期，煤烟粉尘和湿气积聚在大气中，使许多城市居民都感到呼吸困难、眼睛刺痛，仅四天时间内死亡了 4000 多人，在之后的两个月时间内，又有 8000 人陆续死亡。这是 20 世纪世界上最大的由燃煤引发的城市烟雾事件。

洛杉矶光化学烟雾事件：从 20 世纪 40 年代起，已拥有大量汽车的美国洛杉矶城上空开始出现由光化学烟雾造成的黄色烟幕。它刺激人的眼睛、灼伤喉咙和肺部、引起胸闷等，还使植物大面积受害，松林枯死，柑橘减产。1955 年，洛杉矶因光化学烟雾引起的呼吸系统衰竭死亡的人数达到 400 多人，这是最早出现的由汽车尾气造成的大气污染事件。

目前还有温室效应和地球变暖给人类带来的威胁。科学家们寻找地球变暖的各种解释：过度燃烧，砍伐森林树木，草原过度放牧，植被破坏，都减少了地球自己调解二氧化碳的功能；海上船舶航行时污染海面，还有原油泄漏造成的污染，也令海水不能正常地吸收二氧化碳。20 世纪以来工业化的结果已经造成了温室效应，在人类不断扩大自己生存空间的时候，也慢慢地把自己围困在更小的范围里面挣扎，如果再继续这样下去，人类会发现自己再也没有适合居住的土地了。

为了阻止气候的进一步恶化，很多国家已经联合起来，互相合作制约。1997 年 12 月，160 个国家在日本京都召开了联合国气候变化框架公约（UNFCCC）第三次缔约方大会，会议通过了《京都议定书》。该议定书规定，在 2008—2012 年期间，发达国家的温室气体排放量要在 1990 年的基础上平均削减 5.2%，其中美国削减 7%，欧盟各国削减 8%，日本削减 6%。

1.4.4　能源安全

能源是国民经济的基本支撑，是人类赖以生存的基础。能源安全是国家经济安全的重要方面，它直接影响到国家安全、可持续发展及社会稳定。能源安全不仅包括能源供应的安全(如石油、天然气和电力)，也包括对由于能源生产与使用所造成的环境污染的治理。

在 20 世纪 50 年代之前，工业化进程中主要的一次能源供应是煤炭。煤炭数量巨大，资源分布广泛，各主要工业国家基本上都可以自给自足，所以人们并没有感受到能源短缺给生产带来的影响。进入 50 年代之后，煤炭在一次能源消费中所占的比例明显下降，取而代之的是石油和天然气这些优质高效的清洁能源。石油资源在全球范围的分布严重不均匀，导致了世界各个国家对石油资源的争夺。为了保证既得利益，世界主要发达国家于 1974 年成立了国际能源组织(IEA)，从此，以稳定原油供应价格为中心的国家能源安全的概念被正式提出。

能源安全是指能源可靠供应的保障。首先是石油、天然气供应问题，油、气是当今世界主要的一次能源，也是涉及国家安全的重要战略物资。1973 年石油危机的冲击，造成了那些主要靠中东进口石油的国家经济混乱和社会动荡的局面，给人们留下深刻的印象。现在，许多国家都十分重视建立能源(石油)保障体系，其重点是战略石油储备。预计，2010—2020 年及以后世界石油产量将逐步下降，而消费量仍将不断增加，可能开始出现供不应求的局面，世界油气资源的争夺将加剧。

1.5　中国能源现状、问题及对策

1.5.1　中国能源现状

1949 年新中国成立时，全国一次能源的生产总量仅为 2374 万吨标准煤，居世界第 10 位。经过建国初期的经济恢复，到 1953 年，一次能源的生产总量和消费总量分别发展为 5200 万吨标准煤和 5400 万吨标准煤，与建国初期相比翻了一番。随着经济建设的展开，中国的能源工业得到迅速发展，到 1980 年一次能源的生产总量和消费总量分别达到 6.37 亿吨标准煤和 6.03 亿吨标准煤，与 1953 年相比，分别平均年增长 9.7% 和 9.3%。

改革开放以来，中国的能源工业无论是在数量上还是在质量上，均取得巨大的发展和空前的进步。1998 年中国一次能源的生产总量和消费总量分别达到 12.4 亿吨标准煤和 13.6 亿吨标准煤，均居世界第 3 位。2000 年中国一次能源的产量为 10.9 亿吨标准煤，其构成为：原煤 99 800 万吨，占 67.2%；原油 16 300 万吨，占 21.4%；天然气 277.3 亿立方米，占 3.4%；水电 2224 亿千瓦时，占 8%。

综上所述，在 21 世纪之初，中国已拥有世界第 3 位的能源系统，成为世界能源大国。

1.5.2　中国能源存在的问题

中国能源取得了巨大成就，但也应清醒地看到，中国能源还存在许多重大问题需要采取有力措施加以解决。

1. 人均能耗低

中国能源消费总量巨大，超过俄罗斯，仅次于美国，居世界第 2 位。但由于人口过多，人均能耗水平却很低。1997 年，全国一次能源生产总量为 13.34 亿吨标准煤，而人均能源消费量仅为 1.16 吨标准煤，人均电量仅为 893 千瓦时，不到世界人均能源消费量 2.4 吨标准煤的一半，居世界第 89 位。而北美人均能源消费量竟超过 10 吨标准煤，欧洲和俄罗斯人均能源消费量都在 5 吨标准煤上下。

从世界范围来看，经济越发达，能源消费量越大。21 世纪中叶，中国要实现经济社会发展的第三步战略目标，国民经济达到中等发达国家水平，人均能源消费量必将有很大的发展。预计到 2050 年，我国人均能源消费量将达到 2.38 吨标准煤，相当于目前的世界平均值，但仍远远低于目前发达国家的水平。届时，我国按人口总数为 14.5 亿～15.8 亿计，一次能源的总需要量将达 34.51 亿～37.60 亿吨标准煤，约为目前美国能源消费总量的 1.5～2.0 倍，约占届时世界一次能源消费总量的 15%～20%。可见，从数量上来看，这将是对中国能源的巨大挑战。

2. 人均能源资源不足

中国地大物博、资源丰富，自然资源总量排名世界第 7 位，拥有能源资源总量约 4 万亿吨标准煤，居世界第 3 位。其中，煤炭保有储量为 10 024.9 亿吨，精查可采储量为 893 亿吨；石油资源量为 930 亿吨，天然气资源量为 38 万亿立方米，现已探明的石油和天然气储量仅分别约占全部资源量的 20% 和 3%；水力可开发装机容量为 3.78 亿千瓦，居世界首位。但由于中国人口众多，因而人均资源占有量相对匮乏。中国人口约占世界人口总数的 20%，而已探明的煤炭储量仅约占世界储量的 11%，原油仅约占 2.4%，天然气仅约占 1.2%。中国人均资源占有量不到世界平均水平的 1/2，特别是石油仅为 11%、天然气仅为 4%。可见，人均能源资源相对不足是中国经济社会可持续发展的一大限制因素，是 21 世纪中国能源面临的又一巨大挑战。

3. 能源效率低

据中国专家测算，中国 1992 年的能源系统总效率为 9.3%，其中开采效率为 32%，中间环节效率为 70%，终端利用效率为 41%。计算为当年的能源效率为 29%，约比国际先进水平低 10 个百分点。终端利用效率也约比国际先进水平低 10 个百分点。

我国能源强度远高于世界平均水平，2000 年我国单位产值能耗（吨标准煤/百万美元）按汇率计算为 1274，美国为 364，欧盟为 214，日本为 131。2000 年，火电供电煤耗（gce/kW·h）中国平均为 392，日本为 316；钢可比能耗（kgce/t）中国平均为 781，日本为 646；水泥综合能耗（kgce/t）中国平均为 181.0，日本为 125.7。

我国能源利用率低的主要原因除了产业结构方面的问题以外，还由于能源科技和管理水平落后，以及终端能源以煤为主，油、气与电的比重较小的不合理消费结构所致。一般来说，以煤为主的能源结构的能源效率比以油气为主的能源结构的能源效率约低 8～10 个百分点。节能旨在减少能源的损失和浪费，以使能源资源得到更有效的利用，与能源效率问题紧密相关。我国能源效率很低，故能源系统的各个环节都有很大的节约能源的潜力。

中国的能源研究所估计"……中国若将其工业能源使用效率提高到国际水准，则可能进一步将能源消耗减少 30％～50％……"。

4. 以煤为主的能源结构亟待调整

我国是世界上以煤炭为主要能源的少数国家之一，远远偏离当前世界能源消费以油气燃料为主的基本趋势和特征。而且，我国终端能源消费结构也不合理，电力占终端能源的比重明显偏低，国家电气化程度不高：2000 年一次能源转换成电能的比重只有 22.1％，世界发达国家平均皆超过 40％，有的达到 45％。

2002 年我国一次能源的消费总量为 142 540 万吨标准煤，构成为：煤炭占 66.5％，石油占 24.6％，天然气占 2.7％，水电占 5.6％，核电占 0.6％。煤炭高效、洁净利用的难度远比油、气燃料大得多。而且我国大量的煤炭是直接燃烧使用，用于发电或热电联产的煤炭只有 47.9％，而美国为 91.5％。这种过多使用煤炭、以煤为主的能源结构，必然带来效率低、运量大、效益差、环境污染严重的后果，急需采取有力措施加以调整。

5. 能源环境问题

我国能源环境问题的核心是大量直接燃煤造成的城市大气污染和农村过度消耗生物质能引起的生态破坏(我国农村消耗的生物质能，其数量是全国其他商品能源的 22％)，还有日益严重的车辆尾气的污染(大城市大气污染类型已向汽车尾气型转变)。

我国是世界上最大的煤炭生产国和消费国。煤炭和其他能源利用等污染源大量排放环境污染物，燃煤释放的 SO_2 占全国排放总量的 35％，CO_2 占 35％，NO_2 占 60％，烟尘占 75％，造成全国有 57％的城市颗粒物超过国家限制值；有 48 个城市的 SO_2 超过国家二级排放标准；有 82％的城市出现过酸雨，已超过国土面积的 40％；许多城市的氮氧化物有增无减，其中北京、广州、乌鲁木齐和鞍山等城市超过国家二级排放标准。其中，仅 1998 年酸雨沉降造成的经济损失就约占 GNP(国民生产总值)的 2％。

温室气体 CO_2 排放的潜在影响是 21 世纪能源领域面临挑战的关键因素。我国 1995 年 CO_2 的排放量约为 8.21 亿吨碳，占世界总量的 13.2％；1999 年，中国排放的 CO_2 中含有 6.19 亿吨碳，居世界第 2 位；2000 年，我国排放 SO_2 1995 万吨，居世界第 1 位。

我国农村人口多、能源短缺，且沿用传统落后的用能方式，带来了一系列生态环境问题：生物质能过度消耗，森林植被不断减少，水土流失和沙漠化严重，耕地有机质含量下降等。

6. 能源供应安全问题

中国未来能源供应安全问题，主要是石油和天然气的可靠供应问题。从 1993 年起，中国已成为石油净进口国，从 1996 年起，中国已成为原油净进口国，到了 2000 年，原油进口量已达 6960 万吨，到 2006 年，我国石油净进口量已增至 1.63 亿吨。中国的石油进口依存度(净进口量占消费量的比重) 2001 年只有 29.1％，2006 年上升到了 47.3％。

中国《2013 年国内外油气行业发展报告》称，2013 年，中国石油和天然气的对外依存度分别达到 58.1％和 31.6％，中国已成为全球第三大天然气消费国。报告预计，2014 年中国的石油需求增速将在 4％左右，达到 5.18 亿吨。石油和原油净进口量将分别达到 3.04 亿吨和 2.98 亿吨，较 2013 年增长 5.3％和 7.1％。石油对外依存度将达到 58.8％。

很显然，大量从国外进口石油，有可能引起国际油价攀升，油源和运输通道也易受到别国的控制。

1. 5. 3 中国能源发展对策

针对上述问题，中国能源的中长期发展应采取如下对策。

1. 坚持实行能源节约战略方针

提高能源利用效率是确保中国中长期能源供需平衡的基本措施。中国人口基数大，到 21 世纪中叶将超过 15 亿人，无论是从国内能源资源保证量考虑，还是从世界能源资源可获得量考虑，只有创造比目前工业化国家更高的能源利用效率，方可能做到在有限的资源保证下，实现经济高速增长和达到中等发达国家人均水平的目标，仅靠增加能源供应量无法确保能源供需平衡。因此，在中国的能源发展战略中，要把提高能源利用效率作为基本出发点，坚持实行能源节约战略方针，以广义节能为基础，以工业节能和石油节约为重点，依靠技术进步提高能源利用效率。

大量调查研究和案例分析表明，中国的节能潜力巨大。如采用国际先进工艺技术和设备代替现在采用的落后工艺技术和设备，节能潜力可达全国目前能源消费量的 50% 左右；如采用国内已有的先进工艺技术和设备取代现在采用的落后工艺技术和设备，节能潜力可达全国目前能源消费量的约 30%。

2. 大力优化能源结构

目前世界上大多数国家的能源结构以油气为主。在 1999 年的世界一次能源结构中，石油占 39.9%，天然气占 23.2%，两者共占 63.1%，此外，核电占 7.3%，水电占 2.6%，而煤炭仅占 27%。从世界各国的发展看，工业化国家均采取以油气为主的能源路线，逐步减少固体燃料的比例，以达到提高能源利用效率、降低能源系统成本、减轻环境污染、改善能源服务质量的目的。

由于自身资源特点、经济发展水平和历史等因素，中国一直保持着以煤炭为主要能源的能源结构。随着能源消费量的日益增大，这种能源结构的弊端日益明显和突出，应采取有力措施加以改变。但同时也要清醒地看到，要改变中国以煤炭为主要能源的能源结构，绝非短期可以办到的，需要几十年甚至更长的时间，需要采取多种措施来发展多种优质清洁的能源。

3. 积极发展洁净煤技术

即使大力推行能源优质化、多样化，煤炭在未来几十年内仍将是中国的主要能源。因此，积极发展洁净煤技术，努力降低燃煤对于环境的污染，应成为中国能源发展的重大措施之一。在近期，应把国内已商业化或有条件商业化的洁净煤技术纳入经济社会发展规划，并加以积极提倡和大力推广，如扩大原煤入洗比例、提高型煤普及率、推广水煤浆的应用等。对于中长期发展，则应采取措施大大减少煤炭在终端的直接利用，提高煤炭转换为电力和气体、液体燃料的比重，积极发展洁净煤燃烧技术等。

4. 大力开发利用新能源与可再生能源

近年来，世界新能源与可再生能源发展飞速，技术上逐步成熟，经济上也逐步为人们所接受。专家预测，不论是在技术上，还是在经济上，新能源与可再生能源的开发和利用，在几十年内将会有大的突破。

为加快新能源与可再生能源的发展，国家应加大研究开发和实现产业化生产的资金投入，并应采取减免税收、价格补贴以及贷款优惠等一系列激励政策。

5．采取措施保证能源供应安全

为保证能源供应安全、降低进口风险，应采取如下措施：

（1）实行油气产品进口的多元化、多边化和多途径方案；

（2）逐步建立起国家和地区的石油储备；

（3）努力发展石油替代产品。

1.5.4　中国的新能源与可再生能源

1．我国新能源与可再生能源的含义和分类

在中国新能源与可再生能源是指除常规化石能源和大中型水力发电、核裂变发电之外的生物质能、太阳能、风能、小水电、地热能以及海洋能等一次能源。这些能源资源丰富、可以再生、清洁干净，是最有前景的替代能源，将成为未来世界能源的基石。

1）生物质能

生物质能是蕴藏在生物质中的能量，是绿色植物通过叶绿素将太阳能转化为化学能而储存在生物质内部的能量。有机物中除矿物燃料以外的所有来源于动植物的能源物质均属于生物质能，通常包括木材及森林废弃物、农业废弃物、水生植物、油料植物、城市和工业有机废弃物以及动物粪便等。

生物质能的利用主要有直接燃烧、热化学转换和生物化学转换。生物质直接燃烧在今后相当长的时间内仍将是中国农村生物质能利用的主要方式。因此，改造热效率仅为10％左右的传统烧柴灶，推广热效率可达20％～30％的节柴灶这种技术简单、易于推广、效益明显的节能措施，被国家列为农村能源建设的重点任务之一。

2）太阳能

太阳能的转换和利用方式有光-热转换、光-电转换和光-化学转换等。

接收或聚集太阳能使之转换为热能，然后用于生产和生活的一些方面，是光-热转换即太阳能光热利用的基本方式。太阳能热水系统是太阳能热利用的主要形式。它是一种利用太阳能将水加热并储于水箱中以便利用的装置。太阳能产生的热能可以广泛应用于采暖、制冷、干燥、蒸馏、温室、烹饪以及工农业生产等各个领域，并可进行太阳能热发电。

利用光生伏打效应原理制成的太阳能电池，可将太阳的光能直接转换成为电能，称为光-电转换，即太阳能光电利用。

光-化学转换目前尚处于研究开发阶段，这种转换技术包括半导体电极产生电而电解水产生氢、利用氢氧化钙或金属氢化物热分解储能等内容。

3）风能

风能是指太阳辐射造成地球各部分受热不均匀，引起各地温差和气压不同，导致空气运动而产生的能量。利用风力机可将风能转换成电能、机械能和热能等。

风能利用的主要形式有风力发电、风力提水、风力致热以及风帆助航等。

4）小水电

所谓小水电，通常是指小水电站及与其相配套的小电网的统称。在1980年联合国召开的第二次国际小水电会议上，确定了以下3种小水电站容量范围：小型水电站（Small），

1001～12 000 kW；小小型水电站(Mini)，101～1000 kW；微型水电站(Micro)，l00 kW以下。按照中国国家计委规定，水电站总容量在 5 万千瓦以下的为小型水电站；5 万～25 万千瓦的为中型水电站；25 万千瓦以上的为大型水电站。在中国，自 20 世纪 70 年代以来，小水电一般是指单站容量在 12 000 kW 以下的小水电站及其配套小电网。但随着国民经济的发展，小水电的容量范围已向单站 50 000 kW 发展。目前中国农村村级以下办的小水电，多数属于容量为 100 kW 左右的微型水电站。

小水电的开发方式，按照集中水头的办法，可分为引水式、堤坝式和混合式 3 类。

5）地热能

地热资源是指在当前技术经济和地质环境条件下，地壳内能够科学、合理地开发出来的岩石中的热能量和地热流体中的热能量及其伴生的有用组分。地热能的利用方式主要有地热发电和地热直接利用两大类。不同品质的地热能可用于不同的目的。

流体温度为 200℃～400℃ 的地热能，主要可用于发电和综合利用；150℃～200℃ 的地热能，主要可用于发电、工业热加工、工业干燥和制冷；100℃～150℃ 的地热能，主要可用于采暖、工业干燥、脱水加工、回收盐类和双循环发电系统；50℃～100℃ 的地热能，主要可用于温室、采暖、家用热水、工业干燥和制冷；20℃～50℃ 的地热能，主要用于洗浴、养殖、种植和医疗等。

6）海洋能

海洋能是指蕴藏在海洋中的可再生能源，它包括潮汐能、波浪能、海流能、潮流能、海水温差能和海水盐差能等不同的能源形态。按储存的能量形式，可分为机械能、热能和化学能。潮汐能、波浪能、海流能和潮流能为机械能，海水温差能为热能，海水盐差能为化学能。

2. 发展新能源与可再生能源的近期目标

"十一五"期间，我国风能、太阳能、核能、生物质能等新能源产业发展迅猛，产业规模不断扩大，产业层次快速提升，产业政策体系逐步完善。未来五年，在国家政策推动和新能源技术驱动下，中国新能源产业将继续保持良好的发展态势。《能源发展"十二五"规划》已经发布，与"十一五"不同，新兴能源产业不仅包括了风能、太阳能、生物质能、核能等新能源的开发利用，也涵盖了清洁煤技术和智能电网等新能源利用技术，以及煤层气、天然气水合物等非常规油气资源。概念和涵盖领域的不同只是新能源产业的变化之一，更多的变与不变则体现于各细分领域的发展。

具体目标是：

(1) 风能。优化风电开发布局，有序推进华北、东北和西北等资源丰富地区风电建设，加快风能资源的分散开发利用。协调配套电网与风电开发建设，合理布局储能设施，建立保障风电并网运行的电力调度体系。积极开展海上风电项目示范，促进海上风电规模化发展。到 2015 年，全国风能发电装机规模达到 1 亿千瓦，在"十二五"末装机规模有望达到 1.3 亿千瓦，风电装备制造能力也将得到很大提高。

(2) 太阳能。加快太阳能多元化利用，推进光伏产业兼并重组和优化升级，大力推广与建筑结合的光伏发电，提高分布式利用规模，立足就地消纳建设大型光伏电站，积极开展太阳能热发电示范。加快发展建筑一体化太阳能应用，鼓励太阳能发电、采暖和制冷，太阳能中高温工业应用。到 2015 年，建成太阳能发电装机容量 2100 万千瓦以上，太阳能集热面积达到 4 亿平方米。

（3）生物质能。有序开发生物质能，以非粮燃料乙醇和生物柴油为重点，加快发展生物液体燃料。鼓励利用城市垃圾、大型养殖场废弃物建设沼气或发电项目。因地制宜利用农作物秸秆、林业剩余物发展生物质发电、气化和固体成型燃料。到 2015 年，生物质能利用量 5000 万吨标准煤，生物质能发电装机规模达到 1300 万千瓦，其中城市生活垃圾发电装机容量达到 300 万千瓦。

（4）地热能。稳步推进地热能开发利用，积极开发高温热储地区的地热资源，到 2015 年，各类地热能开发利用总量达到 1500 万吨标准煤，其中地热发电装机容量争取达到 10 万千瓦，浅层地温能建筑供热/制冷面积达到 5 亿平方米。

（5）小水电。统筹考虑中小流域的开发与保护，科学论证、因地制宜积极开发小水电，到 2015 年，建成 300 个水电新农村电气化县，新增小水电装机容量 1000 万千瓦。到 2020 年小水电装机容量达到 7500 万千瓦。

《能源发展"十二五"规划》提出，"十二五"时期，要加快能源生产和利用方式变革，强化节能优先战略，全面提高能源开发转化和利用效率，合理控制能源消费总量，构建安全、稳定、经济、清洁的现代能源产业体系。

综上所述，在本世纪，中国的新能源与可再生能源将会有更大、更快的发展，为中国的现代化建设做出更大的贡献。

1.6　电　　力

1.6.1　电力——理想的二次能源

18～19 世纪，伏打、安培、麦克斯韦、爱因斯坦等一大批科学家的发现、发明，奠定了电力世界的基础。如今，电力已是现代文明的象征，一个国家的人均用电量往往是该国经济发展水平的标志。

电的发现是个神奇的开始，电已经成为现在应用最多最广泛的二次能源。这个无声无息的庞然大物包围了我们的生活，电力已成为现代生产不可或缺的动力，已与现代生活密不可分。而没有电的世界如同没有阳光，是我们这些现代人无法想象的。

电能使用起来方便清洁，易于输送，容易转化成其他形式的能量，因此是一种十分理想的二次能源。

作为能源，电能是由一次能源转化来的。除了干电池、蓄电池，我们通常使用的电都是指从发电厂发出来的电。基本上，大部分的一次能源都在为电力行业服务，一次能源（特别是煤）对电力的转换率是一个国家能源结构是否先进合理的重要标志。

电力工业是国民经济的重要部门，关系着国家工业生产的命脉。所以发展电力是当今每个国家的重点。20 世纪 70 年代以前，世界电力处于大发展时期，那时电力年增长速度达 7%。在这之后电力发展开始减慢，特别是发达国家，电力增长速度降为 1%～3%，而发展中国家电力增长速度加快，达到 3%～5%，特别是中国和印度。

1.6.2　发电厂的类型与新能源发电

传统发电厂按其所用的一次能源的不同，可分为三种类型：火力发电厂、水力发电厂和核能发电厂。其中火力发电厂在全世界发电厂总装机容量中占 70% 以上。

以煤炭、石油、天然气等为燃料的发电厂，叫做火力发电厂。火力发电的原理是将燃料燃烧时的化学能转换为水蒸气的热能，水蒸气推动汽轮机转动，将热能转换为机械能，汽轮机带动发电机转动，将机械能转换为电能。

水力发电利用江河所蕴藏的能量来发电，水力发电厂的容量由江河上下游的水位差及江河的流量所决定。水力发电的原理和基本生产过程是：从江河较高处或水库内引水，利用水的压力或流速冲动水轮机旋转，水轮机再带动发电机旋转，从而发出电来。

核能发电是人类发展史上一项技术的飞跃。核能发电的原理是：核燃料在原子反应堆内发生链式反应，释放出大量的热能；用冷却剂将热能带出，将蒸汽发生器中的水加热成蒸汽；此后则与火力电站一样，以蒸汽为动力，去推动汽轮机带动发电机发电。

应当看到，当今世界仅依靠煤、石油、天然气和核能发电已面临资源枯竭和环境污染的双重压力，已不能适应世界人口和经济持续发展的需要。人们开始反思，为什么要把亿万年形成的煤、石油、天然气在 200～300 年内燃烧掉？为什么不能为我们的子孙后代多留一点宝贵的矿藏？人们迫切地呼唤新能源，希望用清洁的、可再生的太阳能、风能、生物质能、地热能、海洋能、氢能发电来取代煤电、油电、气电和核电。

因此，除了以上几种主要的发电形式之外，人类已经开始利用新能源和可再生能源来发电，比如光伏发电、风能发电、海洋能发电、生物质能发电、垃圾发电等。虽然这些新能源和可再生能源的利用才开始不久，使用的范围比较有限，新能源发电总量还不太大，但其 15%～40% 的年增长速度已足以让世界惊叹，被誉为全球增长最快的能源，它们已经为电力事业的发展打开了一个崭新的局面。

鉴于新能源与可再生能源发电有取之不竭的丰富资源和良好的环境效益和社会效益，一些发达国家已经拟定了到 2050 年，新能源发电将占本国电力市场 30%～50% 的目标。可以预见，在不久的将来新能源与可再生能源发电的装机比例将越来越大，最终成为人类开发电能的主要形式。一场新的能源革命已在悄然进行，它必将带来新的经济繁荣、新的社会理念和新的生活方式。

复 习 思 考 题

1-1　能源是什么？能源的分类有哪些方法？

1-2　常规能源有哪些，如何利用？

1-3　新能源和可再生资源有哪些，如何利用？近期的发展目标是什么？

1-4　人类利用能源经历了哪些阶段？

1-5　什么是能源结构、能源效率、能源环境、能源安全？

1-6　我国能源存在哪些问题？为实现能源的可持续发展，怎样解决这个问题？

1-7　电能有哪些优点？传统发电厂可以分为哪些类型？

第二章 火力发电技术

※ ※

当今世界能源消费以石油、煤炭、天然气排前三位，其中油、气消费占消费总量的60％左右。然而，许多专家预言，石油和天然气资源将在40年、最多50～60年内被耗尽，煤炭资源却相对比较丰富，估计可以再开采200年。火力发电是以燃烧煤炭、石油、天然气等化石燃料来生产电能的。我国煤炭资源相对丰富，煤炭保有储量为10 024.9亿吨，精查可采储量为893亿吨，占世界第一位，但石油和天然气资源却相对匮乏。因此，在今后相当一个时期内，以燃煤为主的火力发电仍将是我国的主要电能生产方式。

截至2013年底，全国发电装机容量达到12.47亿千瓦，超过美国，跃居世界第一位。其中，火力发电8.62亿千瓦(含煤电7.86亿千瓦、气电0.43亿千瓦)，占全部装机容量的69.13％，首次降低至70％以下，而非化石能源发电占总装机容量升至30.87％。

2.1 火力发电的基本原理

燃料具有化学能，通过燃烧的形式能够将化学能转换成热能，热能根据热力学原理能够转换成机械能。火力发电的任务是以最合理的热力学过程，高效安全地将燃料的化学能转换成电能。由于受人们认知的限制，人类在将燃料化学能转换成电能的过程中，大部分的化学能在转换过程中被消耗散发掉了，因此期望能研究出一种全新概念的过程，能将燃料的大部分化学能转换成电能，这是火力发电研究中的一个重要课题。

火电厂是一种将燃料的化学能转换成电能的能量转换工厂。火电厂有三大主要设备：锅炉、汽轮机和发电机。锅炉将燃料的化学能转换成蒸汽的热能；汽轮机将蒸汽的热能转换成转子旋转的机械能；发电机将转子旋转的机械能转换成电能。本章主要介绍锅炉、汽轮机设备怎样将燃料的化学能转换成汽轮机转子旋转的机械能。

近代火电厂还有一种以燃烧天然气或液态油为主的燃气轮机。这种燃气轮机没有锅炉，不再以蒸汽作为工作介质，而是将空气压缩成高压空气，送到燃烧室中与天然气或液态油混合后燃烧，得到高温高压的气体，该气体直接送入燃气轮机中膨胀做功带动发电机发电，做功后的低温低压气体排入大气。

2.1.1 工程热力学基本概念

工程热力学是研究热现象规律的学科，主要研究热能与机械能之间相互转换时的量与质的关系，着重研究热能转换成机械能的基本规律，寻求进行这种转换的最有利条件。

1. 热力学的常用术语

(1) 工质。在热能转换和传递过程中携带热能的工作介质称工质。水或水蒸气是携带热能最好的一种工质。

（2）状态。工质所存在的物理状态称为工质的状态。

（3）过程。工质从一种平衡状态到达另一种新的平衡状态所经历的变化过程称为热力过程。

（4）热力学系统。它是一个可识别的物质集团，与外界既有物质交换，也有能量交换的热力学系统称为开口系。

（5）恒定流。空间某点的工质流动速度随时间变化而保持不变的流动称为恒定流。实际中的工质流动大部分是非恒定流，但是在一个较短的时段内可以近似认为是恒定流。

2. 工质的状态参数

工质的状态常用六个状态参数来描述，其中三个是基本状态参数：比体积 v、温度 $t(T)$ 和压力 p；三个是导出状态参数：比内能 u、比焓 h 和比熵 s。基本状态参数能直接进行测量，导出状态参数需根据基本状态参数导出或进行专门的实验测得。在工程设计中，给出工质的温度 $t(T)$ 和压力 p，可根据状态参数表或曲线方便地查出比体积 v、比焓 h 和比熵 s。

（1）比体积 v。单位千克工质所占有的体积称为比体积，计算公式为

$$v = \frac{V}{m} \quad (\mathrm{m^3/kg}) \tag{2-1}$$

式中：m 为工质的质量，kg；V 为工质的体积，$\mathrm{m^3}$。

（2）温度 $t(T)$。温度是表示物体冷热程度的参数，温度的高低与分子平均动能的大小有关。温度有两种计量方法，因此有两种温度单位：摄氏温度 t，单位为"℃"（摄氏度），以 1 标准大气压（0.101 325 MPa）下水的结冰点作为零点的温度计量制；热力学温度 T，单位为"K"（开尔文），以绝对零度作为零点的温度计量制。

热力学温度比摄氏温度大 273.15，即

$$T = t + 273.15 \quad (\mathrm{K}) \tag{2-2}$$

例如水结冰时的摄氏温度 $t = 0℃$，热力学温度 $T = 273.15$ K。工程中为计算方便，常取热力学温度比摄氏温度数值大 273。

（3）压力 p。固体产生的压力方向总是垂直向下，大小为固体的重量除以受压面积。由于气体具有膨胀占据尽可能大的空间的特性，因此气体产生的压力的方向为四面八方垂直作用容器的壁面，大小为气体分子对容器壁面频繁撞击的平均结果。实际工程中，在密闭容器里的气体重量产生的向下压力远远小于气体膨胀产生的压力，因此，常忽略不计，认为气体对容器壁面四面八方作用的压力的大小处处相等。

在国际单位制中，压力的单位为帕斯卡（Pa = $\mathrm{N/m^2}$）。工程上常用 10^6 Pa（MPa）作为压力单位。过去我国使用工程大气压（at）和液柱（汞柱或水柱）高度作为压力单位，现已不用。遇到这些压力单位时，应按下列关系换算成 Pa 单位。

$$1 \text{ at} = 1 \text{ kgf/cm}^2 = 98\ 067 \text{ Pa}$$

$$1 \text{ mmHg} = 133.322 \text{ Pa}$$

$$1 \text{ mmH}_2\text{O} = 9.8100 \text{ Pa}$$

实际压力测量中，压力表计的读数是所测系统实际压力 p_j 与当地大气压力 p_amb 的差值。习惯上，称系统的实际压力 p_j 为绝对压力。当绝对压力高于当地大气压力时，称测量

表计的读数为表压力 p_e;当绝对压力低于当地大气压力时,称测量表计的读数为真空度或负压 p_z(绝对值)。几者之间的关系由图 2-1 表达,其数学关系为

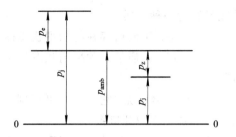

图 2-1 绝对压力、大气压力、表压力的关系

$$p_j = p_{amb} + p_e \qquad (2-3)$$

$$p_j = p_{amb} - p_z \qquad (2-4)$$

各地的大气压力随海拔及气候的变化而变化,在黄海零高程海平面上的当地大气绝对压力为 10.33 mH_2O,海拔每上升 900 m,p_{amb} 就下降 1 mH_2O。因此,在一定的 p_j 下,p_{amb}(可用气压计测定)不同,p_e 也不同,显然只有 p_j 才能真正反映工质的热力状态。所以热力学计算中的压力必须采用 p_j,若被测工质压力较高,通常把 p_{amb} 近似取为 0.1 MPa。

(4)比内能 u。比内能是单位千克工质内部所具有的分子内动能(微观动能)与内位能(与分子之间距离有关的微观位能)之和,单位为"kJ/kg"。

(5)比焓 h。比焓是单位千克工质的比内能与压力位能之和,即

$$h = u + pv \quad (kJ/kg) \qquad (2-5)$$

(6)比熵 s。当单位千克工质与外界发生微小的热交换 dq 时,在可逆过程中热交换量 dq 与工质的绝对温度 T 的比值等于比熵的微增量 ds,即

$$ds = \frac{dq}{T} \quad [kJ/(kg \cdot K)] \qquad (2-6)$$

比熵的概念非常抽象,但在热力学的热量计算中是非常有用的工具。

国际上规定以水的三相点(即 273.15 K)作为基准点,其液相水的比内能和比熵值均为零,其他任何状态下的比内能和比熵值均是相对于基准点的数值而言。

3. 工质的状态描述

在火电厂的动力设备中,工质的状态经历周而复始的变化,在热力学的分析时,需对工质状态进行描述。工质状态的描述有定量描述和定性描述两种。定量描述较多地用在需要进行热力学计算的场合,定性描述较多地用在对热力设备的热力过程进行分析的场合。

1)定量描述

工质每一个状态都有六个状态参数,只要其中任何两个状态参数数值确定,其他四个状态参数也为一定值。实际生产中比较容易得到的状态参数是工质的压力 p 和温度 t,所以根据工质的压力 p 和温度 t,在水蒸气性质表或水蒸气的焓熵图中能够方便地查出工质的比体积 v、比焓 h 和比熵 s,而比内能 u 可通过计算得到($u = h - pv$)。

水蒸气的焓熵图就是根据水蒸气表中的数据绘制而成的平面曲线图,因为简单直观,数据查取方便,因此是热力学计算的重要工具。图 2-2 为水蒸气的焓熵简图($h-s$ 图),实际的焓熵图曲线要更多。焓熵图的纵坐标为比焓 h,横坐标为比熵 s,坐标平面上任何一个点都表示工质的一个工况。坐标平面有等压力线 $p = f(h,s)$,等温度线 $t = f(h,s)$,等干度线 $x = f(h,s)$,等比体积线 $v = f(h,s)$。

根据工质的比焓 h 和比熵 s,能方便地查出工质的压力 p、温度 t 和干度 x 等。也可以根据工质的压力 p、温度 t,查出该状态点工质的比焓 h 和比熵 s。

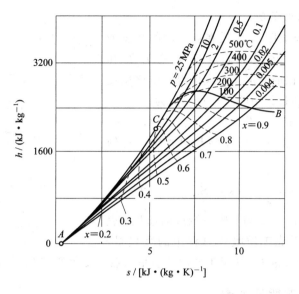

图 2-2 水蒸气的焓熵简图

2）定性描述

以工质的任意两个状态参数作为平面坐标的纵坐标和横坐标，坐标平面上任何一个点表示工质的一个状态，两个点之间的连线表示工质状态变化的过程。坐标平面图能够比较形象地表示工质状态变化的过程。

（1）$p-v$ 图（压容图）。设在一个没有机械摩擦阻力的活塞式汽缸中有 1 kg 蒸汽，见图 2-3，活塞行程在 l_1 处时工质的状态为 p_1 和 v_1，对应在 $p-v$ 图上为状态点 1，由外界给蒸汽加热 q，蒸汽膨胀做功使活塞移动到行程 l_2 处时工质的状态参数为 p_2 和 v_2，在 $p-v$ 图上为状态点 2。曲线 1-2 为蒸汽膨胀做功的过程曲线。

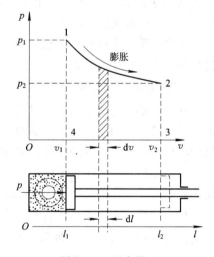

图 2-3 压容图

在面积为 A 的活塞上蒸汽作用的总压力为

$$P = pA \qquad (2-7)$$

活塞移动距离为 $\mathrm{d}l$ 时，蒸汽所做的微功为

$$\mathrm{d}w = P\,\mathrm{d}l = pA\,\mathrm{d}l \qquad (2-8)$$

则活塞从 l_1 走到 l_2 蒸汽所做的总功为

$$w = \int \mathrm{d}w = \int_{l_1}^{l_2} pA\,\mathrm{d}l \qquad (2-9)$$

因为活塞移动 $\mathrm{d}l$ 时，蒸汽的比体积变化 $\mathrm{d}v = A\,\mathrm{d}l$，所以

$$w = \int_{v_1}^{v_2} p\,\mathrm{d}v = S_{12341} \qquad (2-10)$$

式中，S_{12341} 为在压容图中从 1 点变化到 2 点，与 v 轴的 3、4 点所围成的面积。

S_{12341} 即过程曲线 1-2 与 v 轴围成的面积，定性地表示单位千克工质膨胀过程中所做的功，因此 $p-v$ 图又称为示功图。如果工质的状态是从点 2 变化到点 1，表示工质在外力作用下被压缩，工质做负功。

（2）T-s 图（温熵图）。工质在点 1 时的状态为 T_1 和 s_1，经过吸热过程变为状态点 2，状态为 T_2 和 s_2，见图 2-4。根据比熵的定义公式可得工质比熵变化 ds 时，工质在可逆过程中的微小吸热量为

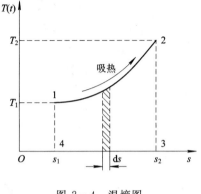

$$dq = T\,ds \qquad (2-11)$$

则工质在比熵从 s_1 变化到 s_2 整个吸热过程中的总的吸热量为

$$q = \int dq = \int_{s_1}^{s_2} T\,ds = S_{12341} \qquad (2-12)$$

图 2-4　温熵图

S_{12341} 即过程曲线 1-2 与 s 轴所围成的面积，表示可逆过程中单位千克工质吸热过程中的吸热量，因此 T-s 图又称为示热图。如果工质的状态是从点 2 变化到点 1，表示工质对外放热。

2.1.2　热力系统的能量平衡

1. 热力学定律

1）热力学第一定律

热力学第一定律是能量守恒与转换定律在热力学中的具体运用，具体表述为：热可以变为功，功也可以变为热。一定量的热消失时，必产生数量与之相当的功；消耗一定量的功时，也必将出现相应的热。

热力学第一定律确立了热能和机械能相互转换的数量关系，自然界有关热现象的各种过程都受这一定律的约束。

2）热力学第二定律

热力学第二定律是人们通过对自然界热现象变化规律的观察得到的结论。通过观察，人们发现符合热力学第一定律的过程并不一定都能够实现。例如，一个失去动力的飞轮，其旋转机械能可以自发地转换成轴承摩擦的热能，直到飞轮停止转动；而对飞轮加热，热能不会自发地转换成飞轮旋转的机械能。也就是说，功向热的转化可以是自发的，而热向功的转化是非自发的，要使过程得以进行，必须付出一定的代价。

热力学第二定律揭示了自然界事物变化的不可逆性，具体表述为：不可能制成一种循环动作的热机，只从一个热源吸取热量使之完全变为有用的功，而其他物体不发生变化。

2. 开口系恒定流热力系统的能量方程

图 2-5 为恒定流动开口热力系统，假设开口系与外界的物质交换为工质流量 m，与外界的热交换的热量为 Q，对外界做功为 W，在进口断面单位千克工质的参数为压力 p_1、比体积 v_1、比内能 u_1、宏观速度 c_1、宏观位置 z_1 和断面面积 A_1，在出口断面单位千克工质的参数为压力 p_2、比体积

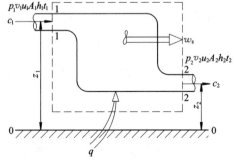

图 2-5　开口系热力系统能量平衡模型

v_2、比内能 u_2、宏观速度 c_2、宏观位置 z_2 和断面面积 A_2。根据能量守恒定律可得

$$Q - W = \frac{1}{2}m(c_2^2 - c_1^2) + mg(z_2 - z_1) + (U_2 - U_1) \qquad (2-13)$$

式中：Q 为 m kg 工质与外界的热交换量，$Q = mq$；W 为 m kg 工质在系统内对外所做的功，$W = mw$；U 为 m kg 工质的内能，$U = mu$。

m kg 工质在系统内对外所做的功由三部分组成：

（1）m kg 工质对外所做的机械功（正功）为 W_s，即

$$W_s = mw_s \qquad (2-14)$$

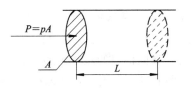

（2）进口处工质以总压力 $P_1 = p_1 A_1$ 克服前面的阻力，推动工质进入系统，见图 2-6，系统内的 m kg 工质对外做负功为

$$W_1 = P_1 L_1 = p_1 A_1 L_1 = p_1 V_1 = p_1 m v_1 \qquad (2-15)$$

图 2-6 压力做功示意图

式中：L_1 为总压力 P_1 做功所移动的距离；V_1 为总压力 P_1 做功移动距离 L 所形成的体积。根据比体积的公式（2-1），得 $V_1 = mv_1$。

（3）出口处工质以总压力 $P_2 = p_2 A_2$ 克服后面的阻力，使工质流出系统，系统内 m kg 工质对外做正功为

$$W_2 = P_2 L_2 = p_2 A_2 L_2 = p_2 V_2 = p_2 m v_2 \qquad (2-16)$$

式中：L_2 为总压力 P_2 做功所移动的距离；V_2 为总压力 P_2 做功移动距离 L 所形成的体积。同理根据比体积的公式（2-1），得 $V_2 = mv_2$。

将上述公式代入式（2-13），得

$$mq - mw_s + p_1 m v_1 - \beta m v_2 = \frac{1}{2}m(c_2^2 - c_1^2) + mg(z_2 - z_1) + m(u_2 - u_1)$$

最后得到开口系恒定流单位千克工质的能量方程为

$$q - w_s = \frac{1}{2}(c_2^2 - c_1^2) + g(z_2 - z_1) + (h_2 - h_1) \qquad (2-17)$$

对于汽轮机，由于汽缸的绝热性能较好，可认为与外界没有热量交换，即 $q \approx 0$，进出汽轮机工质的宏观动能变化和宏观位能变化较小，相对比焓的变化可以忽略不计，即 $\frac{1}{2}(c_2^2 - c_1^2) \approx 0$，$g(z_2 - z_1) \approx 0$，则开口系恒定流能量方程在汽轮机中的表达式为

$$w_s = h_1 - h_2 \qquad (2-18)$$

即水蒸气在绝热条件下流经汽轮机时，是通过水蒸气的焓降（$h_1 - h_2$）来将热能转变成机械功的。

对于回热加热器，由于对外界没有做功，即 $w_s = 0$，进出回热加热器工质的宏观动能变化和宏观位能变化较小，相对比焓的变化可以忽略不计，即 $\frac{1}{2}(c_2^2 - c_1^2) \approx 0$，$g(z_2 - z_1) \approx 0$，则开口系恒定流能量方程在回热加热器中的表达式为

$$q = h_2 - h_1 \qquad (2-19)$$

即锅炉给水在回热加热器中的吸热量等于水自身的比焓上升值（$h_2 - h_1$）。

对于喷嘴，由于与外界既没有热量交换（$q \approx 0$），也没有做功（$w_s = 0$），进出喷嘴工质

的宏观位能较小，与比焓的变化相比可以忽略不计，$g(z_2 - z_1) \approx 0$，则开口系恒定流能量方程在喷嘴中的表达式为

$$\frac{1}{2}(c_2^2 - c_1^2) = h_1 - h_2 \qquad (2-20)$$

即水蒸气在绝热条件下流经喷嘴时，是通过水蒸气的焓降$(h_1 - h_2)$来将热能转变成水蒸气的动能增加值的。

在给定工质的压力 p 和温度 T 条件下，通过查状态参数曲线或状态参数表，能够方便地查出工质的比焓 h，所以能量方程是热力学计算中一个重要的公式。

3. 热量传递的基本方法

（1）导热换热。导热换热是指单一固体内部或两接触物体之间在温度差的作用下进行的高温向低温的热量传递现象（导热换热在液体和气体中也能实现）。导热换热的特点是两传热物体之间有接触，无相对运动。

（2）对流换热。对流换热是指流动着的流体和固体表面接触时，在温差作用下进行的高温向低温的热量传递现象。如过热器，管外的高温烟气流与管外壁面发生相对运动，对流换热将高温烟气流的热量传递给管外壁面，管外壁面通过导热换热将热量传递到管内壁面，管内的低温蒸汽流与管内壁面发生相对运动，对流换热将管内壁面的热量传递给管内蒸汽流。因此，在各种热交换器的热量传递过程中，经历两个对流换热和一个导热换热。它的特点是两传热物体之间有接触，有相对运动。

（3）辐射换热。辐射换热是指物体通过发射电磁波向外传递热量的现象。任何物体只要温度高于绝对零度，物体内部的带电粒子热运动都会激发出一种电磁波，不断地将热能转变成辐射能向外发射。自然界的物体都具有发射和吸收辐射能的能力，不同的是，高温物体发射的热能多于吸收的热能使其温度降低，低温物体吸收的热量多于发射的热量使其温度上升，直到高温物体与低温物体的温度趋向一致，当两物体温度相同时，辐射换热仍在进行，但换热量为零，处于热动平衡状态。锅炉炉膛中央的高温火焰对四周的热交换器的传热，主要是辐射换热。它的特点是两传热物体之间无接触，无相对运动。

实际的传热过程往往是三种换热方式同时存在，单一的换热方式是极少见的。

4. 卡诺循环

卡诺循环是一个不计散热和摩擦等损耗的理想热力循环，由两个等温过程、两个绝热过程组成一个封闭的循环，见图 2-7。从图中看出：

过程 1→2，工质等温吸热过程，工质的温度不变，比熵从 s_1 增大到 s_2，吸热量为

$$q_1 = S_{12561} = T_1(s_2 - s_1) \qquad (2-21)$$

式中：S_{12561}为过程 1→2 与 s 轴所围成的面积。

过程 2→3，工质绝热膨胀过程，工质的比熵不变，温度从 T_1 下降到 T_2。

过程 3→4，工质等温放热过程，工质的温度不变，比熵从 s_2 减小到 s_1，放热量为

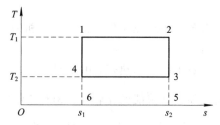

图 2-7　卡诺循环 T-s 图

$$q_2 = S_{43564} = T_2(s_2 - s_1) \qquad (2-22)$$

式中：S_{43564} 为过程 3→4 与 s 轴所围成的面积。

过程 4→1，工质绝热压缩过程，工质的比熵不变，温度从 T_2 上升到 T_1。

每经历一个循环，单位千克工质所做的功为

$$w = q_1 - q_2 \qquad (2-23)$$

卡诺循环的热效率为

$$\eta_t = \frac{w}{q_1} = \frac{q_1 - q_2}{q_1} = 1 - \frac{q_2}{q_1} = 1 - \frac{T_2(s_2 - s_1)}{T_1(s_2 - s_1)} = 1 - \frac{T_2}{T_1} \qquad (2-24)$$

式中：T_1 为工质在等温吸热过程中的温度，即高温热源温度；T_2 为工质在等温放热过程中的温度，即低温热源温度。

卡诺循环给出的三点重要结论：

（1）循环热效率取决于高、低温热源的温度 T_1、T_2，与工质的性质无关。提高 T_1 或降低 T_2 都可以提高循环热效率。

（2）循环热效率只能小于 1，因为 $T_1 = \infty$ 或 $T_2 = 0$ 都是不可能的。这说明在热机中不可能将从热源得到的热量全部转变为机械能，必然有一部分冷源损失。这遵循热力学第二定律。

（3）当 $T_1 = T_2$ 时，$\eta_t = 0$，这说明只有单一热源的热动力机是不存在的，要利用热能产生动力，就一定要有温差。

在实际火电厂热动力机的热力循环中，工质的上限温度 T_1 是由金属材料可以长期工作的允许使用温度决定的，根据目前的技术水平 T_1 很少高于 600℃。工质的下限温度 T_2 是由环境温度决定的，一般电厂周围的环境温度 T_2 为 20℃左右。假如实际火电厂的热力循环能按卡诺循环运行，则最高的卡诺循环热效率应为

$$\eta_t = 1 - \frac{T_2}{T_1} = 1 - \frac{273 + 20}{273 + 600} = 66.4\%$$

实际火电厂热力循环的热效率远远小于 66.4%，目前最现代的大型火电厂热力循环的热效率也很少达到 45%。

2.1.3　水蒸气的动力循环

1. 水蒸气的形成过程

1）水蒸气形成过程的常用名词定义

未饱和水——还没有汽化的水。

饱和水——刚开始汽化和正在汽化过程中的水。

饱和温度 t_s（汽化温度）——水刚开始汽化和正在汽化过程中的温度。

饱和压力 p_s（汽化压力）——水刚开始汽化和正在汽化过程中的压力，饱和压力与饱和温度有一一对应的关系。

饱和蒸汽——水汽共存时的蒸汽，蒸汽中含有水分时称湿饱和蒸汽，简称湿蒸汽；蒸汽中不含有水分时称干饱和蒸汽，简称干蒸汽。

过热蒸汽——对干蒸汽进一步加热到 t，就成为过热蒸汽，过热度 $D = t - t_s$。过热蒸汽的温度与压力不再有一一对应的关系，过热蒸汽的温度 t 完全由金属材料可以长期工作的许用温度决定。

干度 x ——水汽共存时的饱和蒸汽中的含水量，即

$$x = \frac{m}{m+n} \qquad (2-25)$$

式中：m 为湿蒸汽中的蒸汽质量；n 为湿蒸汽中的水分质量。

对于未饱和水和饱和水，$x=0$；对于干蒸汽和过热蒸汽，$x=1$；对于湿蒸汽，$0<x<1$。

2）水蒸气的形成

工质在从水转变成过热蒸汽的过程中，要经历预热、汽化和过热三个阶段。实际火电厂水蒸气的产生是在近似定压条件下进行的。以图 2-8 所示容器为例，水蒸气在定压条件下的形成过程如下：

容器中装有 1 kg 温度为 0℃ 的未饱和水（称过冷水），水面上压着活塞及重物，假设活塞与容器内壁面没有摩擦阻力，活塞及重物向下产生恒定的压力 p_a，使工质始终处于定压条件下。容器底部有高温热源不断地在加热。

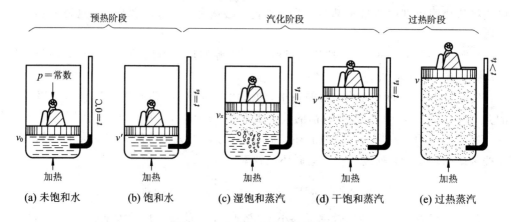

图 2-8　水蒸气在定压下的形成

（1）未饱和水的定压预热过程，见图 2-9 中的粗实线 p_a。

温度从 0℃ 上升到 t_{sa}；压力不变，$p=p_a$；比体积从 v_0 增大到 v'；比焓从 h_0 增大到 h'；比熵从 s_0 增大到 s'；干度不变，$x=0$；过程线是 $a_0 \rightarrow a'$；状态是从未饱和水变成饱和水；吸热量为液体热 $q'=h'-h_0$。

（2）饱和水的定压汽化过程。

温度不变，$t=t_{sa}$；压力不变，$p=p_a$；比体积从 v' 增大到 v''；比焓从 h' 增大到 h''；比熵从 s' 增大到 s''；干度从 $x=0$ 增大到 $x=1$；过程线是 $a' \rightarrow a''$；状态是从饱和水变成干蒸汽；吸热量为汽化潜热 $r=h''-h'$。

（3）干蒸汽的定压过热过程。

温度从 t_{sa} 增大到 t（一般不大于 600℃）；压力不变，$p=p_a$；比体积从 v'' 增大到 v；比焓从 h'' 增大到 h；比熵从 s'' 增大到 s；干度不变，$x=1$；过程线为 $a'' \rightarrow a$；状态是从干蒸汽变成过热蒸汽；吸热量为过热量 $q''=h-h''$。

单位千克工质从过冷水加热成过热蒸汽，整个过程的吸热量为

$$q = q' + r + q'' = h - h_0 \quad (\text{kJ/kg})$$

2. 水蒸气形成 $T-s$ 图上的一点、两线、三区域

如果加大活塞对水的压力，使定压 $p_b > p_a$，从未饱和水变成过热蒸汽同样要经历预热、汽化和过热三个阶段，见图 2-9 中 p_b 实线，不同的是由于压力升高，饱和温度 $t_{sb} > t_{sa}$，汽化过程缩短，所需的汽化潜热 r 减小；减小活塞对水的压力，使定压 $p_d < p_a$，从未饱和水变成过热蒸汽同样要经历预热、汽化和过热三个阶段，见图 2-9 中 p_d 实线，不同的是由于压力下降，饱和温度 $t_{sd} < t_{sa}$，汽化过程加长，所需的汽化潜热 r 增大。

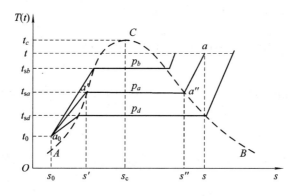

图 2-9 水蒸气形成的三阶段

将不同压力下的饱和水状态点连接起来，得 CA 线，称饱和水线；将不同压力下的干蒸汽状态点连接起来，得 CB 线，称干蒸汽线。在 $T-s$ 坐标平面图上得到一点、两线、三区域，见图 2-9 中的虚线。

一点：随着压力的升高，饱和温度升高，汽化过程缩短，所需的汽化潜热 r 减小，当压力 $p = 22.129$ MPa 时，不再有汽化过程，所需的汽化潜热 $r = 0$。该点称水的临界点 C。

两线：CA 线——饱和水线，不同压力下的饱和水状态点的连线，特点：$x = 0$；CB 线——干蒸汽线，不同压力下的干蒸汽状态点的连线，特点：$x = 1$。

三区域：CA 线的左边——未饱和水区，不同压力下未饱和水状态点的集合，特点：$x = 0$；CB 线的右边——过热蒸汽区，不同压力下过热蒸汽状态点的集合，特点：$x = 1$，过热度 $D = t - t_s$；CA 线与 CB 线之间——湿蒸汽区，不同压力下湿蒸汽状态点的集合，特点：$0 < x < 1$。

在图 2-2 的水蒸气 $h-s$ 图中也可以找到对应的 A、B、C 三点，CA 线为饱和水线，CB 线为干蒸汽线，与 $T-s$ 图不同的是，C 不在正上方，而是稍偏左的中部。

在相同的压力下，工质作为过热蒸汽状态时单位千克工质所携带的热能要比其他状态时所携带的热能多很多，从工质的状态参数表可以看出，随着工质压力的上升，工质的饱和温度也上升，工质所具有的比焓大大增加，工质所携带的热能大大增加。也就是说只有高压才有可能高温；只有高压高温，单位千克工质携带的热能才会大大增加。这样才能使热力设备的体积减小，投资节省，效率提高。所以现代大型火电厂锅炉和汽轮机的工作压力越来越高，最高工作压力已超过超临界压力 p_C。

3. 朗肯循环

朗肯循环是在水蒸气欲实现、却又难以实现卡诺循环的基础上提出的。

图 2-10 所示为设想采用水蒸气的卡诺循环。由图可见，卡诺循环只能应用干饱和蒸

汽(2 点所示)在汽轮机中膨胀做功,这时循环所能利用的温差将受限于临界温度(上限)和环境温度(下限),因此理论上的循环效率并不高;另外,蒸汽的膨胀做功(过程 2→3)均在湿蒸汽区,膨胀终点(3 点)的湿度太大,对汽轮机的安全很不利;再者,工质向冷源放热终了的状态仍为湿蒸汽状态(4 点),由于湿蒸汽的比体积,尤其在低压下要比水的比体积大几千倍,因此,需用很大的压缩机,且两相压缩技术上也难以实现。鉴于此,水蒸气的卡诺循环是难以实现的,但在其设想基础上加以改进,就得到了朗肯循环。

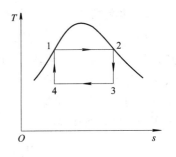

图 2-10　水蒸气卡诺循环

　　朗肯循环是一种实际的热力循环,实际火电厂的热力循环都遵循朗肯循环,并在此基础上进一步改进。

　　1) 朗肯循环的构成

　　朗肯循环的 T-s 图及其设备连接系统如图 2-11 所示。朗肯循环由 6 个过程构成一个封闭的热力循环。

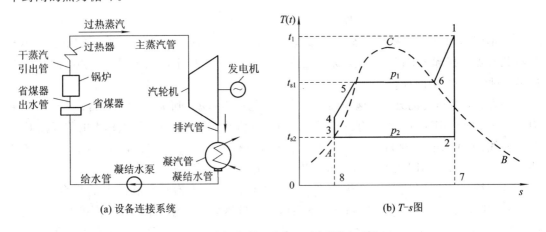

(a) 设备连接系统　　　　　　　　　　　　(b) T-s 图

图 2-11　朗肯循环的 T-s 图及设备连接

　　过程 1→2 为过热蒸汽在汽轮机内的绝热膨胀做功过程,所做的功为 $w_s = h_1 - h_2$;

　　过程 2→3 为乏汽(即汽轮机排汽)向凝汽器(冷源)的定压(p_2)等温放热的完全凝结过程,其放热量为汽化潜热 $r_f = h_2 - h_3$;

　　过程 3→4 为凝结水通过给水泵的绝热压缩过程,所消耗的功为 $w_p = h_4 - h_3$;

　　过程 4→5 为高压(p_1)水在省煤器和水冷壁的中下部定压预热的吸热过程,所吸收的热量为 $q' = h_5 - h_4$;

　　过程 5→6 为高压(p_1)水在水冷壁的上部等温汽化的吸热过程,所吸收的热量为汽化潜热 $r_x = h_6 - h_5$;

　　过程 6→1 为高压(p_1)干蒸汽在过热器中经定压过热而成为过热蒸汽的吸热过程,所吸收的热量为 $q'' = h_1 - h_6$;

　　6 个过程周而复始,永远循环。

　　比较图 2-11(b)与图 2-10 不难看到:朗肯循环与卡诺循环不同之处是:① 水在锅炉

内的吸热过程是非定温的；② 汽轮机进口处的蒸汽是过热蒸汽，而不是干饱和蒸汽；③ 乏汽的凝结是完全的，而不是在两相区。因此朗肯循环克服了卡诺循环所遇到的困难。

　　2）朗肯循环的热效率

　　不难理解，1 kg 工质按照朗肯循环工作，每循环一次向外输出的净功 w 应为汽轮机输出功 w_s 与水泵耗功 w_p 之差，或为从热源的吸热量 q_x 与向冷源的放热量 q_f 之差，即

$$w = w_s - w_p = (h_1 - h_2) - (h_4 - h_3) \tag{2-26}$$

或

$$w = q_x - q_f = (q' + r_x + q'') - r_f = (h_1 - h_4) - (h_2 - h_3) \tag{2-27}$$

　　可见，两种计算形式的 w 是一致的。w 从数量上即为 $T - s$ 图上循环包围的面积。所以朗肯循环的热效率为

$$\eta_t = \frac{w}{q_x} = \frac{(h_1 - h_2) - (h_4 - h_3)}{h_1 - h_4} = \frac{(h_1 - h_2) - (h_4 - h_3)}{h_1 - h_4 + h_3 - h_3} = \frac{(h_1 - h_2) - w_p}{(h_1 - h_3) - w_p}$$

$$\tag{2-28}$$

　　在现代高温、高压的火力发电厂中，给水泵对 1 kg 工质所做的功 w_p 远远小于 1 kg 工质对汽轮机所做的功 w_s，例如在 $p_1 = 17$ MPa 的火电厂，w_p 仅占 w_s 的 1.5% 左右。因此，在循环热效率计算中常将水泵做功忽略不计，则

$$\eta_t = \frac{h_1 - h_2}{h_1 - h_3} \tag{2-29}$$

式中：h_1 为压力为 p_1、温度为 t_1 下的过热蒸汽的比焓；h_2 为压力为 p_2 下的汽轮机乏汽（湿蒸汽）的比焓；h_3 为压力为 p_2 下的饱和水的比焓。

2.1.4　提高朗肯循环热效率的途径

　　提高朗肯循环热效率的途径可以从两个方面着手，共有五种措施，具体如下：
　　改变蒸汽参数：① 提高初参数；② 降低终参数。
　　改变热力循环：① 回热循环；② 再热循环；③ 热电联合循环。

1. 提高初参数

　　所谓的初参数就是汽轮机进口的过热蒸汽参数，也称新蒸汽参数。由于过热蒸汽的温度与压力不再有一一对应的关系，因此提高初参数又有提高初温和提高初压两种措施。

　　1）提高初温 t_1

　　在压力 p_1 不变的条件下，将过热蒸汽的温度从 t_1 提高到 t_1'，见图 2-12，在 $T-s$ 图上热力循环过程变成过程 $1' \to 2' \to 3 \to 4 \to 5 \to 6 \to 1'$。增加吸热面积 $S_{11'2'21}$ 的同时，也增加了放热面积 $S_{22'782}$，因此提高循环热效率的效果不是很明显。

　　优点：汽轮机排汽的乏汽状态点从点 2 移到点 2'，乏汽的干度 x 增大，乏汽中的水珠含量减少，水珠对叶片的腐蚀减轻，水珠对叶片背面的撞击阻力减小，有利于汽轮机的安全运行。

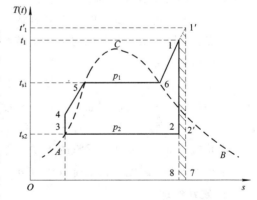

图 2-12　提高初温的 $T-s$ 图

受限条件：初温 t_1 的提高受金属材料热性能的限制，按目前的金属材料的技术水平，t_1 很少高于 600℃。

2）提高初压 p_1

在过热蒸汽温度 t_1 不变的条件下，将高压段的压力从 p_1 提高到 p_1'，高压段的饱和温度也从 t_{s1} 提高到 t_{s1}'，见图 2−13，在 T−s 图上热力循环过程变成过程 $1' \rightarrow 2' \rightarrow 3 \rightarrow 4 \rightarrow 5' \rightarrow 6' \rightarrow 1'$。在放热面积 $S_{32'783}$ 不变的条件下，吸热面积几乎净增加了面积 $S_{1'6545'6'1'}$，因此提高循环热效率的效果明显。

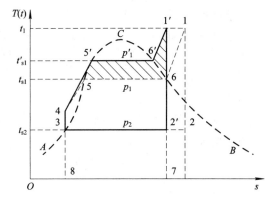

图 2−13　提高初压的 T−s 图

缺点：汽轮机排汽的乏汽状态点从点 2 移到点 $2'$，乏汽的干度 x 减小，乏汽中的水珠含量增多，水珠对叶片的腐蚀加重，水珠对叶片背面的撞击阻力增大，不利于汽轮机的安全运行，通常乏汽的干度 x 不得小于 0.88。

受限条件：初压 p_1 的提高受金属材料强度性能的限制。

结论：实际中在提高初压 p_1 的同时往往提高初温 t_1，提高初温 t_1 的主要目的是为了提高汽轮机排汽干度 x。

2. 降低终参数

终参数就是汽轮机排汽口的乏汽参数。由于乏汽是湿蒸汽，湿蒸汽的温度与压力有一一对应的关系，因此降低了乏汽的温度也就是降低了乏汽的压力。

将汽轮机的排汽温度从 t_{s2} 降低到 t_{s2}' 对应的排汽压力从 p_2 降低到 p_2'，见图 2−14，在 T−s 图上热力循环过程变成过程 $1 \rightarrow 2' \rightarrow 3'$ $\rightarrow 4' \rightarrow 5 \rightarrow 6 \rightarrow 1$。吸热面积增加了 $S_{4322'3'4'4}$，吸热面积增加的部分几乎全部来自放热面积的减小，因此循环热效率提高的效果最明显。

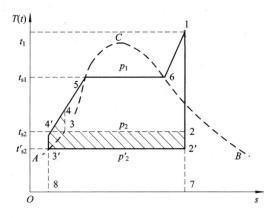

图 2−14　降低终压的 T−s 图

缺点：汽轮机排汽口乏汽的干度 x 减小，不利于汽轮机的安全运行。

受限条件：汽轮机排汽温度的降低是由冷却水的水温决定的，而冷却水的水温又由电厂周围的环境温度决定，例如冬天环境温度低，冷却水的水温低，夏天环境温度高，冷却水的水温高。另外，排汽压力的下降，乏汽的比体积增大，汽轮机末级叶片长度尺寸增大，使得汽轮机尾部尺寸加大，乏汽的干度 x 下降使汽轮机工作条件恶化，给汽轮机的制造运行带来很大困难，因此汽轮机排汽压力 p_2 一般不低于 0.0034 MPa。

3. 再热循环

再热循环原理见图 2−15，将在高压缸中做了部分功的蒸汽又送回到锅炉的再热器中，

再次加热到 t_1，然后重新引回到低压缸中继续做功。在 $T-s$ 图上热力循环过程变成过程 $1 \rightarrow 6' \rightarrow 1' \rightarrow 2' \rightarrow 3 \rightarrow 4 \rightarrow 5 \rightarrow 6 \rightarrow 1$，增加吸热面积 $S_{6'1'2'2'6'}$ 的同时，也增加了放热面积 $S_{22'782}$，只要再热压力取得合适（p_1 的 20%～25% 左右），仍能提高循环热效率，一次再热能提高循环热效率 3%～4.5%。

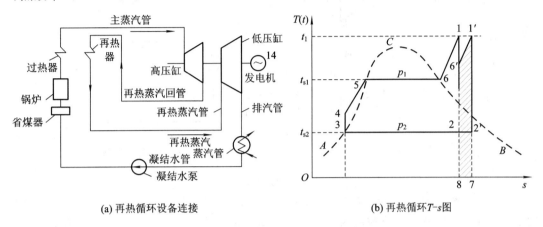

(a) 再热循环设备连接   (b) 再热循环 $T-s$ 图

图 2-15 再热循环示意图

优点：汽轮机排汽的乏汽状态点从点 2 移到点 2′，乏汽的干度 x 增大，有利于汽轮机的安全运行。另外，单位千克工质的做功增大，汽轮机的耗汽量减少，相应的过流设备的体积可以减小。

受限条件：每再热一次，在汽轮机与锅炉之间增加了一对再热蒸汽管道，汽轮机的汽缸增多，使管路复杂、设备增加，投资增大。一般最多采用两次再热循环（此时汽轮机有高、中、低三级汽缸）。

4. 回热循环

朗肯循环热效率比卡诺循环热效率低的根本原因是，朗肯循环过程中形成水蒸气的预热、汽化、过热三过程的工质温度是按低、中、高逐步上升的，而卡诺循环的水蒸气形成的工质温度是高恒温。因此，朗肯循环水蒸气形成的平均吸热温度比卡诺循环的水蒸气形成的吸热恒温度低很多。回热循环能提高朗肯循环工质预热前锅炉给水的水温，从而可以提高朗肯循环水蒸气形成的平均吸热温度，同时又减少了乏汽的放热量。

设进入汽轮机做功的新蒸汽质量为 1 kg，见图 2-16，将做了部分功的蒸汽从汽轮机汽缸中间级中抽出 a kg（a 小于 1），送到回热加热器中用来加热锅炉的给水，其余 $(1-a)$ kg 的蒸汽继续做功。a kg 蒸汽的热能一部分对汽轮机做功，余下的汽化潜热全部传递给锅炉给水，自己却成为冷凝水。一级回热加热抽汽能提高循环热效率 1%～2%，一般中压机组火电厂采用 2～5 级回热加热抽汽，高压机组火电厂采用 5～8 级回热加热抽汽。在给水泵进口前的回热加热器为低压回热加热，由于低压回热加热器中的锅炉给水压力较低，从汽轮机抽取的蒸汽温度不能太高，应在汽轮机的末几级抽取温度较低的蒸汽，否则会造成工质汽化。在给水泵出口后的回热加热器为高压回热加热，高压回热加热器中的锅炉给水压力较高，从汽轮机抽取的蒸汽温度允许高一点，应在汽轮机的前几级抽取温度较高的蒸汽。无论高压抽汽还是低压抽汽，都应保证被加热的水不发生汽化，否则由于蒸汽的吸热量远远小于水的吸热量，含汽量较高的工质通过炉膛内壁的水冷壁时，水冷壁的钢管容易发生熔化爆管事故。

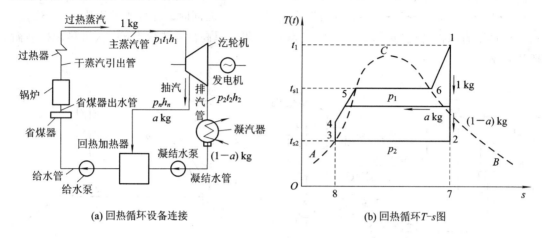

(a) 回热循环设备连接　　　　　(b) 回热循环 T-s 图

图 2-16　回热循环示意图

优点：对被抽取的这部分蒸汽来讲，在由蒸汽凝结成水的过程中，它的汽化潜热没有被冷却水带走，因此这部分蒸汽的热量利用率为 100%，所以对整个循环热效率提高的效果明显。另外，虽然单位千克工质在汽轮机中的做功减小使得耗汽量增大，但是整个循环的耗热量却减小。并且，抽汽后继续做功的蒸汽量减少使得汽缸体积可以减小、叶片长度可以缩短，相应的过流设备的体积也可以减小。

受限条件：每增加一次回热加热，就增加一根抽汽管、一根冷凝水管和一只回热加热器，使管路复杂、设备增加，而且随着抽汽次数的增加，循环热效率增加不再明显。

5. 热电联合循环

将在汽轮机中做了大部分功的蒸汽，通过供热管路送往火电厂外需要供热的热用户，例如食品厂、造纸厂、织布厂、印染厂的生产供热，企事业单位和居民的取暖供热；放热后的冷凝水全部或部分流回火电厂的热力循环系统，将原来由凝汽器冷却水带走的热量转为向热用户供热，提高了蒸汽热能的利用率，这种供电又供热的火电厂称为热电厂。

热电厂的热力循环根据排汽压力的不同有背压式热电循环和调节抽汽式热电循环两种。

1) 背压式热电循环

排汽压力为 0.13 MPa 左右（排汽温度高于107.1℃）的汽轮机称为背压式汽轮机，这种汽轮机的排汽压力、温度还能满足生产生活的供热要求，因此不设凝汽器，见图 2-17。汽轮机的排汽用供热管道全部送到热用户处作为热用户的热源，放热后的冷凝水部分或全部流回热电厂，再用给水泵送入锅炉。理论上讲，背压式热电循环没有凝汽器的放热损失，蒸汽的热量利用率为100%，但是由于供热管路的散热、漏汽等原因，热能利用率只有 65%～70%。

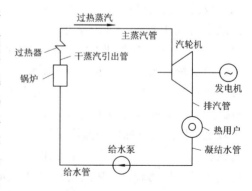

图 2-17　背压式热电循环热力设备示意图

缺点：由于汽轮机的排汽全部送往热用户，取消了凝汽器，因此，发电完全受供热的牵制，当热用户的耗汽量减小时，发电机的发电量被迫减小。

2）调节抽汽式热电循环

图2-18为调节抽汽式热电循环热力设备示意图。汽轮机排出高压缸的蒸汽压力为0.35 MPa左右（排汽温度高于138.88℃），排出高压缸仍具有较高压力和温度的蒸汽分两路：一路用供热管道送到热用户处作为热用户的热源，放热后的蒸汽引回火电厂热力系统，再送入低压回热加热器对冷凝水进行加热；另一路经调节阀送入低压缸继续做功，低压缸排出的乏汽由凝汽器冷却成冷凝水。由于高压缸排出的蒸汽还需到低压缸做功，所以高压缸的排汽压力不能太低。由于仍存在凝汽器的放热损失，所以这种热电循

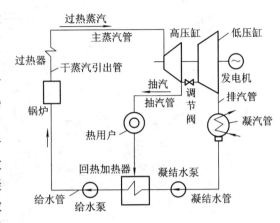

图2-18 调节抽汽式热电循环热力设备示意图

环的循环热效率比背压式热电循环低，但是比基本朗肯循环高。

调节阀的调节方法：当热负荷用汽量增大而电负荷不变时，开大汽轮机的总供汽阀，蒸汽供应量增加，同时关小调节阀，则高压缸的输出功率增大，低压缸的输出功率减小，汽轮机总的输出功率不变，增加的蒸汽供应量全送往热用户。当电负荷增大而热用户用汽量不变时，开大汽轮机的总供汽阀，蒸汽供应量增加，同时开大调节阀，则高压缸的输出功率增大，低压缸的输出功率也增大，汽轮机总的输出功率增大，增加的蒸汽供应量全送往低压缸，热用户的供汽量不变。

优点：供热与供电相互不受影响，因此在实际的热电厂中被广泛采用。

应该指出，提高基本朗肯循环热效率的措施尽管有5种，但实际改进后的循环热效率一般仍只有40%左右，现代大型火电厂也很难超过45%。

2.1.5 火电厂生产流程

火电厂动力设备的所有工作都是以锅炉为核心沿燃烧系统和汽水系统两条线展开的。下面以图2-19所示采用煤粉炉的火电厂为例，介绍两大系统的生产流程，涉及的具体数据以某超高压火电厂为例（该火电厂过热蒸汽压力为13.5 MPa，过热蒸汽温度为535℃）。

1. 燃烧系统生产流程

参看图2-19和图2-20。来自煤场的原煤经皮带机（1）输送到位置较高的原煤仓（2）中，原煤从原煤仓底部流出经给煤机（3）均匀地送入磨煤机（4）研磨成煤粉。自然界的大气经吸风口（23）由送风机（18）送到布置于锅炉垂直烟道中的空气预热器（17）内，接受烟气的加热，回收烟气余热。从空气预热器出来约250℃左右的热风分成两路：一路直接引入锅炉的燃烧器（11），作为二次风进入炉膛助燃；另一路则引入磨煤机入口，用来干燥、输送煤粉，这部分热风称为一次风。流动性极好的干燥煤粉与一次风组成的气粉混合物，经管路输送到粗粉分离器（5）进行粗粉分离，分离出的粗粉再送回到磨煤机入口重新研磨，而

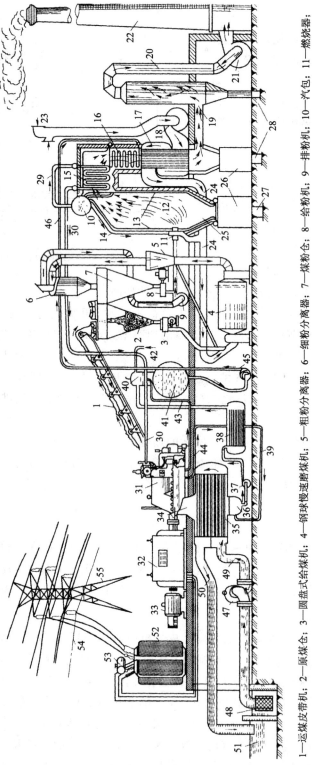

图 2－19　火力发电厂基本生产过程示意图

1—运煤皮带机；2—顶煤仓；3—圆盘式给煤机；4—钢球慢速磨煤机；5—粗粉分离器；6—细粉分离器；7—煤粉仓；8—给粉机；9—排粉机；10—汽包；11—燃烧器；12—炉膛；13—水冷壁；14—下降管；15—过热器；16—省煤器；17—空气预热器；18—送风机；19—引风机；20—烟道；21—烟囱；22—烟囱；23—送风机的吸风口；24—一次风道；25—冷灰斗；26—排渣排灰设备；27—冲渣沟；28—冲灰沟；29—饱和干蒸汽管；30—主蒸汽管；31—汽轮机；32—发电机；33—励磁机；34—主汽门；35—凝汽口；36—二次汽门；37—凝结水泵；38—低压回热加热器；39—低压加热器疏水箱；40—除氧器；41—给水箱；42—除氧器抽汽；43—凝汽器冷却水出水管；44—除氧加热抽汽；45—回热加热器；46—给水泵；47—冷却水泵；48—吸水滤网；49—冷却水箱；50—凝汽器冷却水入口；51—江河或热水池；52—主变压器；53—油枕；54—高压输电线；55—铁塔；

合格的细粉和一次风混合物送入细粉分离器(6)进行粉、气分离,分离出来的细粉送入煤粉仓(7)储存起来,由给粉机(8)根据锅炉热负荷的大小,控制煤粉仓底部放出的煤粉流量,同时将细粉分离器分离出来的一次风作为输送煤粉的动力,经过排粉机(9)加压后与给粉机送出的细粉再次混合成气粉混合物,由燃烧器喷入炉膛(12)燃烧。

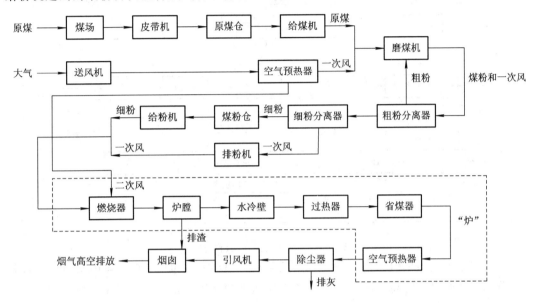

图 2-20 燃烧系统生产流程方框图

一次风、煤粉和二次风通过燃烧器,喷射进入炉膛后充分混合着燃烧,火焰中心温度高达 1600℃。火焰、高温烟气与布置于炉膛四壁的水冷壁(13)和炉膛上方的过热器(15)进行强烈的辐射、对流换热,将热量传递给水冷壁中的水和过热器中的蒸汽。燃尽的煤粉中少数颗粒较大的成为灰渣下落到炉膛底部的冷灰斗(25)中,由排渣设备(26)连续或定期排走,而大部分颗粒较小的煤粉燃尽后成为飞灰被烟气携带上行。在炉膛上部出口处的烟气温度仍高达 1100℃。为了吸收利用烟气携带的热量,在水平烟道及垂直烟道内,布置有过热器、再热器(本图中没设置)、省煤器(16)、空气预热器(17)。烟气和飞灰流经这些受热面时,进行对流换热,将烟气和飞灰的热量传给流经这些设备的蒸汽、水和空气,回收热能提高锅炉热效率。最后穿过空气预热器后的烟气和飞灰温度已下降到 110℃~130℃,失去了热能利用价值,经除尘器(19)除去烟气中的飞灰,由引风机(21)经烟囱(22)高空排入大气。

2. 汽水系统生产流程

参看图 2-19 和图 2-21。储存在给水箱(41)中的锅炉给水由给水泵(45)强行打入锅炉的高压管路(46),并导入省煤器。锅炉给水在省煤器管内吸收管外烟气和飞灰的热量,水温上升到 300℃左右,但从省煤器出来的水温仍低于该压力下的饱和温度(约 330℃),属高压未饱和水。水从省煤器出来后沿管路进入布置在锅炉外面顶部的汽包(10)。汽包下半部是水,上半部是蒸汽。高压未饱和水沿汽包底部的下降管(14)到达锅炉外面底部的下联箱,锅炉底部四周的下联箱上并联安装了许多水管,这些水管穿过炉墙进入锅炉炉膛,在炉膛四周内壁构成水冷壁(13),高压未饱和水在水冷壁的水管内由下向上流动吸收炉膛中心火焰的辐射传热和高温烟气的对流传热，由于蒸汽的吸热能力远远小于水，所以规定水冷壁内的水的汽化率不得大于40%，否则很容易因为工质来不及吸热发生水冷壁水管熔化爆管事故。

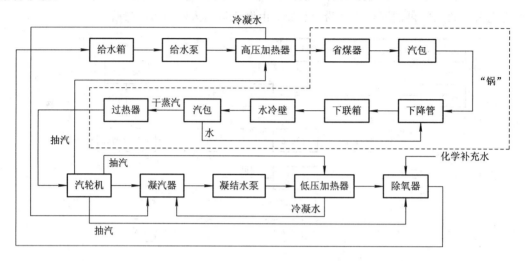

图 2-21 汽水系统生产流程方框图

水冷壁上部出口的汽水混合物再重新回到锅炉顶部的汽包内。在汽包内由汽水分离器进行分离，分离出来的高压饱和水与从省煤器送来的高压未饱和水混合后，再次通过下降管、下联箱、水冷壁，进行下一个水的汽化循环，汽包、下降管、下联箱和水冷壁构成水汽化的循环蒸发设备。而分离出来的高压饱和干蒸汽由饱和干蒸汽管(29)导入锅炉内炉膛顶部的过热器中，继续吸收火焰和烟气的热量，成为高温高压的过热蒸汽。压力和温度都符合要求并携带着巨大热能的过热蒸汽由主蒸汽管(30)送入汽轮机(31)，蒸汽在汽轮机中释放热能做功，将热能转为汽轮机转子旋转的机械能，做功后的低温低压乏汽从汽轮机乏汽口(34)排出，进入凝汽器(35)，由进入凝汽器的冷却水(49)带走乏汽的汽化潜热，乏汽全部凝结成凝结水，落入热井(36)中，再由凝结水泵(37)输送到低压回热加热器(38)，接受从汽轮机中抽出的做了部分功的蒸汽(44)对凝结水加热，以提高热力循环的热效率。抽出的蒸汽释放出汽化潜热后，自身全部凝结成水，由疏水管(39)送到热井中。从低压回热加热器出来的低压未饱和热水在除氧器(40)中进行除氧处理，除氧用的蒸汽来自汽轮机中做了部分功的抽汽(43)。汽水循环过程中总会有水汽泄漏、损失，因此必要时需向汽水系统补充经化学处理过的化学补充水(42)，凝结水和补充水全汇集在给水箱中，进行再一次汽水动力循环，从而完成了一个完整的封闭的水蒸气动力循环过程。

2.2 锅炉设备

锅炉在火电厂中占有重要的地位。从安全性方面看：由于火电厂的能量转换过程是连续进行的，一旦锅炉在运行中发生故障，必将影响到整个电能生产的正常进行。而且高温高压的锅炉不同于一般的机械设备，一旦发生重大事故，其后果是相当严重的。从经济性方面看：由于锅炉容量大，燃料耗用多，其运行好坏对节约燃料、降低发电成本影响很大。

2.2.1　锅炉设备概述

1. 锅炉的作用

锅炉是火电厂的三大主要设备之一。其作用是使燃料在炉内充分燃烧放热，并在锅炉内将工质由水加热成压力和温度都符合要求、流量足够的过热蒸汽，提供给汽轮机使用。

2. 锅炉设备的特性指标

（1）蒸发量。蒸发量也称锅炉容量，指锅炉在维持连续正常生产时每小时所生产的蒸汽量，即锅炉出口蒸汽量（t/h）。额定工况和最大连续工况下每小时的产汽量，分别称为锅炉的额定蒸发量和最大连续蒸发量。

（2）蒸汽参数。它指锅炉在额定工况或最大连续工况下，过热器出口过热蒸汽的压力（MPa）和温度（℃）及再热器出口再热蒸汽的温度（℃）。

（3）给水温度。给水温度指锅炉在额定工况或最大连续工况下，省煤器入口的水温（℃）。

（4）锅炉效率。锅炉效率指锅炉生产蒸汽的吸热量占锅炉输入燃料热量的百分比（η_b），即燃烧热量有效利用的程度。现代大型锅炉的热效率 η_b 在 $85\%\sim92\%$ 之间。

3. 锅炉的牌号

我国电厂锅炉目前采用三组或四组字码表示牌号。

中、高压锅炉采用三组字码。牌号中的第一组字码是锅炉制造厂家名称的汉语拼音缩写；第二组字码为一个分数形式，分子表示锅炉的蒸发量（t/h），分母表示过热蒸汽的压力（0.1 MPa）；第三组字码表示产品的设计序号。

超高压以上的锅炉均装有再热器，牌号采用四组字码表示，即在上述牌号的二、三组字码间再加一组字码，写成分数形式，其分子表示过热蒸汽的温度（℃），分母表示再热蒸汽的温度（℃）。

锅炉制造厂家名称的汉语拼音缩写：DG 表示东方锅炉厂；SG 表示上海锅炉厂；HG 表示哈尔滨锅炉厂；WG 表示武汉锅炉厂；BG 表示北京锅炉厂。例如：

$$DG—670/137—540/540—8$$

表示东方锅炉厂制造，过热蒸汽蒸发量为 670 t/h，过热蒸汽出口压力为 13.7 MPa，过热蒸汽温度为 540℃，再热蒸汽温度为 540℃，第八次设计。

4. 锅炉的分类

（1）按所用燃料分类，电厂锅炉可分为燃煤炉、燃油炉和燃气炉。我国电厂锅炉中燃油炉和燃气炉较少，主要是燃煤炉。这是由我国的能源政策所决定的，而且国家要求电厂锅炉尽量使用劣质煤。

（2）按锅炉的参数分类，电厂锅炉可分为高压锅炉、超高压锅炉、亚临界压力锅炉和超临界压力锅炉。

（3）按水冷壁内工质的流动动力分类，电厂锅炉可分为自然循环锅炉、强制循环锅炉和直流锅炉。

① 在高压锅炉中，水冷壁管内的工质自下而上流动的动力靠水和蒸汽的密度差形成上升的动力，这种锅炉称为自然循环锅炉。

② 在超高压和亚临界压力锅炉中，随着工作压力的提高，水和蒸汽的密度差越来越小，水冷壁管内的工质自下而上流动的上升动力也越来越小，当工作压力大于 19.2 MPa 时，在下降管中需串接循环水泵，在水泵与水和蒸汽的密度差共同作用下，强迫工质在水冷壁管内自下而上流动，这种锅炉称为强制循环锅炉。

③ 在超临界压力锅炉中，水和蒸汽的密度差等于零，水和蒸汽密度差形成的上升动力也为零，这时不再设置汽包，在给水泵压力作用下，工质在水冷壁、过热器中流动，一次性地完成预热、汽化和过热，这种锅炉称为直流锅炉。

（4）按煤的燃烧方法分类，电厂锅炉可分为层状燃烧锅炉、悬浮燃烧锅炉、旋风燃烧锅炉和流化燃烧锅炉四种。

① 在层状燃烧的锅炉中，块状固体燃料的燃烧在不断移动的链条式炉箅上进行，助燃空气从炉箅下面向上穿过煤块层，见图 2-22(a)，这种锅炉又称为链条炉。

② 悬浮燃烧适用粉状固体燃料、气体状燃料和液体状燃料，固体状燃料必须制成煤粉，相应的锅炉称煤粉炉。在悬浮燃烧的锅炉中，燃料与助燃空气一起从炉膛壁面上的燃烧器中喷射到炉膛中央，在空中一边下落，一边燃烧，见图 2-22(b)。

③ 在旋风燃烧的锅炉中，高速运动的煤粉与助燃空气沿切线方向进入专门的燃烧室，一边旋转，一边燃烧，见图 2-22(c)。

④ 流化燃烧方法介于层状燃烧和悬浮燃烧之间，具有一定粗细度的煤粒在炉床上保持一定的厚度，助燃空气从炉床下面向上将煤粒吹起，使煤粒悬浮在炉床上一定的高度范围燃烧，煤粒在空中上下运动就像开水沸腾一样，所以这种锅炉又称为沸腾炉，见图 2-22(d)。

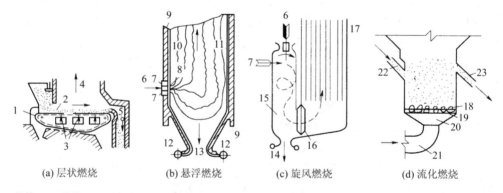

| (a) 层状燃烧 | (b) 悬浮燃烧 | (c) 旋风燃烧 | (d) 流化燃烧 |

1—炉箅；2—煤块；3—助燃空气；4—烟气；5—灰渣；6—煤粉与一次风；7—二次风；8—燃烧器；9—炉墙；
10—前墙水冷壁；11—后墙水冷壁；12—下联箱；13—灰渣；14—液态渣；15—旋风燃烧室；16—捕渣管束；
17—冷却室；18—风箱；19—布风板；20—风室；21—进风道；22—进煤口；23—溢灰口

图 2-22　典型燃烧方法示意图

（5）按风机工作方法分类，电厂锅炉可分为平衡通风负压锅炉和微正压锅炉。

引风机的引风能力略大于送风机的送风能力，造成炉膛的中心压力略小于大气压力，这种锅炉称为平衡通风负压锅炉；引风机的引风能力略小于送风机的送风能力，造成炉膛的中心压力略大于大气压力，这种锅炉称为微正压锅炉。

平衡通风负压锅炉由于炉膛中心压力小于大气压力，炉膛内的火焰、煤粉和飞灰不会向外喷射，对环境污染较小，因此在火电厂中普遍采用。

2.2.2　燃料的成分及发热量

燃料可分为固态燃料、液态燃料和气态燃料，我国电厂使用最多的是固态燃料——煤。

1. 煤的元素分析成分

煤的元素分析成分是燃煤锅炉设计和运行不可缺少的基本技术资料。煤的化学元素可达 30 多种，分析测定时，一般将煤中固态不可燃物质都归为灰分，这样煤的元素成分分为碳(C)、氢(H)、氧(O)、氮(N)、硫(S)、灰分(A)、水分(M)等七种。

在煤的七种成分中，只有碳、氢、硫是可燃成分。煤中一般碳的含量最高，可达 45%～90%。氢是煤中发热量最高的元素，但在煤中的含量很低，仅为 2%～6%。煤中的硫也是可燃成分，但属于有害成分。煤中硫的含量超过 1.5% 时，必须采取措施进行脱硫处理。

氧和氮是煤中的不可燃烧成分，但游离氧可以助燃。氮的含量约为 0.5%～2.5%，氮氧化物 NO_x 与硫一样也会造成对环境的污染。电厂锅炉的设计中，都设法降低 NO_x 的生成量。

煤在完全燃烧后形成的固态残余物即为灰分。灰分排入大气后会污染环境。煤的灰分含量一般为 10%～50%。灰分和水分含量高的煤称为劣质煤。

2. 煤的工业分析成分

煤的工业分析成分是指水、挥发分、灰分和固定碳四种成分的含量。同样是锅炉设计、运行中不可缺少的技术资料。煤的工业分析方法比较简单，一般的电厂都可以自己测定。

挥发分(V)不是以现成的状态存在于煤中，而是在煤的加热过程中，煤中有机质分解析出的气体物质，主要由一氧化碳(CO)、氢(H_2)、硫化氢(H_2S)、甲烷(CH_4)及其他碳氢化合物等可燃气体组成，也含有少量的氧(O_2)、二氧化碳(CO_2)、氮(N_2)等不可燃气体。挥发分是燃料燃烧的重要特性指标。由于挥发分的燃点低，易着火燃烧，故干燥无灰基挥发分 V_{daf} 含量是衡量煤是否好烧的依据。

煤在加热过程中相继失去水分和挥发物之后成为焦炭，它包括固定碳和灰分。

图 2-23 表示了两种分析成分之间的关系。

图 2-23　两种分析成分之间的关系

3. 煤的发热量

燃料的发热量是指每千克收到基燃料完全燃烧时所发出的热量，单位为"kJ/kg"。燃料发热量又分为高位发热量 $Q_{ar.gr.p}$ 和低位发热量 $Q_{ar.net.p}$ 两种，其差别在于后者扣除了燃料中水分和氢燃烧产生水分的汽化潜热。鉴于锅炉所排放烟气中的水蒸气未凝结放出汽化潜热，故实际均采用低位发热量作为锅炉热力计算的依据。

由于各种煤的发热量差异很大，为便于比较不同锅炉燃用不同煤时的效益，规定 $Q_{ar.net.p} = 29\ 308$ kJ/kg（即 7000 kcal/kg）的煤为标准煤。任何锅炉耗煤量 B 均可折算为标准煤耗煤量 B_n，即

$$B_n = \frac{BQ_{ar.net.p}}{29308} \quad (t/h) \tag{2-30}$$

2.2.3 减少对环境污染的措施

现代环境保护对电厂锅炉排放物的控制不再仅仅是烟气中的粉尘，对有害气体的排放也受到严格的控制。锅炉随烟气排放的有害气体主要有 NO_x 和 SO_2，大气中的 NO 和 SO_2 会产生温室效应，破坏臭氧层，形成酸雨等，对人类的生态环境带来极为不良的影响。

1. 脱硫措施

SO_2 是燃料中可燃成分硫的燃烧产物，其生成量与燃料的含硫量有关。利用碱性化合物、石灰石、白云石、氧化镁、氨或活性炭等作为吸附剂，使之与烟气混合接触后产生吸附作用，可将烟气中的二氧化硫清除掉。采用不同的吸附剂，可得到石膏、硫酸铵、硫黄、硫酸等不同的有价值的副产品（反应物）。烟气脱硫的方法有湿式和干式两大类。

1）在尾部烟道加烟气脱硫装置

目前应用最多的烟气脱硫方法是湿式石灰石洗涤法，脱硫效率可达 95% 以上。系统主要由吸附剂制作设备、吸收和氧化设备、烟气再热设备和石膏回收或抛弃设备组成。工作原理是石灰石粉加水制成含固量为 15%～30% 的浆液，从吸收塔上部的喷淋头雨淋般下落与上升的含硫烟气充分接触，烟气中的二氧化硫溶解于水，生成亚硫酸（H_2SO_3）并电离成氢离子（H^+）和亚硫酸根离子（HSO_3^-），进而被氧化，成为硫酸根离子（SO_4^{2-}），最后与石灰石在微酸性溶液中溶解并离解出的钙离子（Ca^{2+}）反应生成硫酸钙（$CaSO_4$），达到一定的过饱和浓度时，生成石膏。

2）流化燃烧

在流化床锅炉的燃烧过程中加入经磨碎的颗粒状石灰石或白云石作为吸附剂，在合理的 Ca 与 S 的配比下，脱硫率可达 80%～95%。这种方法属于干式脱硫方法，没有有价值的副产品。

2. 脱氮措施

NO 的生成除了与燃料本身的含氮量有关，还与燃烧初始加入的空气量及燃烧温度有关。采用分级燃烧或降低炉膛燃烧温度可以降低 NO 的生成。

1）分级燃烧

分级燃烧也就是分段送入空气，在燃烧开始着火时，先送入较少的空气量，这样由于初始燃烧区内氧气不足，减少了 NO 的生成。近年来，在某些大型锅炉中采用新型旋流式燃烧器，如双调风燃烧器、旋流分级燃烧器，可以保证不同燃烧阶段供风及时，送风量减少，具有分级燃烧的效果，能减少有害气体 NO 的生成。

2）降低燃烧温度

适当降低炉膛的燃烧温度，能抑制 NO 的生成。流化床燃烧属于低温燃烧，是近几十年发展起来的新型燃烧技术，能减少对设备的腐蚀和对大气的污染。流化床的燃烧炉膛温

度一般控制在 800℃～950℃。新一代沸腾炉即循环流化床锅炉，已开始在电厂应用，这种将没有燃尽的碳粒重新送回到锅炉循环燃烧的方法，既减少了 NO 对环境的污染，又大大提高了锅炉效益，最高锅炉效率可达 90%，完全能与煤粉炉媲美。

2.2.4　锅炉设备的组成

锅炉设备占火电厂动力设备的大部分，并且体积庞大、品种繁多、结构复杂。锅炉设备由锅炉本体和辅助设备组成。锅炉本体又由燃烧系统和汽水系统两大部分组成。辅助设备包括燃料输送系统、制粉系统、给水系统、通风系统和除灰系统。

煤粉炉的燃料与空气接触面积大，燃烧速度快，燃烧效率高，适用于大容量锅炉，在大中型锅炉中普遍采用煤粉炉。因此我们只对煤粉炉锅炉的设备进行介绍。图 2-24 为 HG-2008/186M 型煤粉炉总图，该锅炉的蒸发量为 2008 t/h。

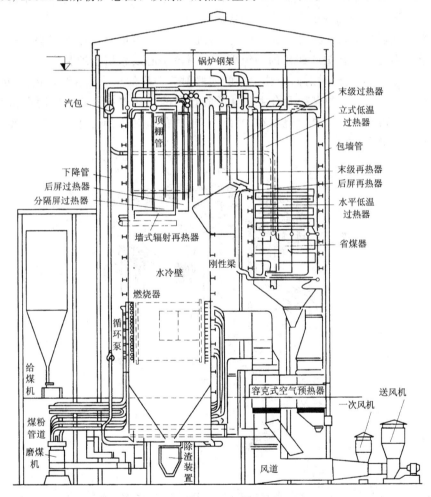

图 2-24　HG-2008/186M 型煤粉炉总图

1. 锅炉燃烧系统

锅炉的燃烧系统就是锅炉的"炉"，见图 2-20 中的虚线框内，其任务是使燃料在炉内充分燃烧放热，并将热量尽可能多地传递给工质。锅炉的燃烧系统主要由燃烧器、炉膛和空气预热器组成，完成对省煤器和水冷壁水管内的水加热，对过热器和再热器管内的干蒸汽加热，对空气预热器管内的空气加热。

　　1）燃烧器

　　燃烧器的作用是将一次风、二次风和煤粉充分混合在一起并喷入炉膛。性能良好的燃烧器应能使喷入炉膛的一次风、二次风和煤粉在炉膛中央空间充分混合，浓度分布均匀，燃料着火并稳定燃尽，火焰充满整个炉膛。燃烧器有旋流式燃烧器和直流式燃烧器两种形式。

　　（1）旋流式燃烧器。旋流式燃烧器将一次风和煤粉经一次风管入口处的一次风挡板后喷入炉膛。一次风管内装有点火用的中心喷油管，借助于中心喷油管出口端的扩流锥，使一次风和煤粉扩散。二次风经二次风叶轮后，由于叶片的引导作用而产生旋转，其旋转强度可通过调整叶轮的轴向位置进行调节。不同的旋流强度下，一、二次风和煤粉的混合就不一样，从而适应不同煤种迅速着火的需要。

　　（2）直流式燃烧器。直流式燃烧器的一、二次风和煤粉均以直流方式喷入炉膛。射流自身不旋转，而是布置在炉膛四角的四组喷嘴的射流中心线相切于炉膛中央的一个假想的相切圆，见图2-25，使同时射向炉膛中央的四股射流合成的总气流在炉膛内旋转，形成一个旋转火炬。一、二次风和煤粉混合强烈，形成有利的加热着火条件，保证煤粉燃烧及燃尽。图2-25是四角布置直流燃烧器在炉膛中心形成的旋转火炬，每一个角上都有一组含三个喷口的直流燃烧器。

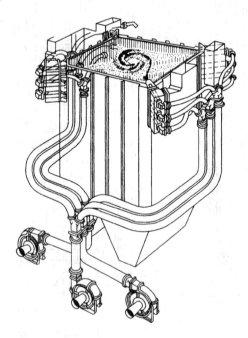

图2-25　四角布置直流燃烧器形成的旋转火炬

　　通常，直流燃烧器的一组喷口中，分别有二次风喷口与一次风和煤粉喷口，上下相互间隔排列，其中，二次风喷口中配置有一定数量的点火油枪。喷口的头部可以上下做20°摆动，以便根据需要改变喷射的角度，达到调整一、二次风混合的时间及调整火炬中心位置的目的。

2）炉膛

炉膛是一个用耐火材料砌成的巨大的煤粉燃烧空间，煤粉的化学能在炉膛中充分释放成火焰和烟气的热能，煤粉炉炉膛中心温度可达 1600℃，工质的热量吸取主要在这里完成。2008 t/h 锅炉的炉膛空间尺寸约为 20 m×20 m×74 m（长×宽×高）。锅炉的炉膛与水平烟道、垂直烟道构成"π"形，炉膛的底部为排渣的冷灰斗。

3）空气预热器

空气预热器的作用是利用尾部烟道的烟气余热加热送风机送入的空气，回收排放烟气的余热，提高锅炉热效率。被加热的空气温度可达 250℃ 左右，高温空气有助于煤粉的燃烧，同时还用来加热、干燥和输送煤粉，干燥的煤粉流动性极好，用空气输送极为方便。空气预热器在结构上应保证烟气与被加热的空气只进行热量的传递，两气体相互隔离。

常见的空气预热器有管式空气预热和回转式空气预热两种工作方式。

2. 锅炉汽水系统

锅炉的汽水系统就是锅炉的"锅"，见图 2-21 中虚线框内，其任务是对水进行预热、汽化和蒸汽的过热，并尽可能多地吸收火焰和烟气的热量。锅炉的汽水系统由水的预热汽化系统和干蒸汽的过热再热系统组成。

1）水的预热汽化系统

水的预热汽化系统由汽包、下降管、下联箱、水冷壁和省煤器组成，其中只有水冷壁和省煤器位于炉膛内部接受高温火焰和烟气的传热，其他部件都位于炉膛外面为不受热部件。汽包、下降管、下联箱和水冷壁构成水的汽化循环系统，其作用是使汽包中的未饱和水在系统内不断循环流动，并在流经水冷壁时进行水的汽化，将未饱和水转换成饱和蒸汽。图 2-26 为水的汽化循环系统原理图。

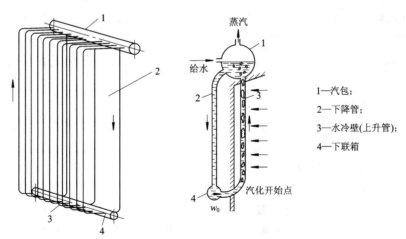

图 2-26　水的汽化循环系统原理图

（1）汽包。汽包位于不受热的锅炉外顶部，大的汽包直径达 1.6～1.7 m，筒壁厚达 80～100 mm，汽包长度一般与锅炉的宽度相对应。

汽包是汽水系统高压流段唯一的一只压力容器，是工质预热、汽化和过热的中心枢纽部件。汽包接受省煤器送来的未饱和水，内有旋风式汽水分离器，将水冷壁送来的汽水混合物进行汽水分离，再向过热器送出干饱和蒸汽。

在汽水系统的封闭循环中，工质流动的大部分流道不是单根的管道就是并列的管排，工质在管道或管排中匆匆而过，永不停息，只有在汽包中才有可能稍作停留，汽包的巨大容积对工质的供给具有一定的调节缓冲能力。

（2）下降管。用直径较大的钢管沿锅炉四个外壁面将汽包中的未饱和水分别下送到锅炉外底部的下联箱，这些钢管即为下降管。下降管为不受热部件。

（3）联箱。联箱就是一根直径较大的钢管，钢管上均布了许多支管，这些支管称为管排，直径较大的钢管称为联箱。在锅炉设备中无论是蒸汽流、水流还是烟气流，凡是需要进行大面积热交换时，都采用管排结构，以增大热交换面积。管排的进口处设一根进口联箱，可以均压分流；出口处设一根出口联箱，可以收集汇流。

（4）水冷壁。水冷壁由均布炉膛内壁的吸热钢管组成，炉膛内四壁的水冷壁水管起码需分成四组，每一组水管的进口并联接在底部的下联箱上，出口并联接在顶部的上联箱上，工质由下而上地通过水管内部，每一组水冷壁的水管相互之间为并联关系，这种管路布置称为管排。水冷壁、过热器、再热器、省煤器、回热加热器等都是管排结构。下联箱上的并列钢管穿过炉墙均布于炉膛内壁，形成管排布置形式的吸热钢管。从下联箱进入水冷壁钢管的水一边上升，一边吸收炉膛中央高温火焰的辐射换热，到达上部出口时，管内一部分水汽化成蒸汽，汽水混合物从水冷壁出来后再送回汽包进行汽水分离，分离出来的水再次进入下降管、下联箱、水冷壁进行循环汽化；分离出来的干蒸汽送往过热器进一步加热。

小型锅炉中，由于水冷壁钢管数目较少，水冷壁出口直接与汽包连接，如图 2-26 所示。大型锅炉由于水冷壁钢管数目较多，水冷壁出口不直接与汽包连接，而是分成几组通过上联箱汇集后再与汽包连接。

（5）省煤器。省煤器通常布置在垂直烟道中的空气预热器前面，回收烟气的余热，对管内的锅炉给水进行预热，节省燃料，提高锅炉效率。省煤器出口联箱的水温一般低于该压力下的饱和温度 20℃～25℃，保证工质没有汽化。省煤器为蛇形管管排结构，管排进口设进口联箱，管排出口设出口联箱。

2）干蒸汽的过热再热系统

干蒸汽的过热系统由过热器和再热器组成。过热器的进口干蒸汽来自汽包，过热器的出口过热蒸汽送往汽轮机做功；再热器的进口干蒸汽来自汽轮机高压缸已经做了部分功的、温度和压力都已经下降的蒸汽，再热器的出口再热蒸汽送往汽轮机中压缸继续做功。

（1）过热器。过热器布置在炉膛的顶部和水平烟道内，接受管外的火焰和高温烟气的传热，将管内的干蒸汽加热成过热蒸汽。过热器为管排结构，管排进口设进口联箱，管排出口设出口联箱。有蛇形管式过热器、屏式过热器和顶棚式过热器等多种形式。

图 2-27 为大型自然循环锅炉过热器的布置原理图，从不受热的汽包（4）出来的干蒸汽经干蒸汽管（5），先后流经受热的辐射换热过热器（1）和（3）、顶棚过热器（6）、屏式过热器（8）、立式过热器（9）、卧式过热器（12），经过高温火焰和烟气的加热，干蒸汽变成压力和温度都合格的过热蒸汽，最后从过热蒸汽出口联箱（13）流出送往汽轮机。

（2）再热器。再热器只在超高压的锅炉中采用，布置在水平烟道与垂直烟道的转角处，接受管外的高温烟气的传热，将在汽轮机高压缸中做了部分功的蒸汽重新加热到原来的过

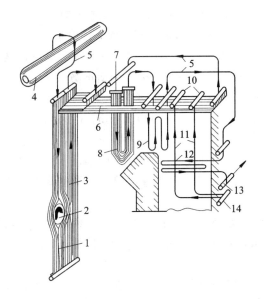

1—辐射换热过热器的下降管；
2—燃烧器的喷嘴孔；
3—辐射换热过热器的上升管；
4—汽包；
5—干蒸汽管；
6—顶棚式过热器；
7—蒸汽减温器；
8—屏式过热器；
9—立式过热器；
10—悬吊管工质的出口联箱；
11—悬吊管；
12—卧式过热器；
13—过热蒸汽出口联箱；
14—悬吊管工质进口联箱

图 2-27　大型自然循环锅炉过热器的布置原理图

热温度。高温段再热器常与过热器相似，低温段再热器常与省煤器相似。

3）燃料输送系统

燃料输送系统由皮带机、原煤仓和给煤机组成，完成对原煤的输送、储存和供给。

（1）皮带机。皮带机用来将煤场的原煤输送到高处的原煤仓中。

（2）原煤仓。原煤仓为一个巨型四棱形漏斗状原煤储存容器，巨大的容积对原煤供给具有一定调控能力，漏斗底部受给煤机控制给出原煤。

（3）给煤机。给煤机的作用是根据磨煤机的工作速率，从原煤仓底部均匀地将原煤送入磨煤机中。有圆盘式给煤机和电磁振动式给煤机两种形式。

4）制粉系统

制粉系统的任务是生产流量足够、颗粒大小符合要求的煤粉，满足锅炉燃烧需求。制粉系统有中间储仓式和直吹式两种形式。

中间储仓式制粉系统由磨煤机、粗粉分离器、细粉分离器、煤粉仓、给粉机和排粉机组成，磨煤机与粗粉分离器是分开的两个设备。

在直吹式制粉系统中，不设细粉分离器、煤粉仓和给粉机，粗粉分离器直接装在磨煤机的上部，外形如同一个设备。

（1）磨煤机。磨煤机的作用是将原煤粉碎及研磨成颗粒直径合适的煤粉。煤粉研磨的过细，浪费动力电能；煤粉研磨过粗，煤粉在炉膛中来不及燃尽就掉入炉膛底部的冷灰斗里，造成可燃碳的丢失。磨煤机有低速磨煤机、中速磨煤机和高速磨煤机三种形式。

① 低速磨煤机。低速磨煤机的工作转速为 15～25 r/min。在我国，200 MW 以下的燃煤机组中，应用最多的是低速筒式球磨机。其主体是一个直径达 2～4 m、长达 3～10 m 的钢制大转筒，筒内装有约占转筒容积 25% 的钢球，钢球的直径为 25～60 mm，筒体两端为空心的轴颈，由轴承支撑。原煤和一次热风从左边进口管经空心轴颈送入大转筒，筒内壁波浪形护甲携带原煤和钢球上下翻滚，原煤在钢球的撞击、挤压和碾磨下被磨制成煤粉。

一次风在筒内干燥煤粉并携带煤粉，以气粉混合物的形式从右端空心轴颈经出口管流出磨煤机。球磨机工作可靠，产粉量大，适应不同煤种，但体积庞大，耗电量大，噪音大。

②中速磨煤机。中速磨煤机的工作转速为 50～300 r/min。中速磨煤机在结构上都是由转动的磨盘和碾磨部件转辊或钢球组成，工作原理是标准的研磨方式。中速磨煤机结构紧凑，噪音低，耗电量小，但部件易磨损，不宜磨硬煤和水分较多、灰分较大的煤。

③高速磨煤机。高速磨煤机的工作转速为 500～1500 r/min。高速磨煤机用得最多的是风扇磨，其结构与风机类似，主要由装有冲击板的叶轮和蜗壳组成，是典型的搅拌粉碎机原理。风扇磨除有磨煤的功能外，还具风机作用，通风效果强烈，干燥煤粉的作用明显，适宜磨制水分较大的煤种，但由于冲击板和护甲磨损严重，只适宜磨制高水分褐煤及软质烟煤。

（2）粗粉分离器。粗粉分离器的作用是将煤粉中颗粒偏大的不合格粗粉分离出来送回到磨煤机中重新研磨。分离器主要是根据颗粒偏大煤粉的重力、惯性力、离心力都较大的原理，将粗细煤粉进行分离的。

（3）细粉分离器。细粉分离器的作用是将细粉与一次风进行分离。分离原理仍然是根据质量较大的细粉的重力、惯性力、离心力都比风大，从而将细粉与一次风分离的。

（4）煤粉仓。煤粉仓与原煤仓相似，也是一个巨型四棱形漏斗状容器，其作用是用来中间储存细粉分离器分离出来的细煤粉。当锅炉的耗粉量发生变化时，煤粉仓对煤粉的供需具有一定的调节能力，降低了对磨煤机工作速率的要求。

（5）给粉机。给粉机能根据锅炉燃烧的耗粉量从煤粉仓的漏斗底部均匀地送出细煤粉，与排粉机送出的一次风再次混合进入燃烧器。给粉机可以调节给出的煤粉量，并具有锁气功能，保证从排粉机出来的一次风不向煤粉仓倒灌。

（6）排粉机。排粉机就是一种风机，其作用是对细粉分离器分离出来的一次风进行加压，继续输送从给粉机给出的细粉到燃烧器。

5）给水系统

给水系统的作用是向锅炉提供压力足够高的高压未饱和水，因为只有高压才能高温，工质在高压高温下能携带更多的热量。给水系统由给水箱和给水泵组成。

（1）给水箱。给水箱的作用是储存经过除氧后的低压水。位于厂房最高处的给水箱是汽水系统低压流段中唯一的一只压力容器，巨大的容积对水量供给具有一定的调控能力。

（2）给水泵。给水泵的作用是将低压饱和水加压成高压未饱和水。给水泵一般采用多级串联离心式高压水泵，水泵的进出口压力提升相当大。以图 2-21 超高压火电厂为例，给水泵的进口压力为 0.14 MPa，出口压力高达 13.5 MPa。

6）通风系统

锅炉的通风系统主要由送风机、引风机和烟囱组成。锅炉燃烧需要强迫通入大量的空气助燃，通风系统的作用是保证足够的空气进入炉膛并及时排出。

（1）送风机。送风机位于燃烧系统的首端，作用是将大气压入锅炉的燃烧系统，一路用来干燥、输送煤粉（称为一次风），另一路用来向炉膛中央提供充足的助燃空气（称为二次风）。

（2）引风机。引风机位于燃烧系统的末端，作用是将燃烧系统中经充分燃烧后的废弃烟气抽出从烟囱高空排放。

引风机与送风机配合工作，能使得炉膛中心压力保持微正压或微负压。常用的风机有离心式风机和轴流式风机。高空排放的烟囱也具有强大的吸风效果，有助于空气的流动。

7）除尘系统

除尘系统的设备为除尘器。在炉膛中燃烧的煤粉 95％变成飞灰随烟气进入烟道，除尘器对即将进入烟囱高空排放的烟气进行除尘，减少对环境的污染。

（1）干式除尘器。干式除尘过程中不需要水，节省了大量的工业用水，比较适合水源较少的地区。收集到的煤灰是干灰，便于回收利用。干式除尘器又有旋风式除尘器和静电除尘器两种。

① 旋风式除尘器。旋风式除尘器的工作原理与细粉分离器完全一样，除尘效果较差。

② 静电除尘器。静电除尘器有板式和管式两种形式，图 2-28 为静电除尘器原理图。放电极是直径为 2～4 mm、长度为 3～5 m、末端挂有平衡锤的金属丝。被平衡锤拉紧的金属丝悬挂于集尘极的中心处，放电极与集尘极之间绝缘。经整流装置产生的高压直流电源电压为 35～90 kV，将放电极接在电源的负极，集尘极接在电源的正极，在放电极与集尘极之间产生一个极强的静电场。为保证人身安全，将集尘极接地。由于放电极电晕放电使空气电离成正负离子状的带电粒子，在具有极小面积的放电极周围是一个不均匀电场，越靠近放电极，电场强度越大，被电离的空气正离子很快被放电极吸引，接触到放电极后失去正电荷。而集尘极的面积较大，周围的电场强度较弱，被电离的空气负离子以较慢的速度向带正电的集尘极运动。流速为 1.5～2 m/s 的含尘烟气进入静电场后，飞灰粒子与空气负离子碰撞也成为带电粒子，一起向集尘极运动，接触到集尘极后，失去负电荷的飞灰在振打装置的振动下沿集尘极壁面纷纷下落到底部灰斗中，净化后的烟气从出口排出。实际工程中，较多地采用图 2-28(b) 中所示的板式静电除尘器。烟气的流速不能太大，否则影响除尘效果，使得除尘器的体积庞大、造价昂贵。

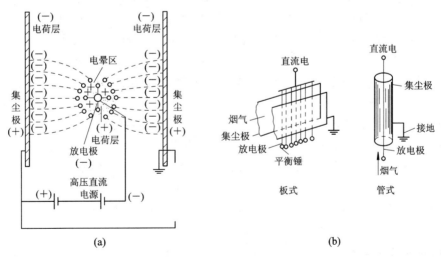

图 2-28　静电除尘器原理图

静电除尘器的除尘效果可达 98％以上，因此在对环境保护要求较高地区的大中型火电厂中被广泛采用。

（2）湿式除尘器。湿式除尘器在工作过程中需要用水，尽管对水质无要求，但是使用过的水会被飞灰和烟气中的有害物质污染。煤灰与水混为一体，煤灰回收利用不方便。湿式除尘器的除尘效果为 88%～90%，由于设备投资较小，在中小型火电厂被广泛使用。

湿式除尘器又有离心水膜式除尘器和文丘里湿式除尘器两种形式。离心水膜式除尘器耗水量较大，文丘里湿式除尘器耗水量较小。

2.3 汽 轮 机

汽轮机设备是火电厂重要设备之一。汽轮机是一种以水蒸气作为工作介质的流体机械，在火电厂的能量转换中是直接带动发电机旋转、产生电能的原动机。

汽轮机的转速很高，一般为 3000 r/min，汽轮机又是一种体积庞大的高温高压动力设备，因此对设计、材料、制造、安装和运行的要求都较高。

2.3.1 汽轮机工作原理

1. 工作原理

汽轮机工作时，蒸汽通过固定不动的喷嘴，使蒸汽的压力和温度同时下降，而速度增大，将蒸汽的热能转换成蒸汽的动能。蒸汽以一定的方向进入汽轮机转子上的叶片，叶片强迫汽流改变运动方向，产生蒸汽对叶片的作用力，推动转子旋转做功，将蒸汽的动能转换成汽轮机转子旋转的机械能。

汽轮机最基本的做功单元为一组喷嘴和一组转子叶片，通常称这个做功单元为汽轮机的"级"。现代汽轮机由于输出功率较大，因此都是由串联在同一轴上的多级做功单元组成。每一级转子叶片流出的蒸汽流入下一级喷嘴，分级膨胀做功，级与级之间用隔板分成一个个独立的汽室。由于喷嘴的叶片是固定不动的，转子的叶片是转动的，两者的叶片形状基本相同，所以又称喷嘴为"静叶"，而称转子叶片为"动叶"。"静叶"和"动叶"分别按周向布置并连接为"静叶栅"和"动叶栅"，"静叶栅"和"动叶栅"分别固定在隔板和叶轮上。静叶栅中每相邻的两个静叶片构成一个喷嘴（即喷管），动叶栅中每相邻的两个动叶片则构成一个动叶流道。当具有一定温度和压力的蒸汽通过汽轮机的级时，首先进入固定不动的喷嘴，在喷嘴内膨胀加速，以获得高速，喷嘴出口的高速汽流射入动叶流道，动叶片受到汽流的作用力而带动汽轮机的主轴周向旋转，将蒸汽的动能转换为机械功。

可见，级是汽轮机的基本做功单元。蒸汽从汽轮机的进口开始，依次轴向通过串联布置的各个级，在每一级内都将一部分热能转变为机械功。多级转换使得蒸汽在汽轮机中的整机焓降（即各级焓降之和）很大，在进汽流量较大时，汽轮机可以获得很大的单机功率。世界上单机容量最大的汽轮发电机组为 1300 MW，分别在美国的坎伯兰火电厂、加文火电厂和罗克坡特火电厂，共有 9 台。

2. 级的分类及组合

动叶所受到的这种作用力通常可分为冲动力和反动力，如图 2-29 所示。当汽流在动叶流道内没有焓降而不膨胀加速时，仅靠汽流在流道内改变流动方向所产生的离心力使动叶周向旋转做出轮周功，这种力称为冲动力。

当蒸汽在动叶流道内流动，不仅改变流动方向且膨胀加速，这时一方面汽流施加给动叶一个冲动力，同时，由于汽流加速而施加于动叶一个与汽流方向相反的作用力，此力称为反动力。亦即当蒸汽在动叶流道内有焓降产生时，动叶栅是在汽流的冲动力和反动力的合力作用下旋转而做出轮周功的。当然，真正做出轮周功的应是此合力在轮周方向上的分力。

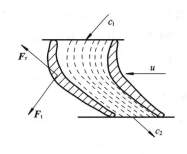

图 2 - 29　蒸汽对动叶的作用力

由此可见，级内动叶焓降的大小决定了汽流在动叶内的膨胀程度和所施加于动叶作用力的形式，也就决定了级的形式。

级的动叶流道内理想焓降与全级的理想焓降（即喷嘴焓降与动叶流道内焓降之和）的比值，称为级的反动度，用 ρ 表示。

反动度 $\rho = 0$ 时，表明级内蒸汽的焓降全部落在喷嘴中，蒸汽在动叶流道内流动仅改变方向而不膨胀加速，动叶所受到的作用力仅为冲动力，这种级称为纯冲动级。

反动度 $\rho = 0.5$ 时，表明全级的理想焓降中有一半降落在喷嘴中，另一半降落在动叶流道内，于是动叶在蒸汽所施加的冲动力和反动力的合力作用下周向旋转，做出轮周功，这种级称为反动级。

$0 < \rho < 0.5$ 时，这是介于上述两种级之间的一种级，级的大部分焓降发生在喷嘴中，只有一小部分降落在动叶流道内。这种级称为带有一定反动度的冲动级，习惯上简称为冲动级。

三种级的压力速度变化示意见图 2 - 30。

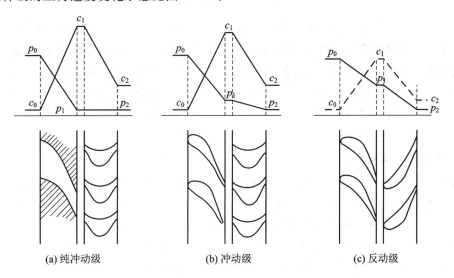

图 2 - 30　三种级的压力、速度变化示意

由于蒸汽离开动叶栅时仍具有一定的速度（用 c_2 表示），其动能因不能被本级所利用而造成本级的一项能量损失，称为余速损失。以级的余速损失最小（即能量转换效率最高）所设计的上述三种级中，纯冲动级的做功能力最大，但级效率最差；反动级的级效率高，但做功能力较小；冲动级则介于两者之间，兼有做功能力大和级效率高的特点。因此，纯冲动级的汽轮机是没有的。实际的汽轮机（尤其是中小型机组）一般采用冲动级，其前面高压

段各级的反动度 $\rho = 0.05 \sim 0.2$，后面低压段各级的反动度 $\rho = 0.3 \sim 0.5$。但在近些年直接引进的设备或引进技术在国内生产的 300 MW 以上的大型汽轮机中，则着重于级效率的进一步提高而较多地采用反动级。

此外，按照工作特点，汽轮机的级还可分为速度级和压力级。对于一般采用喷嘴调节的汽轮机，其第一级即为速度级，它是以利用蒸汽流速为主的级，级的焓降选用得较大，故采用纯冲动级。由于汽轮机第一级的通流面积随负荷而改变，故该级又称为调节级。调节级以后的其他级统称为压力级。压力级是以利用级组中合理分配的压力降或焓降为主的级。压力级可为冲动级也可为反动级。中小型汽轮机中，冲动级的级数多；而大中型汽轮机中，反动级的级数多。近年来大型汽轮机趋向于采用反动级。

2.3.2 汽轮机主要工作参数

1. 汽轮机的分类

（1）按工作原理分类，汽轮机可分为反动式和冲动式两种，纯冲动式的汽轮机因为效率太低而不采用。由冲动级组成的汽轮机称为冲动式汽轮机，由反动级组成的汽轮机称为反动式汽轮机。一般反动式汽轮机的调节级仍为冲动级。

（2）按新蒸汽压力分类，汽轮机可分为高压汽轮机（$5.88 \sim 9.8$ MPa）、超高压汽轮机（$11.77 \sim 13.73$ MPa）、亚临界压力汽轮机（$15.69 \sim 17.65$ MPa）、超临界压力汽轮机（22.16 MPa 及以上）。高压汽轮机用在中小型火电厂，高压及以上汽轮机用在大型火电厂。

目前世界上新蒸汽压力最高的汽轮机在美国，压力已达 35.2 MPa（新蒸汽温度 650℃）。

（3）按热力过程分类，可将汽轮机分为凝汽式汽轮机、背压式汽轮机、调节抽汽式汽轮机和中间再热式汽轮机。凝汽式和再热式汽轮机的排汽全部经过凝汽器凝结成水，蒸汽的热能利用率较低。背压式汽轮机的乏汽以高于大气压排出，全部供热用户，发电与供热相互牵连。调节抽汽式汽轮机抽汽压力可以在一定范围内调整，能兼顾发电与供热。

此外，还可按汽轮机外形结构特点分类，例如：单轴双缸双排汽（300 MW）汽轮机、单轴四缸四排汽（600 MW）汽轮机等等。

2. 汽轮机的牌号

汽轮机的牌号由两大部分组成，中间用粗实线隔开。第一大部分又由两部分组成，前面部分是用汉语拼音表示的汽轮机热力特性或用途，见表 2-1；后面部分是用数字表示的机组容量，单位：MW。第二大部分是用两条斜线分隔的三个数字。前面的数字表示汽轮机进口新蒸汽的压力，单位：0.1 MPa；中间的数字表示汽轮机进口新蒸汽的温度，单位：℃；后面的数字表示有再热循环的汽轮机的再热蒸汽温度，单位：℃。

表 2-1 汽轮机热力特性或用途

热力特性	代号	用途	用途代号	热力特性	代号	用途	用途代号
凝汽式	N	工业用	G	一次调节抽汽式	C	移动式	Y
背压式	B	船用	H	两次调节抽汽式	CC		

例如：N300—165/550/550 表示凝汽式汽轮机，机组容量为 300 MW（30 万千瓦），新

蒸汽压为 16.5 MPa，新蒸汽温度为 550℃，再热蒸汽温度也是 550℃。

2.3.3　汽轮机设备组成

1. 汽轮机设备的组成及工作概况

汽轮机是将蒸汽热能转变为机械功，借以带动发电机旋转的原动机。为了保证其安全经济地进行能量转换，汽轮机需要配置若干辅助设备，主要包括凝汽设备（背压汽轮机除外）、回热加热设备、冷却水供水设备、调节保安装置、供油系统等。

汽轮机本体及其辅助设备由管道和阀门连成一个整体，称为汽轮机设备。

汽轮机与发电机的组合称为汽轮发电机组。

图 2-31 是汽轮机设备的组合示意。来自锅炉过热器的高温高压过热蒸汽流经主汽阀、调节阀进入汽轮机，因进汽压力远远高于排汽压力，此压差促使蒸汽向排汽口流动，依次流经汽轮机的各级动叶做功，将蒸汽的热能转换成转子旋转的机械能。蒸汽的温度、压力逐级下降。最后不能再做功的乏汽从汽轮机排汽口进入凝汽器凝结成水，冷凝水由凝结水泵经低压加热器抽汽加热后送入除氧器除氧，除氧器下部给水箱中的低压水由给水泵加压成高压水，经高压加热器再次加热后送回到锅炉重新吸热，循环使用。

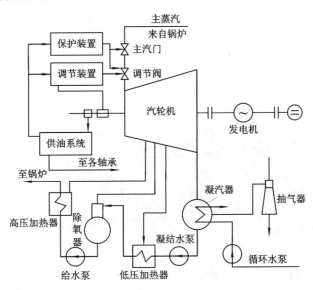

图 2-31　汽轮机设备组合示意

凝汽设备由凝汽器、抽气器、水泵等构成，其主要作用是造成汽轮机排汽口的高度真空，并回收乏汽凝结水，送往回热加热系统。

回热加热设备由若干加热器和除氧器所构成，其主要作用是利用汽轮机抽汽，为锅炉给水加热，提高整个热力循环效率。

冷却水供水设备的主要作用是为凝汽设备和供油系统提供冷却水。

此外，汽轮机的调节系统用来调节进汽量，以适应负荷变化，保证供电的数量和质量。

保护装置用于监测汽轮机的运行，在危急情况下保证汽轮机的安全。

调节系统和保护装置中用来传递信号和操纵有关部件的压力油，以及用来润滑和冷却汽轮机各轴承的用油，都来自汽轮机的供油系统。

2. 汽轮机本体

汽轮机本体是一种高温高压动力设备，又是一种流体机械设备，其外形结构复杂，对金属材料、制造工艺、安装调试都有较高要求。图 2-32 是高压单缸凝汽式汽轮机外形平面图，图 2-33 是高压单缸凝汽式汽轮机外形立体图。

汽轮机本体由汽轮机转子、汽轮机静子和配汽机构等组成。

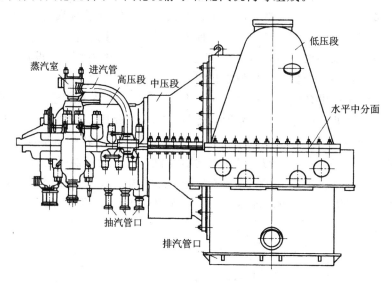

图 2-32　高压单缸凝汽式汽轮机外形平面图

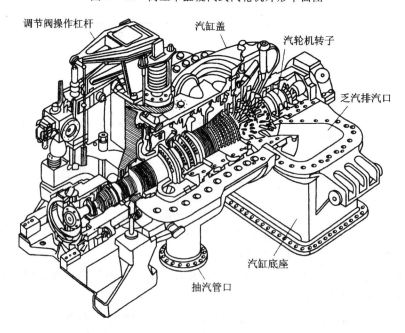

图 2-33　高压单缸凝汽式汽轮机外形立体图

1）汽轮机转子

汽轮机转子是汽轮机的转动部件，其作用是将蒸汽的动能转换成转子旋转的机械能，由叶片、叶轮和主轴组成,见图2-34。叶轮与主轴为键连接套装结构,叶轮外圆柱面圆周线上开有凹形槽,见图2-35,动叶根部制成倒T形,见图2-36,叶片根部的倒T形嵌入叶轮外圆柱面上的凹形槽内,将叶片固定安装在叶轮上。

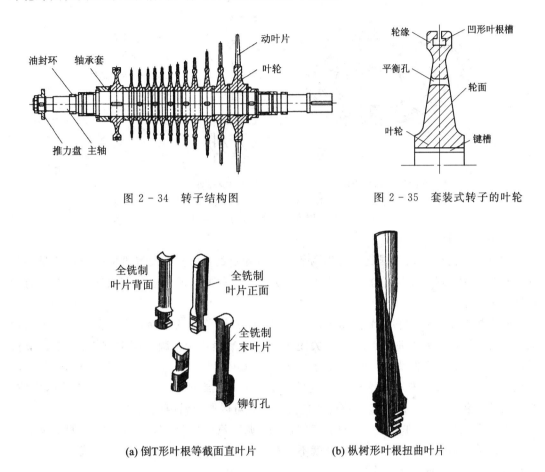

图2-34 转子结构图

图2-35 套装式转子的叶轮

(a) 倒T形叶根等截面直叶片

(b) 枞树形叶根扭曲叶片

图2-36 汽轮机动叶片结构图

2) 汽轮机静子

汽轮机静子是汽轮机的固定部件,主要由汽缸、隔板、喷嘴、汽封和轴承组成。

汽缸是汽轮机的外壳,一般分为上下两半。汽缸形成汽轮机蒸汽通道,外部连接主蒸汽进汽管、乏汽排汽管和中间抽汽管,见图2-32和图2-33。有一进一出的单缸,也有一进两出的双缸。一台汽轮机可以有多只汽缸。

每一只汽缸内的首级工作级称为调节级,其余工作级称为压力级。在压力级的两列动叶片之间装有隔板,喷嘴是通过隔板安装在汽缸内壁上的,见图2-37。隔板将动叶片的级与级之间进行隔离,强迫蒸汽通过隔板上的喷嘴加速后再进入下一级动叶片做功。每一个隔板上的喷嘴由一列形状与该级的动叶片形状完全一样的静叶片(1)组成,不同的是静叶片的进口安放角方向与动叶片的进口安放角方向相反。通过调节级的蒸汽流量直接受控于汽轮机调节阀。调节阀一般有4~6个调节汽门,调节级喷嘴在圆平面的周线上也分成4~6组。每一个调节汽门控制一组调节级喷嘴,两者构成一个独立的蒸汽流量调节单元。每一组的喷嘴由单个铣制的静叶片组成，组装后直接安装在汽缸内壁上，或由锻件铣制成静叶片栅，组装后直接安装在汽缸内壁上。

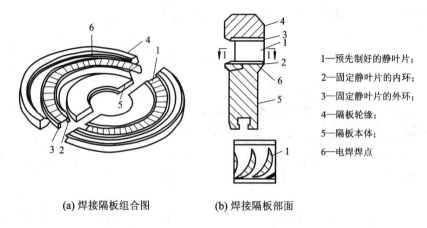

1—预先制好的静叶片；

2—固定静叶片的内环；

3—固定静叶片的外环；

4—隔板轮缘；

5—隔板本体；

6—电焊焊点

(a) 焊接隔板组合图　　　　(b) 焊接隔板部面

图 2 - 37　压力级喷嘴与隔板组合结构

3）配汽机构

配汽机构的作用是根据负荷变化调节进入汽轮机的蒸汽量。配汽机构的蒸汽流量调节方式有很多种，现在用得最多的是喷嘴调节方式，这种方式的优点是蒸汽通过调节阀时的节流损失较小。

配汽机构由主汽阀和调节阀组成。主汽阀串联在调节阀的前面，只有全开和全关两种工况。在机组需要较长时间停机时，关闭主汽门切断蒸汽流。调节阀中有 4～6 个调节汽门，对称均匀布置在圆周上，调节汽门的开度受汽轮机调速器控制。并网运行时，调节调节汽门的开度，改变进入汽轮机的蒸汽量，可以调节机组的出力；单机运行或并网之前，调节调节汽门的开度，改变进入汽轮机的蒸汽量，可以调节机组的转速。

每一个喷嘴组分别受对应的调节汽门控制，调节汽门中只要有一个关闭，调节级对应的有一组喷嘴就断汽，汽轮机调节级就不再是全周进汽，这就是喷嘴调节方式的一个缺点（所有的压力级全都是全周进汽）。

图 2 - 38 为某调节阀立体剖视图，汽轮机调速器最后输出的是油动机活塞上下直线机械位移，经过杠杆、连杆、拉杆，带动横梁上下直线移动，吊装在横梁上的 4～6 个调节汽门也跟着上下直线移动。

该汽轮机调节级吊装在横梁上有 5 个汽门，汽门与横梁为松动配合，机组在启动过程和带负荷过程中，5 个汽门按预先设定好的次序，先后打开。当横梁在起始位置时，汽门 I 上的螺母与横梁上平面的间距最小，间距为 2 mm，汽门 V 上的螺母与横梁上平面的间距最大，间距为 24.9 mm，此时 5 个汽门全都压紧在各自的汽门座上，5 个汽门全都处于关闭状态。当机组启动时，在调速器油动机带动下，经杠杆、连杆、拉杆，横梁开始上移，上移量大于 2 mm 后，汽门 I 开始打开，该组喷嘴开始进汽，但其他四个汽门仍旧关闭；横梁上移量大于 8.8 mm 后，汽门 I 完全打开，汽门 II 开始打开，第二组喷嘴开始进汽，但其他三个汽门仍旧关闭；依此类推，当横梁上移量大于 24.9 mm 后，汽门 I、II、III、IV 完全打开，汽门 V 开始打开，汽轮机调节级才开始全周进汽。正常带满负荷运行只需打开四个汽门就够了，因此正常运行时，汽轮机调节级不是全周进汽。

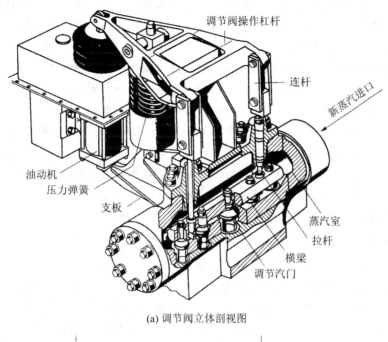

(a) 调节阀立体剖视图

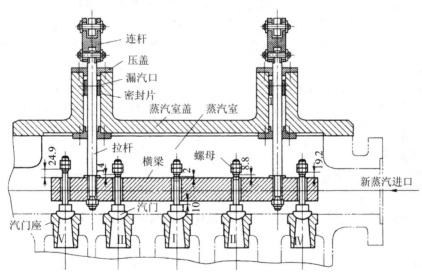

(b) 群阀提板式调节阀剖视图

图 2 - 38　调节阀立体剖视图

4）其他主要部件

（1）汽封及轴封系统。为防止运转中的碰撞和摩擦，汽轮机的动、静体之间必须留有间隙。这样，间隙两端的压差会使汽体泄漏，降低汽轮机的效率。为此，各动、静间隙处必设汽封装置，以减少漏汽。为防止蒸汽不做功从前级经间隙漏入后级，降低汽轮机的效率，在动叶栅顶部围带处装叶顶汽封，在隔板内圆与主轴间装隔板汽封，二者均为级间汽封。

装在各转子两端与汽缸之间的汽封称为主轴汽封，简称轴封。低压缸排汽端轴封用于防止外界空气漏入汽轮机，其他处的轴封则用于防止蒸汽外漏。

（2）轴承。汽轮机的轴承有支持轴承和推力轴承两种。支持轴承用于承载转子的重量及振动所引起的冲击力，并固定转子的径向位置，保证转子与静子同心。推力轴承则用于承受转子上的轴向推力，确定转子的轴向位置，以保持动、静部件间合理的轴向间隙。

由于汽轮机的重量及轴向推力很大，旋转速度又很高，故其轴承不采用滚动轴承而全部采用减振性能好、承载能力大的油膜润滑的滑动轴承。汽轮机的支持轴承一般为圆柱形球面轴承或可倾瓦轴承。推力轴承多为密切尔式和金斯里式轴承。

（3）联轴器。现代大功率汽轮机的各转子之间，一般采用刚性联轴器连接。

（4）盘车装置。在汽轮机启动冲转前，需通过盘车装置使汽轮机转子低速转动起来，并在转子冲转加速过程中自动解列；汽轮机停机后，盘车装置自动投入，保持转子的低速转动，使转子在汽缸内受热均匀，避免转子冷却不均而产生过大弯曲。

3. 汽轮机辅助设备

1）回热加热系统

回热加热系统由回热加热器和除氧器组成。

回热加热器的作用是抽出汽轮机中做了部分功的蒸汽，对锅炉给水进行加热。这部分蒸汽自身变成凝结水而汽化潜热完全被利用，没有被冷却水带走，提高了整个热力系统的循环热效率。位于给水泵进口前面的回热加热器称为低压回热加热器，位于给水泵出口后面的回热加热器称为高压回热加热器。回热加热器有立式和卧式两种布置形式。

除氧器同时具有除氧和回热加热作用。由于汽轮机低压端的主轴表面与汽缸存在间隙，尽管设有轴封，但是还是有大气泄漏进入汽缸，溶解于凝汽器中作为锅炉给水的凝结水中。另外，作为锅炉给水的化学补充水中也含有空气。除氧器的作用是除去溶解在锅炉给水中的不凝结气体，尤其是氧气，减少氧气在高温下对热力设备金属表面的腐蚀。除氧器有雨淋式和喷雾填料式两种形式。其中喷雾填料式除氧器的除氧效果较好。

2）凝汽系统

凝汽系统由凝汽器和抽气器组成。

凝汽器的作用有两个：一是建立并维持高度真空，降低汽轮机的背压，也就是降低朗肯循环的终参数，提高循环热效率；二是将汽轮机的排汽凝结成水，以便重新送入锅炉使用。

凝汽器结构简单，圆筒状外壳内轴向均布了管排形式的上下两组冷却水管，冷却水进入进水室后分成几十路从左到右流经下面一组管排，在中间水室汇集后再次分成几十路从右到左流经上面一组管排，最后在出水室汇集后流出凝汽器。汽轮机乏汽沿圆筒状外壳的径向自上而下进入乏汽口，沿途与冷却水管表面充分接触放热，将乏汽的余热传递给冷却水管内的冷却水，乏汽凝结成水以后下落到凝汽器底部的热井中，由凝结水泵送到除氧器。

由于大气不断泄漏进入汽缸低压侧，这些不凝结气体的积累将降低汽轮机尾部的真空度，造成汽温升高，引起汽轮机振动和效率下降，因此在运行中，必须用主抽气器从抽气管不断将不凝结气体抽走，维持凝汽器中的高真空度。

抽气器的作用有两个：一是在运行中不断将从汽缸低压端泄漏入汽缸内的不凝结气体抽出，维持汽轮机尾部的高度真空，这种抽气器称为主抽气器；二是机组启动前对凝汽器抽真空，使机组启动后尽快进入正常运行状态，这种抽气器称为启动抽气器。

火电厂用来抽真空的抽气器采用射流原理，射流取自新蒸汽。

3）冷却水供水系统

火电厂有两个冷却水用水大户：机组轴承润滑油冷却水和汽轮机乏汽冷却水。汽轮机的凝汽器的乏汽冷却水耗水量极大，应有足够的水源可靠保证冷却水的供给。冷却水供水系统有两种形式，一种是利用自然河流水源的开敞式冷却水供水系统，从河流上游取水经冷却水泵输送到凝汽器对乏汽进行冷却凝结，工作后的热冷却水经排水管排入下游。

当河流的水源不足，或火电厂周围没有河流时，采用第二种形式，即冷水塔封闭式冷却水供水系统，见图 2-39。冷却水泵从蓄水池中抽取冷却水输送到凝汽器对乏汽进行冷却凝结，工作后温度较高的水送到冷水塔十几米高处的淋水器，下雨般地纷纷下落的水与底部上升的空气进行热交换，冷空气变成热空气从顶部排走，被冷却了的水落入蓄水池进入再次循环使用。

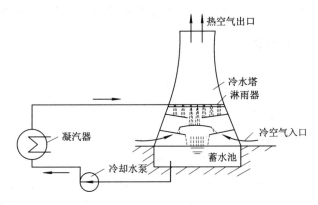

图 2-39　封闭式冷却水供水系统

4）供油系统

汽轮机供油系统的作用主要是供给汽轮机、发电机各轴承润滑油、调节保安系统控制压力油和发电机氢密封系统的密封油等。300 MW 以上大型机组的调节保安系统，其控制用油约为 14 MPa 的高压抗燃油，各轴承润滑用油则采用约 1 MPa 的低压汽轮机油，因而形成两个独立的供油系统。

润滑油系统主要由主油泵、油箱、启停及事故油泵、射油器、冷油器、排油烟风机及净化装置等组成。在机组正常运行时，主油泵出口油流主要分向三路：其一为发电机氢密封系统（密封油）；其二为保安系统的机械超速保护及手动脱扣保护装置（动作油）；其三为经射油器、冷油器后去冷却、润滑各轴承及盘车齿轮等。

主油泵装在汽轮机前端的伸长轴上，由主轴直接带动。在汽轮机启停及事故情况下，应开启备用油泵（包括轴承油泵、密封油备用泵及事故直流油泵），以保证上述油路的正常供油。

高压抗燃油系统主要由油箱、油泵、高低压蓄能器、精密滤油器、冷油器、阀门及管路组成。运行中，汽门的开闭调节需要很大的动力，因此采用高压油。该系统专为提供调节保安系统控制所需的高压抗燃油。此系统一般设计成双回相互备用的供油回路。

2.4 锅炉和汽轮发电机组运行调节

2.4.1 锅炉的运行调节

锅炉的运行工况由于受到来自设备内部(如燃烧工况变化,称为内扰)和外部(如汽轮机进汽量变化,称为外扰)的扰动而经常处于变动之中,因而反映锅炉运行工况的参数(如汽压、汽温、汽包水位等)也就处于不断变化之中,这些参数的变化直接影响锅炉乃至汽轮机设备的安全经济运行。为此,锅炉都配备有控制调节系统,以实现锅炉燃烧工况、运行参数等的调节。锅炉运行调节的主要任务是:使蒸发量适应外界负荷的需要;保证输出蒸汽的品质(包括蒸汽压力、温度等);维持正常的汽包水位;维持高效率的燃烧与传热;保证设备长期安全经济运行。一般,大型锅炉都配备有自动控制及调节系统,以实现锅炉燃烧工况、运行参数等的自动调节。调节项目的基本原理和方法比较专业化,这里从略。

2.4.2 汽轮机的调节与保护

1. 汽轮机调节的任务

由于电能还不能大量储存以及用电负荷不断变化,所以汽轮机都配有调节系统,使汽轮发电机组的发电量随时满足电用户的需要。

电力供应除了保证供电的数量之外,还应保证供电的质量。

供电质量最重要的两项质量指标为频率和电压,二者都和汽轮发电机的转速有关,而频率则直接取决于转速。国家对发电机供电频率有严格的要求,规定大电网的频率波动:$f=(50\pm0.2)\,\text{Hz}$,小电网(小于 3000 MW)的频率波动:$f=(50\pm0.5)\,\text{Hz}$。

设 P 为磁极对数,n 为机组转速,则发电机输出交流电的频率为

$$f=\frac{nP}{60}\quad(\text{Hz})\tag{2-31}$$

在我国,一般大中型汽轮机的发电机磁极对数 $P=1$,因此只要保证了机组转速 $n=3000$ 不变,也就保证了发电机电频 $f=50$ Hz 不变。为此在运行中,必须控制转速为额定值,以保证供电质量。这些就是汽轮机调节系统的任务。

若不考虑摩擦阻力影响,汽轮发电机组的转速主要是由作用在转子上的蒸汽主力矩 $\boldsymbol{M}_t$ 和发电机的反抗力矩 $\boldsymbol{M}_g$ 的平衡关系所决定的,用公式描述为

$$\boldsymbol{M}_t-\boldsymbol{M}_g=\boldsymbol{I}\frac{\mathrm{d}w}{\mathrm{d}t}\tag{2-32}$$

式中:$\boldsymbol{I}$ 为汽轮发电机转子的转动惯量;$\mathrm{d}w/\mathrm{d}t$ 为转子的机械角加速度。

上式说明,只有当蒸汽主力矩和反抗力矩相平衡,即 $\boldsymbol{M}_t-\boldsymbol{M}_g=0$ 时,角加速度 $\mathrm{d}w/\mathrm{d}t=0$,转子的转速才能维持不变。而 $\boldsymbol{M}_t$ 和 $\boldsymbol{M}_g$ 分别取决于进汽量和电负荷,因此汽轮机调节的任务具体表现为,根据电负荷的大小自动改变进汽量,使蒸汽主力矩随时与发电机的反抗力矩相平衡,以满足外界电负荷的需要,并维持转子在额定转速下稳定运行。

2. 汽轮机调节系统的基本原理

当汽轮发电机组在某一负荷下稳定运行时,如果遇到外界干扰,比如外界电负荷增大

或减小，则上述平衡状态被破坏，机组转速随之减小或增大。这一转速变化信号会及时传给调节系统的转速感受（或测量）部件，进而导致调节系统其他构件的一系列连锁反应，最终改变进汽量，使蒸汽主力矩与反抗力矩达到新的平衡，即机组在新的负荷下稳定运行，这就是调节系统的基本原理。

汽轮机调速器按构成元件的结构分类，有机械液压型调速器、电气液压型调速器和微机液压型调速器三种，其中电气液压型调速器作为技术进步过渡中的中间性产品，已被微机液压型调速器逐步取代。

虽然不同的汽轮机具有不同的调节系统，但它们的基本原理是相同的。

3. 汽轮机的保安系统

汽轮机是高速旋转的精密设备，运行中任何异常情况的发生，都将导致设备的破坏。因此，在汽轮机的调节系统中均配有危急保安控制系统，其作用是对汽轮机的转速、轴向位移、排汽口真空、润滑油压和抗燃油压（调节系统用油）等参数进行测量、监视、限值判断。当任何一项测量值超出允许范围时，都会通过中间转换及执行机构使汽轮机的所有进汽阀关闭，迫使汽轮机停机，以保证设备的安全。

2.5 燃气轮机与燃气蒸汽联合循环总能系统

2.5.1 燃气轮机概述

1. 燃气轮机简介

燃气轮机（Gas Turbine）是以连续流动的气体为工质、把热能转换为机械功的旋转式动力机械，包括压气机、加热工质设备（如燃烧室）、透平、控制系统和辅助设备等。

现代燃气轮机发动机主要由压气机、燃烧室和透平三大部件组成。当它正常工作时，工质顺序经过吸气压缩、燃烧加热、膨胀做功以及排气放热等四个工作过程而完成一个由热变功转化的热力循环。图2-40所示为开式简单循环燃气轮机工作原理图。压气机从外界大气环境吸入空气，并逐级压缩（空气的温度与压力也将逐级升高）；压缩空

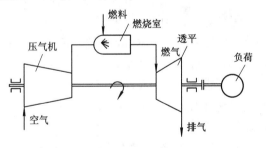

图2-40 开式简单循环燃气轮机工作原理图

气被送到燃烧室与喷入的燃料混合燃烧产生高温高压的燃气；然后再进入透平膨胀做功；最后是工质放热过程，透平排气可直接排到大气，自然放热给外界环境，也可通过各种换热设备放热以回收利用部分余热。在连续重复完成上述的循环过程的同时，发动机也就把燃料的化学能连续地部分转化为有用功。一般地，透平的膨胀功约2/3用于带动压气机，1/3左右才是驱动外界负荷的有用功。

燃气轮机有重型与轻型两类结构型式。重型的零部件较厚重，设计寿命与大修寿命都长；轻型的结构紧凑而轻，所用的材料较好，但寿命较短。图2-41所示为ABB-A/stom公司的165 MW发电用GT13型燃气轮机剖视图，机组为水平中分结构。

燃气轮机动力装置是指燃气轮机、发动机及为产生有用的动力（例如电能、机械能或热能）所必需的基本设备。为了保证整个装置的正常运行，除了主机的三大部件外，还应根据不同情况配置控制调节系统、启动系统、润滑油系统、燃料系统等。

燃气轮机区别于活塞式内燃机的两大特征：一是发动机部件的运动方式，为高速旋转且工质气流朝一个方向流动，这使它摆脱了往复式动力机械功率受活塞体积与运动速度限制的制约，因此在同样大小的机器内每单位时间内通过的工质量要大得多，产生的功率也大得多，且结构简单、运动平稳、润滑油耗少；二是主要部件的功能，其工质经历的各热力过程是在不同的部件中进行的，故可方便地把它们加以不同组合来处理，以满足各种用途的要求。

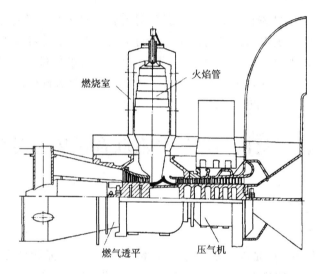

图 2 - 41　GT13 型 165MW 发电用燃气轮机剖视图

燃气轮机区别于汽轮机的三大特征：一是工质，它采用空气而不是水，故可不用或少用水；二是多为内燃方式，使它免除庞大的传热与冷凝设备，因而设备简单，启动和加载时间短，电站金属消耗量、厂房占地面积与安装周期都大幅减少，但直接燃用廉价而丰富的煤就变得困难；三是高温加热高温放热，使它有更大的提高系统效率的潜力，但也使它在简单循环时热效率较低，且高温部件的制造需更多的镍、铬、钴等高级合金材料，影响了使用经济性与可靠性。

2. 国外燃气轮机的发展和应用概况

1）发展简史

1905 年，法国勒梅尔和阿芒戈研制出首台能输出有效功的燃气轮机，但效率仅有3%～4%。1920 年，德国 H·霍尔茨瓦特制成首台实用的 370 kW 燃气轮机，其效率为13%。20 世纪 30 年代中叶，气动热力学解决了设计高效率压气机的问题，高温铬镍合金出现，为研制实用的等压加热循环（布雷顿循环）奠定了基础，使燃气轮机的发展进入了实用阶段。1939 年秋，瑞士研制出第一台发电用燃气轮机，其功率为 4000 kW，热效率为18%；与此同时，德国则研制出第一台飞机用燃气轮机（4900 N 推力的涡轮喷气发动机）。1941 年，瑞士制造的第一辆燃气轮机机车（功率为 1640 kW）通过验收试验。1947 年，英国第一艘装备有燃气轮机的舰艇下水，它以 1860 kW 燃气轮机作为加力动力。1950 年，英国制成第一辆燃气轮机汽车，功率为 75 kW。此后，燃气轮机在更多领域获得应用。

20 世纪中叶，开始出现燃气轮机与其他热机相结合的复合装置。最早出现的是燃气轮机与自由活塞内燃机相结合的装置。后来发展了柴油机与燃气轮机复合装置。1949 年世界首套燃气蒸汽联合循环装置投入运行，由于它能有效利用燃气轮机高温排气的热量，明显地提高了系统效率，得到越来越广泛的应用。

半个多世纪以来，燃气轮机提高性能的传统途径是：依靠耐热材料和冷却技术来不断提高初温，应用内流气动热力学的先进设计来相应增大压比以及完善有关部件性能等。早期燃气轮机的透平进口燃气温度（初温）只有 600℃～700℃，热效率也很低。开始主要靠耐热材料性能的改善，透平初温每年平均上升约 10℃；20 世纪 60 年代后，借助于空气冷却技术，透平初温 T_3 平均每年升 20℃；从 20 世纪 70 年代开始，充分吸收先进航空技术和传统汽轮机技术，沿着传统的途径不断提高性能；到了 20 世纪 80 年代，已把初温升至 850℃～1000℃。目前已开发出一批"FA"、"3A"型技术的新产品，它代表着当今工业燃气轮机的最高水平：循环中透平初温 $T_3 \approx 1300℃$，压比 $\varepsilon = 15～30$，简单循环单机功率 $P_{gt} \geqslant 250$ MW、效率 $\eta_{sc} = 36\%～38\%$，联合循环功率 $P_{cc} \geqslant 350$ MW、效率 $\eta_{cc} = 55\%～58\%$。正在研制的新一代燃气轮机，采用更有效的蒸汽冷却技术，采用定向结晶、单晶叶片等先进工艺，以保证达到 1430℃以上的初温，$P_{gt} \geqslant 280$ MW、$\eta_{sc} \geqslant 39\%$，$P_{cc} \geqslant 480$ MW、$\eta_{cc} \geqslant 60\%$。

美国工业燃气轮机在总体上处于世界领先地位，实施多项大的发展计划，已开发出"FA"型产品，正在开发"H"型产品。欧洲在发电用大型燃气轮机方面毫不逊色，德国、瑞士和瑞典都有自己研制的高性能燃气轮机。日本、英国、意大利、法国等国也生产出当今性能最好的"FA"型燃气轮机，但多沿用外国的技术。另外，英国和法国在航机陆用领域有很大进展，日本则在开发高温的陶瓷燃气轮机上进展迅速。

2）应用概况

燃气轮机动力装置具有功率大、质量轻、尺寸小、启动快、安装周期短、工程总投资少、可燃用多种燃料、污染排放低以及不用冷却水或少用水等优点。它从 20 世纪 40 年代航空发展应用开始，迅速扩展到其他领域，目前在发电、原油与天然气输送、交通运输以及冶金、化工等部门都已得到了比较广泛的应用。

（1）发电用燃气轮机。燃气轮机发电机组能在无外界电源的情况下快速启动与加载，很适合作为紧急备用电源和电网中尖峰负荷，能较好地保障电网的安全运行，故很快就得到广泛应用。从安全与调峰的角度，在电网中装备 8%～15% 总装机容量的燃气轮机机组是很有必要的。燃气轮机移动电站（包括列车电站、卡车及船舶电站）具有体积小、启动快、机动性好等优点，适合于边远无电网地区与新建设的工矿、油田等急需电力的单位和新兴城市。

随着高效大功率机组的出现，燃气轮机联合循环发电装置已开始在电网中承担基本负荷和中间负荷。实际上，目前功率在 100 MW 以上的燃气轮机多用于发电，而 300 MW 以上的机组几乎全部用于发电。此外，分布式 20～5000 kW 微型与小型燃气轮机发电装置的兴起，也受到广泛的关注。另外，随着高温气冷堆-闭式氦气轮机核电站的发展，又为燃气轮机提供了一个新的、很有潜力的应用前景。

总之，随着燃气轮机发电动力装置的兴起，世界火电站的发展格局发生重大变化：汽轮机长期占主导地位的局面开始变化，"大型火电站以联合循环为主，中小机组热电并供居多"已是许多国家火电站发展的主要格局。

大量经验表明，简单循环燃气轮机发电机组是调峰、应急以及移动电站的最佳选择。烧石油或天然气时，燃气蒸汽联合循环电站优势明显，目前只有它能同时达到供电效率大于 55%、运行可用性大于 90%、NO_x 排放量小于 10×10^{-6} 的标准。

（2）工业用燃气轮机。燃气轮机主要用在石化、油田、冶金等工业部门，用于带动各种泵、压缩机及发电机等，以承担注水、注气、天然气集输、原油输送以及发电等任务。燃气轮机以联合循环和热电并供的形式广泛用于石化企业和冶金部门，成为重要的节能技术。

（3）船用燃气轮机。目前，俄、美、英等国的军舰都已大批配备燃气轮机。随着舰船用燃气轮机性能的不断改善，全世界逐年新造的舰艇中，装备燃气轮机的比例不断增加。

在舰艇中，燃气轮机常采用组合装置的形式，如柴油机-燃气轮机组合动力装置，前者作为巡航动力，后者作为加力动力，还有两台燃气轮机组合的全燃气轮机组合动力装置。

燃气轮机气垫船也在国内外得到应用，商船用燃气轮机仍处于试验阶段。

（4）机车用燃气轮机。燃气轮机机车能够较好地满足铁路牵引动力的要求，如好的牵引特性、加速性等。法国、加拿大等国采用燃气轮机的高速火车已正式载客运行。然而与现有的牵引动力相比，燃气轮机机车空载油耗特性大的问题比较突出，需要进一步研制。

（5）车辆用燃气轮机。美国从 20 世纪 80 年代开始，正式开始使用燃气轮机作为坦克的动力装置，批量生产的 XM-Ⅰ型坦克用 AGT1500 型燃气轮机。英国已购买了它的生产专利，原联邦德国已在豹-Ⅱ型坦克上进行了试验，前苏联在 T-80 型坦克上进行了试验，并已小批量应用。法、意、日、加、瑞典等国也都进行了某些研制工作或装车试验工作。

坦克燃气轮机一般采用较高的燃气初温和回热循环，与柴油机相比，其突出的优点是质量轻、寿命长以及低温（-20℃～ -50℃）启动性能好。

燃气轮机也能用作汽车发动机，美国一直在研制和改善。

现在，燃气轮机及其联合循环动力装置已成为世界主要动力设备之一，世界动力市场中，燃气轮机销售量不断增长，工业燃气轮机的市场主要在发电领域（约占 70%）。

3）发展趋势与前景

燃气轮机首先于 20 世纪中叶为现代航空和宇航动力奠定基础，后逐步介入各种电站与汽轮机相竞争。目前基于总能系统概念，人们更注重把布雷顿和朗肯循环结合组成高效、低污染的联合循环。大量研究表明，燃气轮机及其总能系统将成为新世纪的主要动力，即燃用油、气火电站的主导动力，成为洁净煤发电系统的核心技术，成为冶金、石化等部门重要的节能技术，成为海、陆、空现代交通的重要动力。

面对 21 世纪，燃气轮机技术发展迅速，其主要趋势为：

（1）不断向高参数、高性能、大型化方向发展。不断提高热力参数以提高性能一直是燃气轮机发展的主要趋势。当前，透平初温 T_3 已提高到 1300℃，单机功率最大为 230 MW，单机联合循环最大功率为 350 MW。建造中的机组的透平初温 T_3 为 1430℃，简单循环最大功率为 300 MW，单机联合循环的最大功率 480 MW。

燃气轮机热力性能现已提高到一个新水平，如简单循环热效率已接近现代汽轮机电站的水平（达到 36%～40%），而烧天然气联合循环热效率（达 58%）则明显超过汽轮机电站。

另外，分布式微型燃气轮机的发展具有独有的特色，是燃气轮机技术发展的重要分支。

（2）重视系统集成与总能系统广泛应用。关键集成技术与系统集成技术对提高燃气轮机的系统性能是同样重要的，而且后者的潜力日趋明显，因而得到更大关注。

基于能的梯级利用原理的总能系统概念，燃气轮机联合循环等总能系统既能充分发挥其高温加热优势，又能避免高温排热、损失大的缺陷，显示出极好的总体性能，因而得到电力、石化、冶金等部门的青睐，以联合循环、功热并供、三联供、多联产、注蒸汽双工质循环以及总能工厂等多种形式，被广泛推广应用。

（3）积极采用新技术、新材料、新工艺。燃气轮机主机的四大集成技术（高温合金、冷却技术、气动热力设计以及燃烧技术）在很大程度上均是沿袭航空科技成果。近30年来，国外发展数十种先进航空发动机，巨额的投资换来了巨大的技术进步，体现在气动热力学、燃烧、传热传质、自动调节、材料工艺等方面，这些技术也正是发展地面燃气轮机所需要的。

工业燃气轮机制造公司与航空部门密切合作，积极移植先进技术，开发新一代高性能产品，是当今世界燃气轮机发展的另一趋势。

（4）燃料能源多元化和燃煤联合循环商业化。长期以来，燃气轮机发电机组只适合燃用油气燃料，多应用于调峰、应急以及移动电站。现在，烧石油或天然气的高性能联合循环电站优势明显。鉴于油气资源有限、价格较贵，燃气轮机燃煤技术受到特别关注。燃煤联合循环（CFCC）是一种把高效的联合循环和洁净煤技术结合起来的燃气轮机总能系统洁净煤发电技术，是当今世界能源界关注的热点，也是新世纪煤电动力的主要发展方向，有着广阔的发展前景。

（5）积极开拓新型热力循环与总能系统。世界各国正在开发和构思的新颖能量系统多是以燃气轮机为核心的总能系统，如湿空气透平循环（HAT、IGHAT）、卡林那循环（Kalina）为底循环的联合循环、整体煤气化燃料电池联合循环（IGFC-CC）、磁流体发电联合循环（MHD-CC）、化学热回收燃气轮机系统（CRGT）、化学链燃烧动力系统（CLCPS）等，它们有着广阔的高科技产业发展前景。

2.5.2 燃气蒸汽联合循环

1. 联合循环与总能系统的概念

热机是通过热力学循环将热能转变为机械功的机械装置。热力学第二定律表明，热机将一定量的热能转变为有用功（机械能）的数量，将随着工质的加热温度的升高和放热温度的降低而增加。通常，加入热机的热能是加入燃烧室的燃料通过燃烧反应而释放出来的，工质的加热温度可高达2000℃以上，而工质的放热可以接近环境的大气温度或水温。也就是说，燃用化石燃料热机的热力循环可利用的工作区域，在理论上是相当大的。

但是，目前热机多采用简单循环，且多采用一种工质，由于所采用的工质性质和金属材料耐温性等限制，无法充分利用上述工作温度区域，只能局限于狭窄的温度区间内工作，热转功的效率比较低。若将具有不同工作温度区间的热机循环联合起来，互为补充，即把高温循环热机的排热作为低温循环的加热，就可以大大降低总的排放热损失，而提高整体循环效率，这种联合装置就叫做联合循环。通常狭义理解的联合循环是指最常用的也就是燃气轮机和汽轮机串联在一起的联合循环，但广义的联合循环应该包括所有可能的有效形式，例如以活塞式内燃机作为顶部与以燃气轮机作为底部的联合循环，其退化形式为底部循环不输出功，而只给循环顶部提供压力的涡轮增压内燃机，其应用也很普遍。

现在大型动力装置（含大型发电机组）应用的热力循环主要有两类：一是朗肯循环（汽轮机），它的排汽温度可以低到接近大气温度，但是由于设备受到材料限制，蒸汽初温不能很高（550℃左右），且水的相变潜热大，热效率的提高受限制；二是布雷顿循环（燃气轮机），它的燃气初温目前已达1430℃，但是燃气轮机的排气温度很高（一般在450～600℃），而且燃气工质的流量又很大，致使大量热能随排气进入大气而损失掉，热效率也不高（35％～40％）。考虑到它们各自的工作温度区间，若将它们串联在一起，用燃气轮机的排气来产生蒸汽，再去驱动汽轮机做功，将会大幅度地提高热效率。

一个新概念的提出或新技术的突破，常会萌发出新的热力循环或联合循环的构思。基于能的梯级利用原理的总能系统概念的提出，使得热力循环研究思路发生重大变化，人们不再囿于单一循环优劣，更重视探讨把不同循环有机结合起来的各种高性能联合循环，从而把能量转换利用过程提高到系统高度和能量品位梯级利用的理念上来认识，即在系统的高度上，综合考虑能量转换过程中功和热梯级利用，不同品位和形式能的合理安排以及各系统构成的优化匹配等，总体合理利用各级能，以获得最好的总效果。燃气轮机为核心的联合循环总能系统，既能充分发挥其高温加热优势，又避免了高温排热、损失大的缺陷，显示出极好的总体性能，因而得到电力、石化、冶金等部门的青睐，以联合循环、功热并供、三联供、多联产以及总能工厂等多种形式，广泛推广应用。

对于简单循环的燃气轮机，随着燃气初温和循环压比的提高，单机热效率也在不断提高。在一定的技术条件下，单机热效率提高的幅度是不会很大的，其根本原因是排气带走的能量占很大比例。但是如果能把燃气轮机循环与其他循环结合起来，综合考虑联合循环系统的能流安排，合理利用燃气轮机的余能，就能建立更高性能的联合循环装置。

联合循环中不同循环的整合原则是：按照能量品位的高低进行梯级利用，即按"温度对口，梯级利用"原理，总体安排功、热（冷）与工质内能等各种能量之间的配合关系与转换使用；在系统的高度上，总体综合利用好各级能量，以获得更好的联合循环系统性能。

2. 常规的联合循环

目前，最为广泛采用且获得最高实用热机效率的是燃气轮机与汽轮机的联合循环，即以各种方式把布雷顿（Brayton）循环和朗肯（Rankine）循环结合起来的燃气蒸汽联合循环，也就是通常理解的常规联合循环。从热力循环系统中能量转换利用的组织形式来分，常规的联合循环有五种基本类型方案：无补燃的余热锅炉型联合循环、补燃的余热锅炉型联合循环、排气全燃型联合循环、增压锅炉型联合循环以及给水加热型联合循环。

1）无补燃的余热锅炉型联合循环

所有的热量都从循环的燃气轮机部分加入联合热力循环（如图 2 - 42 所示）。该方案中燃气轮机的高温排气被引到装在其后的余热锅炉中去加热给水、产生蒸汽，以驱动汽轮机做功。燃气侧和蒸汽侧两循环的结合点是余热锅炉，故得名。输入循环的热量是在燃气侧的较高温度下加入的，是一种以燃气轮机为主的联合循环，也是目前各种联合循环中效率最高、使用最广的联合循环形式。

在这种联合循环中汽轮机只是燃气轮机的余热利用设备，汽轮机功率占的比例较小。

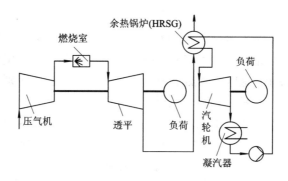

图 2 - 42 无补燃的余热锅炉型联合循环

显然，燃气侧参数对联合循环系统性能的影响较大，而汽轮机功率和蒸汽参数将取决于燃气轮机的排气参数。一般，这种循环系统的汽轮机与燃气轮机功率比 $R_{sg} = P_{st}/P_{gt}$ 约为1∶2(0.45～0.77)，联合循环效率对相应的简单循环燃气轮机效率的效率比($R_\eta = \eta_{cc}/\eta_{gt}$)比较大，为 1.45～1.77。

若在燃气透平的排气段设置旁通烟囱，汽轮机停机时燃气轮机可以单独运行；但由于在余热锅炉中没有安装燃烧(补燃)设备，燃气轮机停机时汽轮机不能单独工作。

2) 补燃的余热锅炉型联合循环

一部分热量在工质已经通过燃气轮机后加入循环的联合热力循环(如图 2 - 43 所示)。通常由于补燃，联合循环的出力得到显著提高，而循环效率有所下降(除少数情况外)。此方案是针对余热锅炉的蒸汽参数低、蒸发量受限制的缺点而设计的。它在燃气轮机与余热锅炉之间的通道中(或余热锅炉中)加装补燃器，将燃气轮机排气中剩余的氧气用来帮助另行喷入的燃料进行燃烧，以提高排气温度，使余热锅炉产生参数更高、数量更多的蒸汽，借以增加汽轮机的功率或对外有效的供热量。由于补燃燃料的能量仅在蒸汽部分的循环中被利用，未实现能的梯级利用，因此随着补燃比的提高，$R_{sg} = P_{st}/P_{gt}$ 值上升，R_η 下降，并导致了这种型式的联合循环的效率多低于无补燃的余热锅炉型的效率。因此，补燃的余热锅炉型联合循环多用于热电联产系统，它通过改变补燃比，灵活地调节热电输出比例。

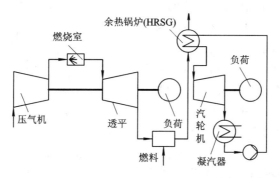

图 2 - 43 补燃的余热锅炉型联合循环

此外，为了避免余热锅炉增设辐射受热面，使结构过于复杂，余热锅炉入口补燃后的燃气温度最高不超过 800℃～900℃。另外，考虑到补燃燃料产生的燃气不进入透平的通流部分，因而补燃可以采用劣质燃料。

3）排气全燃型联合循环

排气全燃型联合循环是一种排气助燃型联合循环，工质中剩余的氧几乎全部与燃料发生化学反应（如图 2-44 所示）。该方案利用燃气轮机排气作为常压锅炉的助燃介质，并同时回收排气余热。实际上，这时的余热锅炉与普通锅炉没有多大区别，只是用燃气轮机代替锅炉的送风机，送入锅炉的是高温热风（约为 500℃ 燃气轮机排气），并取消空气加热器，加大省煤器受热面。它与补燃型的余热锅炉相比，炉膛温度不受限制，补燃的燃料量可以很大，因而能够采用更高蒸汽参数，以配置大型高效的汽轮机系统。

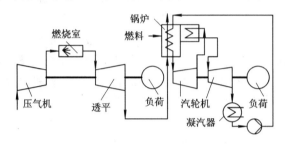

图 2-44 排气全燃型联合循环

排气全燃型联合循环是以汽轮机为主的联合循环，可视为改进了的汽轮机循环，而燃气轮机可看作是汽轮机装置的辅机，是代替常规送风机的高温送风机。因此，该联合循环系统性能主要取决于蒸汽侧循环的热力参数，汽轮机的功率占主要部分，一般循环的蒸燃功率比 $R_{sg} = 3 \sim 7$，效率增值 $\Delta\eta = \eta_{cc} - \eta_{st} = 2\% \sim 5\%$。

如果对全燃型锅炉配置备用送风机和空气预热器，燃气轮机和汽轮机就能分开单独运行。另外，这种联合循环还有一个特点就是全燃型锅炉可燃用劣质燃料，包括煤炭。

4）增压锅炉型联合循环

增压锅炉型联合循环是把蒸汽发生器放在循环的燃气侧燃烧室之后和燃气透平之前的联合循环（如图 2-45 所示）。该方案的特点是锅炉（蒸汽发生器）与燃气轮机的燃烧室合为一体，燃气轮机的压气机取代了锅炉的送风机，锅炉是在燃气轮机的工作压力下燃烧和换热的，即形成有压力下燃烧的锅炉而得名。锅炉的给水吸收高温燃气的部分热量，产生一定量的蒸汽，驱动汽轮机做功，而由锅炉排出的燃气则送到燃气透平中去做功。燃气透平的排气温度很高，为了减少热损失，用它加热锅炉给水。

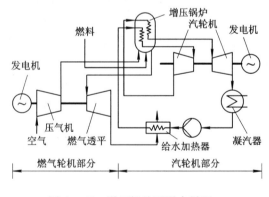

图 2-45 增压锅炉型联合循环

这种联合循环的蒸汽由蒸汽锅炉产生，不受燃气透平排气温度限制，便于采用高参数蒸汽循环，所以它也是一种以汽轮机为主的联合循环，系统性能主要取决于蒸汽侧循环参数，一般蒸燃功率比 $R_{sg} = 1.4 \sim 5$。此循环中由于锅炉是在较高的压力下燃烧和传热的，燃烧强度和传热系数都大有增加，故增压锅炉的体积比常压锅炉要小得多，使设备的造价和安装费用都有所减少，这是它的一个显著优点。鉴于我国能源结构，如果采用煤制气为燃料将是一种很适宜的循环方式。

另外，限于这种联合循环装置的流程结构特征，燃气轮机和汽轮机都不能单独运行。

5）给水加热型联合循环

给水加热型联合循环是一种把燃气轮机的排气主要用于加热蒸汽循环系统给水的联合循环（如图 2-46 所示）。该方案中，由于锅炉给水所需的加热量有限，燃气轮机的容量比汽轮机的小得多，所以该联合循环是以汽轮机为主的联合循环，联合循环系统性能主要取决于蒸汽侧循环参数，适用于燃气轮机排气温度较低的情况。由于锅炉给水加热的温度不高，燃气轮机排气热量利用的合理程度较差，因此联合循环的效率提高较少。所以新设计的高性能燃气轮机组成的联合循环多不采用该类型

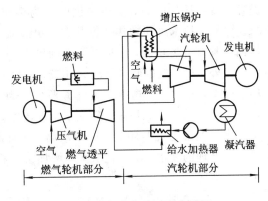

图 2-46　给水加热型联合循环

联合循环方案，仅在用燃气轮机来改造和扩建原有汽轮机电站时才会应用。

3．若干新型联合循环

联合循环是当今热能动力装置发展的一个主要方向，所以新的设想、新的方案层出不穷，如注蒸汽燃气轮机循环（STIG）、湿空气透平（HAT）循环、卡林那（Kalina）为底循环的联合循环、氢氧联合循环、燃料电池联合循环（FC-CC）、化学链燃烧（CISA）的动力循环、燃煤联合循环（CFCC）等。

1）注蒸汽燃气轮机循环（STIG）

燃气轮机应用注蒸汽（或水）技术，可追溯到 20 世纪 50 年代初，有些航空发动机夏天起飞时，用喷水来短期增加推力。后来，不少人从不同角度去研究应用回注蒸汽技术，如降低 NO_x 排放量，夏天运行时恢复燃气轮机的设计功率等。1974 年美籍华人程大西博士开始从热力学角度来系统分析研究这种新热力循环并申请到专利，称为"程氏循环"。图 2-47 为注蒸汽燃气轮机循环示意图。

燃气轮机的高温排气（通常为 400℃～600℃）通入余热锅炉产生蒸汽，再将蒸汽回注到燃烧室（及其他部位），形成燃气-蒸汽混合工质，

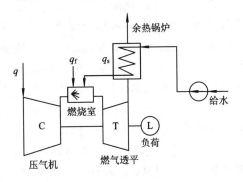

图 2-47　注蒸汽燃气轮机循环

到同一燃气透平中膨胀做功，最后在较低温度下从余热锅炉排向大气。它在燃气轮机循环高温优势基础上，利用水有效地回收排气中的能量，把排气温度降低，因而高温段和低温段的能量都得到较好的利用。这样，就相当于把布雷顿（Brayton）和朗肯（Rankine）循环结合起来，组成具有效率高、比功大等特点的新热力循环装置。例如，燃气初温 T_3 为 1300 K、循环压比为 10 的注蒸汽燃气轮机，相对于简单循环燃气轮机，功率可增大 60%～85%，热效率可提高 35%～45%。实际上，许多机组尚未达到这个理论计算值。这是因为机组主要热力性能参数，特别是注蒸汽量不仅受到燃烧特性、余热锅炉节点温差、排烟温度等限

制，而且受到原机设计的影响，例如压气机喘振裕度、燃气轮机流通能力同压降比的关系等。由于这些限制，机组的热力参数不易调节到性能最高的工况区域内。注蒸汽燃气轮机循环的变工况性能好，功热并供时更为突出，可以满足在很大范围内变化的功热比的要求。注蒸汽技术可使功热并供装置在更高效率的水平上有更宽的功热比变动范围。如果余热锅炉具有补燃功能，这种灵活性则更大。

另外，与常规的联合循环相比较，注蒸汽燃气轮机循环可以看成是余热锅炉型联合循环的变型，它把燃气透平和蒸汽透平合二为一，省去了汽轮机及相应的附属系统和设备，减少了设备的尺寸和质量，降低了生产成本。但是，为了减少透平叶片的腐蚀和结垢问题，注蒸汽的燃气轮机循环对水质要求高，而且由于排气中的水不易回收，余热锅炉的给水全部是新处理的软水，水的耗量大，增加了运行费用。对于大功率机组，只适宜于装在水源充足的地区。

2）湿空气透平（HAT）循环

HAT 循环概念是由日本 Y. Moil 教授首先提出的（中村，1981 年专利）。当初，他们把它看成是一种特殊的燃气轮机回热循环，带有喷水手段，且采用两相、多组分的混合工质，故称为水接触蒸发的多相多组分系统（MPCS/DCE）。1985 年后，美国出现多项 HAT 循环的专利。

图 2-48 为 HAT 循环示意图。该循环在高、低压压气机之间增设了中冷器，在高压压气机之后增设了后冷器，在回热器之后增设了水加热器，在后冷器和回热器之间增设了蒸发饱和器。水在中冷器、后冷器及水加热器中加热升温，三股热水汇合后从饱和器顶部喷进；压气机出口的高压空气经冷却后，从饱和器底部通入。在饱和器内空气和热水逆流混合接触，最终空气被加热和湿化，水被冷却和部分蒸发。从饱和器出来的湿空气（含 10%～45%蒸汽），到回热器吸收透平排热而预热。燃烧室出来的高温湿燃气到透平膨胀做

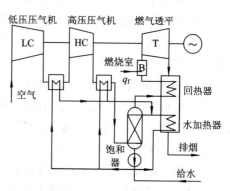

图 2-48 HAT 循环

功。透平排气通过回热器和水加热器逐步降温，最后排向大气。

HAT 循环是在燃气轮机循环高温加热优势基础上，充分回收、利用系统的各种余热和废热，又做到很低的循环放热温度（70℃～100℃），比较好地体现了能的梯级利用原理。HAT 循环利用湿化手段增加透平工质流量，以大幅度地增加有效功输出。从流程上看，HAT 循环是在常规燃气轮机循环的基础上，平行增加了蒸汽循环做功过程。然而从机理上看，湿化过程中的能量来源主要是燃气轮机排气、压气机间冷及后冷，回收了燃气轮机排气的废热，压气机间冷既降低了压气机的耗功、又为湿化提供热量，后冷将使循环使用的水以更低的温度离开湿化器，有利于系统中废热得以吸收利用。除了湿化所需能量来源合理外，湿化过程由于是空气和热水直接接触的混合交换过程，因而传热、传质阻力降低，可用能损失小。由于空气湿化过程中，蒸汽分压低，即蒸发温度低，只需较低温度的热水，可更好地利用各种低温热能（包括空气冷却器的热能），排烟温度也较低；而注蒸汽循环或一般串联型的联合循环是通过蒸汽形式来回收、利用余热和废热的，需较高温度的热源。

同时，HAT 循环透平排热主要用于加热湿空气，每回收 1 J 的余热，就省去 1 J 热量的燃料，效果明显；而其他联合循环的透平排热是用以产生蒸汽，其中相当多的余热转化为水蒸气的潜热，仍直接或由凝汽器散发到大气，并不转为有用功。

　　HAT 循环的特点：① 高效率，因为它采用湿化技术，能更充分利用余热，更经济地增加透平流量(12%～25%)，工质压缩功也相对降低(只占透平功的 30% 左右)；② 高比功，因为它采用压气机间冷和湿化技术以降低压气机耗功和增加透平流量；③ 低污染，NO_x、CO 的排放很低；④ 良好的变工况性能，因为可借助混合比的变动来适应外负荷的变化；⑤ 系统简单、造价低，因为取消了复杂的朗肯循环系统的硬件。同时它也与注蒸汽循环一样存在对水的处理要求高和水回收难的问题。

　　3）卡林那(Kalina)为底循环的联合循环

　　朗肯循环中有一段汽化的等温相变过程，使其燃气放热与蒸汽吸热过程之间的温差变化很大，一般在汽化过程始点处的节点温差比平均温差小很多。为充分利用顶部循环的余热，使温差传热不可逆性引起的热能损失小，美籍俄国人 Alexander Kalina 在 1982 年提出了以水和氨的非共沸混合液为工质的热力循环(如图 2-49 所示)。用它取代燃气蒸汽联合循环中的朗肯循环就形成了卡林那为底循环的联合循环。卡林那为底循环的联合循环的蒸发过程是变温相变，而冷凝过程是通过用蒸馏、喷淋吸收和回热手段，使其成为变浓度的系统，尽可能地接近等温放热过程。这样，相对于朗肯循环，它加大了透平的做功量，增加了循环比功，效率也得到了提高。

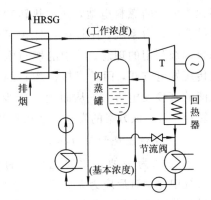

图 2-49　卡林那循环系统

　　4）氢氧联合循环

　　氢氧联合循环的设想是在 20 世纪 90 年代初，中、日、美三国科技工作者几乎同时在不同学报上提出的，现在美国与日本均有科研计划将之付诸实用的研究。

　　图 2-50 为混合式氢氧联合循环的示意图。从热力循环理论上看，氢氧联合循环非常理想。即以纯氢为燃料时，可将之与纯氧按摩尔比为 2∶1 进行完全燃烧得到纯水蒸气作为

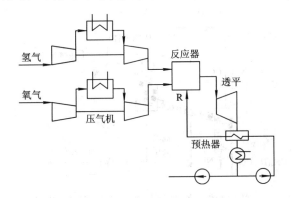

图 2-50　混合式氢氧联合循环

工质。在高温区相当于有一个内燃形式的布雷顿循环，但在低温区因工质为水，还可以在常温下进行冷凝而相当于朗肯循环。这样，顶底循环浑然一体，没有一般联合循环的高、低温区间传递的热损失。而从环保性能看，氢气与氧气完全反应只生成水，不会给大气环境带来任何污染。

5) 燃料电池联合循环(FC-CC)

图2-51为固体氧化物燃料电池(SOFC)与燃气轮机和汽轮机组成的燃料电池联合循环发电系统的示例。该系统中天然气和压气机出口的空气都先进入燃料电池，天然气在燃料电池中重整转化成 CO 和 H_2，空气在燃料电池中作氧化剂，反应后的空气和剩余的 CO 和 H_2 都到燃烧室。由此可见，该系统是把燃料化学能通过电化学反应直接转化为电能的燃料电池，并和热转功热力学循环有机结合的动力系统，比较好地体现了化学能与热能综合梯级利用的理念。其中的燃料电池发电不像其他传统发电方式，而是直接把燃料的化学能转换为电能的直接发电方式，从而大大减少能量损失，能量转换率高。该方案的发电效率可望达到70%。

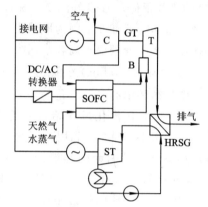

图 2-51 燃料电池联合循环发电系统

6) 化学链燃烧的动力循环

图2-52为一种新颖的无公害的化学链燃烧与空气湿化(CLSA)循环的动力系统。该系统中化学链反应为无火焰燃，将传统燃烧反应分解为两个气固化学反应：燃料侧反应是燃料与固体金属氧化物(MO)反应，生成二氧化碳、水和固体金属(M)；空气侧反应是前一个反应中生成的固体金属与空气中的氧反应，回复到固体金属氧化物(MO)。金属氧化物(MO)与金属(M)在两个反应之间循环使用，并起到传递氧的作用。由于燃料与空气不接触，燃气侧的气体生成物为高浓度的二氧化碳和水蒸气，只需采用简单的物理方法将排气冷却，即可分离和回收 CO_2，还由于无火焰气固反应温度远低于常规的燃烧温度，可根除 NO_x 的生成，所以，这种具有化学链燃烧的新系统开拓了回收 CO_2 与根除 NO_x 产生的新途径。

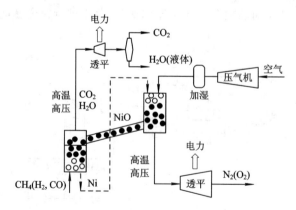

图 2-52 新颖的化学链反应燃烧与空气湿化(CLSA)循环的动力系统

7）燃煤联合循环（CFCC）

燃煤联合循环是把高效的联合循环和洁净燃煤技术结合的洁净煤发电系统。正在研究开发的燃煤联合循环类型很多，主要有直接烧煤（水煤浆或煤粉）联合循环（DFCC）、外燃式燃煤联合循环（EFCC）、常压流化床燃煤联合循环（AFBC-CC）、增压流化床燃煤联合循环（PFBC-CC）、整体煤气化联合循环（IGCC）等。从大型化和商业化的发展考虑，多数国家近期开发的重点放在 PFBC-CC 和 IGCC。

（1）PFBC-CC。采用增压流化床和燃气轮机替代电站煤粉锅炉，煤在高压条件下燃烧产生高温燃气，经除尘后，推动燃气透平做功。20 世纪 70 年代初就提出这种把 PFBC 和联合循环结合成洁净煤发电技术的设想，现已进入商业化示范验证阶段。其环保和烧劣质煤的优势突出。技术关键为系统集成，燃气净化，热部件防腐蚀、磨损、结垢以及燃烧技术等。鉴于第一代 PFBC-CC 燃气轮机初温低的缺陷，又提出第二代 PFBC-CC 的概念，即在燃气轮机前顶置一个燃烧室，燃用进 PFBC 前的煤局部热解产生的煤气，以提高进燃气透平的初温，从而提高系统效率。

（2）IGCC。它是先进的洁净煤气化技术与高性能的燃气蒸汽联合循环有机结合的先进动力系统。煤以水煤浆或干煤粉形式和氧化剂一起供进气化炉气化成煤气，经净化后进入燃气轮机，将煤气燃烧释放的热能转换为有效功输出，在余热锅炉和废锅中回收余热产生蒸汽，以驱动汽轮机再做功。故 IGCC 为多种高技术的集成：煤的气化技术、煤气净化技术、高性能燃气蒸汽联合循环以及系统集成技术等。这些关键技术是研制 IGCC 的基础，也是决定 IGCC 性能优劣和成本高低的主要因素。

2012 年 12 月 17 日，华能天津 IGCC 电站示范工程投产。

4. 功热并供的联合循环

功热并供是指热机输出机械功或电能的同时，还生产工艺用热和生活用热，又称为热电联产或热电并供。实际生产工艺系统，常常对功（电）和热都有一定的需求，而大多数热用户所需温度并不高，往往可以用输出功的热机余热来满足。这样，高温段出功，低温段供热，合乎工程热力学高效率利用能的原则。

热电联产可以用汽轮机、燃气轮机，也可以用燃气蒸汽联合循环系统。在多数情况下，上述两者结合的燃气蒸汽联合循环的热电联产系统是更经济的选择，能获得更好的收益，因为它有更高的热功转换效率，可在更宽广范围抽取合适参数的热量满足热用户需求。

下面介绍两种热电联产的联合循环系统实例。

1）工业用汽的热电联产联合循环系统

在热电联产的联合循环中，采用背压式汽轮机是比较好的选择，因为它能避免凝汽式汽轮机中蒸汽凝结放热给冷却水所带走的热能损失，而把这股凝结放热作为有用的热量在工业流程中被有效地利用，因而可以不用冷却水系统。

图 2-53 是一个供给工业用汽的燃气蒸汽联合循环热电联产系统。它采用有补燃的余热锅炉，由此产生的单压蒸汽到背压式汽轮机做完功后，压力为 0.35 MPa 的蒸汽作为工业用汽通过供汽管道直接供向工业用户，蒸汽的凝结水则返回到除氧器中参与汽水过程的循环。该系统燃烧的是天然气，燃气轮机功率为 69 100 kW，背压式汽轮机功率为 44 700 kW，工业用汽流量为 65.3 kg/s，工业用汽热功率为 152 000 kW，燃料的利用率为

85.4％，功热比为0.74，发电效率为36.8％，总的能量转换效率为79.9％。

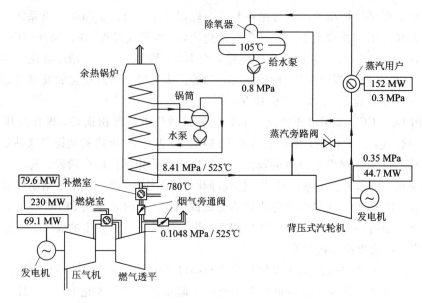

图 2-53　工业用汽的燃气蒸汽联合循环热电联产系统

在设计这种系统时，应注意：

（1）工业用汽的压力过高时，不宜采用背压式汽轮机，否则，汽轮机内的蒸汽焓降过低，不利于电能的生产。这时，采用抽汽/背压式汽轮机或抽汽/凝汽式汽轮机的高压缸抽取蒸汽，或者直接由余热锅炉供汽，更为合适。

（2）在热电联产联合循环中，功热比不宜过低，否则会削弱联合循环机组的热力学优点。

（3）为了保证任何季节都能满足工厂对动力和热力的需要，宜选用最高的环境温度作为设计基准点。

（4）采用不补燃的双压式余热锅炉时，也可以使由余热锅炉产生的低压蒸汽与背压式汽轮机的背压蒸汽掺混在一起，供给工业使用蒸汽的用户使用。

（5）若热用户要求多个压力等级的蒸汽，则可以改选用抽汽/背压式汽轮机。

2）冷热电联产的联合循环系统

图 2-54 为向某地区提供建筑用冷、热负荷以及电力的联合循环系统示意图。该系统采用 3 台 Solar Taurus 60 型燃气轮机，其后各配置一台单压补燃的余热锅炉。由 3 台余热锅炉产生的 4.13 MPa/470℃的蒸汽汇集到一起，供到一台抽汽式汽轮机中去膨胀做功。夏季从抽汽式汽轮机中抽取 0.785 MPa/174.7℃的蒸汽，用于驱动吸收式双效溴化锂蒸汽型机组。溴化锂机组额定工况的 COP 为 1.3，对外提供 6℃的冷水，用户端返回的回水温度为 13℃。冬季抽汽通过换热器提供 65℃的热水，回水温度为 57℃。

冷、热负荷随季节和时间不断变化，考虑到设备的经济性和可用率，吸收式制冷系统只满足最大冷需求的 70％～80％，从而在大部分运行时间可以高效地运行。当冷需求超过吸收式制冷系统所能提供的制冷量时，不足部分通过电压缩式制冷满足。

近来，在热电联产基础上的热冷电三联产引起很大关注。热冷电三联产也是运用能量

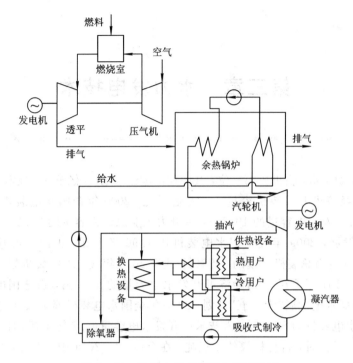

图 2 - 54　冷热电联产的联合循环系统

梯级利用原则，把制冷、供热及发电过程有机结合在一起的能源利用系统，目的在于进一步提高能源利用效率，减少二氧化碳及有害气体的排放。

复习思考题

2-1　什么是工质？工质有哪些状态参数？工质状态如何描述？

2-2　热量传递的基本方法有哪些？

2-3　什么是卡诺循环？什么是朗肯循环？

2-4　如何提高朗肯循环的热效率？

2-5　简述火力发电厂电能的生产过程。

2-6　锅炉的分类及锅炉设备的特性指标有哪些？

2-7　如何减少火电厂对环境的污染？

2-8　简述汽轮机的工作原理及其分类，以及汽轮机是如何进行调节与保护的。

2-9　什么是总能系统？能的梯级开发与能源效率有什么关系？

2-10　什么是联合循环？联合循环中不同循环的整合原则是什么？有哪些方式的联合循环？

2-11　在各种联合循环中，有哪些方式特别有利于环境保护？

第三章 水力发电技术

❈ ❈

我国水能资源丰富，占世界第一位，其中理论蕴藏量 6.89 亿千瓦，技术可开发装机容量 5.416 亿千瓦，经济可开发装机容量 4.018 亿千瓦。2000 年全国水电装机容量达 7935 万千瓦，占经济可开发水电容量的 19.7%，占电力工业总装机容量的 24.8%。进入 21 世纪，中国水电加速发展，2009 年底全国水电装机达 1.96 亿千瓦，占经济可开发水电容量的 48.78%，占全国电力总装机规模的 22.5%；截至 2013 年底，水电装机累计约 2.6 亿千瓦（不含抽水蓄能 2151 万千瓦），占经济可开发水电容量的 64.3%，占全国电力总装机容量的 22.45%。根据水电发展"十二五"规划，2020 年全国水电装机容量预计达到 3.5 亿千瓦，占经济可开发水电容量的 87.1%，占技术可开发水电容量（5.7 亿千瓦）的 61.4% 左右。年发电量 1.2 万亿千瓦时，折合标煤约 4 亿吨。在今后 10～20 年中，水力发电仍是我国重点发展的主要能源。

3.1 水电资源概述

地球表面的海水受太阳的辐射化为蒸汽云团后进入大气层，随着地球的自转和公转，大气层中的气流云团不停地快速移动，在高空冷空气的作用下化为雨雪，又降落到陆地和海洋中。几十亿年来，这个循环过程周而复始从未间断，形成了巨大的水量资源、水域环境资源和水电能资源。

3.1.1 水文循环、水量资源、水能资源

1. 水文循环

地球上的水在太阳辐射、地球自转与重力作用下，以在海洋与陆地的蒸发、降水、江河径流和地下径流等形式，进行周而复始的运动变化过程，称为地球上的水循环，也称为水文循环。

太阳不断向宇宙空间辐射大量的能量，在到达地球的总热量中，约有 23% 消耗于海洋和陆地的水分蒸发，水蒸发为水蒸气后，进入大气层，又通过凝结、降水、径流等形式返回陆地和海洋。

海洋或陆地上蒸发的水汽进入大气层后，直接变为降水，降落到海洋和陆地上，这一过程称为水文小循环。海洋上蒸发的水汽随大气环流的运动进入大陆上空，然后凝结为雨雪，降落到地面，产生径流，汇入江河，再流入海洋，这一过程称为水文大循环。

据研究估算结果（联合国水会议论文，1977 年），全球水文大循环中，蒸发量与降水量平衡，均为 $577×10^4$ 亿立方米；海洋进入陆地的水汽量和陆地流向海洋的径流量相平衡，

均为 47×10^4 亿立方米。其中,海洋蒸发量为 505×10^4 亿立方米,陆地蒸发量为 72×10^4 亿立方米;海洋降水量为 458×10^4 亿立方米,陆地降水量为 119×10^4 亿立方米;海洋进入陆地的水汽量 47×10^4 亿立方米,陆地流向海洋的径流量 47×10^4 亿立方米,其中地面径流 37×10^4 亿立方米,地下径流 10×10^4 亿立方米。

中国大陆上空多年平均水汽输入总量为 18.2×10^4 亿立方米,输出总量为 2.4×10^4 亿立方米。全国多年平均年降水量为 6.2×10^4 亿立方米,折合年降水深 648 mm,小于世界陆地平均年降水深 800 mm,比全球平均值少 19%,也小于亚洲平均年降水深 740 mm。

2. 水量资源

水量资源,是指考虑水的可利用数量(具有可用质量)的水资源,一般指陆地上每年可以恢复更新的淡水,如大气降水、江河、湖泊、水库中的地表水和土壤、地下含水层中的淡水(含盐量<0.1%)。这部分水参与全球水循环,每年可以得到更新,并且在多年之间可以保持质量的动态平衡。它与人类生活生产活动密切相关。

一个地区人类可利用的淡水资源是有限的。两极冰盖和永久冻土中的淡水,被直接利用的机会极少。岩石中的结晶水很难被利用。冰川和高山积雪只在融化为液态水后,才容易被利用。海水可用于养殖及航运,或引至陆地用作冷却用水。海水淡化后,也可供生产或生活使用,但成本较高,目前尚不能被大量利用。土壤水分散在地表层包气带土壤孔隙中,含有一定的养分和盐分,难于集中开采,通常是配合种植业加以利用。

由于大气降水是水量资源的总补给来源,因此从广义上讲,地区总降水量,就是地区水资源总量。降水形成河川径流,同时有少部分降水入渗补给地下水,形成地下径流,并最终汇入河川径流,成为河流的基流。因此河川径流量,可作为评价某一地区水资源总量的指标。

世界各洲水量资源差别很大。全球江河年径流量 46.8×10^4 亿立方米,其中巴西年径流量为 5.19×10^4 亿立方米,居第一位,其次是前苏联为 4.71×10^4 亿立方米、加拿大为 3.12×10^4 亿立方米、美国为 2.97×10^4 亿立方米、印尼为 2.81×10^4 亿立方米,中国为 2.64×10^4 亿立方米,居第六位。这六个国家的年径流量共计为 21.5×10^4 亿立方米,占世界年径流总量的 46%。

水量资源在各年和年内各月之间分布变化幅度也很大。中国受太平洋和印度洋的东南季风和西南季风的影响,降水多集中在 4~10 月。长江以南地区,4~7 月的降雨量可占全年雨量的 50%~60%。华北、东北和西南地区,6~9 月多雨季节的降雨量,可占全年降水量的 70%~80%,冬春季则降水很少。由于降水量和径流量在时空分布的不均匀性,使得各地洪涝和干旱灾害频繁发生。

水量资源被广泛用于城乡人民生活、农业灌溉、工业生产,也用于水电、航运、养殖、旅游、娱乐和生态环境等方面。随着世界人口急剧增长,社会生产力的巨大发展,人民生活水平的不断提高,人类对水的各方面需求日益增长。

3. 水能资源

现代水能资源主要用于发电,这就是水电能资源。水电能资源一般是指利用江河水流具有的势能和动能下泄做功,推动水轮发电机转动发电产生的电能。煤炭、石油、天然气和核能发电,需要消耗不可再生的燃料资源。而水力发电,并不消耗水量资源,而仅仅是利用了江河流动所具有的能量。如不利用，江河水流会下泄冲刷淤积河床。我国具有巨大的江河径流和落差，形成了我国水电能资源的丰富蕴藏量。例如：我国的长江、黄河落差分别为 5400 m 和 4880 m，雅鲁藏布江、澜沧江、怒江落差均在 4000 m 以上，还有大量的河流落差在 2000 m 以上。

全世界江河的水能资源蕴藏量总计为 50.5 亿千瓦，相当于年发电 44.28×10^4 亿千瓦时。技术可开发的水能资源装机容量 22.6 亿千瓦，相当于年发电量 9.8×10^4 亿千瓦时。2012 年，全世界水电装机容量已达到 11.05 亿千瓦，发电量为 3.67×10^4 亿千瓦时，占可开发量的 37.5%。

根据 2003 年水能资源复查成果表明，中国大陆水能资源理论蕴藏量在 1 万千瓦及以上的河流共 3886 条，水能资源理论蕴藏量 68900 万千瓦，年发电 60829 亿千瓦时；技术可开发装机容量 54164 万千瓦，年发电 24740 亿千瓦时；经济可开发装机容量 40179.5 万千瓦，年发电 17534 亿千瓦时。中国可开发水能资源量居世界第一位，居第二位的是俄罗斯，下面依次是巴西、美国、加拿大和印度。

水电能源可再生、清洁廉价、便于调峰，能修复环境生态，兼有一次与二次能源双重功能，能极大地促进地区社会经济可持续发展，具有防洪、航运、旅游等综合效益。

水电能源是随自然界的水文循环而重复再生的，可周而复始供人类持续利用。

水电能源在生产运行中，不消耗燃料，也不消耗水量资源，不排泄有害物质，其管理运行费与发电成本费以及对环境的影响远比燃煤电站低得多，是成本低廉的绿色能源。

水电能源调节性能好、启动快，在电网运行中担任调峰作用，快捷而有效，可确保供电安全，可在非常情况和事故情况下减少电网的供电损失。

水电能源与矿物能源同属于资源性一次能源，转换为电能后称为二次能源。水电能开发是一次能源开发和二次能源生产同时完成的能源，兼有一次能源建设与二次能源建设的双重功能。它不需要一次能源矿产开采、运输、储存过程的费用，降低了能源成本。

水电开发修建水库会改变局部地区的生态环境，一方面需要淹没部分农田土地、城镇古迹，造成移民搬迁，同时也造成河流沿线河床生态破坏，水土流失加剧；另一方面修建水库可修复该地区的小气候，形成新的水域生态环境，有利于生物生存，有利于人类进行防洪、灌溉、旅游和发展航运。因此，权衡生态环境得失，水电开发利大于弊。在水电工程规划中，应精心设计，把对生态环境的不利影响减少到最低程度。

事实证明，一个水电工程的开发，必然使该地区的社会经济发展，人口增长，并形成一个新的城市和经济强势区。因此，水电开发规划和地区可持续发展规划结合进行，是水电能源特性的要求。

水电能开发是流域水资源综合利用的重要组成部分，对江河流域综合开发治理具有极大的促进作用。现在世界各国都采取优先开发水电的政策，从而使得许多国家的电力工业中水电开发占据很大的比重。

3.1.2 我国水电能源概况

1. 中国十四大水电能源基地规划

1989 年水利水电规划设计总院对 1979 年编制的"十大水电能源基地规划的设想"作了补充，增加了东北和闽浙赣两个水电能源基地，提出"十二大水电能源基地的设想方案"。

2012 年中国水电报告中又将怒江和雅鲁藏布江水电资源并列其内，形成了中国十四大水电能源基地，总装机容量增至 4.022 亿千瓦，年发电量达到 1.76×10^4 亿千瓦时。

至 2012 年十四大水电能源基地中已建的水电站总装机容量为 2.29 亿千瓦，年发电量达到 0.86×10^4 亿千瓦时。占十四大水电能源基地水能资源总规划值的 56.8% 和 49.1%。

进入 21 世纪，我国水利水电建设进入快速发展时期。现将搜集资料至 2012 年，中国十四大水电能源基地已建、拟建、待建的主要水电站装机容量指标数据，分述如下：

1）金沙江干流

规划容量（万千瓦）7704.0。已建或近期拟建的有：溪洛渡 1386，向家坝 640，白鹤滩 1305，乌东德 870，鲁地拉 216，阿海 210，金安桥 250，梨园 228，龙开口 180，观音岩 300，苏洼龙 116，叶巴滩 198，拉哇 168，昌波 106，旭龙 222；规划待建的有：龙盘 420，虎跳峡 280，两家人 400，岗托 110，岩比 30，波罗 96，巴塘 74，西绒 32，晒拉 38，果通 14，奔子栏 188。

2）雅砻江干流

规划容量（万千瓦）2596.0。已建或近期拟建的有：二滩 330，锦屏一级 360，锦屏二级 480，官地 240，桐子林 40，两河口 300，牙根 150，孟底沟 170，杨房沟 150，卡拉乡 106；规划待建的有：楞古 230，温波寺 15，仁青岭 30，热巴 25，阿达 25，格尼 20，通哈 20，英达 50，新龙 50，共科 40，龚坝沟 50。

3）大渡河干流

规划容量（万千瓦）2637.0。已建或近期拟建的有：龚嘴 205.5，铜街子 60，瀑布沟 426，龙头石 17.5，深溪沟 66，长河坝 260，黄金坪 85，泸定 92，大岗山 260，双江口 200，猴子岩 170，硬梁包 120，丹巴 200，老鹰岩 64，金川 86，巴底 78，枕头坝 95，沙坪 16.2，安谷 77.2，安宁 38；规划待建的有：下尔呷 54，巴拉 70，达维 27，卜寺沟 36。

4）乌江干流

规划容量（万千瓦）1144.0。已建或近期拟建的有：普定 7.5，引子渡 36，洪家渡 60，东风 51，索风营 60，乌江渡 105，构皮滩 300，彭水 175，思林 105，沙沱 112，银盘 60，白马 330。

5）长江干流上游（宜宾-宜昌）

规划容量（万千瓦）3422.0。已建或近期拟建的有：葛洲坝 271.5，三峡 2250，石硼 213，朱杨溪 300，小南海 176.4。

6）南盘江红水河

规划容量（万千瓦）1568.0。已建或近期拟建的有：鲁布革 60，天生桥 1 级 120，天生桥 2 级 132，平班 40.5，龙滩 630，岩滩 121，大化 40，百龙滩 19.2，恶滩 60，桥巩 45.6，长洲 62；规划待建的有：大藤峡 160。

7）澜沧江干流

规划容量（万千瓦）3139.0。已建或近期拟建的有：小湾 420，漫湾 155，大朝山 135，景洪 175，功果桥 90，糯扎渡 585，古水 260，乌弄龙 99，里底 42，托巴 125，黄登 190，大华桥 90，苗尾 140，橄榄坝 15.5，古学 240，如美 240；规划待建的有：侧格 16，卡贡 24，勐松 60 等。

8）黄河上游

规划容量（万千瓦）1720.0。已建或近期拟建的有：龙羊峡 128，拉西瓦 420，李家峡 200，公伯峡 150，积石峡 102，寺沟峡 24，刘家峡 122.5，盐锅峡 44，八盘峡 18，小峡 23，大峡 30，青铜峡 27.2，直岗拉卡 19，沙坡头 11.6，班多 100，羊曲 65，门堂 58，玛尔挡 57；规划待建的有：宁木特 106，茨哈峡 100，乌金峡 14，小观音 40，大柳树 200 等。

9）黄河中游

规划容量（万千瓦）1645.0。已建或近期拟建的有：天桥 12.8，万家寨 108；规划待建的有：龙口 40，碛口 180，古贤 256，甘泽 44 等。

10）怒江干流

规划容量（万千瓦）3633.0。已建或近期拟建的有：松塔 360；规划待建的有：六库 18，马吉 420，亚碧罗 180，赛格 100，丙中洛 160，鹿马登 200，福贡 40，碧江 150，泸水 240，石头寨 44，岩桑树 100，光坡 60 等。

11）雅鲁藏布江

规划容量（万千瓦）7407.0。已建或近期拟建的有：大古 64、藏木 51、加查 32，街需 51 等；规划待建的有：林芝 360、大拐弯 4900 等。

12）湘西

规划容量（万千瓦）901.0。已建、拟建和待建的有：柘溪 44.75，风滩 40，五强溪 120，马迹塘 5.5，三江口 6.25，凌津滩 27，资水 57.6，沅水 183.53，澧水 203.67，清水江 133.3。截至 2012 年已建 779.0 万千瓦，占比 86.5%。

13）闽浙赣

规划容量（万千瓦）1114.0。已建或在建的有：闽 235.5，浙 159.27，赣 81.3；前期待建的有：闽 380.04，浙 271.72，赣 289.02。截至 2012 年已建 889.0 万千瓦，占比 79.9%。

14）东北

规划容量（万千瓦）1865.0。已建或拟建的有：三省 393.45；规划待建的有：三省 738.1。截至 2012 年已建 659.0 万千瓦，占比 35.3%。

2. 怒江和雅鲁藏布江水电能资源基本情况

1）怒江水电能资源

怒江发源于青藏高原唐古拉山南麓，在西藏流入云南，在云南潞西县流入缅甸后，在缅甸毛淡棉附近流入印度洋安达曼湾，河流全长 3200 km，流域面积约 32.5 万平方公里。

怒江在我国境内干流长 2020 km，流域面积为 12.55 万平方公里，其中：在西藏境内干流长 1401 km，流域面积为 10.36 万平方公里；在云南境内干流长 619 km，流域面积为 2.19 万平方公里。多年平均流量为 1840 m^3/s，天然落差 4848 m。多年平均出境径流量为 687.4 亿立方米。怒江干流水能资源理论蕴藏量 3640.7 万千瓦，其中：西藏地区为 1930.7 万千瓦；云南地区为 1710.0 万千瓦。怒江水能资源十分丰富，但由于交通不便，是一条尚待开发的河流。

水电规划设计部门 2003 年编制完成怒江中下游水电规划报告，提出一个新的 13 个梯级的怒江干流中下游河段梯级水电站开发布置方案，规划建设：松塔、丙中洛、马吉、鹿马登、福贡、碧江、亚碧罗、泸水、六库、石头寨、赛格、岩桑树和光坡等水电站，总装机容量达 2170.0 万千瓦，年发电量 1029.6 亿千瓦时。其中"一库四级"即马吉、亚碧罗、六库、赛格水电站已经通过规划环评。目前，怒江中下游水电规划已经完成，上游西藏河段水电规划工作已在进行，但受外部环境影响，至今尚未开发。

2）雅鲁藏布江水电能资源

① 基本资料。雅鲁藏布江发源于西藏西南部，喜马拉雅山北麓的杰马央宗冰川，海拔 5590 m，由西向东流。干流在萨嘎以上称为马泉河，过萨嘎后称为雅鲁藏布江，经墨脱县境内的巴昔卡，海拔 155 m，流出国境，进入印度国后称为布拉马普特拉河，经孟加拉国，与恒河汇合，注入印度洋的孟加拉湾，河流全长 2900 km，流域面积约 93.0 万平方公里。

雅鲁藏布江在中国境内全长 2057 km，流域面积约 24.0 万平方公里。多年平均流量约为 4425 m^3/s，天然落差 5435 m，水能资源蕴藏量 7911.6 万千瓦，多年平均出境径流量 1654 亿立方米，水能资源十分丰富。

② 雅鲁藏布大峡谷和大拐弯水电站。雅鲁藏布江下游的大拐弯大峡谷，是世界上最大的大峡谷。大峡谷断面呈不对称的 V 形，水面以上两岸陡崖悬壁高达 300 m 以上，河床切入石英云母片岩的基岩之中，峡谷水面宽度 80～200 m，最窄处宽 74 m，峡谷平均深度在 5000 m 以上，最深达 5382 m。

大峡谷的核心地段，是从派镇（海拔 2880 m）到墨脱县背崩（海拔 630 m）河段，河湾段长 240 km，穿过山脊的直线距离 40 km，水面落差 2250 m，平均坡降 0.94%，河水流速达 16 m/s 以上。派镇附近的多年平均流量约 1900 m^3/s，估算水能资源蕴藏量达 4500 万千瓦。

如果在派镇沿东南方向，开凿 40 km 长的引水隧洞，穿过海拔 4500 m 的多雄拉垭口分水岭，到大拐弯后雅鲁藏布江的支流多雄河上游的尔东，可获得约 2000 m 的高差，多雄河向南流，在背崩汇入雅鲁藏布江。

在此建设大拐弯水电站，装机容量可达 3800 万千瓦，是三峡电站装机 1820 万千瓦的两倍。它将是世界上最大的水电站。如按年发电小时 5000 h 计算，其年发电量可达 2000 亿千瓦时，与 1998 年全国水电站年发电量 2043 亿千瓦时相当。这一水电能源大约相当于 8000 万吨标准煤发出的电能，是特别具有研究和开发价值的水能资源。

3. 我国的小水电资源

根据 2009 年水利部发布的中国农村水力资源调查评价成果，0.01 万～5 万千瓦（含）的小水电技术可开发量为 1.28 亿千瓦，遍及全国的 1600 多个县、市。截止 2010 年底已开发 5800 万千瓦，开发率 45.3%，仍有 7000 多万千瓦有待开发。

从资源的地区分布看，我国长江以南雨量充沛，河流陡峻，是小水电资源分布的主要地区。黄河与长江之间小水电资源主要在大别山区、伏牛山区、秦岭南北、甘肃南部和青海省的部分地区。新疆、西藏的喜马拉雅山脉、昆仑山脉及天山南北、阿尔金山南麓为小水电资源比较集中的地区。华北及东北的小水电资源主要集中在太行山、燕山、长白山及大兴安岭等地区。

具体来说，西南部的广西、重庆、四川、贵州、云南、西藏等 6 省市（自治区、直辖市）是中国小水电水力资源最丰富的地区，共有 6205 万千瓦，占全国总量的 48.5%。西北部的内蒙古、陕西、甘肃、宁夏、青海、新疆等 6 省区(自治区)小水电水力资源相对集中,共有 1817 万千瓦,占全国总量的 14.2%。中部地区小水电水力资源主要集中在吉林、黑龙江、湖南、湖北山区,共有 2574 万千瓦,占全国总量的 20.1%。东部地区小水电水力资源主要集中在浙江、福建、广东山区,共有 2209 万千瓦,占全国总量的 17.3%。

3.2　水力学基础与水力发电开发利用方式

3.2.1　水力学基础知识

水力发电站的水流运行遵循河流水文学、水力学的基本原理,简述如下。

1. 水能与水头

1) 水体的能量形式

水流作为流体的一种形态,具有三种能量形式,如图 3-1 所示。m 质量的水体其具有的三种能量为

位能:mgz

动能:$\dfrac{1}{2}mv^2$

压能:$mg\dfrac{p}{\gamma}$

式中:γ 为水的容重,$\gamma = 9810 \ \mathrm{N/m^3}$;$z$ 为水体相对某一基准平面的位置高度,m;v 为水流过水断面的平均流速,m/s;p 为水体内某一点的压力,$p = \gamma\mathrm{h}$,Pa。

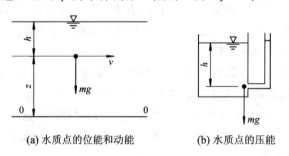

(a) 水质点的位能和动能　　　　(b) 水质点的压能

图 3-1　水质点的三种能量形式

水体压能的表示如图 3-1(b)所示,如果杯子右壁面的细管中原先是空气,则在水下 h 深处质量为 m 的水体就会释放能量,在压力 p 的作用下克服地球引力 mg,沿着细管上升 h 高处,压力 p 所做的功

$$W_p = mgh \tag{3-1}$$

根据功能原理,压力 p 所做的功就等于质量 m 的水体在 h 深处所具有的能量——压能,即质量 m 的水体在 h 深处所具有的压能

$$E_p = W_p = mgh = mg\dfrac{p}{\gamma} \tag{3-2}$$

2) 水体的单位能量

水流三种能量的数值大小不但与水体的能量特征有关,还与水体的质量 m 有关,因此

不能确切表示水体的能量特征。为了能确切地表示水体的能量特征，通常用单位重量水体的能量来确切地表示水体的能量特征。单位重量水体的能量又称为水头（E），单位重量水体的能量也有三种能量形式，即

单位位能：z；单位动能：$\dfrac{\alpha}{2g}v^2$（过水断面平均单位动能）；单位压能：$\dfrac{p}{\gamma}$。

由于水流具有黏滞性，因此水流在同一过水断面上流速分布很不均匀。对于有自由表面的河流，在河流表面中心线上的水质点流速最高，与河床固体表面接触的水质点流速为零，见图 3-2 过水断面 A-A，在整个过水断面上，水质点的流速按抛物线规律分布。对无自由表面的管流，在管流中心线上的水质点流速最高，与管道固体表面接触的水质点流速为零，见图 3-3 过水断面 A-A，在整个过水断面上，水质点的流速按抛物线规律分布。因此，我们只能用断面平均单位动能来表示过水断面每一个水质点的单位动能。

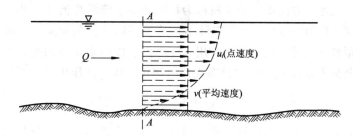

图 3-2　河流过水断面水质点的流速分布规律

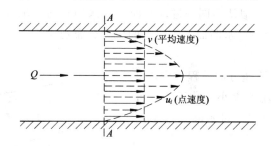

图 3-3　管流过水断面水质点的流速分布规律

设过水断面有 n 个水质点，则过水断面的实际平均单位动能为

$$\frac{\sum\limits_{i=1}^{n} u_i^2/2g}{n} \tag{3-3}$$

式中：$u_i^2/2g$ 为第 i 个水质点的单位动能。

由于每一个水质点的点流速 u_i 实际是无法测量得到的，所以只能用过水断面平均流速 v 所表示的单位动能 $v^2/2g$ 来表示过水断面实际平均单位动能，但是通过实测发现 $v^2/2g$ 小于式（3-3）表示的过水断面实际平均单位动能。因此采取对 $v^2/2g$ 乘上一个大于 1 的系数 α 来进行修正，并使

$$\frac{\alpha v^2}{2g} = \frac{\sum\limits_{i=1}^{n} u_i^2/2g}{n} \tag{3-4}$$

式中：α 为动能修正系数，一般 $\alpha=1.05\sim1.1$，在定性分析时常取 $\alpha=1.0$。

过水断面平均流速为

$$v = \frac{Q}{A} \tag{3-5}$$

式中：Q 为流过过水断面的水流量，$\mathrm{m^3/s}$；A 为过水断面的面积，$\mathrm{m^2}$。

水头等于三种单位能量之和，即

$$E = z + \frac{p}{\gamma} + \frac{\alpha v^2}{2g} \tag{3-6}$$

水头的单位为"米水柱高"（$\mathrm{mH_2O}$），简称"米"（m）。

由于水体的单位能量更能确切地反映水体的能量特征，所以如不作特殊说明，我们讲的水体能量都是指水体的单位能量。水体的三种能量形式相互之间能够转换。

3）均匀流与渐变流

水流沿程流速大小、方向不变的流段称为均匀流，水流沿程流速大小、方向变化不大的流段称为渐变流。在均匀流中，水质点既不加速也不减速作匀速运动，同一过水断面上的水质点所受的惯性力为零，只受重力作用，与静止水体内水质点的受力相同，因此在均匀流中同一过水断面上水质点的压力分布规律与静止水体内的压力分布规律相同，即

$$z_1 + \frac{p_1}{\gamma} = z_2 + \frac{p_2}{\gamma} = \cdots = 常数 \tag{3-7}$$

在渐变流中，水质点不是加速运动就是减速运动，或者运动方向发生变化，水质点所受的惯性力不为零，但是由于是渐变流，速度的大小和方向变化较小，水质点所受的惯性力较小，可以忽略不计，近似认为同一过水断面上的水质点所受的惯性力为零，只受重力作用。因此在渐变流中同一过水断面上水质点的压力分布规律近似与静止水体内的压力分布规律相同。

图 3-4 所示为水流流速方向沿程不变，流速大小沿程减速，但是流速大小变化不大，可以认为是渐变流。所以对同一过水断面的不同水质点有

$$z_1 + \frac{p_1}{\gamma} \approx z_2 + \frac{p_2}{\gamma} \approx \cdots \approx 常数 \tag{3-8}$$

则在均匀流和渐变流中，在同一过水断面上每一水质点的

$$z + \frac{p}{\gamma} + \frac{\alpha v^2}{2g} = 常数 \tag{3-9}$$

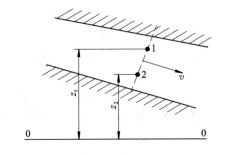

图 3-4 渐变流管流过水断面的压力分布规律

即在均匀流和渐变流中，同一过水断面上水质点的单位能量处处相等，但是不同过水断面上水质点的单位能量处处不相等，并且是沿程下降，因为水流运动需要克服摩擦阻力消耗能量。也就是说，在对均匀流和渐变流中的某一过水断面水质点的单位能量计算时，取该断面上任一个水质点作为计算点都可以。实际工程中，在水流的沿程总能找到均匀流段或渐变流段，避开流速大小、方向变化较大的急变流段，因此在水力计算时，总是把计算的过水断面放在均匀流段或渐变流段上，并且在河流水力计算时将过水断面的计算点放在河流的自由表面上；在管流水力计算时将过水断面的计算点放在管流的管轴线上，这样可使水力计算简单一些。

2. 水能计算基本方程

在重力作用下，降雨形成河流，河水具有位能，由上游流向下游，如图 3-5 所示。河水能量消耗于克服沿途的摩擦阻力、挟带泥沙和冲刷河床。河流上、下游断面单位重量水体的能量 E_A、E_B 根据水力学的伯努利方程，分别表示为

$$E_A = z_A + \frac{p_A}{\gamma} + \frac{\alpha_A v_A^2}{2g} \tag{3-10}$$

$$E_B = z_B + \frac{p_B}{\gamma} + \frac{\alpha_B v_B^2}{2g} \tag{3-11}$$

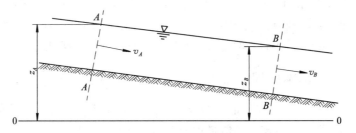

图 3-5 河段水能计算图

上、下游断面之间的能量差为

$$\Delta E = E_A - E_B = (z_A - z_B + \frac{p_A}{\gamma} - \frac{p_B}{\gamma} + \frac{\alpha_A v_A^2}{2g} - \frac{\alpha_B v_B^2}{2g}) \tag{3-12}$$

估算河段水能时，取间距较小的两计算断面，可近似认为两断面的大气压力水头和流速水头相等，即

$$\frac{p_A}{\gamma} = \frac{p_B}{\gamma}, \frac{\alpha_A v_A^2}{2g} = \frac{\alpha_B v_B^2}{2g}$$

则

$$\Delta E = E_A - E_B = (z_A - z_B) = H_m \tag{3-13}$$

式中：H_m 为上、下游断面之间的水位差，称之为落差或水头，m。

上、下游断面之间的水流功率为

$$N_{hl} = \gamma Q H_m (N \cdot m/s) \tag{3-14}$$

式中：Q 为河流的常年径流量，m^3/s。

上、下游断面之间的水能蕴藏量为

$$W_{hl} = N_{hl} t = \gamma Q H_m t \tag{3-15}$$

式中：t 为时间，s。

由于 $1 kW = 102(kg \cdot m)/s$，水体容重 γ 为 $1000 kg/m^3$，变换量纲，得出河流水能计算基本方程式

$$N_{hl} = \frac{1000}{102} Q H_m = 9.81 Q H_m \quad (kW) \tag{3-16}$$

$$W_{hl} = N_{hl} t = 9.81 Q H_m \frac{t}{3600} = 0.00272 V H_m \quad (kW \cdot h) \tag{3-17}$$

式中：W_{hl} 为河段水流理论发电能量，$kW \cdot h$；N_{hl} 为河段水流理论出力，kW；V 为水体容积，m^3，$V = Qt$；H_m 为河段落差，m；Q 为河流的常年径流量，m^3/s；t 为时间，s。

　　水电站水能计算，目的是要确定水电站实际的平均出力和平均发电量，为确定水电站设计方案及装机容量提供依据。实际出力和发电量需考虑水轮机组、发电机组、传动设备的运行摩阻损失，加入效率系数 η。按水力发电或水能利用基本方程式（3－18）和式（3－19）计算

$$N_\text{p} = \frac{N_\text{hl}}{n} = \frac{1}{n}9.81\eta QH_\text{m} = 9.81\eta Q_\text{p}H_\text{m} \tag{3－18}$$

$$W_\text{hl} = N_\text{p}t = 9.81\eta Q_\text{p}H_\text{m}\frac{t}{3600} = 0.00272\eta V_\text{p}H_\text{m} \tag{3－19}$$

式中：N_p 为水电站平均出力，kW；W_hl 为水电站平均发电量，kW·h；Q_p 为 n 个时段发电引用平均流量，m³/s；V_p 为发电引用平均水体容积，m³；H_m 为设计发电工作水头，m；n 为计算时段数；η 为水电站机组工作效率系数，大型水电站一般采用 0.82~0.90。

3.2.2　水力发电的基本原理

　　自然流泄的江河水流都具有一定的能量，未被开发利用的水流因克服流动阻力、冲蚀河床、挟带泥沙等原因，它所蕴含的能量被分散地消耗掉了。

　　水力发电的任务，就是要集中利用这种被无益消耗掉的水能，来产生工农业生产和人们日常生活中广泛利用的电能。图3－6是水电厂的示意图。依图所示，筑坝使水电厂上游的水库中的水具有较高的势能，当水由压力水管流过安装在厂房内的水轮机排至下游时，水流带动水轮机旋转，水能转换成水轮机旋转的机械能，水轮机驱动发电机，将机械能转换成电能。这就是水力发电的基本过程。为实现上述连续地能量转换而修建的水工建筑物和水轮机发电设备的总体，叫做水力发电厂。

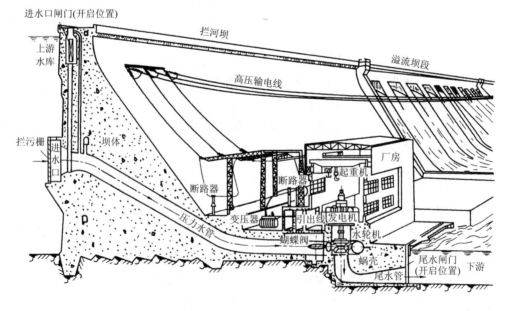

图3－6　水电厂示意图

由图可以看出，水力发电的主要生产过程大体可分为四个阶段：

（1）集中能量阶段，建坝集中河流径流和分散的河段落差，形成水电厂集中的水体和

发电用的水头；

（2）输入能量阶段，利用渠道或管道，把水以尽可能小的损失输送至水电厂；

（3）转换能量阶段，调整水轮发电机组的运行，将水能高效率地转换成电能；

（4）输出能量阶段，将发电机生产的电能，经变压、输电、配电环节供给用户。

发过电的天然水流本身并没有损耗，一般也不会造成水体污染，仍可为下游用水部门利用。换句话说，水力发电只是利用水的势能，却并不消耗水量资源，也不污染水体，它与农业用水、工业用水、生活用水既无争夺水量资源的冲突，也不像它们那样消耗水资源，污染水资源，这是水力发电用水的重要特点。

3.2.3 水电能资源开发的基本方式和水电站的类型

由于河流落差沿河分布，采用人工方法集中落差开发水电能资源，是必要的途径，一般有筑坝式开发、引水式开发、混合式开发、梯级开发等基本方式。

1. 筑坝式开发

拦河筑坝，形成水库，坝上游水位壅高，坝上下游形成一定的水位差，使原河道的水头损失，集中于坝址。这种方式中引用的河水流量越大，大坝修筑越高，集中的水头越大，水电站发电量也越大，但水库淹没损失也越大。

用这种方式集中水头，在坝后建设水电站厂房，称为坝后式水电站。如果将厂房作为挡水建筑物的一部分，就称为河床式水电站。

1）坝后式水电站

厂房位于大坝后面，在结构上与大坝无关，见图 3-7，此类电站一般只能形成 300 m 以下的水位差，因为过高的大坝在建造和安全方面都存在难以解决的问题。

目前我国最高的大坝是四川省二滩水电站大坝，混凝土双曲拱坝的坝高 240 m。

世界上总装机容量最大的水电站，也是总装机容量最大的坝后式水电站是我国的三峡水电站，总装机为 18 200 MW。

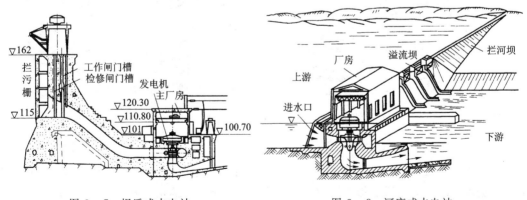

图 3-7 坝后式水电站 　　　　图 3-8 河床式水电站

2）河床式水电站

厂房位于河床中作为挡水建筑物的一部分，与大坝布置在一条直线上，通常只能形成 50 m 以下的水位差，见图 3-8。随着水位的增高，作为挡水建筑物一部分的厂房上游侧墙面厚度增加，使厂房的投资增大。我国目前总装机容量最大的河床式水电站是湖北省葛洲坝水电站，总装机容量为 2715 MW。

现在世界上筑坝式水电站的发电引水流量前三是：我国的三峡水电站为 30 924.8 m³/s，葛洲坝水电站为 17 953 m³/s，巴西伊泰普水电站为 17 395.2 m³/s。

坝后式水电站发电水头最大已达 300 多米，最高的大坝前三是：俄国罗贡斯克土石坝，坝高 323 m；瑞士大狄克逊重力坝，坝高 285 m；俄国英古里拱坝，坝高 272 m。

筑坝式开发水电，优点是水库能调节径流，发电水量利用率稳定，并能结合防洪、供水、航运，综合开发利用程度高。但工程建设需统筹兼顾综合考虑发电、防洪、航运、施工导流、供水、灌溉、漂木、水产养殖、旅游和地区经济发展等各方面的需要，工期长、造价高，水库的淹没损失和造成的环境生态影响大，应综合规划科学决策。

2. 引水式开发

引水式开发是在河道上布置一个低坝，进行取水，并修筑引水隧洞或坡降小于原河道的引水渠道，在引水末端形成水头差，布置水电站厂房开发电能。其引水道为无压明渠时，称为无压引水式水电站；引水道为有压隧洞时，称为有压引水式水电站。

1) 无压引水式水电站

见图 3-9 图，用引水渠道从上游水库长距离引水，与自然河床产生落差。渠首与水库水面为平水无压进水，渠末接倾斜下降的压力管道进入位于下游河床段的厂房，只能形成 100 m 左右的水位差，使用水头过高的话，在机组紧急停机时，渠末压力前池的水位起伏较大，水流有可能溢出渠道，不利于安全。由于是用渠道引水，工作水头又不高，所以电站总装机容量不会很大，属于小型水电站。

图 3-9　无压引水式水电站布置示意图

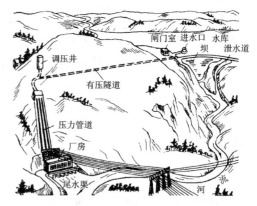

图 3-10　有压引水式水电站示意图

2) 有压引水式水电站

用穿山压力隧洞从上游水库长距离引水，与自然河床产生水位差。洞首在水库水面以下有压进水，洞末接倾斜下降的压力管道，进入位于下游河床的厂房，见图 3-10。引水式能形成较高或超高的水位差，世界上最高水头的水电站，也是最高水头的有压引水式水电站是奥地利雷扎河水电站，其工作水头为 1771 m。我国引水隧洞最长的水电站是四川省太平驿水电站，引水隧洞的长度为 10 497 m。

引水式电站开发的位置、坡降、断面选择，需根据地形、地质和动能经济情况比较确定。引水道坡降越小，可获得的水头越大。但坡降小，流速慢，需要的引水道断面大，可能使工程量增大而不经济。

现在世界上已建的引水式电站，最高利用水头已达 2000 多米，我国水能资源蕴藏量居世界首位，具有许多开发条件十分优越的引水式电站地形和场址。例如：

红水河上游 2000 年建成的天生桥 2 级引水式电站，利用红水河湾有利地形，修筑三条直径 9.0 m 的引水隧洞，各长 9.28 km，引用流量 612 m^3/s，利用净水头 181 m，电站装机容量 132.0 万千瓦，年发电量 82.0 亿千瓦时。

在雅砻江中游，有著名的锦屏大河湾，长 150 km。位于雅砻江干流小金河口以下至巴折，湾道颈部最短距离 16 km，水面落差高达 310 m。规划修建锦屏二级引水式电站，引水隧洞长 17.4 km，利用水头落差 312 m，引用流量 1240 m^3/s，电站装机容量 440.0 万千瓦，年发电量 209.7 亿千瓦时。

在金沙江上游，险峻的虎跳峡峡谷河湾长 117 km，水面落差 210 m，拟规划采用包含隧洞引水的两级开发方案，利用水头落差 210 m，引用流量 1410 m^3/s，虎跳峡水电站装机容量将为 280.0 万千瓦，年发电量 105.32 亿千瓦时。

在世界顶级的雅鲁藏布江大拐弯大峡谷，河湾长 240 km，湾道颈部最短距离 40 km，如建设引水式水电站，高程从 2880 m 降到 630 m，水面落差高达 2250 m，电站装机容量可达 3800.0 万千瓦，年发电量达 2000.0 亿千瓦时。

以上这些巨型引水式水电站的水头差和规模，是单一筑坝式电站开发无法达到的。

鉴于引水式水电开发的淹没和移民问题较小，而且现代隧洞开挖支护施工技术已发展得比较成熟，因此，引水式水电开发具有工程简单、投资造价较低的突出优点。它的缺点是当上游没有水库调节径流时，引水发电用水利用率较低。

在坡降大的河流上中游地区，如有可利用的有利地形，修建引水式水电站比较经济，因此它是农村小水电最常采用的开发方式之一。在大型江河上，若有瀑布、大河弯段或相邻河流距离近但水位高差大的地形，采用引水式水电站开发将十分有利，能获得非常优越的水电开发指标。

3. 混合式开发

混合式开发兼有前两种方法的特点，在河道上修筑水坝，形成水库集中落差和调节库容，并修筑引水渠或隧洞，形成高水头差，建设水电站厂房。如图 3-11 所示。

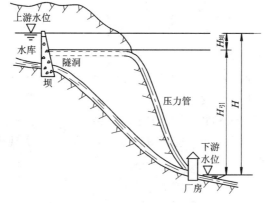

图 3-11　混合式开发示意图

　　这种混合式水电开发方式，既可用水库调节径流，获得稳定的发电水量，又可利用引水获得较高的发电水头，在适合地质地形条件下，它是水电站较有利的开发方式。在有瀑布、河道大弯曲段、相邻河流距离近高差大的地段，采用混合式开发，更为有利。

4. 梯级开发

　　水电开发受地形、地质、淹没损失、施工导流、施工技术、工程投资等因素的限制，往往不宜集中水头修建一级水库，开发水电。一般把河流分成几级，分段利用水头，建设梯级水电站。如图 3-12 所示。

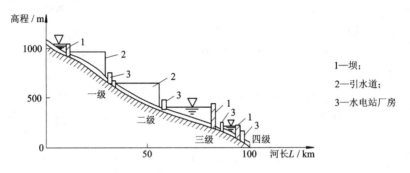

图 3-12　水电梯级开发示意图

　　我国的长江上中游、黄河上中游、大渡河、乌江、红水河、以礼河、龙溪河等所有大、中、小河流的水电开发规划，都采用或初步拟定了水电梯级开发方案，以便在以后的可行性研究阶段进一步考虑负荷、防洪、供水、航运等技术经济和生态环境的要求，确定水电开发的初步设计方案。

　　水电梯级开发，需要确定开发次序，逐步投入大量的建设资金，来获得取之不尽的水电能源和经济效益，但同时会因为局部改变了河流两岸的生态环境，形成水库淤积、库岸滑塌、诱发地震、影响鱼类种群等负面影响而付出代价。目前水库设计的一般标准是抵御 100～10 000 年一遇的洪水，寿命是 100～500 年，从长远和突发灾害考虑，还存在梯级溃坝灾害的安全对策问题。

　　水电梯级开发需要从可持续发展的原则出发，使用系统工程方法权衡利弊，选择最佳开发方案。一般还应注意以下几点：

　　（1）尽可能充分开发利用水能资源，尽量减少开发的级数，梯级水库上一级水电站的尾水位，与下一级水库的正常水位衔接，或有一定的重叠，以利用下一级水库消落时，空出一段水头；

　　（2）对于梯级的最上一级"龙头水库"，最好采用筑坝式或混合式开发，并且最好选择为第一期工程开发，以便改善下游各级水库的施工导流条件和运行状况，利用水库调节径流，提高整个梯级的施工进度、发电能力和综合效益；

　　（3）对梯级开发的每一级和整个梯级从技术、经济、施工条件、淹没损失、生态环境等方面，进行单独和整体的综合评价，选择最佳开发运行方案，实现梯级开发水电能源的可持续利用。

5. 特殊水电站

　　这类水电站的特点是上、下游水位差靠特殊方法形成。特殊水电站又分抽水蓄能水电站和潮汐水电站两种形式。

　　1）抽水蓄能水电站

　　抽水蓄能发电是水能利用的另一种形式，它不是开发水力资源向电力系统提供电能，而是以水体作为能量储存和释放的介质，对电网的电能供给起到重新分配和调节作用。

　　电网中火电厂和核电厂的机组带满负荷运行时效率高、安全性好，例如大型火电厂机组出力不宜低于 80%，核电厂机组出力不宜低于 $80\%\sim90\%$，频繁地开机停机及增减负荷不利于火电厂和核电厂机组的经济性和安全性。因此在后半夜电网用电低谷时，由于火电厂和核电厂机组不宜停机或减负荷，电网上会出现电能供大于求，这时可启动抽水蓄能水电站中的可逆式机组接受电网的电能作为电动机——水泵运行，正方向旋转将下水库的水抽到上水库中，见图3-13，将电能以水能的形式储存起来；在白天电网用电高峰时，电网上会出现电能供不应求，这时可用上水库的水推动可逆式机组反方向旋转，可逆式

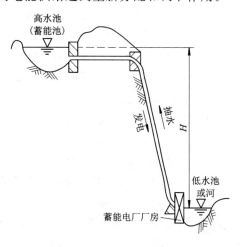

图 3 - 13　抽水蓄能水电站示意图

机组作为发电机——水轮机运行，将上水库中的水能重新转为电能，这样可以大大改善电网的电能质量，有利于电网的稳定运行，提高了火电厂、核电厂设备的利用率和经济性、安全性及电网的经济效益。

　　可逆式机组有两个工况：正向抽水、反向发电。发电量与耗电量之比约为 75%，即用 $1\,\mathrm{kW\cdot h}$ 的电能将下水库的水抽到上水库，发电时由于各种损耗，使得发电量最多为 $0.75\,\mathrm{kW\cdot h}$。但是峰电与谷电的上网电价之比大于 1，国外一般为 $4:1$，因此建造抽水蓄能电站还是有巨大的利润空间的。

　　利用电网内多余的低谷电量抽水蓄能、电网峰荷时引水发电，以改善电网调节峰谷电力的能力，提高电网的供电质量和运行经济性，是抽水蓄能电厂在电网运行中最直接的作用。实践表明，抽水蓄能水电厂在电力系统中还具有十分重要的间接作用：

　　（1）调频：抽水蓄能机组可按负荷的变化，随时调整其出力的大小，为系统进行调频。

　　（2）调相：抽水蓄能机组能作调相机使用，提供或消费无功功率，保持电网电压的稳定。

　　（3）调负荷：抽水蓄能机组可随时将其出力在 $50\%\sim105\%$ 范围内调整，能适应电网负荷快速变化的需要，从而保证火电机组在经济负荷下稳定运行，降低了系统的运行、维护费用。

　　（4）事故备用：电力系统内一般需要有 20% 左右的备用容量，抽水蓄能机组作为备用容量来应付不可预见的事故时的负荷需求，能节省热力机组启、停或低出力时的运行费用。

　　（5）提高电网运行的灵活性和可靠性：抽水蓄能机组在电网内填谷补峰的高度灵活性和能快速启动发电的能力，增加了电力系统运行的安全可靠性。

　　目前世界各国抽水蓄能机组发展很快，部分发达国家抽水蓄能机组占本国总装机容量

的比重已超过 10％，其中奥地利达到 16％，日本达到 13％，瑞士达到 12％，意大利达到 11％。

我国前期由于严重受缺电的困扰，主要集中力量建设一些能短期快速多产电量的电厂（如火电厂），而对用电负荷和供电质量问题相对顾及较少，加上我国核电工业刚刚起步，故大型抽水蓄能电站只在近些年才加速建。

十三陵抽水蓄能电站位于北京市昌平旅游风景区，距市区 30 余公里。该工程 1992 年主体工程开工，1997 年工程完成。十三陵抽水蓄能电站以"十三陵水库"为下池，库容为 8100 万立方米。在蟒山山顶海拔 568 m 处建库容为 445 万立方米的上池水库。上池与下池最大落差 481 m。地下厂房由 1100 m 交通洞与外界相连。电厂安装 4 台 20 万千瓦混流可逆式水泵/水轮机、电动/发电机组，装机容量 80 万千瓦，是华北电网最大的抽水蓄能电厂。

天荒坪抽水蓄能电站位于浙江省北部安吉县境内，1994 年动工，2000 年建成。电站在海拔 846 m 山顶处建库容为 885 万立方米的上水库，以海拔 285 m 处建下池，库容为 877 万立方米，上池与下池最大落差 610 m。电站总装机容量为 180 万千瓦（6×30 万千瓦），为立轴、单级混流可逆式水泵水轮机，属日调节纯抽水蓄能电站。电站接近华东电网负荷中心，距上海、南京各 180 km，距杭州 57 km，距 500 kV 瓶窑变电站仅 34 km，资源优越，交通便利。电站对华东电网的调峰填谷、改善电源结构、提高供电质量和推动华东地区的经济发展起到十分重要的作用。

我国广州抽水蓄能电站是目前世界上总装机容量最大的抽水蓄能水电站，1994 年底投入运行，总装机容量为 2400 MW，它对广东电网的安全调度、经济运行和我国目前最大容量的大亚湾核电站（2×900 MW）的投产、调试和稳定满负荷运行，作出了巨大贡献。

2010 年，我国抽水蓄能机组容量达到 1694.5 万千瓦。2020 年，国家水电"十二五"发展规划抽水蓄能机组容量达到 9800 万千瓦。

2）潮汐水电站

潮汐水电站在海湾与大海的狭窄处筑坝，隔离海湾与大海，安装可逆式机组利用潮水涨落产生的坝内外水位差发电，见图 3－14。

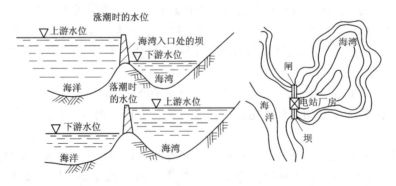

图 3－14 潮汐电站示意图

从理论上讲潮汐水电站有六个工况：正向发电、正向抽水、正向泄水、反向发电、反向抽水、反向泄水。

3.3　水电站主要水工建筑物和动力设备

3.3.1　水电站主要水工建筑物

河川径流的水文条件差别、自然水体的地形、地貌和地质状况不同，决定了水资源的开发方式、水电厂的类型和布置形式也不相同。不同类型和不同布置形式的水电厂，需要相应地建造不同的水工建筑物。

1. 拦水建筑物——坝

坝是用于截断河流、集中落差和水量、形成水库的大型水工建筑。坝是水利枢纽工程的主体，常见的坝型有土坝、混凝土重力坝、拱坝和支墩坝。

1）土坝

土坝坝体宽厚，由散粒土体压实而成。一般都是就地取材，人工堆建而成。土坝构造简单，对地质条件要求不高。土坝具有适应变形、抗震能力强的性能，它工作可靠、寿命较长，但土坝要求具有较好的防渗透设施。

2）混凝土重力坝

重力坝是用混凝土和浆砌石修筑的大体积挡水建筑物，它主要靠自重作用维持坝体的稳定，承受迎水面的水平推力和坝体自重。重力坝的坝体用水泥浇筑在岩基层的坝基上，与土石坝相比，重力坝易于解决导流、溢洪问题，对气候、地形、地质等条件也有较好的适应性。重力坝所需养护、维修工作量小，是永久性的挡水建筑，但重力坝耗用建筑材料多，而且分段、分层施工时，接缝处理技术要求高，结构也远比土坝复杂。

3）拱坝和支墩坝

拱坝和支墩坝都是水泥石料结构，拱坝向迎水面呈拱形，迎水面的载荷靠拱体传递到拱坝两岸的岩体上；支墩坝通常由多幅迎水斜面或小型拱面组成，斜面或小型拱面的接合处采用体积大、重量大的支墩承受挡水面传来的载荷，再由支墩传递到坝基。

2. 引水建筑物

1）引水口的布置

引水口是由河道或水库引取发电用水的入水口。引水口要求有足够的进水能力，即具有平顺的入口轮廓、较大的断面尺寸，要保证引水水质符合要求，要设置必要的闸门，为引水渠道的检修或事故性快速截流，提供控制引流量的手段。

上游水位高或有大型水库的水电厂，常采用有压引水方式。有压引水的水流充满整个隧洞断面，隧洞壁承受较大的内水压力。有压引水的进水口应低于水体运行中可能出现的最低水位，并具有一定的淹没深度。上游水位低或只有较小型水库的水电厂，常采用无压引水方式，无压引水隧洞的工作情况与明渠相同，水在无压引水隧洞中具有自由水面。无压引水的主要问题是防污和防沙，其进水口应设置在河流的凹岸，因为凹岸没有回流，漂浮污物不易堆积，河流上层的清水在环流作用下流向凹岸，进水口前不易发生过量的泥沙淤积。

水电厂的引水流速一般都不大，设置好的进水口轮廓可以减小水头损失，降低工程造价和设备费用。进水的喇叭口开得大时，进口的水头损失小，但孔口的配筋多，闸门尺寸大对坝体结构有不利影响；相反，进水的喇叭口开得小时，则会产生完全相反的利弊问题。因此，一般是，当水头低时，喇叭口开大一些，当水头高时，喇叭口开小一些，并应通过认真的模型试验，确定合适的入口流线形状，以不出现负压、漩涡，并且以水头损失小和工程造价低为原则。

2）引水渠道及其附属水工设施

引水渠道的作用，是将具有一定水头符合水质要求的水输送到水电厂。它分为无压引水和有压引水两种类型。

（1）无压引水渠道、压力前池和日调节池。

由水体引水到水电厂的无压引水渠道，一般是盘山修建（见图3-9）或穿山开挖的无压隧洞（见图3-15）。在引水渠道的末端，有一个扩大加深的水池——压力前池，它的主要作用是平稳水流，并把渠道引来的水均匀分配给进入水轮机厂房的各压力水管，根据水电厂负荷的变化，补充高负荷时的水力不足和低负荷时由溢流堰溢泄走多余的水量，以保障水轮机正常安全运行。压力前池还具有拦截来水中的漂浮物和沉积、排除来水中的泥沙的作用。

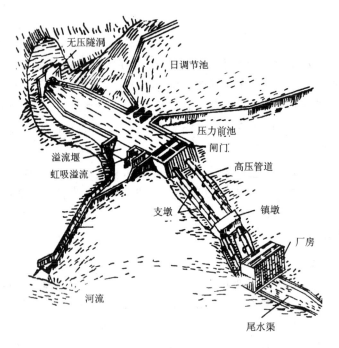

图3-15 无压隧洞引水式水电厂示意

担负系统内调峰的水电厂，一日之内引用的水量往往会有较大的变化，而引水渠道是按最大引用流量设计建造的，因此，通常在具有适宜的地形时，还要设置日调节池（见图3-15）。在水电厂运行中，若水电厂负荷上升，引用水量大于引水渠平均流量时，日调节池的水位下降；若水电厂负荷下降，引用水量小于引水渠平均流量时，日调节池水位上升。容积大的日调节池可以终日维持上游引水渠道在平均流量下工作，有效地改善了水电站的引水运行条件。日调节池愈是靠近压力前池，其上述调节作用就愈大、愈灵活可靠。含砂量较大的河流，水电厂处于系统基荷工作时，应将日调节池入口封闭，避免过量的泥沙在日调节池淤积。

（2）有压引水隧洞和调压井。

① 有压引水隧洞：采用有压引水方式的水电厂，其有压引水隧洞中的水流充满整个过水断面，并承受较大的内水压力。

有压隧洞的截面多为过水能力大、承受内水压力好的圆形或马蹄形。为不使水头损失过大，隧洞内的水流流速一般在 2.5～4 m/s。只有在水头较小、隧洞较长时，才取用较大的水流流速。有压隧洞的内壁一般用水泥或钢板作衬砌，它的末端与水轮机的进水压力钢管相连接，压力钢管的末端（水轮机入口前）要装设主阀，这是因为当压力水管较长，水轮机组突然甩负荷而调速器又失灵时，避免机组飞车事故。

② 水击现象：在长度较大的有压引水隧道或压力水管中，当水轮机前的阀门突然开启或关闭时，隧道和管路中的水压力会突然降低或升高，管道中具有相当流量的水体，在惯性力作用下，会产生破坏能力极大的水击压力波，这种现象叫做"水击现象"。

如果水击波传播速度为 1000 m/s，关闭前管内水流速度为 3 m/s，此时可能产生的直接水击水头能高达 306 m，这是水轮机组设备及附属水工建筑物都不允许发生的。

③ 调压井的设置：为减小压力管路中的水击压力，在压力隧洞和压力水管的连接处附近设置一个专门的调压井（见图 3-10）。调压井利用扩大的断面和自由水面反射水击波，平抑水击压力。调压井将水轮机的有压引水系统分成了两段，这使上游段（有压引水隧洞）基本上避免了水击压力的影响，下游段（与水轮机相接的压力水管段）长度减小，降低了管内的水击值，改善了水轮机的运行条件。调压室的布置尽量靠近厂房，以缩短压力水管的长度，调压井本身及底部与压力水管连接处具有足够大的断面面积。

3.3.2　水轮机

1. 水轮机的基本类型和型号

1）水轮机分类

水轮机是将水能转换成旋转机械功的水力原动机。根据水轮机能量转换的特征不同可分为反击式水轮机和冲击式水轮机两大类，反击式水轮机的转轮能量转换在有压管流中进行；冲击式水轮机的转轮能量转换在无压大气中进行。

各类水轮机因其结构不同又有多种不同的型式。冲击式水轮机有：水斗式、斜击式、双击式，反击式水轮机有：混流式、轴流式（轴流转桨式、轴流定桨式）、贯流式（贯流转桨式、贯流定桨式）和斜流式。

（1）混流式水轮机。混流式水轮机的水流进入转轮前是沿主轴半径方向，在转轮内转为斜向，最后沿主轴轴线方向流出转轮，见图 3-16。水流在转轮内在做旋转运动的同时，还进行径向运动和轴向运动，所以称为"混流式"。它适用于 30～800 m 水头的水电站，属于中等水头、中等流量机型，同时它运行稳定，效率高，目前转轮的最高效率已达 94%，是应用最广泛的水轮机。世界上单机出力最大的混流式水轮发电机组在三峡水电站，单机额定出力为 700 MW，最大出力 852 MW（转轮直径 9.832 m 和 10.416 m 两种，转轮重 407 t 和 448 t 两种，水轮机重 3200 t 和 3323 t 两种，设计流量 995.6 m³/s 和 991.8 m³/s

两种，设计工作水头 80.6 m，工作水头范围 61～113 m）。

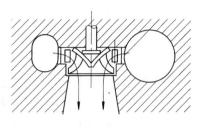

图 3-16　混流式水轮机

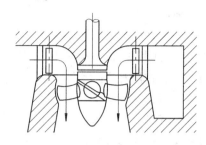

图 3-17　轴流式水轮机

（2）轴流式水轮机。轴流式水轮机的水流进入转轮前已经转过 90°弯角，水流沿主轴轴线方向进入转轮，又沿主轴轴线方向流出转轮，见图 3-17。水流在转轮内同时做旋转运动和轴向运动，没有径向运动，所以称为"轴流式"。它适用 3～80 m 水头的水电站，属于低水头、大流量机型。

轴流式水轮机又分轴流定桨式水轮机和轴流转桨式水轮机两种，轴流转桨式水轮机的转轮叶片在工作时，能根据水库水位和导叶开度的变化自动调节叶片角度，使水流进入转轮时对叶片头部的冲角最小，使水轮机在很大出力变化范围内，水轮机的效率都比较高。

世界上单机出力最大的轴流转桨式水轮发电机组在我国福建省水口水电站，单机出力为 200 MW（转轮直径 8 m，设计工作水头 47 m，工作水头范围 30.9～57.8 m，设计流量467.7 m³/s）。世界上转轮直径最大、也是转轮直径最大的轴流转桨式水轮发电机组在我国长江葛洲坝水电站，转轮直径为 11.3 m（单机出力 175 MW，转轮重 468 t，水轮机重 2150 t，设计工作水头 18.6 m，工作水头范围 8.3～27 m）。

（3）斜流式水轮机。斜流式水轮机转轮内的水流运动与混流式转轮一样，但转轮叶片又与轴流转桨式转轮一样，见图 3-18。因此其性能吸取了上两种水轮机的优点。适用 40～200 m 水头的水电站，属于中等水头、中等流量机型。斜流式水轮机由于叶片转动机构的结构和工艺比较复杂，造价较高，国内 20 世纪 60 年代在云南毛家村水电厂（8.33 MW）采用后，以后很少采用。

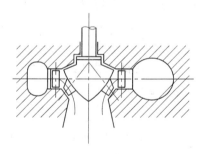

图 3-18　斜流式水轮机

（4）贯流式水轮机。贯流式水轮机的转轮结构及转轮内的水流运动与轴流式转轮完全一样，也有贯流定桨式和贯流转桨式两种形式。与轴流式水轮机不同之处是贯流式水轮机的水流从进入水轮机到流出水轮机几乎始终与主轴线平行贯通，"贯流式"的名称由此而得。由于水流进出水轮机几乎贯流畅通，所以水轮机的过流能力很大，只要有 0.3 m 的水位差就能发电，适用 30 m 水头以下的大流量水电站，特别是潮汐电站，属于超低水头、超大流量机型。

贯流式水轮机的结构形式又分灯泡贯流式（图 3-20）、轴伸贯流式（图 3-19）、竖井贯流式和虹吸贯流式四种，其中灯泡贯流式水轮机结构合理，效率较高，所以应用最多。世界上单机容量最大的灯泡贯流式水轮发电机组应用于日本的只见水电站，单机出力为65.8 MW。世界上应用水头最高的灯泡贯流式水轮机在我国的洪江水电站，工作水头范围

8.4～27.3 m(单机出力 46.4 MW，转轮直径 5.2 m)。

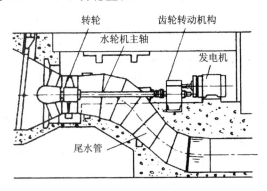

图 3 - 19　轴伸贯流式水轮机

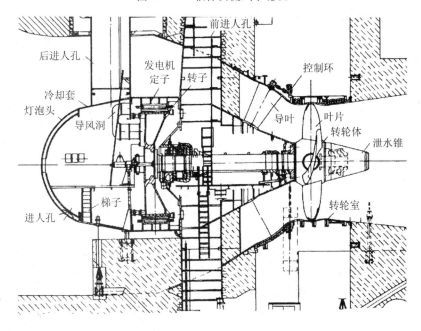

图 3 - 20　灯泡式水轮机总图

（5）水斗式水轮机。水流由喷嘴形成高速运动的射流，射流沿着转轮旋转平面的切线方向冲击转轮斗叶，所以又称为"切击式"水轮机，见图 3 - 21。适用 100～1700 m 水头的水电站，属于高水头、小流量机型。世界上应用水头最高的水斗式水轮发电机组在奥地利利雷扎河水电站，工作水头为 1771 m。我国单机出力最大的水斗式水轮发电机组在云南以礼河三级水电站，单机出力为 37.5 MW。我国应用水头最高的水斗式水轮发电机组在天湖水电站，设计水头为 1022.4 m，转轮直径最大的水斗式水轮发电机组在草坡水电站，转轮直径为 2.16 m。

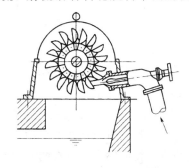

图 3 - 21　水斗式水轮机

（6）斜击式水轮机。水流由喷嘴形成高速运动的射流，射流沿着转轮旋转平面的正面约 22.5° 的方向冲击转轮叶片，再从转轮旋转平面的背面流出转轮。斜击式水轮机的效率较低，目前最高也只有 85.7%。适用 25～400 m 水头的小型水电站。

(7) 双击式水轮机。双击式水轮机的应用水头较低，没有水斗式和斜击式水轮机中的喷嘴，而是在压力管道末端接了一段与转轮宽度相等的矩形断面的喷管，见图 3-22。它形成的水流流速比较小，水流流出喷管后，首先从转轮外圆柱面的顶部向心地进入转轮流过叶片，将大约 70%～80% 的水能转换成机械能，然后从转轮内腔下落绕过主轴从转轮的内圆柱面离心地第二次进入转轮流过叶片，将余下的 20%～30% 的水能转换成机械能，最后水流从叶片外缘离心地离开转轮，所谓的"双击"就表示水流两次流过转轮叶片。双击式水轮机的结构简单但效率最低，适用 5～100 m 水头的乡村小水电站。

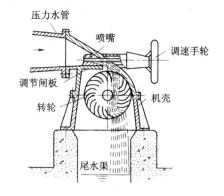

图 3-22 双击式水轮机

(8) 可逆式水轮机。这是一种新型的水轮机，应用在抽水蓄能电站中的可逆式水轮机正转时可作水泵运行抽水蓄能，反转时可作水轮机运行放水发电；应用在潮汐电站中的可逆式水轮机正反转都可作水泵运行抽水蓄能，正反转都可作水轮机运行放水发电。可逆式水轮机的机型有可逆混流式、可逆斜流式、可逆轴流式和可逆贯流式 4 种。

世界上单机出力最大的可逆式水轮发电机组在美国巴斯康蒂抽水蓄能电站，单机出力为 380 MW（设计工作水头 393 m）。抽水扬程最高的可逆式水轮机在我国西藏羊卓雍湖抽水蓄能电站，最高扬程为 842 m。

2）水轮机的布置形式

与蒸汽轮机相同，水轮机与发电机是用联轴器连接在一起同速转动的。根据机组轴线的布置形式不同，水轮发电机组有立式布置和卧式布置两大类。

大中型水轮发电机组，特别是低转速机组，常采用立式布置，即机组的主轴垂直布置，发电机位于水轮机的上部。立式机组轴承受力好，机组占地面积小，运行平稳，但是厂房分发电机层和水轮机层，因此厂房高，面积大，机组安装检修不方便，厂房投资大。

小型水轮机大都采用卧式布置，即机组的主轴水平布置，发电机同水轮机一般布置在同一高程上。卧式机组安装、检修和运行维护方便，厂房投资小，但是机组占地面积较大，水轮机、发电机的噪音对运行人员干扰大，夏天室温高。

立式机组布置（图 3-23）的特点是有三个承受机组转动系统径向不平衡力的径向轴承，即上导轴承(2)、下导轴承(7)和水导轴承(10)，一个承受机组转动系统自重和轴向水推力的推力轴承(3)。

中小型水电站常见的立式机组有悬挂式机组和伞式机组两种布置形式。

(1) 悬挂式机组：这类机组的结构特点是推力轴承布置在发电机转子上部的上机架中，与上导径向轴承布置在同一只油箱中。机组运行稳定性好，但机组高度尺寸较大。

(2) 伞式机组：这类机组的结构特点是推力轴承布置在发电机转子下部的下机架中，与下导径向轴承布置在同一只油箱中。机组运行稳定性差，但机组高度尺寸较小。

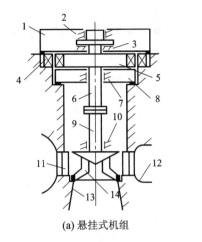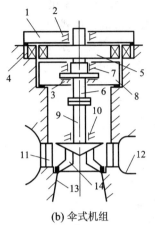

1—上机架；
2—上导轴承；
3—推力轴承；
4—发电机定子；
5—发电机转子；
6—发电机主轴；
7—下导轴承；
8—下机架；
9—水轮机主轴；
10—水导轴承；
11—水轮机导水部件；
12—水轮机引水部件；
13—水轮机尾水管；
14—水轮机转轮

(a) 悬挂式机组　　　　(b) 伞式机组

图 3-23　立式机组布置形式

3）水轮机的型号

（1）水轮机的比转速 n_s。为了说明水轮机转轮型号的意义，先介绍水轮机设计工作中的重要参数"比转速"。设计一台水轮机时，给定的主要参数是有效功率 P（kW）、工作水头 H（m）和水轮机的转速 n（r/rain），转轮的直径 D_1（m）是未知的，而工作条件相似、几何关系相似的水轮机，具有相同的工作特性，如果用 P、H、n 来表示水轮机的相似判别量，用 P、H、n 的组合量来反映相似条件下，水轮机的工作特性，就给水轮机的设计带来很大的方便，这个新的概念叫做"比转速"。

通过模型试验，对于反击式水轮机，比转速的近似计算公式为

$$n_s = \frac{n\sqrt{P}}{H^{\frac{5}{4}}} \quad \text{r/rain} \tag{3-20}$$

式中：n 为水轮机的转速，r/rain；H 为水轮机工作水头，m；P 为水轮机有效功率，kW。

比转速 n_s 的物理意义是，当有效工作水头 $H = 1$ m、水轮机出力 $P = 1$ kW 时，与原型水轮机按一定相似关系建立起来的模型水轮机所具有的转速为 n_s（r/rain）。

对于冲击式（水斗式）水轮机，则可进一步把比转速简化为它的射流直径、喷嘴个数和转轮直径的函数：

$$n_s = (189 - 216)\frac{d_0\sqrt{z_0}}{D_1} \quad \text{r/min} \tag{3-21}$$

式中：d_0 为冲击式水轮机的射流直径，m；z_0 为冲击式水轮机的喷嘴个数；D_1 为冲击式水轮机的转轮直径，m。

水轮机制造厂随机所提供的比转速，是指在设计水头下，最高效率点的比转速。不同类型的水轮机，比转速也不相同。同一系列的水轮机在相同工作条件（P、H 相同）下，高比转速的水轮机过流量 Q 大，相应的转轮直径 D_1 小，能节省机组造价，降低电厂土建费用，但机组的转速增高，带来机组设备结构上强度要求高，机组运行气蚀性能变差，以及水轮机受泥沙磨损程度大等问题。目前世界各国都用比转速对水轮机进行分类，因而在水轮机的铭牌型号中，列入了机组比转速的值。

（2）水轮机的型号。我国生产的水轮机型号由三部分代码组成，第一部分由汉语拼音字头和阿拉伯数字表示，指水轮机的型式（见表3－1）和水轮机的比转速；第二部分由两个汉语拼音字母组成，其中第一个字母表示水轮机主轴装置型式，第二个字母表示水轮机引水室的特征（见表3－2）；第三部分表示水轮机转轮的标称直径(cm)。

表3－1　各类水轮机代号

水轮机型式		代号	水轮机型式		代号
反击式	混流式	HL	反击式	贯流定桨式	GD
	斜流式	XL	冲击式	斗叶式	QJ
	轴流转桨式	ZZ		双击式	SJ
	轴流定桨式	ZD		斜击式	XJ
	贯流转桨式	GZ			

表3－2　水轮机主轴布置及引水室特征代号

主轴布置型式	代号	引水室特征	代号	主轴布置型式	代号	引水室特征	代号
立轴	L	金属蜗壳	J	卧轴	W	罐式	G
		混凝土蜗壳	H			竖井式	S
		明槽	M			虹吸式	X
		灯泡式	P			轴伸式	Z

示例：HL220－LJ－120，表示水轮机机型为混流式水轮机，转轮型号或比转速为220，立轴，金属蜗壳，转轮直径为120 cm；

ZZ560－LH－300，表示水轮机机型为轴流转桨式水轮机，转轮型号或比转速为560，立轴，混凝土蜗壳，转轮直径为300 cm；

XLN200－LJ－240，表示水轮机机型为可逆斜流式水轮机，转轮型号或比转速为200，立轴，金属蜗壳，转轮直径为240 cm；

$2CJ26-W-\dfrac{100}{2\times9}$，表示一根主轴上装有两只转轮的水斗式水轮机，转轮型号或比转速为26，卧轴，转轮直径为100 cm，每个转轮配有两个喷嘴，设计射流直径为9 cm。

2. 水轮机的基本结构

1）反击式水轮机主要结构

反击式水轮机结构主要由四大过流部件（引水部件、导水部件、工作部件和泄水部件）及四大非过流部件（主轴、轴承、密封和飞轮）组成，由于水流直接作用四大过流部件，其性能好坏直接影响水轮机的水力性能，因此我们只介绍四大过流部件。

（1）引水部件。引水部件就是引水室。其作用是以最小的水力损失将水流均匀、轴对称地引向工作部件，并形成水流一定的旋转量，可减小水流对转轮叶片头部的进口冲角。类型有金属蜗壳引水室、混凝土蜗壳引水室、明槽引水室和贯流式引水室四种形式。

① 金属蜗壳引水室。蜗牛壳形状的结构使得加工制作难度大，工艺要求高，制作成本高，蜗形流道的包角达345°，进入转轮的水流流态较好，水力性能最佳。它广泛应用在混流式水轮机、斜流式水轮机和中高水头的轴流式水轮机中，见图3－24。

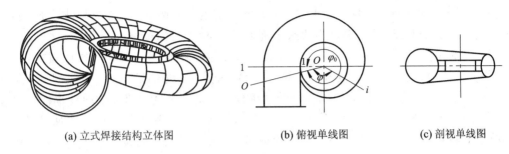

(a) 立式焊接结构立体图　　　　(b) 俯视单线图　　　　(c) 剖视单线图

图 3 - 24　金属蜗壳引水室

由图可见，通常卧式机组的蜗壳进口轴线垂直向下，使得来自压力钢管的水流进入蜗壳时必定要转 90°弯，使水头损失增大。如果保持水轮机其他部分不动，只将卧式布置的蜗壳绕水轮机轴线转到蜗壳进口轴线成为水平方向，卧式水轮机的这一缺点就可以克服。国内外已经有这样的电站，将水轮机的蜗壳进口轴线按水平方向布置。

② 混凝土蜗壳引水室。当水轮机的工作流量较大时，由于全部流量都需通过金属蜗壳引水室的进口断面，使得蜗壳进口断面直径增大，从而造成蜗壳的总宽度增大，机组间距增大，从而要求的厂房面积增大，投资增加。因此在工作水头较低的轴流式水轮机中，为了节省机组和厂房的投资，采用部分蜗形流道的混凝土蜗壳引水室，蜗形流道的包角在 180°～ 225°，从非蜗形流道进入工作部件的水流流态较差，水头损失较大。混凝土蜗壳引水室的水力性能比金属蜗壳引水室差，但比明槽引水室好。混凝土蜗壳引水室应用在中低水头轴流式水轮机中。

③ 明槽引水室。为了减少投资，在 500 kW 以下的低水头小容量轴流定桨式水轮机中常采用明槽引水室。明槽引水室就是引水渠道的末端渠道，结构简单，水流进入转轮前的水流流态较差，引水室的水头损失较大。

④ 贯流式引水室。贯流式引水室只能应用在贯流式水轮机中。贯流式引水室又分灯泡式、轴伸式、竖井式和虹吸式四种形式，其中灯泡式引水室应用最广泛。

（2）导水部件。导水部件主要由导叶转动机构组成，所以又称导水机构，其作用是根据负荷调节进入转轮的水流量及开机、停机，类型有径向式、轴向式和斜向式三种形式，具体见图 3 - 25。

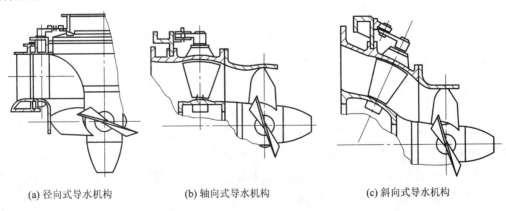

(a) 径向式导水机构　　　　(b) 轴向式导水机构　　　　(c) 斜向式导水机构

图 3 - 25　导水机构的三种形式

① 径向式导水机构。其特点是水流沿着与水轮机主轴垂直的径向流过导叶，导叶转轴线与水轮机主轴线平行，大部分反击式水轮机采用的是径向式导水机构，见图3-25(a)。

图3-26为立式水轮机径向式导水机构，主要由推拉杆(11)、控制环(12)、连杆(10)、主、副拐臂(5、4)、导叶(15)、顶盖(1)、底环(14)、套筒(2)和剪断销(9)9个零件组成，其中推拉杆、控制环、连杆、拐臂构成导叶转动机构。调速器通过调速轴带动推拉杆来回移动，推拉杆带动控制环来回转动，控制环通过连杆、拐臂带动所有导叶同步来回转动，从而调节进入转轮的水流量，调节机组的转速或出力。由于控制环的转动平面与连杆的移动平面、拐臂的转动平面相互平行，三者之间可以方便地用销子进行铰连接，所以在传动的结构上最容易实现，结构性能最佳。

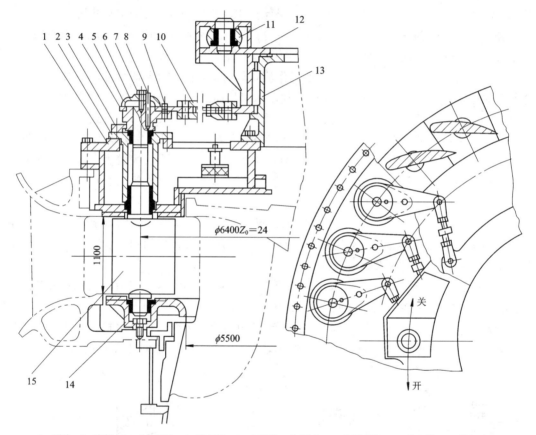

1—顶盖；2—套筒；3—止推压板；4—副拐臂；5—主拐臂；6—端盖；7—调节螺钉；8—分半键；9—剪断销；
10—连杆；11—推拉杆；12—控制环；13—控制环支座；14—底环；15—导叶

图3-26 立式水轮机径向式导水机构平面图

剪断销一般装在连杆与拐臂的铰连接处或主付拐臂连接处。剪断销的作用是当导叶被异物卡住正遇导水部件做关闭操作时，使得被卡导叶的操作力急剧增大，当被卡导叶的操作力增大到正常操作力的1.3～1.4倍时，被卡导叶的剪断销被剪断，事故导叶退出导水机构，其他导叶继续关闭，从而防止事故扩大。

② 轴向式导水机构。其特点是水流沿着与水轮机主轴平行的轴向流过导叶，导叶转轴线与水轮机主轴线垂直，由于控制环的转动平面与连杆的移动平面、拐臂的转动平面相互

不平行，三者之间的连接结构较复杂。应用在轴伸贯流式水轮机中，见图 3-25(b)。

③ 斜向式导水机构。其特点是水流沿着与水轮机主轴倾斜的方向流过导叶，导叶转轴线与水轮机主轴线倾斜，同样由于控制环的转动平面与连杆的移动平面、拐臂的转动平面相互不平行，三者之间的连接结构较复杂。应用在斜流式水轮机和灯泡式、竖井式、虹吸式贯流式水轮机中，见图 3-25(c)。

（3）工作部件。工作部件就是转轮，其作用是将水能转换成转轮旋转的机械能，是水轮机的核心部件，水轮机的水力性能主要由转轮决定。转轮的类型有混流式转轮（见图 3-27）、轴流式（贯流式）转轮（见图 3-28）和斜流式转轮（见图 3-29）。由于轴流式水轮机的转轮与贯流式水轮机的转轮完全一样，所以反击式水轮机的机型有四种，转轮形式只有三种。

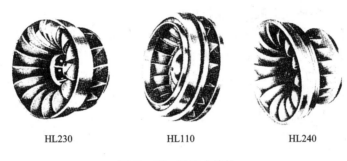

HL230　　　　　　　HL110　　　　　　　HL240

图 3-27　混流式转轮

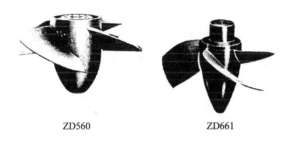

ZD560　　　　　　　ZD661

图 3-28　轴流式（贯流式）转轮

图 3-29　斜流式转轮

新研制的转轮由于转轮叶片的设计理论日趋成熟，设计手段采用了成熟的计算机软件和计算机仿真技术，使得转轮效率提高了不少，目前，效率最高的转轮可达 94％。

转桨式转轮在结构形状上基本与原来相同，而混流式转轮在结构上出现了变异。例如，有一种新型叶片的混流式转轮，叶片进水边与出水边不在同一个轴面上，两者成"X"状交叉的 X 形叶片，X 形叶片转轮通过扭曲的出水边可以减少尾水管中心涡带，改善尾水管的压力脉动，机组运行振动减小。我国的鲁布革水电站、三峡水电站、大朝山水电站和浙江文成珊溪水电站的水轮机采用了 X 形叶片转轮。

另外，还有带副叶片的混流式转轮，就是在两个常规叶片之间增加了一个较短的副叶片，副叶片的长度约为主叶片的 2/3，主叶片的数量减少，但叶片的总数增加（15+15），使转轮内压力和流场分布变好，效率提高，空蚀减轻，运行稳定。我国云南鲁布革水电站采用的具有副叶片的 X 形叶片的转轮，运行十年转轮不大修，且空蚀性能和稳定性能良好。新疆喀什三级水电站、浙江文成高岭头二级水电站、庆元大岩坑水电站采用的也是带副叶片的转轮。

（4）泄水部件。泄水部件就是尾水管，其作用是：

① 将水流平稳地引向下游；

② 回收转轮出口处水流相对下游水位的位能，形成转轮出口处的静力真空；

③ 部分回收转轮出口处水流的动能，形成转轮出口处的动力真空。

尾水管的类型有直锥形尾水管、屈膝形尾水管和弯肘型尾水管三种形式。其中：

直锥形尾水管结构最简单，制作最方便，水流在管内平稳减速回收动能，水力性能最佳，应用在小型立式水轮机中和灯泡式、竖井式和虹吸式贯流式水轮机中。

屈膝型尾水管的主要特点是水流一离开转轮，还来不及减速就经弯管段转过 90° 弯，主要的减速回收动能都在圆锥段内完成，弯管段的水头损失较大，水力性能最差，应用在卧式混流式水轮机和轴伸式贯流式水轮机中。

弯肘形尾水管结构复杂，制作不便。水流离开转轮时在圆锥段中稍加减速再转过 90° 弯成水平减速运动，肘管段从垂直圆形断面转变为水平矩形断面，因此肘管段制造难度大，水流运动紊乱，水头损失较大，水力性能比直锥形尾水管差，但矩形扩散段水流的动能回收充分，因此性能比屈膝型尾水管好，应用在大中型立式水轮机中。

2）冲击式水轮机主要结构

（1）水斗式水轮机主要结构。水斗式水轮机主要由转轮、喷嘴、折向器和喷针——折向器协联操作机构组成。

① 转轮。转轮是水斗式水轮机的工作部件，其作用是将射流的动能转换成转轮旋转的机械能，水流的能量转换在大气中进行。

装配在主轴上的叶轮外圆上的均布斗叶与叶轮的连接方式有整体铸造结构、焊接结构和螺栓连接结构三种，图 3-30 为斗叶与叶轮用螺栓连接结构的水斗式转轮。现在采用整体铸造结构和焊接结构形式比较多。

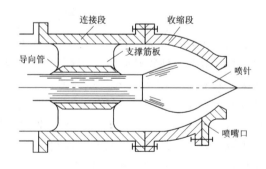

图 3-30　水斗式水轮机转轮　　　　　　　　图 3-31　喷嘴

② 喷嘴。喷嘴是水斗式水轮机的导水部件，其作用是将高压水流的压能转换成高达 100 m/s 以上流速（动能）的射流水柱，冲动转轮旋转做功。并根据负荷调节冲击转轮斗叶的射流流量及开机、停机。其结构见图 3-31，圆形管末段为收缩段，水流在该段被不断加速流出喷嘴成为高速运动的射流。支撑筋板中的导向管内装有喷针，轴向移动喷针可改变

喷嘴口的过水面积，从而调节冲击转轮的射流流量及开机、停机。

③ 折向器。其作用是当机组甩负荷时，在 2～4 s 内切入射流，将射流偏引到下游尾水渠，使射流不再冲击转轮斗叶，机组转速不至于上升过高。

④ 喷针-折向器协联操作机构。有布置在流道内的内控式和布置在流道外的外控式两种形式，图 3-32 为中小型水斗式水轮机的外控式喷针-折向器协联操作机构的结构图。水轮机调速器通过调速轴同时带两根喷针折向器协联杠杆动作，协联杠杆 1 直接操作折向器，使得折向器对调速轴的动作始终为同步响应；协联杠杆 2 通过喷针配压阀、喷针接力器操作喷针，调节配压阀与接力器之间的节流孔开度，就能使得喷针只能在 15～30 s 内将喷针从全开位置关到全关位置，达到缓慢关闭喷嘴的目的，使压力钢管的水击压力不至于上升过高，起到了调节机组甩负荷时喷针对调速轴动作响应的滞后时间。喷针操作也可用操作手轮手动进行。

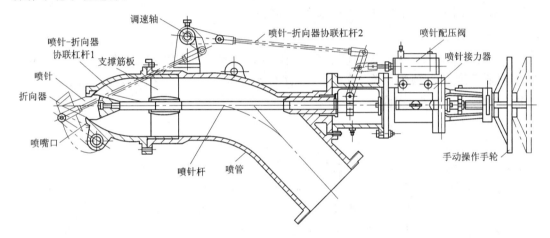

图 3-32　外控式喷针——折向器协联操作机构

（2）斜击式水轮机主要结构。斜击式水轮机的喷嘴与水斗式水轮机一样，只是射流冲击转轮的方向不同，转轮结构见图 3-33，蘑菇伞状的转轮上径向均布叶片，由于叶片在半径方向很长，为防止叶片振动，用外环将所有叶片的头部联为一体，提高了叶片的刚度。水流的能量转换在大气中进行。

(a) 进口外貌

(b) 出口外貌

图 3-33　斜击式转轮

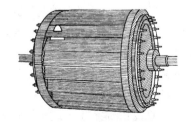

图 3-34　双击式水轮机的转轮

（3）双击式水轮机主要结构。双击式水轮机的转轮见图 3-34，为一个均布圆弧状断面长叶片的滚筒，叶片的长度方向与水轮机主轴线平行，滚筒中心有一个圆柱体空间。双击式水轮机的喷嘴与水斗式水轮机及斜击式水轮机完全不同，其喷嘴就是压力钢管末段的一段矩形断面的管道，因此称喷管，喷管内布有一个单导叶或闸板，调节单导叶或闸板可调节冲击转轮的流量。转轮将水能转换成机械能的工作原理类似于混流式水轮机转轮，但是水流能量转换在大气中进行又类似于水斗式转轮。水流在喷管中由水平运动转为垂直向下运动，穿过转轮后，从尾水槽排入下游。

各种形式的冲击式水轮机都没有严格意义上的尾水管，只有汇集水流的尾水槽，把水流顺利地引向下游排水渠。

3.3.3 水电厂的主要辅助设备

水电厂中除了主要动力设备——水轮机，主要电气设备——发电机和主变压器外，还有一些保证水电厂中动力设备正常运行和安装检修所不可缺少的主要辅助设备和系统，它们包括水轮机主阀、水电厂油系统、水系统和气系统。

1. 水轮机主阀

位于压力钢管末端和蜗壳进口断面之间的阀门称水轮机主阀。主阀直径与压力钢管的直径相同，因此主阀的体积大、价格贵。除了低水头水电厂以外，在中高水头水电厂中，几乎每一台水轮机都设有主阀。

1) 主阀的作用

（1）当由一根压力钢管同时向两台或两台以上机组供水时，每台水轮机进口必须设主阀，这样在一台机检修时，关闭该机组的主阀，其他机组能照常工作。

（2）导叶全关时的漏水是不可避免的，当较长时间停机时关闭主阀可减少导叶漏水量。有的水电厂，水轮机导叶漏水较大，每次停机都需要关闭主阀。

（3）水电厂由于起停快，在电网中经常作为备用机组。当压力管道较长时，设置主阀可以保持压力管道始终充满压力水，机组处于热备用状态，可减少机组开机准备时间。

（4）作为机组防飞逸的后备保护。当机组发生飞逸时，主阀必须在动水条件下 90 s 内关闭主阀，防止事故扩大。但是如此大直径的阀门，机组飞逸时水流流速又比正常时快得多，因此动水关闭对主阀的撞击损伤是很大的。主阀动水关闭的次数很少，但每次动水关闭后都必须对主阀进行检查。

2) 主阀的类型和结构

水电厂应用的主阀有蝴蝶阀、球阀和闸阀三种类型：

（1）蝴蝶阀，简称"蝶阀"。见图 3-35，蝶阀活门位于水流当中，可作 80°～90°全开或全关的操作。全开时活门平面与压力钢管轴线平行，由于活门仍处于水流中，所以全开时水流阻力大；全关时活门平面与压力钢管轴线垂直或接近垂直，靠橡皮或较软的金属对间隙处接触止水密封，水头高时效果不好，所以全关时漏水大。但是，蝶阀结构简单，体积小重量轻，启闭方便。适用 200 m 水头以下的水电站。

活门的转轴布置有立式和卧式两种，活门的结构也有两种形式，一种是铁饼形活门，适用水头较低场合，另一种是双平板框架式活门，全开时两平板之间也能通水，减小活门对水流的阻力，全关时，框架式结构能承受较高的水压。

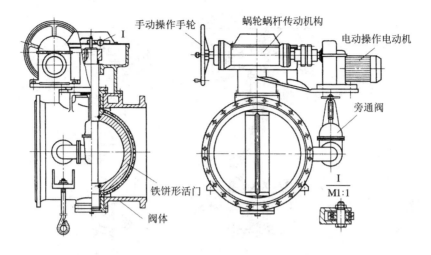

图 3 - 35　蝶阀

（2）球阀。见图 3 - 36，球阀为与压力钢管直径相同的短管状活门，可作 90°全开或全关的操作。全开时活门轴线与压力钢管轴线重合，水流畅通无阻地流过主阀，所以全开时水流阻力小；全关时活门轴线与压力钢管轴线垂直，靠球缺形止漏盖弹出，紧紧压住阀体管口处止水密封，水头越高效果越好，所以全关时漏水小。但是球阀结构复杂，体积大，重量重，启闭不方便。适用 200 m 水头以上的水电站。

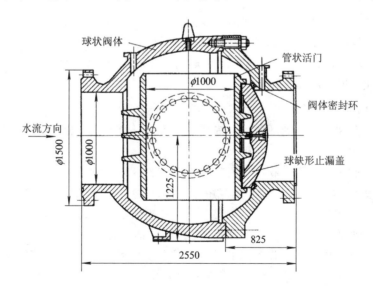

图 3 - 36　球阀

（3）闸阀。见图 3 - 37，闸阀为圆盘状活门，可上下垂直移动作全开或全关的操作。全开时活门向上提起，躲进阀体的上部空腔，水流畅通无阻地流过主阀，所以全开时水流阻力小；全关时活门落下，进入流道切断水流，靠活门平面紧紧压住阀体中的阀座处止水密封，封水效果较好，所以全关时漏水小。但是，闸阀高度尺寸大，启闭时间长。管径较大时，活门的升降所需操作力很大，因此适用 0.5 m 管径以下的乡村小电站。

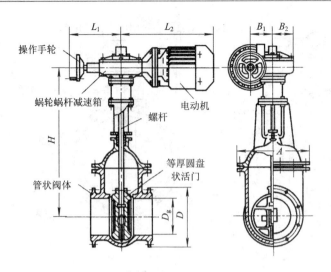

图 3 - 37　闸阀

3）主阀的开关条件

主阀只有两种工况，即全开或全关，不能部分开启用来调流量。

主阀一般只允许在静水条件下打开或关闭，即开阀时，先开主阀后开导叶；关阀时，先关导叶后关主阀。只有在机组发生飞逸事故时才允许主阀在动水条件下关闭。

4）主阀的操作方法

主阀的操作方法有手动、电动和油压操作三种方法。对于闸阀，一般采用蜗轮蜗杆减速箱手动操作，操作力较大时采用电动机；对于蝶阀，一般采用电动机操作，保留手动操作手轮，操作力较大时采用油压操作；对于球阀，由于转动体积较大的管状活门需要较大的操作力，因此一般采用油压操作。

2. 水电厂的油系统

水电厂内各种机电设备所用的油，按其任务不同，油的性质也不同，分为独立的汽轮机油系统和绝缘油系统两种，不能相混。

供给机组各轴承的润滑、散热和调节系统操作、传递能量所用的压力油，采用汽轮机油；供给电气设备，如变压器、油开关等用作绝缘、散热及消弧的油，用绝缘油。

大型水电厂的用油量可达数千吨，无论是汽轮机油还是绝缘油，都要经常处于良好状态。通常应配置油泵和油的机械净化设备，达到滤除油中劣化杂质及除水脱氧的目的。

两独立的油系统中的主要设备是储油罐，用作接受和储存油，每个系统最少应有两个储油罐，一个盛清油，一个盛污油。它们布置在水电厂厂房内单独的储油室内，并特别注意防火问题。油罐、油泵、各类机械净化设备和水电机组的用油部件之间，用油管路联通，形成独立的油系统。

3. 水电厂的水系统

水电厂的水系统分为供水系统和排水系统。

（1）供水系统：主要供给空气冷却器、油冷却器、空压机冷却器的冷却用水及水轮机导轴承的润滑用水等。其次是生活用水和消防用水，一般均自成系统，单独设置。

（2）排水系统：主要排除生产中用过的水（如冷却水）和各用水设备的漏水和厂房内的

渗漏水。另外在检修蜗壳、尾水管和部分引水钢管时，先将机组前的主阀关闭，使设备中的存水经尾水管排向下游，然后关闭尾水管闸门，将余下的存水用检修水泵排除。

4. 水电厂的气系统

水电厂内有许多设备使用压缩空气，例如，为保证调速系统工作时油压稳定，压力油箱中有1/3空间充满2.53 MPa的压缩空气；发电机停机时制动用的压缩空气；蝶阀关闭后密封用的压缩空气；高压空气断路器中灭弧用的压缩空气；机组检修时使用的风动工具要用压缩空气等。向这些使用压缩空气的设备供给压缩空气的系统，分为高压和低压两种系统，油压装置、空气断路器由高压(2.53 MPa)系统供气，其他设备由低压(0.5~0.7 MPa)系统供气。

压缩空气系统中的主要设备是压气机、储气筒和输气管道。压气机室一般布置在装配场的下层、水轮机层或是布置在隔开的副厂房中，远离中央控制室，避免造成噪声污染。

复 习 思 考 题

3-1　什么是水量资源？什么是水能资源？

3-2　水力发电与水量资源有什么样的关系？

3-3　我国水电资源情况如何？水电资源的分布有什么特点？

3-4　水电能源开发的基本方式以及水电厂的分类有哪些？

3-5　抽水蓄能电厂的功能是什么？抽水蓄能电厂在电力系统中的作用是什么？

3-6　水轮机的基本类型有哪些？

3-7　水电厂有哪些主要辅助设备？有何作用？

第四章　核能发电技术

※ ※

核能是 20 世纪出现的一种新能源。核能来源于原子核的裂变与聚变，当原子核分裂或结合时，都会释放出巨大的能量，因此，核能也称为原子能。

预计未来占主导地位的能源将是太阳能和核聚变能。而从目前的化石能源向未来能源过渡的不可或缺的替代能源，就是核裂变能。核能是一种安全、清洁、经济的能源，并且是近期唯一达到大规模商业应用的替代能源。核能迄今已经有 70 年的发展历史，核能技术已经成为一项既成熟又先进的技术。

用核动力堆发电是核能和平利用的主要方面。据国际原子能机构（IAEA）官方网站最新数据，截止 2014 年 4 月 30 日，全球共有在役核电机组 435 个，总装机容量 372 751 MW，占全世界发电总量的 16%。2013 年，全球又有十台新机组开始动工建设，使在建反应堆数量达 71 座，总装机量约 75 000 MW。

中国能源资源不足与能源需求增长之间的矛盾将在今后几十年内更加激化。2011 年，国家发改委根据中国经济和社会发展对能源的需求及解决环境污染问题的实际情况提出：到 2020 年，中国核电将建成总装机容量 70 000 MW，从而使中国核电装机容量占全国总发电装机容量的比例上升到 4.6%，核发电量将占总电量的 7.0% 左右。

4.1　核能发电基本知识

4.1.1　核能发电的发展概况

1. 核反应堆和核能应用

1896 年，法国物理学家昂·贝克勒尔发现了金属铀的天然放射性；1911 年恩斯特·卢塞福（Ernest Rutheford）提出了有核的原子结构模型；1932 年，物理学家詹姆斯·查德维克（James Chadwick）发现了中子。1932 年两位德国化学家奥图·汉（Otto Hahn）和佛利茨·斯特拉斯曼（Fritz Strassmann）发表了他们用中子轰击铀，而获得钡（Barium）元素的研究，这是人类首次创造了人工裂变过程。这个过程把铀分裂成几乎相同的两个碎片，其中之一是钡核，另一个是氪核（Krupton），在此过程中又发射出两个中子。两核和两中子的总重量比铀核加一个中子略轻一些，而过程产生了相当大量的能。所失去的质按质能转换定律转换成能量。

在同一时间里爱因斯坦发表了著名的相对论，指出物质和能量按 $E = mc^2$ 的规律相互转换。此式被用来计算裂变过程中释放出的能量。

1942 年美籍意大利犹太人费米在美国芝加哥大学，建造了世界上第一座核裂变反应堆，做了一次冒险性的试验。他把 50 t 自然铀埋在 500t 石墨中进行反应，以镉棒来控制链式反应的进行，首次完成了人工自持链式重核（铀）裂变反应，开启了受控"核能释放"时代。

在那以后，人类于 1945 年制造出第一颗原子弹，1954 年出现了核潜艇，至今，不过经历了短短的七十年的时间，但核能已经获得了很大的发展。据国际原子能机构公布的资料，到 2014 年 4 月，全世界正在运行的发电反应堆 435 座，已建成用于推动核船舰等的浮动核动力堆 700 多座，研究用反应堆 600 多座，以及许多生产堆。

目前，核能这个 20 世纪出现的新能源已占当今世界总能源消费量的 6%。

2. 核能发电的发展

1954 年，俄罗斯建成了世界上第一座功率为 5 MW 的商用核电厂，向工业电网并网发电；第一座全规模的核电站于 1956 年在英国西北的 Calder Hall 开始运行；翌年第一座大型核电站在美国宾州的西平港建成，用的是压水堆，发电容量为 60 MW。从此，和平利用核能发电步入了一个快速发展的新纪元。

到 2011 年底，世界各国的核电装机总容量达 3.7×10^8 kW，其中，美国据有世界核电总装机容量的 26.58%，其次是法国、日本、俄罗斯等。法国的核电工业在 20 世纪发展最快，到 2011 年，法国的核电装机容量占其全国发电总装机容量的 75% 左右。

从总体来看，我国的核电起步较晚，目前在电力工业中的比重很小。我国的台湾省 20 世纪 90 年代前投入工业运营的核电机组有 6 座，总装机容量在 5000 MW 以上。20 世纪 90 年代后，大陆的核电事业得到了高速发展，1991 年底，我国自行设计建设的第一座核电厂——地处浙江省海盐县的秦山核电厂投入运行，容量为单机 300 MW，采用国际上发展比较成熟的压水型反应堆；1994 年 2 月和 5 月，建于广东省大亚湾核电厂的两台由法国制造、单机容量为 984 MW 的压水堆核电机组分别投入运行；计划建造四台百万千瓦级核电机组的广东省岭澳核电厂，首期两台从法国引进的 990 MW 机组于 1997 年开工建设，先后于 2002 年 5 月和 2003 年 1 月投入商业运行；同时，秦山核电厂二期两台 650 MW 国产压水堆和三期两台从加拿大引进的 728 MW 重水堆机组，也陆续于 2002 年 4 月和 12 月、2003 年 7 月、2004 年 5 月投入商业运行；随后，从俄罗斯引进的江苏（连云港）田湾核电厂一期两台 1060 MW 压水堆机组也在 2004 年和 2005 年分别投入商业运行。后来，广东岭澳核电站二期两台 1080 MW 压水堆机组分别在 2010 年 9 月和 2011 年 8 月投入运行；秦山核电站二期扩建工程两台 650 MW 机组先后于 2010 年 10 月和 2012 年 4 月投入运行。另外，福建宁德核电站 1 号机 1089 MW 机组于 2013 年 4 月投运；辽宁红沿河核电站 1 号机 1119 MW 机组也于 2013 年 6 月投入运行。至 2013 年 12 月，中国大陆共有秦山、大亚湾、岭澳、田湾、宁德和红沿河 6 座核电厂 17 台核电机组在运行，总容量 14 746 MW。同时，截至 2013 年 12 月，中国大陆正在建设的核电机组有 30 台，分别是辽宁红沿河核电站 2\3\4 号机组、福建宁德核电站 2\3\4 号机组、福建福清核电站 1\2\3\4 号机组、广东阳江核电站 1\2\3\4\5 号机组、浙江方家山核电站 1\2 号机组、浙江三门核电站 1\2 号机组、山东海阳核电站 1\2 号机组、广东台山核电站 1\2 号机组、海南昌江核电站 1\2 号机组、广西防城港核电站 1\2 号机组、田湾核电站 3\4 号机组、石岛湾核电站 1 号机组，总容量 32620MW。另外，规划中的百万千瓦级核电站还有江西彭泽、重庆涪陵、湖南华容和桃源等核电厂。

出于对环保、生态和世界能源供应等的考虑，核电作为一种安全、清洁、低碳、可靠的能源，已被越来越多的国家所接受和采用，目前已有60多个国家正在考虑采用核能发电。到2030年前，估计将有10～25个国家加入核电俱乐部，将新建核电机组。据国际原子能机构预测，到2030年全球的核电装机容量将增加至少40%。

4.1.2 物质元素的原子和原子结构

1. 原子结构

所有的物质都是由分子构成的，而分子是由原子构成的。原子由原子核以及围绕原子核的电子构成的，而原子核是由结合在其中的一定数目的质子和中子构成的。现代核物理学提出，质子和中子是由夸克组成的，夸克由胶子结合在一起，夸克还没有被分离出来或被观察到。这就是迄今为止人们认识到的物质结构。

原子的中心是原子核，原子核是由质量基本上相同的质子和中子组成的，质子是带有正电荷的粒子，中子则不带电而呈中性。在原子核的外部，按一定层次排列的电子沿一定的轨道绕原子核旋转，每个电子都带有与质子电荷量相等的负电荷。任何一个稳定态的原子，它的核内质子数目与绕核旋转运动的各层电子的总数目相等，所以原子都是中性的，不带电。

电子的质量极小，只有质子质量的1/1836。原子核却密度极大，原子核的质量约占整个原子质量的99.94%以上，而原子核的体积只占整个原子体积的几百万亿分之一，可见原子核的密度(科学证实，每1 cm^3 为一亿多吨)是多么大，而原子的内部又存在着多么大的空间！

2. 元素及其同位素

核内质子数相同的原子具有基本相同的化学性质，归为同一种元素，并用其原子核内的质子数来表示该元素的原子序数。例如最简单的氢原子，核内只有一个质子(核外只有一个电子绕核旋转)，因此，氢元素的原子序数为1。同种元素，虽核内中子数不同，但都称为该种元素的同位素。例如自然界中存在的重核元素——铀，具有三种同位素：铀-238(占99.27%)、铀-235(占0.724%)、铀-234(占0.006%)。今后，我们把元素写成如下的表达形式，如 $^{238}_{92}U$(铀-238)、$^{235}_{92}U$(铀-235)、$^{234}_{92}U$(铀-234)等。各元素符号的左上角数值，表示该元素的质量数(取整数)，元素符号的左下角数值表示该元素的原子序数。原子序数相同(质量数不同)的元素都是同一种元素的同位素，自然界中原子序数为92的天然铀，就是质量数为238、235、234的三种铀同位素的混合物。

4.1.3 原子核裂变的巨大核能

1. 两种核能

核能分为两种，一种叫核裂变能，简称裂变能；一种叫核聚变能，简称聚变能。

核裂变能是通过一些原子序数在80以上的重原子核裂变释放出的能量。例如，一个 $^{235}_{92}U$(铀-235)原子核在中子的作用下裂变生成两个较轻的原子核，在这个过程中释放出的能量就是核裂变能。

核聚变能是由原子序数在40以下的两个轻原子核结合在一起释放出的能量。例如，氢的同位素氘（$_1^2$H，又叫重氢）和氚（$_1^3$H，又叫超重氢）的原子核结合在一起生成氦（$_2^4$He），在这个过程中释放出的能量就是核聚变能。

原子序数在 40～80 之间的物质元素的原子，都处于最稳定状态。

轻核聚变虽比重核裂变具有更大的能量释放，但是，鉴于引发轻核聚变所需提供的高能量要求和聚变过程可控制技术的巨大难度，迄今核聚变能只实现了军用，即制造氢弹。

通过有控制地缓慢地释放核聚变能达到大规模地和平利用叫做受控核聚变或受控热核反应。受控热核反应迄今尚未实现工业化应用。

现在我们所说的核能，一般指的就是核裂变能。

2. 重核裂变及其核能计算

正常情况下，原子核的结合是很紧密的，组成核的质子和中子（统称为核子）是靠不同于万有引力和电学上的库仑力的核力紧密结合在一起的。核力是短程力，只有在距离小于 3×10^{-13} cm 范围内的核子间才起作用。原子核内的质子和中子之间的距离很短，因此，两相邻核子间的核力作用很强（远远超过质子与质子间的静电斥力），所以原子核形成一个坚实的整体。所谓核能利用，是说在外来因素的作用下，某些原子核发生结构改变时，其结合能——核力的释放利用。

到目前为止，由于达到工业应用规模的核能只有核裂变能，因而，重核裂变能量是当前技术条件下唯一比较现实的、可以替代常规能源（化石燃料及水能等）的商品性能源。目前所有核能发电都是指重核裂变能量对电能的转换。下面简要解释重核裂变能的释放。

原子核内核力作用的特点是使原子核内部各处的核子密度近似相等，只是在原子核表面的核子由于外面没有别的核子与它相互作用，所以密度有所降低。如同液滴是由液体分子组成一样，由于处于核表面的核子只有内部的核子与它相互作用，因而原子核也和水等液滴一样有表面张力。我们可以近似地认为，原子核也像液滴一样由于有表面张力而形成一个稳定的球体。这种原子核类似液滴的模型是在 20 世纪 30 年代由丹麦物理学家尼·玻尔提出的。

由于中子不带电，所以与带正电荷的原子核之间不存在静电斥力，也最容易穿透原子核外的电子壳层，即外来中子最容易挤进原子核。当一个外来中子挤进原子核这种球形体时，这个原子核（称为复核）就增加了由外来中子带进来的多余结合能，它是中子与原子核结合过程中产生的过剩能量。事实上，任何两个分离的物体结合为一体时，都会释放出一部分能量。例如一块空中的石头下落到地面上时，石头的位能就会转化成动能释放出来。

外来中子与原子核结合时，带来的多余结合能越大，复核的激发程度就越大，越不稳定，复核就像受力的液滴一样发生振荡，于是就出现了两种情况：

（1）如果中子带来的多余结合能不足够大，或是复核能很快地以射线形式放出大部分多余的结合能，则复核的激发振荡会很快衰减而稳定下来。

（2）如果中子带来的多余结合能足够大，而且复核来不及将获得的多余结合能释放，则复核就会在激发态下由球体变成椭球，进而变成哑铃状。由于距离的拉长，两半哑铃体之间的引力已相当微弱，于是复核在激发态下分裂成两个独立的新球体——原来原子核的裂变产物，叫做裂变碎片。从中子挤入原子核到发生裂变的整个过程约需万亿分之一秒。新裂变产生的两个原子核在进一步衰变、释放出多余的核子和能量后，逐渐成为稳定的原子核。

不同物质元素的原子核，是否易于裂变，与它的原子结构和引发其裂变所需加入的最低限度的能量——临界裂变能的大小有关。前面提到的自然界存在的 $^{238}_{92}U$、$^{235}_{92}U$ 和 $^{234}_{92}U$ 中，只有 $^{235}_{92}U$ 是易裂变元素，也是迄今核能发电所用的主要核燃料。这是因为：

（1）$^{235}_{92}U$ 原子核内的质子数为偶数，中子数为奇数，俘获外来中子后，质子和中子一样是成双配对的，挤进来的中子与原来的核子间结合得最紧密，得到的中子结合能要多一些；

（2）$^{235}_{92}U$ 原子核引发裂变时，所需要的临界裂变能小；

（3）$^{235}_{92}U$ 原子是目前已知的，存在于自然界的易裂变重核元素中最易于成矿和浓缩提取的。

1905 年，爱因斯坦在相对论中首次揭示了宇宙间的质量与能量能够相互转化，并推出了著名的质能互换公式：

$$E = mc^2$$

科学已经证明，重核元素的原子核裂变成中等质量的原子核时，要发生质量亏损。亏损掉的质量，以结合能的形式释放了出来。

计算表明，$^{235}_{92}U$ 每次裂变时，有 $235+1=236$ 个核子参加了反应，可以释放出约 200 MeV 的能量。在火电厂中，煤的燃烧属于化学反应过程，该过程所释放出的化学能仅为 4.1 eV，是一个 $^{235}_{92}U$ 原子裂变所释放的核裂变能量 4878 万分之一。1 g $^{235}_{92}U$ 的全部原子裂变后释放出的热能，相当于 2800 kg 标准煤完全燃烧所释放出的热能。可见原子核裂变所释放出的能量是非常巨大的。

4.1.4　重核裂变能应用中的一些重要技术性问题

最易于裂变的重核元素 $^{235}_{92}U$，裂变时释放能量很大，但如何促发 $^{235}_{92}U$ 的裂变，而且能使它的裂变反应一经发生，就能有规律地继续进行下去，以便从连续不断的裂变反应中获取稳定的能量流，这是一些十分关键的技术问题。

1. 寻找一种合适的高速粒子

寻找到一种合适的高速粒子去轰击重原子核，以克服其核子间的核束缚力，促发重核发生裂变，这一假想困扰了科学家们许多年。当时最为熟知的电子质量太轻，能量太小，不足以用作"击破"重原子核的"子弹"。

直到 1932 年，英国物理学家查德威克在人工核反应中发现了中子，成为击破重原子核最为理想的粒子。中子不带电，能很容易地进入原子核中去，也能与原子核结合，这就是前面提到的"中子俘获"。

2. 确定最具裂变性能的靶核

并不是所有的核元素的原子俘获中子后，都能发生裂变反应，这要看被击中的原子核能被击中而发生裂变的临界裂变能是多少。例如的 $^{235}_{92}U$ 俘获中子后生成 $^{236}_{92}U$ 复核，$^{236}_{92}U$ 的临界裂变能为 5.3 MeV，而中子被俘获时的结合能是 6.4 MeV，多余的结合能使复核在激发状态下的亿万分之一秒内，完成裂变反应过程，形成两块碎片，放出能量，同时释放出平均 2.43 个新的中子。另如 $^{238}_{92}U$ 或 $^{234}_{92}U$ 也是可以裂变的，$^{238}_{92}U$ 俘获中子后生成钚—239，它的临界裂变能为 5.5 MeV，而中子被 $^{238}_{92}U$ 俘获时的结合能为 4.9MeV，小于钚—239 的临界裂变能，因而，${}_{92}^{238}$U 俘获中子后，几乎百分之百地不发生裂变，只是把低能的外来中子吸收了。应该指明，大多数可裂变的元素的原子核吸收中子后，并不产生有用的、易裂变的产物，只是造成中子的浪费，即 ${}_{92}^{235}$U、${}_{92}^{233}$U 和 ${}_{94}^{239}$Pu 都能用作核燃料，但在这三种核燃料中，只有 ${}_{92}^{235}$U 是临界裂变能较小，且天然存在，能作为反应堆靶核的核燃料元素。

3. 链式裂变反应和中子的慢化

易裂变的靶核，例如一个 ${}_{92}^{235}$U 原子核，一旦被中子击中后发生裂变，在释放能量的同时，又放出平均 2.43 个新的中子。如果这 2~3 个新中子不被周围介质材料吸收，则下一代就有 2~3 个铀核被击中而发生裂变，并且每一个第二代裂变的铀核又放出 2~3 个新生中子，且一代又一代地传下去。这种一旦在铀核裂变开始，便能像链条一样自动地、一环扣一环地持续进行下去的核裂变反应，称为自持链式裂变反应。实现这种有控制的链式裂变反应，就能得到可观能量的连续释放。例如 ${}_{92}^{235}$U 核的链式裂变反应发生到第 60 代时，就可能有 280g 的 ${}_{92}^{235}$U 元素发生了核裂变，它所放出的能量，相当于七百多吨标准煤所能发出的热能。

问题是中子在空旷的原子微观世界里，要想击中靶核是十分不易的。为此，人们普遍把自然界中只占铀同位素 0.724% 的 ${}_{92}^{235}$U，选矿浓缩到约 3%，作为反应堆的核燃料（当用气体扩散法将铀矿中的 ${}_{92}^{235}$U 浓缩到 90% 以上时，就是原子弹的装料）。在铀块里，能量大的快中子击中铀核的概率不大，因而堆内中子数增加的可能性小，因为快中子可能与 ${}_{92}^{238}$U 发生非弹性碰撞而慢化，能量低的慢中子易被 ${}_{92}^{238}$U 吸收而使中子总数减少。更多的快中子则会与铀核擦身而过，跑出铀块而泄漏掉或是被铀块内的杂质吸收而损失掉。对核裂变反应的深入研究发现，能量低的慢中子速度低，动量小，但飞越靶核旁的经历时间长，与 ${}_{92}^{235}$U 原子核发生裂变反应的概率就高，中子的增加量就大大上升。当中子的能量降低到 0.025 eV 时，它的速度只有 2.2 km/s，也就是说，中子的能量由 2 MeV 降低到 0.025 eV，其速度由 20 000 km/s 下降到 2.2 km/s，其与 ${}_{92}^{235}$U 原子核发生裂变反应的几率增加 440 多倍，能量低的慢中子更容易大量地击碎 ${}_{92}^{235}$U 的原子核。

事实上，${}_{92}^{235}$U 原子核裂变后所放出的中子，99.3% 以上是瞬发中子，能量在 1~2 MeV，少量的缓发中子，能量也多在 0.5 MeV 左右，它们的能量都远大于在 20℃ 常温下与周围介质处于热动平衡状态下的热中子的能量（$E=0.025$ eV，平均速度为 2.2 km/s）。因此，必须设法使这些能量大的快中子，通过与某些能与之产生弹性散射的材料作用，消耗中子的动能量，降低中子的速度到热中子状态。这种能使快中子能量降低、速度减慢的材料，叫做慢化剂。迄今为止，所建造的用于发电的核反应堆，大多采用这种热运动状态下的慢中子维持 ${}_{92}^{235}$U 自持链式反应，这样的核反应堆称作热中子堆。

4. 慢化剂

核反应堆中所用的慢化剂，一般都是一些原子核质量轻的元素，这是因为作为慢化剂的靶核原子量越小，中子每次与它散射时损失的能量就越大。例如一个乒乓球（假想为中子）去碰撞一个大铁球（假想为慢化剂的原子），碰撞后铁球基本不动，乒乓球弹开了，其能量并无多大损失，只是运动方向改变了；如果用一个乒乓球去碰另一个不动的乒乓球（慢化剂的原子质量轻），由于两者的质量差不多，被碰的乒乓球得到一部分能量跑开了，入射的乒乓球能量大大降低，速度也大大减慢。另外，还要求慢化剂的密度大（即单位体积中原子核的数目大），这样，才能够使中子与慢化剂原子碰撞有大的概率。慢化剂能使中子在每次碰撞中能量损失量的高低和慢化剂与中子发生碰撞的概率大小，统称为慢化剂的慢化能力。

慢化能力只是慢化剂品质优劣的第一种量度。慢化剂吸收中子产生寄生俘获、使中子数目减少的性质，是慢化剂品质优劣的另一种量度。例如硼的慢化能力大，但硼对中子的吸收能力也大，所以没有人用硼做慢化剂。

反应堆内常用的几种慢化剂是水（又称为轻水）、重水和石墨。氢是所有元素中最轻的，它有三种同位素：氕（$_1^1H$）；氘（$_1^2H$ 或 D）、氚（$_1^3H$ 或 T）。氕的原子核只有一个质子，氘的原子核有一个质子和一个中子，比氕核重 1 倍。氚的原子核有一个质子和两个中子，比氘更重。它们与氧原子结合，生成三种不同的水，氕水（H_2O）、氘水（D_2O）和氚水（T_2O）。氕水就是普通水；氘水称作重水，氚水太重，不能做慢化剂。

重水的慢化能力只有氕水的 1/7，但重水对中子的吸收很少，故重水是一种良好的慢化剂。重水在普通水中的含量很小，一般处理 3400 t 普通水，才能生产 1t 重水，这个代价是很昂贵的。普通的氕水，每个水分子含有两个氢原子，而且水中的氢原子核的密度远大于氢气，因而，在上述常用慢化剂中，水的慢化能力最大。同时，水便宜又容易得到，所以它是目前反应堆中用得最多、最广泛的一种慢化剂。轻水的主要缺点是对中子的寄生俘获较高，沸点又低。石墨是碳的一种，它的慢化能力不及重水的一半，对中子的吸收也远比重水大得多，但石墨比重水便宜得多，容易得到，而且没有普通轻水沸点低、易于汽化的缺点，且耐高温，这正是有些反应堆选用石墨做慢化剂的主要原因。

4.1.5　核反应堆的类型

核反应堆是用来实现核裂变反应装置的总称。按照用途、慢化剂种类、冷却剂的类型和堆内中子能谱等的不同，核反应堆可分成许多不同的类型。诸如作为中子源，用来生产原子弹装料 $_{94}^{239}Pu$ 的生产堆，用于物理、化学及生物学等多方面科研用途的实验堆，用于生产再生核燃料 $_{94}^{239}Pu$ 或 $_{92}^{233}U$ 的热中子增殖堆，用于推进航空母舰、潜艇和原子破冰船的核动力推进堆等。所有反应堆中，数量最大的是用于生产电力的发电核反应堆。

当前，发电核反应堆中的绝大多数是能量在 $0.025\sim0.1\ eV$ 量级的热中子维持链式裂变反应的热中子堆（或称慢中子堆）。慢中子堆按冷却剂和慢化剂不同，又分为轻水堆（压水堆或沸水堆）、重水堆和石墨气冷堆等。其中，石墨气冷堆的温度较高，还可应用于蒸汽-燃气联合循环，热效率可与常规火电厂媲美，但前期鉴于设计中的一些不足，使其实际应用较少，随着近期研究进步和制造完善，有望在新一代核电厂中提高竞争力。目前，世界各国发电用的核反应堆中，80%以上是技术最为成熟、安全可靠性高、有较强的商用经济竞争力的压水堆。

4.2　压水堆核电厂及其一般工作原理

4.2.1　核反应堆的控制原理

高浓缩 $_{92}^{235}U$ 的自持链式裂变反应，如果没有控制，其反应速度快，反应时间短到在百万分之几秒内，所有的核燃料裂变反应全部完成，这就是威力巨大的原子弹爆炸。和平利用原子裂变能发电的核反应堆，尽管其燃料浓度低，但它的自持裂变反应速度也是极快的。从产生第一代中子开始，只要经过一秒钟，就可产生上万代中子。如果不加以控制，瞬时裂变释放出的巨大能量足以把反应堆摧毁（但不会发生像原子弹爆炸那样的情况）。因此，在反应堆内除要保证自持的链式反应条件外，控制反应速度是反应堆安全运行的关键问题。

1. 压水堆的反应性和临界状态

要在反应堆内维持稳定的自持链式裂变反应，必须控制堆内中子增减的数量。在核物理学中，一般用每一代新生中子数与当代参与反应的中子数的比值来描述中子增减的量度，称作中子增殖系数，记作：

$$K = \frac{-代裂变新生中子数}{-代裂变参与反应的中子数}$$

在反应堆的控制技术上，常用反应堆运行的反应性作为参量，记作：

$$\rho = \frac{K-1}{K}$$

为了便于对问题的理解，图 4-1 给出了一个由 $^{235}_{92}U$ 和 $^{238}_{92}U$ 混合燃料及慢化剂组成的系统中，最初有 100 个快中子参与反应的一代中子循环特例。事实上，反应堆内的过程各种变化相互交错，远比该特例复杂得多。

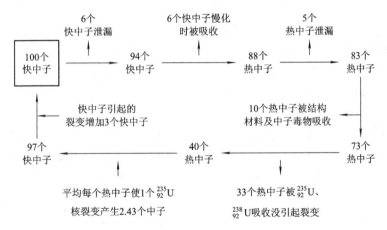

图 4-1　热中子反应堆内一代中子的循环示意

分析图 4-1 知，该一代理想的热中子循环的增殖系数 $K=1$，反应性 $\rho=0$，即新生一代中子与原来一代中子数目相等，都是 100 个。链式反应刚好自行维持下去，裂变反应的规模既不扩大也不减小，而是保持原状。这种状态被称为反应堆的临界状态。反应堆临界状态保证反应堆在稳定功率下工作。

如果新生一代中子数目比上一代多，即 $K>1$，相应 $\rho>0$，则称系统处于超临界状态，裂变反应的规模会越来越大；如果新生一代中子的数目比上一代少，即 $K<1$，相应 $\rho<0$，则称系统处于次临界状态，中子的繁殖越来越少，裂变反应的规模逐渐下降，最后基本停止。因此，提升或降低反应堆的功率，是通过增加或减小堆内的反应性 ρ 来实现的。

采用 $^{235}_{92}U$ 做燃料的反应堆，其燃料心块都是天然铀浓缩得到的，因为在天然铀矿中 $^{235}_{92}U$ 的质量仅占铀总质量的 0.724%，所以单纯的天然铀，在现有的压水堆内无论如何也不会产生链式反应。为加大中子引发$^{235}_{92}$U原子核裂变的几率，通常把天然铀浓缩到$^{235}_{92}$U占3％左右，并且制成直径9～10mm的圆柱块体。若干燃料心块集成为长3～4m的燃料棒。在反应堆内集成束的燃料棒与控制棒、慢化剂及反射层材料，合理地组成反应堆的堆心。

堆心中的控制棒，是用具有对中子强吸收能力的碳化硼、硼不锈钢等材料制成的棒体。它又分为调节棒——以其插入堆心中的深度或棒的根数多少来调节堆内反应性的高低，从而调节反应堆功率的变化；补偿棒——以其插入堆心的深度补偿裂变反应的延续和核燃料浓度降低后的反应性不足，待到核燃料消耗得差不多时，补偿反应性的控制棒也几乎全部提出到堆外了；安全控制棒——又称安全停堆棒，它是在核发电机组事故工况下快速插入堆心，进行紧急停堆的元件。

反应堆内的冷却剂（在压水堆内是有压的普通水）连续不断地流过堆心，它的作用是把反应堆所释放的（热）能量及时带出，再与二次工质进行热交换，供给汽轮发电机组，同时保证反应堆内的温度水平在规定的范围内。为了简化系统控制，近代核发电反应堆往往在冷却剂中适当加入硼酸，以吸收过剩的反应性，运行中，只要适当改变冷却剂中硼的浓度，亦可调整堆内反应性的高低。

2. 裂变中子的倍增时间

反应性ρ是控制反应堆运行的关键参数之一。与ρ同样重要的另一控制参数是堆内中子的倍增时间——堆内中子数增加1倍所需要的时间。

以$^{235}_{92}$U为例，其裂变时占99.3％的瞬发快中子是在10^{-17}s内释放出来的，任何控制系统的实施控制，都不能在如此短暂的一瞬间完成，这使得堆内反应速度的控制几乎是不可能的。另有0.7％的缓发中子是从裂变后所产生的、仍处于激发状态的裂变碎片在几分之一秒到几分钟内的一系列衰变过程中释放出来的。缓发中子的存在，使反应堆内裂变反应的控制才成为可能。

反应堆内的增殖系数是K，则$K-1$叫做堆内中子的剩余增殖系数。如果在设计反应堆时，使堆内中子剩余增殖系数$(K-1)>0.7％$，则瞬发快中子就能很快地使链式裂变反应发展下去，瞬发快中子从产生→慢化→俘获，所经历的时间极短，其倍增时间常在几万分之一秒内，即一秒钟内反应堆中中子的数量及反应堆的功率会上升几万倍，如此快的变化速度，机械运动的控制棒，无论如何是对付不了的，反应堆必会处于一种失控的危险状态——瞬发超临界态，这是绝对不能允许的。

如果在设计反应堆时，使堆内中子的剩余增殖系数$0<(K-1)<0.7％$，则堆内的核反应要靠瞬发中子加上缓发中子共同作用，才能发展下去，由于缓发中子的寿命在几分之一秒到几分钟不等，故可使堆内中子的倍增时间长达几秒钟以上，从而能通过控制棒的机械移动来控制反应堆内裂变反应和堆功率。

4.2.2　压水堆本体基本结构和工作特点

1. 压水堆的来历

在现代原子科学的发展中，最早的反应堆是用石墨砖"堆砌"而成的，故取名为"堆"。实际上它是原子反应器的俗称。用于发电的反应堆，按其慢化剂和冷却剂分为：重水堆、轻水堆和气冷堆三种。

气冷堆是指用石墨作慢化剂，用二氧化碳气体或氦(He)气进行冷却的反应堆，由于它造价高和技术上的复杂性，已逐步退出了核发电反应堆的行列。

重水堆是指用重水氕作为慢化剂和冷却剂的发电核反应堆。重水氕与轻水氕相比，虽具有吸收中子量少(只有 1/200)、可以用天然铀作燃料(不需要建造浓缩铀工厂)和再生原子燃料钚量高等优点，但重水堆所用的重水不仅造价昂贵，而且装载量大(功率为 1000 MW 的重水堆，一次重水装载量约为 800 t)。因而，在核发电反应堆中，重水堆所占比重很小(约为核电总装机容量的 5% 左右)。

轻水堆因为用轻水(普通水)作冷却剂和慢化剂而得名。经去除杂质和离子净化后的普通水的比热容大，导热系数高，在堆内不易活化，对堆内结构材料不易产生腐蚀，无毒和价格便宜。轻水在工业上已有几百年的利用经验，与其有关的泵、阀门、汽轮机等，都有成熟的应用基础。为此，在已建和在建的核电厂中，85% 以上都是轻水堆。由于轻水具有前面提到的两个缺点，即轻水吸收中子比重水和石墨大，致使轻水堆的用料$^{235}_{92}$U 必须浓缩到 3% 左右；轻水的沸点低，为提高堆内冷却水的出口温度以提高效率，就必须提高堆内冷却剂(轻水)的压力，以不使其在堆内发生沸腾，这就出现了压水堆。

同样用轻水作冷却剂和慢化剂的核反应堆，还有从压水堆衍生出来的沸水堆。它将冷却水降低压力，直接在反应堆内产生蒸汽，去推动蒸汽轮机，省去了压水堆内易出事故的蒸汽发生器，简化了一回路设备和系统布置。但沸水堆的缺点日益暴露，如水沸腾后，密度降低、慢化能力减弱；堆心及压力壳的体积增大；汽泡密度在堆心内的变化引发堆功率不稳定；带有放射性的工质加大了包括汽轮机在内的屏蔽防护范围；加大了汽轮机等设备因放射性问题，伴生的检修困难和检修时间加长，等等。这些问题使沸水堆日益衰退，目前其装机容量不足轻水堆总装机容量的 20%。

2. 压水堆本体的基本结构

核动力发电厂广泛采用的压水核反应堆本体结构，如图 4-2 所示，它的核心构件是堆心和防止放射性物质外逸的高压容器——压力壳。

堆心置于压力壳内的中下部位，由吊篮部件悬挂在压力壳法兰段的内凸缘上，浸泡在含硼酸的高压高温水(冷却剂和慢化剂)中。堆心的外围是堆心围板，用以强制冷却剂循环流过堆心燃料组件，有效地将裂变产生的热量带出堆心，并经管路输出堆壳外。围板的外侧是不锈钢筒，该不锈钢筒对堆心穿出来的中子流和 γ 射线起热屏蔽作用。反应堆的控制棒驱动机构是重要的动作部件，通过它的动作，带动驱动轴和与之相连的控制棒组件，实现控制棒在堆心内上下抽插，实施反应堆的启动、功率调节、停堆和事故情况下的安全控制。反应堆正常运行情况下，控制棒在导向筒内的移动速度缓慢，每秒钟的行程约为 10 mm。在快速停堆或事故情况下，驱动机构得到事故停堆信号后，即能自动脱开，控制棒组件靠自重快速插入堆心，从得到信号到控制棒完全插入堆心的紧急停堆时间，一般不超过 2 s。

3. 堆心

堆心是反应堆的心脏，是发生链式核裂变反应的场所，在这里核能转化为热能，由冷却剂循环带出堆外。堆心同时又是一个强放射源。

堆心中的燃料组件，是由燃料棒按纵横 14×14 或 15×15 或 17×17 排列成正方形截

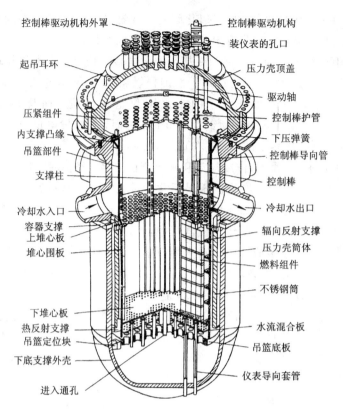

控制棒驱动机构外罩　　　　　控制棒驱动机构
　　　　　　　　　　　　　　装仪表的孔口
起吊耳环　　　　　　　　　　　压力壳顶盖
　　　　　　　　　　　　　　驱动轴
压紧组件　　　　　　　　　　　控制棒护管
内支撑凸缘　　　　　　　　　　下压弹簧
吊篮部件　　　　　　　　　　　控制棒导向管
支撑柱　　　　　　　　　　　　控制棒
冷却水入口　　　　　　　　　　冷却水出口
容器支撑　　　　　　　　　　　辐向反射支撑
上堆心板　　　　　　　　　　　压力壳筒体
堆心围板　　　　　　　　　　　燃料组件
　　　　　　　　　　　　　　不锈钢筒
下堆心板　　　　　　　　　　　水流混合板
热反射支撑　　　　　　　　　　吊篮底板
吊篮定位块
下底支撑外壳　　　　　　　　　仪表导向套管
进入通孔

图 4 - 2　压水堆的立体剖面图

面，每个组件设有 16(或 20)根控制棒导向管，组件的中心为中子通量测量仪表导向套管。
一个功率为 300 MW 以上的反应堆堆心，一般由约 121 个这样的燃料组件，排列成等效直
径约为 2.5m、高约 3m 的堆心体。每个组件内的燃料棒元件，都用弹簧定位格架夹紧定
位，定位格架、控制棒的导向筒和上下管座等部件连接，形成具有一定刚度和强度的堆心
骨架。每个燃料组件内的 16(或 20)只导向筒内，将由同数量的，用银—铟—镉合金制成的
细棒状控制棒吸收体，外加不锈钢包壳后插入，控制棒上部由径向呈星形的肋片连接柄连
成一束，由一台控制棒驱动机构通过连接柄带动控制棒在燃料组件内的导向筒中上下
运动。

　　为缩短反应堆的启动时间，确保启动安全，在堆心的邻近设置人工中子源点火组件，
由它不断地放出中子，引发堆内核燃料的裂变反应。反应堆常用的初级中子源，是钋—铍
源，钋放出，粒子打击铍核，铍核发生反应放出中子。

　　4. 压力壳

　　如图 4 - 2 所示，压力壳是放置堆心和堆内构件、防止放射性物质外逸的高压容器。对
于压水反应堆，要使一回路的冷却剂在 350℃ 左右保持不发生沸腾，冷却水的压力要保持
在 13.7 MPa(140 at) 以上。反应堆的压力壳要在这样的温度和压力下长期工作，所用材料
要有较高的机械性能和抗辐射性能及热稳定性。目前国内外大多用高强度的低合金钢锻制
焊接而成，并在其内壁上堆焊一层几毫米厚的不锈钢衬里，以防止高温含硼水对压力壳材
料的腐蚀。

　　反应堆的压力壳是一个不可更换的关键性部件，一座 900 MW 的压水堆压力壳，其直径为 3.99 m，壁厚 0.2 m，高 12 m 以上，重达 330 t。压力壳的外形为圆柱体，上下采用球形封头，顶盖与筒体之间采用密封良好的螺栓连接。通常压力壳的设计寿命不少于 40 年。

4.2.3　压水堆核电厂的系统布置

　　各种类型的核电厂，它们的系统布置和设备各有差异，但就总体来说，并没有根本上的差别，下面以图 4-3 所示的压水堆核电厂工作流程为例，作出简要的说明。

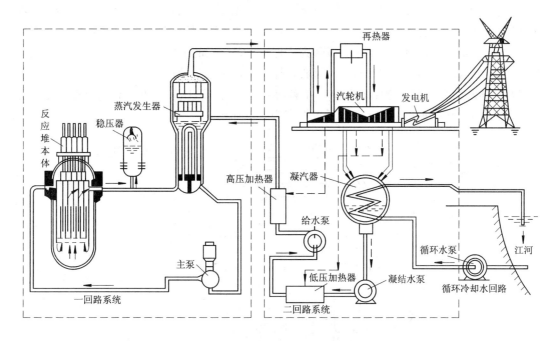

图 4-3　压水堆核电厂的流程

　　由图 4-3 所示，压水堆核电厂从防辐射角度将系统分成了两大部分。

1. 核岛部分

　　核岛部分是指在高压高温和带放射性条件下工作的部分。该部分由压水堆本体和一回路系统设备组成，它的总体功能与火力发电厂的锅炉设备相同。由冷却剂循环流通相连的反应堆本体、蒸汽发生器、主泵及其附属设备、连接管路，称作核电厂的一回路系统。

　　反应堆堆心置于圆顶压力壳内。压力壳的顶部布置有调节、控制棒元件的插入、提升组件和控制驱动机构。既作为慢化剂、又是冷却剂的轻水，经主泵加压达 15.2 MPa，经管路送入反应堆本体，水在反应堆入口的温度约为 300℃，在堆心内吸收裂变热能后，离开反应堆本体出口的温度约为 332℃。一座功率为 1000 MW 的压水堆，流过堆心的循环水量约为每小时 6 万吨。

　　被加热后的压力水（冷却剂）经管路引入压力壳外的蒸汽发生器。蒸汽发生器是一个大的热交换器，在这里用压力热水将二回路来的净水加热成蒸汽。放出热量的压力水，经一回路循环泵加压又回到反应堆本体。按照核电站容量大小不同，一回路通常布置有 2~4 个这样的封闭回路。

在反应堆本体压力水出口到蒸汽发生器入口之间，设置了稳压器。这是因为冷却剂在反应堆内温度升高时，体积会有较大的膨胀，造成密闭的一回路系统内压力波动，影响反应堆运行工况的稳定。稳压器是一个高大的空心圆罐，它的下部充满压力水，罐内用电加热器在其上部产生蒸汽，利用蒸汽可压缩的弹性特点，保持堆内冷却剂的压力稳定。稳压器的上部蒸汽空间，还布置有低温冷却剂喷淋装置，这是为防止一回路反应堆内冷却剂压力过低，出现容积沸腾现象而设置的。喷入低温冷却水消除沸腾现象，可避免堆心局部燃料元件过热而烧毁的事故。反应堆的整个一回路系统通常共用一台稳压器。

核电厂将一回路系统的所有设备(包括反应堆本体、主泵、稳压器、蒸汽发生器及全部一回路的连接管道)装置在安全壳内，称作核岛。900 MW核电厂的安全壳，是一个直径37 m、高45 m的巨大圆柱体，它的顶部为半球形。安全壳的主体由厚度为85 cm的混凝土浇筑而成，壳壁的内层敷设6 cm厚、对放射性吸收能力强、导热性能又好的钢板。巨大的安全壳的屏蔽防护作用，能保证反应堆在满功率运行时，工作人员可以有限制地接近反应堆厂房。图4-4为压水堆核电厂的压水堆安全壳剖面图。

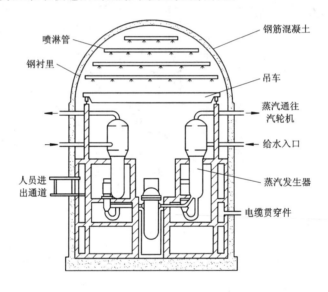

图4-4　压水堆安全壳剖面图

2. 常规岛部分

常规岛部分是指核电厂在无放射性条件下工作的部分。核电厂正常运行中，无放射性危害的汽轮机、发电机及其附属设备，合理布置在安全壳以外的厂房里，称为常规岛部分。如图4-3所示，它主要由二回路系统的汽轮发电机组、再热器、高低压加热器、给水泵和凝汽器、凝结水泵、循环水泵及循环冷却水回路(三回路系统)等组成。

4.2.4　常规岛蒸汽发电系统的设备布置及特点

压水堆核电厂的工作流程如图4-3所示，在高温蒸汽对电能的转换中，工质流程为：蒸汽发生器生产的高温蒸汽→汽轮机高压缸→汽水分离再热器→汽轮机低压缸(在汽轮机高压缸和低压缸中，蒸汽的热能部分地转换成旋转机械功，进而带动发电机产生电能输出)→汽轮机低压缸排汽→凝汽器(在凝汽器中低压蒸汽与循环冷却水进行热交换，凝结成为低压凝结水)→凝结水泵(初步升压)→低压加热器→给水泵(升压到二回路蒸汽所需工作压力)→高压加热器→回到蒸汽发生器。这就完成工质在二回路中做功循环过程。

二回路系统的低压加热器和高压加热器是为加热返回蒸汽发生器的给水设置的。前者的加热汽源来自汽轮机低压缸的抽汽,后者的加热汽源来自汽轮机高压缸的抽汽。它们的工作原理和基本结构,与火力发电厂回热加热系统的低压和高压加热器基本相同。

压水堆核电厂的常规蒸汽发电系统的布置和设备与火力发电厂相比较,没有本质上的区别,其主要不同点如下:

(1) 压水堆核电厂中,进入汽轮机的新蒸汽参数比火力发电厂的汽轮机进汽参数低。

从图 4-3 看到,核电厂中的蒸汽发生器是分隔并连接一回路系统和二回路系统的枢纽设备。在蒸汽发生器这个大的表面式换热器里,一回路内带有放射性的冷却剂(压力 15.2 MPa,温度 332℃)把二回路不带放射性的水(压力 5.9~6.9 MPa)加热成微过热温度约 30℃的高温蒸汽,送入汽轮机做功。二回路蒸汽的压力、温度低,源于一回路冷却剂的温度较低,这是由于反应堆内核燃料的包壳多采用锆合金(对中子的吸收率低),而锆合金目前的最高使用温度不高于 340℃。当温度高到 360℃时,锆合金包壳会加速腐蚀。燃料包壳遭腐蚀而破坏后,一是核裂变产生的放射性裂变产物会跑到冷却剂中去,玷污整个冷却剂循环回路和周围环境;二是破坏了核燃料元件的整体性,并使核燃料受冷却剂的腐蚀,这些都是不能允许的。如果提高冷却剂的温度(排除锆合金包壳高温腐蚀问题),为了不使冷却剂在反应堆内产生沸腾,就必须提高堆内压力,因此反应堆的压力壳和燃料元件的包壳都必须加厚,而使热中子的俘获增加,且设备造价大大提高。过高的冷却剂温度(假设在 1000℃以上)下,锆与水会发生强烈的化学放热反应,从而降低了反应堆失水事故时的安全裕度。因此,压水反应堆采用较低的压力和温度是目前技术条件下,权衡利弊后的最佳决策。

(2) 在相同的功率下,核电站的汽轮发电机组比火力发电厂的汽轮发电机组的体积和重量都大,效率也低,而且必须设置中间汽水分离再热器。

由于核电厂的汽轮发电机组多为大功率低参数机组,效率较差,故只能以加大蒸汽量来增大功率,因此,汽轮机体积大,重量大。同时,为保护设备和减小制造难度,多采用半速(n≈1500 r/min)汽轮机。核电厂一台 1300 MW 汽轮发电机组的总长度通常可达 56 m,机组的热能利用率约为 33%(火电机组为 40%以上)。核电厂的汽轮机高压缸排汽中已有部分凝结水滴,因而在汽轮机的高压缸和低压缸之间必须装置汽水分离再热器,对引入低压缸的蒸汽进行汽水分离,并从主蒸汽管道引入部分新蒸汽对其进行"干燥",蒸汽方能在低压缸内继续膨胀做功,汽轮机组才能安全、经济运行。

(3) 核电厂汽轮机组的循环冷却水的需求量大。

核电厂的汽轮机凝汽器的循环冷却水系统,习惯上也称作三回路系统。与大型同容量的火力发电机组相比,由于核电机组的热能利用率低,蒸汽流量大,因而循环冷却水需求量也必然增大。一座 1000MW 压水堆核电汽轮机的排汽冷凝所需的冷却水循环量高达 400 000 t/h 以上。同时,蒸汽流量大也使核电厂三回路的初投资(容量大的凝汽器设备及大型冷水塔设备的建造费用)和运行费用(循环冷却水的净化处理、废水的排放量和功率大的循环水泵厂用电等)都大于同容量的火力发电机组。

4.3　核电厂辐射防护和三废处理

4.3.1　核电厂的辐射防护

1. 反应堆产生的放射物及其危害

同一种元素可能具有多种同位素,各种同位素的原子核的性能也各不相同,有些同位素的核是稳定的,有些则是不稳定的,后者又称为放射性同位素。自然界存在的放射性同位素称为天然放射性同位素,如铀、镭、氡等;更多的是人工方法(反应堆、加速器等)制造的同位素,称为人工放射性同位素。核电站辐射防护中所遇到的是大量的人工放射性同位素。

放射性同位素会自发地放射出某种"粒子"(或称射线)。放射性同位素经历一个时间阶段后,衰变成稳定的另一种核素。根据衰变过程中放出的射线(或称辐射)的不同,不稳定的放射性同位素放射衰变,有 α、β、γ 衰变三大类。

(1) α 射线。放射性同位素衰变时,放出 α 粒子,核本身转变为另一种新的原子核。α 射线的电离能力很大,防护中切忌它通过呼吸、饮食等渠道进入人体而形成内辐照,造成对体内细胞和组织器官的伤害。但 α 射线在空气中的贯穿能力很弱,一般在 3~8 cm 的行程内即被吸收了。因此,对 α 射线的外照射防护是比较容易的。

(2) β 射线。当同位素原子核内的中子与质子数之间的比例超过了相应的稳定极限时,就会衰变释放出 β 粒子。核内中子过多时释放出电子流,称为 β^- 衰变;核内质子数过多时释放出正电子流,称为 β^+ 衰变。β 射线的穿透本领比 α 射线强,在空气中,一般要经过几米至十几米距离才被吸收。通常一层薄的有机玻璃就能有效地阻止 β 射线的外照射。

(3) γ 射线。同位素受外来中子的作用,往往会处于不稳定的高能量状态。当它并未发生裂变,而由不稳定高能量状态转变为较低能量状态时,会放出 γ 粒子(俗称"光子"),并形成 γ 射线。γ 射线是一种波长极短的电磁波,不带电且没有静止质量。γ 射线具有很强的穿透本领,过量的 γ 辐照,对人体和设备都会带来很大的损害。

2. 核电厂有害辐射的防护

核裂变产生的中子流和 γ 射线是穿透能力最强的两种射线,核电厂在设计上对它们采取了多次屏蔽的防护措施。

在核电厂中,第一道安全屏障是核燃料本身,它大都制成物理、化学性能十分稳定的二氧化铀小圆柱形的陶瓷块,熔点高达 2800℃。它能把裂变产物的 98% 以上保持在心块内。只要心块不被熔化,即使燃料包壳破裂,心块与水接触也不易发生化学反应,心块内的裂变产物也不会大量地跑出来。

第二道安全屏障是燃料元件的包壳。包壳用优质锆合金材料制成,其壁厚为 0.6~0.7 mm。全部燃料元件在投料前都经过严格的质量检查,无损伤。运行中从心块逸出的少量裂变产物,基本上能被保持在包壳密封之内。

防止放射性物质外逸的第三道安全屏障是反应堆的压力壳。它把燃料组件、控制组件等完全封闭起来。冷却剂循环通过压力壳时,并不与核燃料直接接触。只有当燃料包壳发生有少量破漏时，放射性物质才会扩散到封闭循环的一回路中。

第四道安全屏障是反应堆的安全壳。庞大的安全壳把整个一回路的设备系统包覆起来，即使一回路出现破裂或渗漏，放射性物质也不会逸出安全壳跑到环境中去。世界各国在核电厂的建设中，都不惜工本加强安全壳对放射性的防护能力，其设计原则是，将一切可能的事故限制并消灭在安全壳内。反应堆运行时，所有进入安全壳的通道全部关闭，不允许人员进入。

对于核电厂中的核岛部分，包括它的各辅助系统，从里到外对放射性污染设置层层屏障防护，以确保安全。全厂设置精确的测试仪器，对不同等级的禁区范围进行连续的、严密的放射性污染监测，保证其在允许的污染程度之内。

对从事核电生产的工作人员，还要有一套严格的操作防护规程。对于外部辐照防护规定：在有有效屏蔽设施的情况下，要求操作人员必须具有熟练的技术，缩短受照条件下的操作时间，并尽量采用遥控和远距离操作。对于内部辐照防护规定：所有受照操作时，操作人员必须配备有效的防护用具，严禁在工作场所吸烟、饮水和进食。

4.3.2　核电厂的三废处理

核电厂运行时，不可避免地会产生带有放射性的废水、废气和固态废料，称为"三废"。

1. 放射性废水

核电厂一回路系统中，设备排放和引漏水、洗涤去污用水、燃料冲洗用水等，都带有较强的放射性。二回路中，当蒸汽发生器管件发生泄漏时，蒸汽发生器的排污水和汽轮机房的地坑水也带有不同程度的放射性。

2. 放射性废气

反应堆在运行时，从稳压罐、减压箱、容积控制箱等设备处会排放出带放射性的工艺废气，它们的总量每运行年只有几千立方米；另外，当冷却剂发生泄漏时产生的气体、安全壳的换气、辅助厂房的排气、放射性液槽等释放出的气体，也都带有放射性。当蒸汽发生器内管件破损时，一回路的冷却剂（压力高）渗漏到二回路中，会使汽轮机凝汽器的抽气器排出的气体和蒸汽发生器的排污扩容器排出的汽体，也带有放射性。

3. 放射性固体废物

核电厂生产中产生的放射性固体废物，主要是冷却剂净化系统、废水净化系统的废树脂、废过滤心子和蒸发残渣的固化物。再就是受辐照活化了的堆内报废的零构件、受玷污的工具、防护用品等。

尽最大可能保证核燃料元件包壳的完整性和一回路系统的密封性，是减少核电厂三废产生量和放射性浓度的首要、积极的三废防治根本办法。对已产生的三废物质，严格按废物种类、性质和放射性水平进行有效的控制、收集和处理，是核电厂为保护环境和人体健康，必须做好的重要工作。

4.3.3　核电厂乏燃料的处理

如前所述，自然界中可开采的工业品位铀矿石，含铀量为 $0.1\% \sim 0.3\%$。矿石经选矿、冶炼后加工成含铀量为 $60\% \sim 75\%$ 的铀浓集物（俗称黄饼），其中大部分是 $^{238}_{92}\text{U}$，可裂变的$^{235}_{92}$U仅占黄饼中总含铀量的0.71%(重量比)。作为压水堆核燃料,尚需进一步精炼浓缩至含$^{235}_{92}$U元素3%左右。核燃料在入堆前的这些加工过程,叫做核燃料的"前处理"。

核燃料在反应堆内的"燃烧"过程的重要特点是:裂变反应消耗$^{235}_{92}$U的同时,还再生一部分新的核燃料,例如$^{238}_{92}$U吸收中子后,转化为$^{239}_{94}$Pu(钚—239),后者是具有良好裂变性能的核燃料。另外,裂变产物的增加和积累,其中有些成为中子的强吸收物质(称为有害毒物),从而使堆内可裂变物逐渐减少,而中子的吸收损失逐渐增大。随着时间的延续,当反应堆内再也达不到临界条件时,反应堆便"熄火"了。因此,核电厂的反应堆,都要在一年运行中,按需停堆10天左右进行换料,将乏燃料卸出堆外,重新装入新的核燃料。

一座1000 MW的核电厂,一年运行所需约30～40吨低浓缩铀核燃料(同容量的火电厂每年需普通煤约350多万吨),可见,核电厂的乏燃料量并不大。核电厂的乏燃料并不全是废物,一般来说,压水堆卸出的乏燃料中,尚有未烧尽的$^{235}_{92}$U,占铀含量的0.8%～1.0%。每千克铀中还有新生成的$^{239}_{94}$Pu约8 g左右,回收这部分燃料,在经济上是值得的,这项工作要在专门的工厂进行,称作乏燃料的"后处理"。后处理分离和回收有利用价值同位素后的乏燃料,成为带放射性的废物,对其进行浓集后,像对放射性固体废物一样,作永久性处理。

复 习 思 考 题

4-1 核能是如何应用的?简述核能的特点及其分类。

4-2 重核裂变能的应用中存在哪些重要的技术问题?如何解决?

4-3 简述核电厂的工作原理及其核能发电的生产过程。

4-4 核电厂的常规部分与火电厂相比有什么特点?

4-5 核电厂如何进行辐射防护和三废处理?

第五章　垃圾发电技术

❉❉❉

目前，垃圾处理已成为我国继能源、交通、工业三废之后又一重大难题。对城市生活垃圾进行综合处理是一项兼具经济和生态双重效益的事业。

集国外几十年的经验，建设垃圾热电厂是其中很好的办法之一。实践证明，焚烧垃圾可以使垃圾的容量减少90％，质量减轻75％，而且不会形成二次污染；焚烧3～4吨垃圾释放的热量相当于燃烧1吨标准煤释放的热量，一座城市的垃圾就像一座低品位的露天煤矿，可以持续长久地开发。另外，垃圾填埋产生的沼气也可以科学地加以利用。显然，垃圾也是一种可以利用的再生资源。

5.1　城市垃圾及其处理

5.1.1　城市生活垃圾

1. 城市生活垃圾及其现状与危害

1）城市垃圾及其现状

垃圾是人类生活的产物。随着经济的发展和物质消费的日趋现代化，城市生活垃圾逐年增多，成为大量废弃物的主要组成部分。

所谓城市垃圾是指除工业废物、建筑垃圾和粪便以外的城市生活废物。

从世界范围来看，目前全球每年排放各类垃圾近 $5.0×10^8$ t。产垃圾最多的国家是美国，每年近 $2×10^8$ t；德国人均年产垃圾为世界之最，达到每人 800 kg；英国 1971 年人均日产垃圾只有 1.45 kg，到 1990 年增加到 1.72 kg；日本东京日产垃圾已达 $1.2×10^4$ t。

在我国，随着国民经济发展和人民生活水平提高以及城镇人口的迅速增加，工业和生活垃圾也越来越多，垃圾对环境污染日益严重，有些城市已被垃圾包围，成为各地政府的重大难题。在一些经济发达的地区，人民生活水平迅速提高，而可用土地相对较少，使得对城市生活垃圾减量化、无害化处理的要求越来越高，有些地区甚至已到了亟待解决、非治理不可的地步。

建设部年报统计数据及"十一五"规划调研结果显示，我国城市人均年产垃圾 440 kg，2008 年垃圾总产量高达 $1.56×10^8$ t，预计今后 10 年我国的城市生活垃圾将按年均 3％～4％的速度增长。城市生活垃圾储存量已达 $6.0×10^9$ t，侵占土地面积 $5×10^8$ m²，并且以年增长率 8％～10％的速度增长。仅上海市就年产垃圾 $4.0×10^6$ t，直接用于收运处理垃圾的费用高达 2 亿元。目前 661 个城市中约有 200 个城市面临"垃圾围城"的困境，泛滥成灾的城市生活垃圾已造成许多城镇严重的社会问题。环境恶化造成了巨大的经济损失，仅废气和污水造成的直接经济损失就占我国 GDP 的 4%～8%，1998 年达到 4300 亿元。有的地区已经威胁到人类自身的安全和生存。

2）城市生活垃圾的危害

城市生活垃圾产生的危害不仅体现在占用太多的土地，形成垃圾包围城市的恶劣环境，而且会对大气环境、地下水源、土壤和农作物造成污染。垃圾中的有机物变质所散发的大量有害气体进入大气会严重污染环境，影响到城市居民的生活与健康；垃圾中的有害物质溶入地下水、渗入土壤，会造成对地下水源及土壤的污染，危及周围地区人民的健康及生命安全，并且此类污染的危害很难消除。

另外，城市垃圾中有机物含量较高，垃圾发酵后产生沼气，沼气的主要成分是甲烷和二氧化碳，会对大气造成污染，阻碍植被生长，破坏臭氧层。更危险的是，垃圾集中堆放产生的甲烷是可燃气体，当与空气混合达到一定比例时，遇火花会发生爆炸，直接威胁到人们的生命财产安全。

由于垃圾中还含有致病菌和寄生虫卵等危害人类健康的因素，因此处理不当会造成疾病的传播，影响人类的生活环境。

3）城市生活垃圾的可利用性

应当看到，城市生活垃圾在污染环境的同时，也是一种潜在的资源。

垃圾中含有大量可燃有机物，具有一定的热值，焚烧后可以产生一定的热量。一般来说，燃烧 3 t 垃圾所产生的热量相当于燃烧 1 t 中等发热量煤产生的热量。因此，一座城市的垃圾就好比一座低品位的露天煤矿，可以长期循环地进行开发。

另外，垃圾填埋产生的甲烷也可以采取科学的方法加以利用，造福人类。

总之，科学合理的对垃圾进行减量化、资源化、无害化处理和利用，既是人类环境保护的需要，也是社会发展对有价值物质回收利用的需要。

2. 城市生活垃圾的组成及特点

城市生活垃圾的组成与特点随各个区域的生活质量、生活习惯、季节以及分类情况等诸多因素的不同而异。在欧洲等发达国家，由于生活习惯的不同，垃圾的成分有很大的区别。在我国，垃圾也是随区域、季节、生活习惯不同而有很大差异。城市生活垃圾由于季节不同，其含水率也不相同。

我国是发展中国家，经济不发达，同发达国家相比，我国城市生活垃圾具有以下特点：

（1）成分复杂。目前我国的大多数城市都采用垃圾混合收集的方式，而没有分类收集，因而各类垃圾混杂在一起，成分复杂。

（2）含水率高。垃圾中含有大量蔬菜果皮，因而含水率约 30%～50%。

（3）无机物质含量高。我国大多数城市目前仍以煤为主要燃料，垃圾中的煤渣、砂石、金属、玻璃等无机物含量很高。

（4）有机物质含量少。在我国的垃圾中，有机物中的厨房废物垃圾较多，含水率高。纸张、塑料、木料、纺织物、皮革等高热值物质含量较少，热值较低。

随着人民生活水平的提高，城市生活燃气化逐步普及，城市垃圾中有机物含量会大大提高，垃圾的热值也会不断增加。例如，北京市的垃圾热值已由 20 世纪 90 年代末的平均每年 3349 kJ/kg 提高到现在的平均每年 5862 kJ/kg。

5.1.2　城市垃圾的综合处理

1. 城市垃圾的综合处理方式

城市垃圾所造成的生态、环境污染已成为社会问题,迫使人们必须积极采取措施加以处理。

现今国内外处理垃圾的方法概括起来说,可分为海洋处理和陆地处理两大类。海洋处理主要是指海洋倾倒和远洋焚烧。陆地处理包括填埋、堆肥、焚烧以及综合处理等方法。海洋处理费用高且易产生二次污染,极少采用,陆地处理应用普遍。

近年来,世界上对垃圾处理主要采取卫生填埋、堆肥、焚烧三种方式,以期达到垃圾处理的减量化、资源化和无害化的目的,我国也采取这三种方式来处理垃圾。到 2008 年底,我国 661 个城市中建有各类生活垃圾处理场 500 座,年垃圾处理量为 1.03×10^8 t。城市生活垃圾处理率已由 20 世纪 80 年代初的 2% 提高到现在的 66.7%。

(1) 填埋法。填埋法是将城市生活垃圾填入大坑或洼地中,以利恢复地貌和维护生态平衡。此法缺点是土地占用量大,填埋 1 t 垃圾约需 3 m^2 土地,填埋后易造成二次污染,如污染地下水源、有害气体四处飘散污染大气、有害金属在填埋场半径约 50 km 范围内会形成富集圈带以及被填埋的垃圾发酵产生的甲烷气体易引发爆炸等。欧共体国家立法规定,1996 年后禁止不经过处理的垃圾直接进入填埋场填埋。

(2) 堆肥处理法。堆肥处理法是将城市生活垃圾运到市郊农村作肥田处理。此法能有效改良土壤,且处理成本低、处理量大,但由于未经分选,使许多有用之物白白浪费,同时许多非肥田成分,如玻璃、金属、塑料等会给环境造成二次污染,所以此法目前仅限于较小规模。法国、瑞典、荷兰等国堆肥处理仅占垃圾总处理量的 1.3%~1.5%,日本约占 2%。

(3) 焚烧法。焚烧法是将城市生活垃圾进行焚烧处理,使其体积减小,质量减轻。在一些国家,如日本、丹麦、瑞典等,由于土地紧张,焚烧已成为城市生活垃圾消纳的主要手段。该法的主要优点是,能有效地减少垃圾的填埋量,经焚烧后只有大约相当于垃圾最初体积的 10% 需要填埋,且能回收能量和部分烧结渣的再次利用。垃圾焚烧法日常费用高,且对垃圾的热值有一定的要求。据联合国环境卫生组织规定,当垃圾的高位热值在 3350~7100 kJ/kg 时,适合于焚烧处理。此外,如果垃圾处理设备质量不好,焚烧过程会产生有害气体,造成二次污染。

(4) 综合处理。综合处理被誉为垃圾产业新链条。它是利用垃圾中各种成分的密度、大小、磁性等物理性质的不同,分别采用人工粗选、重选、磁选及气流分选的方法将各种物质分离开来。综合处理包括:对 50% 左右的有机物质及小颗粒垃圾进行堆肥,生产适销的堆肥制品;对 5% 左右的塑料、玻璃、纸张等加以回收利用;黑色金属送往冶金部门做原料;废电池等有害物质专门进行处理;35% 的可燃物及有机厨余垃圾作为垃圾焚烧厂锅炉的燃料;大约 10% 的残渣毫无利用价值,将其直接进行填埋。此法区别于单纯的垃圾末端处理,最大限度地做到了物尽其用,将污染降到了最低限度,是目前较先进的垃圾处理方法之一。综合处理一次性投资大,除美国、日本等少数发达国家使用外,多数国家尚未普及。随着经济发展水平的不断提高、科学技术的进步、生产与消费结构的变革等,城市生活垃圾中可利用成分所占比例在不断增长，热值也将不断提高。垃圾的综合处理在我国未来垃圾消纳手段的选择过程中，必将会起到越来越重要的作用。

2. 垃圾处理方案的比较

建设一座现代化的包含垃圾填埋及相应的污水处理、沼气收集系统的卫生垃圾填埋场的投资大约为 3 亿元人民币(不包括土地征用费)。由于一方面填埋场场址面积大，远离居民，运输费用较高，且垃圾基本上不减量，另一方面，资金与土地资源需不断地投入，而污水渗漏的隐患无法消除，因此该种方案已被国外逐渐淘汰。

建设垃圾直接焚烧发电厂投资大，日处理垃圾 1200 t 的项目投资为 8 亿元人民币，垃圾减量化率为 86%，缺点是烟气处理工艺复杂、苛刻，垃圾的资源得不到综合利用。

新建垃圾分拣、堆肥厂和焚烧垃圾衍生燃料(RDF)的发电厂，日处理垃圾 1200 t 的项目投资为 5.5 亿元人民币，垃圾减量化率为 90.6%，实际排放量只有直接焚烧的 60%，此方案投资较少、污染小、垃圾资源得到充分利用，是国外垃圾处理的发展方向。

在可能的情况下，应改造热电厂的锅炉使之焚烧原煤和 RDF 的混合燃料，只需新建一座垃圾预处理厂(垃圾分拣、堆肥处理)，这种方案除具有综合处理的优点外，更可以从老热电厂改造中降低投资费用，利用热电联产的优势，使垃圾资源利用得到最大效益。

具体来说，垃圾综合处理与直接焚烧发电比较有如下优点：

(1) 垃圾减量化。综合处理可利用垃圾中 90.6% 的成分，只有 9.4% 的垃圾需要填埋。直接焚烧的减量化率为 86%，14% 的残渣进填埋场。

(2) 发电能力。由于直接焚烧时，垃圾中大量的水分及不可燃物质需要吸收热量，因此用垃圾中 35% 的 RDF 作燃料反而比 100% 的垃圾焚烧产生的热量大，根据资料数据显示，综合处理的发电是直接焚烧的 117%。

(3) 电厂的选址。综合处理的电厂可选在城市及居民区，能充分利用热电联产优势。

(4) 锅炉炉膛容积。由于综合处理的电厂锅炉只烧 RDF，故相对锅炉的炉膛尺寸也只有直接焚烧锅炉的 1/3，各项配套辅助设备也相应要小，锅炉的造价也会大幅降低。

(5) 排放量。由于直接焚烧的垃圾量比综合处理垃圾量大，故烟气排放量之比为 1.8∶1，按照相同环保要求的指标进行烟气处理后，直接焚烧的实际排放量比综合处理要大近 1 倍。

(6) 投资总额及运行维护费。根据资料数据显示，直接焚烧和综合处理的投资总额之比为 1.15∶1，运行维护费用之比为 1.55∶1。

5.2 垃圾发电技术及设备

5.2.1 垃圾焚烧发电技术

垃圾焚烧发电已有 100 多年的历史。垃圾焚烧发电供热就是利用垃圾在垃圾焚烧炉内燃烧产生的热量加热给水，使水转变为蒸汽进入汽轮机带动发电机发电，或者直接供热。垃圾焚烧发电供热真正体现了垃圾处理的减量化、资源化、无害化原则，从而成为 21 世纪垃圾处理的一个发展方向。

1. 垃圾焚烧发电的工艺流程

1）无分拣垃圾发电的工艺流程

无分拣垃圾发电的工艺流程见图5-1所示。由垃圾车运来的垃圾倒入经特殊设计的垃圾坑内，垃圾坑容量较大，一般可储存3～4天的焚烧量。垃圾在坑内经微生物发酵、脱水后由垃圾坑上方的吊车抓斗将垃圾投放到焚烧锅炉入口的料斗中。在料斗的底部装有送料器，可以将垃圾均匀，连续地送入焚烧炉中。炉中的垃圾在炉排上焚烧，因垃圾水分较大，在开始点炉时，需投入启动助燃装置喷油（或掺煤）助燃，一旦启动完毕，送风机经过蒸汽空气预热器使送入炉排下部的风成为热风，这样就可使垃圾充分燃烧，助燃装置即可停用。送风机的入口与垃圾坑连通，这样，可将垃圾坑的污浊气体送入温度约800～900℃的焚烧炉内进行热分解，变为无臭气体。烟气经半干法尾气净化器、布袋除尘器后，由烟囱排出。燃尽后的灰渣通过渣斗落到抓灰器内，灰渣在进行冷却降温后送到振动型的灰运输带。在灰运输带上方装有电磁铁，用以将灰渣中的铁金属吸选出回收。然后灰渣与除尘器下灰斗中排出的灰一起进行综合利用处理或用车运至填埋场进行填埋处理。

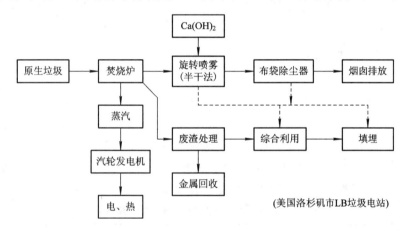

图5-1　无分拣垃圾发电的工艺流程

2）有分拣场垃圾发电的工艺流程

有分拣场垃圾发电的工艺流程见图5-2所示。垃圾由垃圾车运到垃圾焚烧发电厂，首先要进行分拣预处理，清除非燃物，回收金属，然后将可燃物质送入焚烧炉内燃烧，以后如同无分拣场的工艺流程一样工序进行。

2. 垃圾焚烧前的分拣处理

城市生活垃圾成分复杂，种类繁多，除了厨余物、废纸、塑料制品、竹木纤维、铁、电池、玻璃外，还杂有一些建筑垃圾和灰土。为保护焚烧设备的安全运行及提高燃烧效率，对原生垃圾的预处理显得尤为重要，垃圾的焚烧条件一般是热值要达6000 kJ/kg以上，而对于添加辅助煤（占20%）的循环流化床锅炉而言，为保证锅炉出力，其垃圾热值需达7842 kJ/kg。目前我国垃圾的热值水平只有4000 kJ/kg左右，因此通过垃圾的预处理系统，去除不可燃物，保证入炉垃圾的热值非常重要。前处理系统常用设备按功能分为破碎机和分选机以及传送带、附属电机等。有破碎作用的包括破袋机和破碎机，分选机可以分为滚筒筛、振动筛、风选机、磁选机、手选机等。

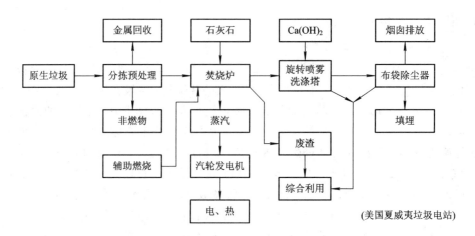

(美国夏威夷垃圾电站)

图 5-2　有分拣场垃圾发电的工艺流程

由于垃圾储存会发酵产生有毒、有臭味的气体和渗滤液，焚烧炉一次风应从垃圾储存库中抽取，使储存库内部处于负压状态，垃圾储存库中的渗滤液引入收集坑后泵入焚烧炉中燃烧，避免污染环境。

3. 垃圾焚烧后处理

1）垃圾焚烧炉大气污染物排放处理

垃圾焚烧处理除了进行炉内燃烧工况的控制温度大于 850℃、时间大于 2 s 来减少污染物的产生外，其尾部烟气仍需加以处理。垃圾焚烧后产生的烟气含有粉尘、有毒氯化物、SO_2、NO_x 和 CO，一般先经过旋转喷雾半干法洗涤烟气中有害气体，并喷入活性炭进一步吸收二噁英等有害气体，再经过布袋除尘器过滤收集，从而达到国家环保排放标准。表5-1 为美、日、中三国垃圾焚烧炉大气污染物排放极限值。

表 5-1　垃圾焚烧炉大气污染物排放极限值

项目	单位	美国标准[①]	日本标准[①]	中国标准[②]
烟尘	mg/m^3	15.7	80	80
NO_x	$\times 10^{-6}$	96	250	400 mg/m^3
CO	$\times 10^{-6}$	96	50	150 mg/m^3
SO_2	$\times 10^{-6}$	19/2	20～30[③]	260 mg/m^3
HCl	mg/m^3	26.1	700	75
汞	mg/m^3	0.055	0.050[③]	0.2
铅	mg/m^3	0.137	无标准	1.6
镉	mg/m^3	0.0137	无标准	0.1
二噁英类	ng/m^3	0.15	0.50[③]	1.0

注：① 均以标准状况含 O_2 12% 计算。② 均以标准状况含 O_2 12% 计算，推荐值。③ 为控制值。

2）垃圾焚烧后产生的固体渣、金属物及飞灰的处理

垃圾焚烧后产生的固体渣、金属物，应及时引出，用于建材或筑路填埋，金属物宜加

以回收利用。焚烧残渣与除尘设备收集的飞灰应分别收集、储存和运输。残渣按废弃物处理，飞灰按危险物处理，烟气净化装置排放的固体废弃物应加以鉴别是否属危险废弃物，然后进行处理。

　　3）垃圾焚烧炉烟囱

　　（1）焚烧炉烟囱高度应按环境影响评价要求确定，但不能低于表5-2规定的高度。

　　（2）垃圾焚烧炉烟囱周围半径200 m距离内有建筑物时烟囱应高出最高建筑物3 m以上，若不能达到该要求的烟囱，其大气污染物排放极限值应按表5-1规定限值乘50%严格执行。

　　（3）由多台焚烧炉组成的生活垃圾焚烧厂，烟囱应集中到一个烟囱排放或采用多筒集合式排放。焚烧炉的烟囱或烟道应按国标要求，设置永久采样孔，并安装采样监测平台。

表5-2　垃圾焚烧炉烟囱高度要求

焚烧量/(t/d)	<100	100~300	>300
烟囱最低允许高度	25	40	60

　　注：在同一厂内如同时有多台垃圾焚烧炉，则以各焚烧炉处理量总和作为评价依据。

5.2.2　垃圾焚烧发电设备

1. 垃圾焚烧炉

　　垃圾焚烧炉是垃圾焚烧发电的主要设备。垃圾焚烧炉主要有炉排炉、旋转窑炉、循环流化床炉以及熔融焚烧炉。垃圾焚烧炉的技术性能指标见表5-3所示。

表5-3　垃圾焚烧炉的技术性能指标

项目	烟气出口温度/℃	烟气停留时间/s	焚烧残渣热灼减率	焚烧炉出口烟气中氧含量
指标	≥850	≥2	≤5%	6%~12%
	≥1000	≥1		

　　1）机械式层燃炉排焚烧炉

　　机械式层燃炉排焚烧炉具有较长的发展历史，常用的有滚动炉排、往后运行炉排、西格斯炉排、W型炉排等。层燃炉在国外用得较多，其焚烧机理是原生垃圾送入炉膛的炉排上，垃圾随炉排往后移动，从炉膛来的强烈火焰辐射使垃圾干燥并在炉排前段有效着火，经炉排中后段垃圾在助燃空气的作用下充分燃尽，垃圾中的有害气体在炉膛高温烟气的作用下得到有效分解和燃烧。其燃烧工艺流程如下：

　　垃圾以垃圾车载入厂内，经地磅称量，进入倾斜平台，将垃圾倾入垃圾坑，由吊车操纵员操纵抓斗，将垃圾抓进料斗，垃圾由滑槽进入炉内，从进料器送入炉膛的炉排上，由于炉排的机械运动，垃圾随炉排往后移动并翻搅，以提高燃烧效率。垃圾先被炉膛的辐射热干燥及气化，再被高温引燃，最后烧成灰烬，落入冷却设备，通过输送带经磁选回收废铁后，送入灰烬坑，再送往填埋场。燃烧所用的空气分为一次空气及二次空气，一次空气以蒸汽预热，自炉床下贯穿垃圾层助燃；二次空气由炉体颈部送入，以充分氧化废气，并控制炉温不致过高，以避免炉体损坏及氮氧化物的产生。炉内温度一般控制在850℃以上，以防未燃尽的气状有机物自烟囱逸出而造成臭味，因此，垃圾低位发热值时，需喷油助燃。高温废气经锅炉冷却，用引风机抽入到酸性气体去除设备，去除酸性气体，后进入布袋除尘器除尘，之后，排入烟囱到大气中扩散。

其主要特点：垃圾适应性较广，可用不同特性的垃圾燃料，运行、操作方便，具有较高的可靠性和稳定性，保持燃烧烟气的高温和在炉膛内停留时间，可减少有害气体排放，但燃烧效率较低，易发生机械故障。我国深圳市垃圾发电厂用的日本三菱重工马丁式焚烧炉，珠海垃圾电站用的美国 Temporlla 炉本体设计技术采用的美国 Detroit Stoker 公司炉排，都属于这一类机械式层燃炉排焚烧炉（如图 5-3 所示）。

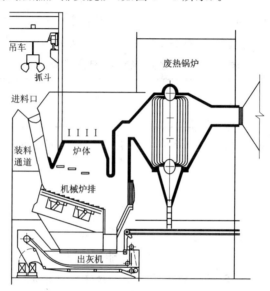

图 5-3 机械式层燃炉排焚烧炉

2）旋转窑焚烧炉

（1）基本形式旋转窑焚烧炉。一般的旋转窑是一个略微倾斜而内衬耐火砖的钢制空心圆筒，窑体通常很大。大多数废物料是由燃烧过程中产生的气体及窑壁传输的热量加热的。固体废物可从前端送入窑中进行焚烧，以定速旋转来达到搅拌废物的目的。旋转时须保持适当倾斜度，以利固体废物下滑。此外，废液和废气可以从前端、中端、后端同时配合助燃空气送入，甚至于整桶装的废物（如污泥）也可送入旋转炉燃烧。旋转窑炉设计特别，垃圾抓斗每次 5~8 m^3，2 个推杆把垃圾送入回转窑。旋转窑炉内衬不是耐火砖，而是水管，绕旋转窑圆周分布，以此提高水温，炉膛温度可达 1537℃。每根水管外焊耐磨软金属螺旋管，保护水管不被垃圾磨损。基本形式旋转窑焚烧炉如图 5-4 所示。

（2）具有废物干燥区的旋转窑焚烧炉。具有废物干燥区的旋转窑焚烧炉可以用来处理夹带着任何液体的和大体积的固体废物。在干燥区，水分和挥发性有机物被蒸发掉，然后，蒸发物绕过转窑进入二燃室。固体物进入转窑之前，在通过燃烧炉排时被点燃，液体和气体废物送入转窑或二燃室，二燃室能使挥发物中的有机物和由气体中悬浮颗粒所夹带的有机物完全燃烧。在设备中遗留下来的灰分主要为灰渣和其他不可燃烧的物质，如空罐和其他金属物质。然后，将这些灰分冷却后排出系统。具有废物干燥区的旋转窑焚烧炉见图 5-5 所示。

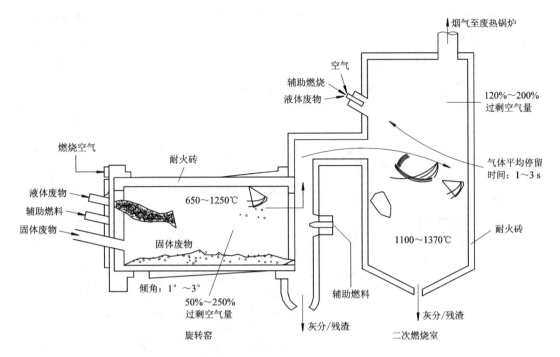

图 5-4　基本形式旋转窑焚烧炉

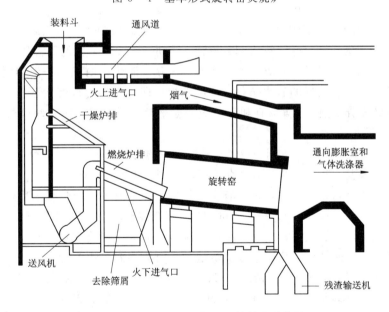

图 5-5　具有废物干燥区的旋转窑焚烧炉

3）循环流化床垃圾焚烧炉

　　循环流化床垃圾焚烧锅炉是最近几十年才发展起来的，垃圾燃料进入燃烧室与灼热的床料充分混合焚烧，其中大块（10～15 mm 粒状）不可燃烧物由床底部连续排渣装置排出，经冷渣器后排外，未燃尽细小物质则从燃烧室上部进入旋风分离器，大部分被分离器收集经返料装置返回燃烧室继续燃烧，这样反复几次循环达到燃尽目的。由于流化床流化特性，要求温度均匀地保持在 850～900℃ 之间，使床内能保持稳定燃烧，垃圾及其臭气中的有害成分(二噁英等)能在炉膛内得到裂解焚烧,而不产生新的有害物质。循环流化床垃圾焚烧系统流程见图 5-6 所示。

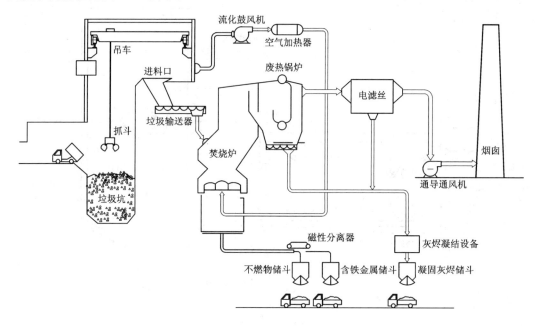

图 5-6　循环流化床垃圾焚烧系统流程

循环流化床垃圾焚烧锅炉采用一定粒度范围的石英砂或炉渣作为热载体,通过底部布风板鼓入一定压力的空气,将砂粒吹起、翻腾、浮动,被吹出炉膛的高温固体颗粒通过分离器和返料器被回送到炉膛,形成了炉内物料的平衡。流化床内气-固-液体混合强烈,燃烧反应温度均匀,具有极好的着火条件,垃圾入炉后即和炽热的石英砂迅速处于完全混合状态。垃圾受到充分加热、干燥,有利于垃圾完全燃烧。循环流化床垃圾焚烧锅炉的主要特点如下。

(1)燃烧效率高。燃料能达到充分燃烧,垃圾中的有机物可 100% 燃烧,特别适应高水分低热值的垃圾焚烧。灰渣无臭味,可直接填埋或用于生产地面砖。

(2)能够有效控制垃圾分解过程中有害气体的产生。由于垃圾焚烧温度可非常均匀地控制在 850~900℃ 之间,其 NO_x 的生成量较少。当燃烧温度大于 1300℃ 时,NO_x 才会大量生成。由于二噁英是在燃烧不稳定、炉膛燃烧温度不均匀、燃烧温度小于 850℃ 及金属催化的条件下生成,因而循环流化床垃圾焚烧锅炉可有效抑制二噁英的生成。

(3)炉内加石灰石,可有效脱硫。在 Ca/S 为 1:2 时,脱硫效率大于 85%,尾部喷水和石灰粉可有效脱除垃圾燃烧过程中产生的 HCl、HF、SO_2 等有害气体。

(4)循环流化床垃圾焚烧锅炉无炉排等转动部件,设备故障少,容易维修,投资费用低。

4)熔融焚烧炉

熔融焚烧炉是用高温熔融铁水作焚烧炉料,温度高达 1400℃,垃圾投入炉中便迅速熔化或气化,热解有害气体或焚烧,使废气产量为传统焚烧炉的几分之一,浮渣从溢流渣口排出(液态排渣)成粒状,是二次污染极少的一种新型焚烧炉,但目前还处于开发阶段。两种气化熔融焚烧炉见图 5-7、图 5-8 所示。

据报道，日本正积极从美国及欧洲引进气化熔融炉技术，研究开发焚烧垃圾炉，正处于从普通流化床焚烧炉向熔融炉转型阶段。

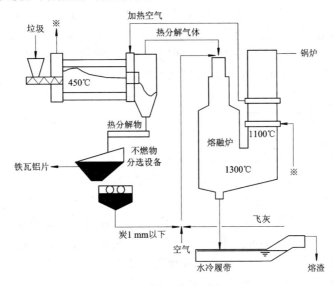

图 5-7　旋转窑式气化熔融焚烧炉

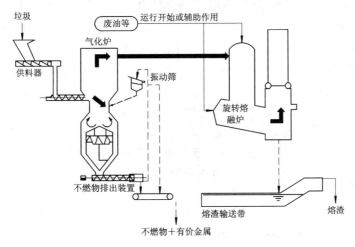

图 5-8　流化床炉式气化熔融梦烧炉

2．垃圾发电用汽轮机及其系统

1）垃圾焚烧发电用汽轮机的选型

目前，国产 3~12 MW 次高压、中压凝汽式汽轮机各种参数见表 5-4 所示。

表 5-4　3~12 MW 次高压、中压凝汽式汽轮机各种参数

汽轮机额定出力/MW	3		6		12	
汽轮机进汽压力/MPa	3.43	4.9	3.43	4.9	3.43	4.9
汽轮机进汽温度/℃	435	435/475	435	435/475	435	435/475
汽轮机额定进汽量/(t/h)	14.5	—	30	28/26	56	55/53

由于垃圾中可燃有机物的热值远低于通常燃煤发电厂所用的燃料——煤,受工程造价及焚烧锅炉技术的限制,目前建成或正在筹建的垃圾发电厂锅炉所产生的蒸汽压力一般都在 4.0 MPa 左右,蒸汽温度为 400℃,每台焚烧炉的产汽量约为 30 t/h。

一般日处理垃圾 1000 t 左右的垃圾焚烧厂设置 3~4 台焚烧炉,总汽量为 90~120 t/h。由于垃圾焚烧发电厂产汽量有限,因此,适用于垃圾焚烧发电厂的汽轮机均为凝汽式汽轮机。另外,由于生活垃圾中蕴藏的可燃有机物的热值变化显著,因而其锅炉的产汽量变化幅度也是相当大的,这样对汽轮机变工况能力的要求也大大提高了。由此看来,一种功率在 6~12 MW、低压段抗水蚀能力强、变工况能力强的中压或次高压凝汽式汽轮机适合于垃圾焚烧发电厂。

上海浦东垃圾发电厂是典型的日处理垃圾 1000 t 的垃圾焚烧厂。其典型配置为 3 台垃圾焚烧炉,共产蒸汽约 87.96 t/h,参数为 4.0 MPa/400℃,配置两台功率为 8.709 MW,额定进汽量为 43.98 t/h,进汽参数 3.85 MPa/390℃ 的汽轮发电机组。

以此典型的日处理垃圾 1000t 的垃圾焚烧厂作为汽轮机的设计点,根据表 5-4,结合垃圾焚烧厂的产汽情况和典型配置不难看出,现有汽轮机品种中完全适用于垃圾焚烧发电厂的汽轮机几乎没有,因此必须将现有汽轮机进行改型设计。

2)垃圾焚烧发电用汽轮机及其系统设计要点

(1)汽轮机整机改型方案。以典型的日处理垃圾 1000 t 的垃圾焚烧发电厂技术参数看,汽轮机额定进汽参数为进汽量 43.98 t/h,进汽压力 3.85 MPa,进汽温度 390℃,此时对应的蒸汽比容为 0.07587 m^3/kg,进汽容积流量为 3.3368 km^3/h。由上述参数可见,该机组为一非标准机组,与我国标准系列机型 6 MW 和 12 MW 均存在差异。根据综合分析和详细计算,最后选定如下设计方案:

① 机组本体结构型式和布局方案采用成熟机型 N12-3.43/435 结构和布局,但对通流部分结构和尺寸作了优化调整和改进。这样机组既利用了原有成熟机组的典型结构,保证了新机组的运行安全和稳定,同时又保证了新机组热经济性能和项目实际运行的要求。

② 机组 N8.5-3.85/390 进汽和排汽参数同原机型非常接近,对多种方案优化比较,同时考虑到该机组的热经济性能和安全稳定性能,通流部分仍采用一个双列调节级和 11 个压力级共 12 级的结构。前面 8 级通流尺寸进行全面优化设计,后面低压部分通流尺寸和结构,尤其是末 4 级变截面动叶片和静叶片,全部借用了原 N12-3.43/435 机组的末 4 级动静叶片。

③ 在最大排汽工况下,经过对两种机组排汽参数比较,两机组的排汽容积流量相差为 1.55%,且新机组的最大容积流量小于原机组的最大排汽流量,证明新机组在最大排汽流量(即最大进汽量 64.5 t/h)工况下是可以安全稳定运行的。

(2)冷凝器选型说明。由于垃圾焚烧锅炉的特殊性,冷凝器在机组系统中不但要在汽轮机运行时建立真空,而且在一机停或两机停等工况下,尚有大量经过两级减压减温的蒸汽进入冷凝器。根据计算,选用 1200 m^2 的冷凝器是完全可以满足用户要求的。由于冷凝器的设计循环水量为 2600 t/h,此时,设计循环水流速为 1.5 m/s。如果需要增加换热能力,可以增大循环水量,当循环水量为 3200 t/h 时,循环水流速为 1.85 m/s,可以满足使用要求。

(3)汽轮机快冷装置。由于垃圾焚烧发电厂以垃圾焚烧为主,垃圾焚烧锅炉往往不允许熄炉，因此除必须保证汽轮机的故障率低外，还必须保证汽轮机发生故障时能够尽快停机、检修。因而，该汽轮机设置了快冷装置。快冷装置主要是利用压缩空气来对汽轮机进行快冷的，采用这种冷却方式，可使汽缸金属温度很快降到150℃以下的检修温度。

3）汽轮机控制系统与热工仪表

整个垃圾焚烧电厂自动化程度非常高，采用DCS计算机监控系统。汽轮机调节系统采用了与DCS系统有良好信号接口的DEH低压透平油电液调节系统。影响汽轮机安全稳定运行的重要信号的检测仪表均选用了安全可靠的本特利3000系列仪表，以确保汽轮机安全稳定运行。

3. 其他主要设备

1）垃圾搬运起重机

垃圾搬运起重机（垃圾吊）是现代城市生活垃圾焚烧厂垃圾供料系统的核心设备，是一种抓斗桥式起重机，位于垃圾储存坑的上方，主要承担垃圾的投料、搬运、搅拌、取物和称量工作。

2）垃圾分拣处理设备

在有条件时应设垃圾分拣预处理系统，既可去除不可燃物，保证入炉垃圾的热值，又可回收塑料、玻璃、纸张、金属等有用物质。分拣预处理系统常用设备按功能分为破碎机和分选机以及传送带、附属电机等。有破碎作用的包括破袋机和破碎机，分选机可以分为滚筒筛、振动筛、风选机、磁选机、手选机等。

5.2.3　垃圾卫生填埋场沼气发电技术

长期以来，我国城市垃圾基本未进行任何处理，只是找个场地集中堆放，环境污染严重。近年来，各地陆续兴建了一批垃圾卫生填埋场，变简单处置为有一定程度的处理。

但是，填埋处理仍会造成污染，其中填埋垃圾产生的富含甲烷的沼气是造成大气污染的原因之一。然而垃圾沼气在污染环境的同时也给人们带来了资源。沼气的主要成分甲烷是一种可燃气体，在空气中的爆炸极限为5%～15%（体积分数），低热值约为35874 kJ/m³。富含甲烷的沼气收集后有多种用途：可作为锅炉燃料；可压缩为天然气，用管道送至用户；可制成甲烷制品；还可用来燃烧发电。

1. 沼气的产生

垃圾填埋场沼气产生的相关因素牵涉甚广，包括空气湿度、温度、填埋场深度、最终覆盖等。综合来说，沼气是垃圾中的微生物与垃圾有机物质在降解过程中发生一系列极复杂的化学反应后产生的一种副产品。沼气的主要成分为：甲烷、二氧化碳、硫化氢、氮、氧及微量苯、甲苯、二甲苯、氯乙烯等。降解过程可分为以下五个阶段：

（1）有氧阶段。为垃圾填埋数小时至一周内，好氧菌依靠氧气来繁殖，并在生物降解过程中产生二氧化碳和水等副产品。

（2）缺氧阶段。约为垃圾填埋后一个月到六个月，进入缺氧阶段。

（3）厌氧阶段。当氧气快耗尽时，在无氧环境中能繁殖的细菌开始出现，生物降解过程转成了厌氧阶段，并伴生甲烷（按容积算占45%～60%）和二氧化碳（按容积算占35%～50%）以及一些微量气体，但气量不稳定，此阶段为三个月到三年。

（4）厌氧发酵阶段。此后进入厌氧发酵阶段，持续时间在 10～40 年。

（5）衰减阶段。最后进入衰减阶段。

2. 沼气对环境的影响

1）产生温室效应

沼气中的甲烷和二氧化碳，都是会引起温室效应的气体，特别是甲烷，它的加热效果是二氧化碳的 24 倍。从全球来说，大气中的甲烷每年增加 1％，二氧化碳增加 0.4％。目前全球变暖 20％是由于甲烷增加而引起的，而填埋场产生的甲烷量约占总量的 26％。

2）易发生爆炸

由于沼气的迁移和聚集，到一定的浓度时，遇到明火就会发生爆炸。爆炸一般发生在靠近填埋场或填埋场内的建筑物内，严重威胁到工作人员的生命安全和填埋场的正常运行。

3）对人体健康及周围植物造成危害

首先，沼气除甲烷外，还含有微量的硫化氢、苯、甲苯、二甲苯等有害或有毒气体，散发到大气中会导致生态失衡，产生臭味，危害人体健康。其次，沼气的迁移会使甲烷挤代了植物根部的氧气，使其枯萎，阻碍植物生长。

3. 填埋场气体产量及产生速度

填埋场气体的产生情况与垃圾成分等诸多因素有关。一般而言，约在填埋场封闭后的第 5 年沼气的产量可能会达到最高峰。

1）影响填埋气产量和产气速度的因素

（1）垃圾的成分。这是最主要的影响因素。一般填埋场垃圾主要由生活垃圾、商业垃圾、少量工业及建筑垃圾组成，并以生活垃圾为主，生活垃圾中有机物含量越高，产气量越大。

（2）填埋场含水量。这也是影响填埋气体产生速度的重要因素。水分可输送养分和细菌，有利于厌氧发酵。含水量主要由气候条件决定，同时还与垃圾本身含水量、填埋场的设计、污水收集系统的设计、覆土类型等有关。

（3）温度。厌氧发酵过程是放热过程，温度条件会影响占主导地位的细菌的类型和气体产生的速度。沼气产生的最佳温度为 30℃～40℃，随着温度的降低，分解速度也降低。

（4）pH 值。废物和废液的 pH 值也影响填埋气体产生速度。在 pH 值为 6.7～7.0 的中性环境中，甲烷产量最大。

（5）营养基。垃圾中细菌需要多种养分，喷洒渗滤液可促进沼气的生成。相反，大量的有毒物如重金属，会阻碍细菌的生长，减缓产气速度。

（6）垃圾密度和颗粒尺寸。垃圾密度和颗粒尺寸通过影响养分输送和水分通透性而影响产气量。垃圾碎片颗粒小，可增加沼气产生速度。

（7）覆盖物。透气性较差的黏土或黏质多的自然土作为覆盖物，会阻止沼气扩散，有利于气体的利用。

我国城市垃圾成分有一个共同点，垃圾中蔬果皮成分多，因而垃圾含水量和可迅速降解的有机物含量相对较高，并且随着城市生活水平的提高，市区居民使用管道煤气及液化气的比例不断提高，垃圾成分中煤渣类减少，有机物占的比例越来越大，进填埋场后有利于降解产生气体。此外，我国南方地区气候温暖湿润，雨量充沛，也适于沼气的产生。

　　2）沼气产量的预测

　　沼气的产量和产生速度各填埋场是大不相同的。据估算，沼气产生速度在 0.003～0.04 $m^3/(kg \cdot 年)$，气体可持续产生超过 50 年，达到产气总量 0.06～0.53 m^3/kg。有关学者提出了不同的填埋气体产量预测模式，在我国已建成的杭州天子岭垃圾填埋场沼气利用项目及目前刚建成试运行的广州大田山垃圾卫生填埋场沼气发电项目中，选用的是 Scholl canyon 模式，该动力学一次模型是在假定垃圾填埋后，很快达到峰值的基础上建立的，忽略了垃圾发酵条件差异造成的时间滞后，随着废弃物有机成分的减少，气体的产生将呈指数式下降。方程如下：

$$Q_{t(CH_4)} = \sum KL_0 M_i(e^{-Kt_i}) \tag{5-1}$$

式中：$Q_{t(CH_4)}$ 为甲烷产生率，$m^3/$年；K 为甲烷产生常数，年$^{-1}$；L_0 为甲烷产生潜力，m^3/kg；M_i 为 I 阶段垃圾的质量，kg；t_i 为 I 阶段的年数。

　　现场抽气测试结果表明，该模式基本可靠。但公式中的甲烷产生常数及甲烷产生潜力在各填埋场是不同的，仍需通过打井测试确定，才能接近实际情况。

4. 沼气处理发电系统

　　沼气处理发电系统（见图 5-9），包括了沼气井、沼气收集管网、凝液分离槽、鼓风机组、过滤净化处理及沼气燃气轮发电机组等。有关各部分功能分别说明如下。

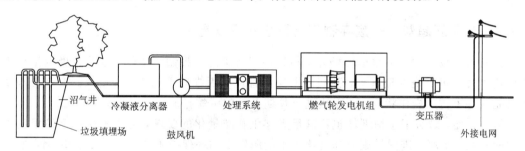

沼气井　　冷凝液分离器　　　　处理系统　　　　燃气轮发电机组　　　　变压器
　　　　垃圾填埋场　　　鼓风机　　　　　　　　　　　　　　　　　　　　　外接电网

图 5-9　沼气处理发电系统

　　1）沼气收集系统

　　沼气收集与抽吸系统用于控制填埋场中填埋气体的迁移并加以回收利用。收集系统由收集区、收集管网、沼气抽气及处理系统组成。

　　（1）沼气收集区。为控制臭味和沼气排放，收集区一般设计成最大范围的覆盖整个填埋场。收集区由多个垂直抽气井和水平管沟组成。抽气井通常在填埋场部分作业完成后安装，每口抽气井均有控制阀可调控其流量，水平管沟主要用于正在填埋作业的场区，尚在进行填埋作业的填埋场往往采用抽气井与水平管沟相结合的布置方式。

　　（2）沼气收集管网。收集管网由主管和支管组成。各抽气井通过支管与主管相连，沼气通过主管抽到抽气站。管网的设计要利于排出管道中的液体，并尽可能减少管道数量和长度。

　　抽气井、水平管沟及收集管都采用的能抗腐蚀的 PVC 和 HDPE（高密度聚乙烯）材料。

　　2）沼气抽气及过滤处理系统

　　该系统包括冷凝液分离器、沼气抽气风机、冷却器、火炬等。填埋垃圾的含水量较高，所产生的沼气含水量为饱和，温度在 40℃ 左右，先引入分离器初步过滤，过滤设备除去大液滴和 0.4 μm 以上的粒状污染物，初步净化后的气体引至抽气风机，压力提升并经过冷却器冷却后送出。风机前的集气管中气体为负压，抽气风机采用离心式罗茨风机。在抽气风机吸入口与输出口管路处设有逆止阀隔离抽气风机抽引时的回流现象。在利用沼气发电时，一般一台燃气机配一台风机，考虑到沼气气量的不稳定性及故障问题，系统中要考虑余量，留有安装设计容量之外增加风机的空间。在因种种原因无法送气利用时，气体送至火炬燃烧，以控制甲烷的排放。

沼气抽气及处理站多采用露天布置，以避免气体聚集。

3）沼气燃气轮发电机组与控制系统

每一组容量为 1.0～1.4 MW 之发电机组均以沼气为燃料带动燃气轮机发电，每一机组皆装置于一个隔音的箱体内，箱体内附有电力系统所需要的各种设备，其最大的特性乃是每一机组均能独立运转，当沼气量增大时，发电系统可以弹性增加机组。相对的，当沼气量递减时，也可以弹性拆迁机组。整个发电系统的开机启动、停机、负荷控制以及警报等皆可由逻辑程式控制单元来控制。

4）电力输出

沼气处理发电系统中，电力是由沼气燃气轮机发电产生的，经过机组内变压系统的升压将电压提升至合适的电压与电力公司的输电系统并联，将此绿色能源输出提供民众使用。

5.2.4　未来新趋势——废弃物气化再生能源发电

目前大多数的垃圾卫生填埋场并未执行沼气污染防治控制，仅有少数的垃圾卫生填埋场设置沼气收集燃烧处理系统，其间或因操作管理或因维修等问题，常使集气燃烧处理系统只能维持短暂的操作状态，而无法进行长期有效的甲烷排放减量控制。

另一方面，垃圾卫生填埋场也不满足无害化和减量化的要求，为了解决城市垃圾危害环境的问题，如何引进国外废弃物气化再生能源发电的环保技术，将是一个重要的课题。

气化是指通过一个高温的操作过程（温度有时高达 2000℃ 以上）使废弃物转化为我们所需的"气体燃料"，因它同时具有最低液体及固体含量的特性，故气化已被证实为比热裂解更为有效的废弃物资源化再利用方式，气化处理过程可依废弃物的特性来决定是否添加水分或是否补充氧气。气化所产生的主要气体为氢气（H_2）及一氧化碳（CO），次要的气体成分则为水分、甲烷（CH_4）及二氧化碳（CO_2）。

20 世纪 70 年代开始已应用气化热裂解的技术，将生垃圾资源化再利用。虽然在此过程中遭遇了不少技术瓶颈，但其仍有发展潜力。与垃圾焚化处理比较，气化、热裂解具有可降低粒状污染物逸散及减少金属物质挥发污染等优点，而配合高效率的复循环发电机组，将使得气化、热裂解的废弃物资源化再生能源发电计划的应用性得以进一步提高。

高温气化处理可将大部分的原生垃圾转化成"气体燃料"，而低温厌氧性的消化处理过程其可转化成"气体燃料"的成分比例则远不及高温气化处理的效率。一般性的低温气化消化处理方式仅能将原生垃圾中 40%～55% 可分解的有机物质转化成我们所需的再生能源，而典型的高温气化处理则可达到 75% 以上的再生能源效率，因为高温气化处理可将塑胶类等物质转化成我们所需的"气体燃料"。此外，在垃圾的减量化方面，高温气化处理的优势更是低温气化消化处理方式望尘莫及的。

5.3　垃圾焚烧发电的污染控制

城市生活垃圾的清洁焚烧减容量大,燃烧效率可大于 99%,再经有效的烟气净化、灰渣分离等处理,可有效避免二次污染,因而无害化彻底。回收垃圾焚烧产生的热量可以产生热水或蒸汽,可用于供热、制冷或发电,达到资源化的目的。

生活垃圾水分含量高,热值低,组分随季节变化大,研究垃圾焚烧产生的二次污染物的控制及处理技术,使其达标排放,是关系到垃圾焚烧发电技术进一步推广应用的关键。

5.3.1　垃圾焚烧发电污染物来源及形成机理

垃圾焚烧发电,能达到垃圾的"三化"处理,但垃圾焚烧后会产生二次污染物,如多种有害气体、灰尘及剧毒物质二噁英、重金属等,如不进行严格的控制和处理会对周围环境造成严重污染。城市生活垃圾中含有多种污染物,如废旧塑料、废纸、废布、草木中含有机氯化物,厨余、灰土中含有无机氯化物如氯化钠、氯化镁等,废旧电池中含有汞、铅等。在垃圾焚烧过程中,这些污染物最终以气体和固体的形式污染环境,主要表现为垃圾焚烧产生的废渣、飞灰和尾气。对环境造成污染最大的是尾气,尾气中主要包含以下有害物质:

1. 烟尘

烟尘主要是由垃圾焚烧产生的固体颗粒,随烟气一同排入大气。

2. 二噁英

一般认为,在有氯和金属存在的条件下,有机物燃烧均会产生二噁英,医疗废弃物、生活垃圾、农作物秸秆焚烧也会产生二噁英。二噁英是一种含氯有机化合物,即多氯二苯并二噁英、多氯二苯并呋喃及其同系物(PCDDs 和 PCDFs)。二噁英以气体和固体的形态存在,难溶于水,对酸碱稳定,易溶于脂肪,对人和动物产生促畸变、致突变和致癌作用,是目前已知毒性最强的有机化合物,其毒性是氰化钾的 1000 倍。在垃圾焚烧过程中二噁英有以下三种来源:

(1)从原生垃圾中来。原生垃圾中自身含有二噁英物质,在焚烧过程中并未发生反应而直接进入环境。

(2)在燃烧过程中产生。在燃烧过程中,若 O_2 不足,就会生成二噁英前驱物。这些前驱物与垃圾中的氯化物、O_2、氧离子进行复杂的热反应,导致生成二噁英物质。

(3)在燃烧尾部烟气中再合成。在较低温度(250℃~600℃)下,二噁英类前驱物质在飞灰中的 Cu、Ni、Fe 等金属颗粒的催化作用下,与烟气中的氯化物和 O_2 发生反应,会导致形成二噁英。

3. 二氧化硫

SO_2 通常是由垃圾中的含硫化合物焚烧时氧化所形成的,在垃圾焚烧以煤助燃并使用高硫分煤时,SO_2 也会产生。SO_2 是带臭味的窒息性五色气体,是大气污染中危害性较大的一种。SO_2 在空气和日光作用下形成 SO_3 并为雨水冲淋而形成酸雨。反应方程式为:

$$S + O_2 \rightarrow SO_2$$

$$2SO_2 + O_2 \rightarrow 2SO_3$$

4. 氯化氢

垃圾中含有氯化物，如聚氯乙烯塑料（PVC），厨余中的氯化钠等，在燃烧过程中与其他物质反应会产生 HCl。反应的方程式为：

$$(CH_2CHCl)_n + O_2 \rightarrow CO_2 + CO + H_2O + HCl$$
$$2NaCl + SO_2 + 0.5O_2 + H_2O \rightarrow Na_2SO_4 + 2HCl$$
$$2NaCl + SO_2 + O_2 \rightarrow Na_2SO_4 + Cl_2$$

5. 氮氧化物

垃圾焚烧产生的 NO_x 主要来源于燃料中的有机氮化物。在炉内高温燃烧时，垃圾中的这些有机氮化物先热解产生 N、CN、HCN 等中间产物，再与氧气发生反应生成 NO_x。

5.3.2　垃圾焚烧发电污染物控制处理技术

1. 从源头控制二次污染

对垃圾焚烧产生的二次污染要进行全方位的控制。首先对垃圾进行分类收集，加强资源回收利用，分选除去垃圾中的含氯成分高的物质（如 PVC 等）及金属催化剂；其次将垃圾储仓全密封，在垃圾卸料口装电动卷帘门，加装气幕封闭，用风机将储仓内抽成负压，把抽出的气体送到锅炉中助燃、脱臭；最后将垃圾渗沥水收集到污水坑内，用泵打到炉膛内焚烧裂解。

2. 炉内燃烧控制技术

在垃圾焚烧发电生产过程中，污染物的产生因燃烧方式不同也各不相同。各种形式的炉排焚烧炉因其燃烧条件的限制，对污染物的炉内脱除及控制难于完美实施。循环流化床燃烧技术具有适应热值低、成分复杂多变的燃料，燃烧充分，污染排放低等优点，在污染控制方面，流化床同时解决了充分燃烧与污染物脱除问题。

循环流化床垃圾焚烧炉采用石英砂作热载体，蓄热量大，燃烧稳定性好，燃烧温度均匀并控制在 850～950℃ 之间，过量空气系数小，NO_x 生成量非常低（NO_x 在燃烧温度大于 1300℃ 时才会大量生成），同时能在炉内控制二噁英的生成。垃圾焚烧时二噁英产生的条件为燃烧不稳定，炉膛温度不均匀且小于 700℃，并含有催化作用的物质。而流化床的燃烧温度可均匀控制在 850℃ 以上，烟气在炉内停留 3～5 s；掺煤燃烧不仅能提高燃烧的稳定性，而且煤燃烧产生的 SO_2 对二噁英的产生有抑制作用；在炉内加石灰石可有效脱硫，当 Ca/S 比为 1:2 时，脱硫率大于 85%。流化床焚烧垃圾燃烧充分，垃圾中有机物 100% 会被烧掉，焚烧后垃圾减量 75%，减容 90% 以上，灰渣无毒性、无臭味，可直接填埋或用做铺路等。这种技术可有效减少 90% 以上的垃圾填埋量，从而大大延长了垃圾填埋场的使用年限。

3. 尾气处理技术

由于垃圾焚烧后烟气中含有多种有害物质，采用常规锅炉的脱硫除尘技术达不到达标排放的要求。因此必须采用复合式的处理技术。

1）尾气中二噁英的处理

垃圾焚烧工艺中，控制二噁英的形成源、切断二噁英的形成途径以及采取有效的二噁英净化技术是最为关键的问题。

总体来讲，垃圾焚烧过程中形成二噁英的必要条件可以归纳为如下几方面：

（1）氯源（如聚氯乙烯、氯气、HCl 等）的存在。

（2）燃烧过程以及低温烟气段中催化介质（如 Cu 及其金属氧化物）的存在。

（3）不良的燃烧工况组织。

（4）未采取严格有效的尾气净化措施。

目前，国内外学者从垃圾焚烧中二噁英的形成机理入手进行了大量研究，总结出以下一些控制措施：

（1）通过分类收集或预分拣控制生活垃圾中氯和重金属含量高的物质进入垃圾焚烧厂。

（2）选用合适的炉膛结构，使垃圾在焚烧炉内得以充分燃烧。

（3）控制炉膛及二次燃烧室内，或在进入余热锅炉前的烟道内的烟气温度不低于850℃，烟气在炉膛及二次燃烧室内的停留时间不小于 2s，O_2 浓度不少于 6％，并合理控制助燃空气的风量、温度和注入位置，也称"三 T"控制法。

（4）缩短烟气在处理和排放过程中处于 300℃～500℃ 温度域的时间，控制余热锅炉的排烟温度不超过 250℃。

（5）选用新型袋式除尘器，控制除尘器入口处的烟气温度低于 200℃，并在进入袋式除尘器的烟道上设置活性炭等反应剂的喷射装置，进一步吸附二噁英。

（6）在生活垃圾焚烧厂中设置先进、完善和可靠的全套自动控制系统，使焚烧和净化工艺得以良好执行。

（7）由于二噁英可以在飞灰上被吸附或生成，所以对飞灰应用专门容器收集后作为有毒有害物质送安全填埋场进行无害化处理，有条件时可以对飞灰进行低温加热脱氯处理，或熔融固化处理后再送安全填埋场处置，以有效地减少飞灰中二噁英的排放。

2）粉尘的处理

粉尘处理目前应用最广泛的是静电除尘器和布袋除尘器。一般循环流化床锅炉配备静电除尘器即可达到烟尘排放要求。垃圾焚烧循环流化床锅炉配备静电除尘器或布袋除尘器都能满足要求，除尘效率静电除尘器能达到 99％，布袋除尘器 99％ 以上，并且它们都能去除小于 1mm 的细小粉尘。但对重金属物质，静电除尘器去除效果较差，因为尾气进入静电除尘器时的温度较高，重金属物质无法充分凝结，且重金属物质与飞灰间的接触时间不足，无法充分发挥飞灰的吸附作用。当布袋除尘器与半干式洗气塔合并使用时，未完全反应的 $Ca(OH)_2$，粉尘附着于滤袋上，当废气经过时因增加表面接触机会，可提高废气中酸性气体的去除效率。同时布袋除尘器要求运行温度较低（250℃ 以下），使烟气中的重金属及含氯有机化合物（PCDDs/PCDFs）达到饱和，凝结成细颗粒而被滤布吸附去除。在除尘器前边的烟道加入一定量的活性炭粉末，由于活性炭对重金属离子和二噁英有很好的吸附作用，因此进一步脱除了烟气中的重金属物质和二噁英。

3）尾气中酸性气体的处理

对垃圾焚烧尾气中的 SO_2、HCl 等酸性气体的处理方法有干式、半干式及湿式洗气三种。其净化原理为碱性固体粉末 CaO 或石灰浆 $Ca(OH)_2$ 与酸性气体发生中和反应，生成硫酸钙或氯化钙的固体物。

干式洗气法投资省，操作维护费用低，耗水耗电少，但药剂消耗量大，去除效率较低。

湿式洗气法去除效率高，但投资高，耗水耗电量大，产生的废水需要进行处理。

半干式洗气法综合了干法和湿法的特点，较干法消耗石灰量少，较湿法耗水量低，脱除效率高。但是该法制浆系统复杂，反应塔内壁容易黏结，喷嘴能耗高。

近年来研究发展的 MHGT(Multi-Constituents Hazardous Gas Treatment)工艺就是在此基础上开发的能治理多种有毒废气的循环半干法技术。MHGT 工艺的基本原理是利用干反应剂 CaO 或熟石灰粉 $Ca(OH)_2$ 吸收烟气中的 SO_2、HCl、SO_3，利用高活性炭吸附烟气中微量二噁英及重金属物质。MHGT 工艺取消了制浆系统，实行 CaO 的消化及循环增湿一体化设计，不仅解决了单独消化时出现的漏风、堵管问题，而且使消化时产生的蒸汽进入反应器，增加了反应环境的相对湿度，这对反应是有利的。该工艺实行反应灰多次循环，可使脱硫剂的利用率提高到 95% 以上。整个装置结构紧凑，占用空间小，运行稳定可靠，投资省，运行成本低，且无污水产生，终产物适用于气力输送，对 SO_2 吸收率高，对 HCl、SO_3 等的吸收率更高，与布袋除尘器配合，对二噁英及重金属也具有很高的去除率。

MHGT 工艺现已成功应用于绍兴市新民热电有限公司日处理垃圾 400 t 的循环流化床垃圾焚烧锅炉中。经测定，各类污染物的排放均优于国家规定的排放标准，排放的烟尘含量最大值为 42 mg/m³、SO_2 为 86 mg/m³、HCl 为 15.5 mg/m³、二噁英 0.048 ngTEQ/m³，其中二噁英排放量为国家标准的 0.5%，比西欧标准 0.1 ngTEQ/m³ 还低得多。

4. 结论

垃圾焚烧发电产生的二次污染，特别是焚烧中产生的二噁英是人们共同关注的问题。对尾气的处理净化是关系到垃圾能否资源化利用的关键。垃圾焚烧发电二次污染的控制必须采取全方位的措施，即从垃圾来源去除生成源和催化剂，加大力度控制燃烧过程中二噁英等的产生，最后对锅炉尾部烟气实施有效的净化处理，才能使其达标排放。

5.4　垃圾发电技术的发展和现状

5.4.1　国外垃圾发电技术的发展及现状

利用垃圾焚烧产生蒸汽和发电可以追溯到一百年以前，第一个固体废弃物焚烧发电设备于 1895 年在德国汉堡建成，1905 年在纽约建成了焚烧城市垃圾发电厂，直到 1950 年，垃圾焚烧设备一直是用包括耐火材料的焚烧炉和具有专门回收热量的锅炉组装而成的。1954 年，第一座现代水墙式垃圾焚烧炉在瑞士的伯尔尼建成。据欧洲垃圾发电企业联盟(CEWEP)2006 年统计，全球现有生活垃圾焚烧厂约 2100 座，其中具备发电能力的约 1000 座，总焚烧处理能力约为 621 000 t/d。这些焚烧设施主要集中在发达国家和地区。欧盟 19 国垃圾年焚烧处理量占总处理量 38%，日本占 24%，美国占 19%，东亚部分地区占 15%。

国外一些发达国家均较早地开展了焚烧技术的开发和应用，以解决城市生活垃圾的污染问题，并形成了一些代表性的垃圾焚烧处理技术，如德国 Martin 炉技术，美国 Foster Wheeler 公司流化床技术，日本 EBARA 公司内循环流化床燃烧技术，日本 IHI 公司及 KAWASAKI 公司回转窑技术。总体上，日本在垃圾焚烧技术方面处于世界领先地位。

2007 年，美国拥有 87 座垃圾焚烧发电厂，每天焚烧处理量约为 9.5×10^4 t，发电能力 2500MW；德国有 65 座，其垃圾焚烧处理率达到 70%；新加坡的垃圾焚烧处理率更是达 100%。日本由于土地资源紧缺，更是大力发展垃圾焚烧技术。2006 年，日本有具备发电能力的生活垃圾焚烧厂 293 座，发电能力为 7.2×10^9 kw·h。目前日本年焚烧处置生活垃圾 3.086×10^4 t，生活垃圾焚烧处置占总量的 72.8%，且已将垃圾焚烧发电纳入 1994 年制定的新能源大纲。法国目前有生活垃圾焚烧厂 229 座，其中附有发电设备的 29 座。法国 1992 年的环境保护法规定 2000 年以后，禁止生活垃圾直接填埋，必须先经焚烧处置减量。

近年来，欧盟接连颁布了多项关于废物处理、空气污染、垃圾焚烧过程和促进可再生能源的立法。其中最引人关注的立法当属 2010/75 和 2008/98 这两条指令，分别明确了垃圾的排放目标并规范了垃圾的处理过程。这些立法和政策最重要的初衷是为了禁止某些垃圾的填埋和促进可再生能源的发展，同时推动以利用垃圾进行能源再生为己任的欧洲垃圾发电厂市场。

另一方面，在一些欧洲国家，例如英国，当地居民对于在社区建造垃圾发电厂的支持度一直很低。然而，随着一些积极举措的实施，如垃圾发电厂选址时说明会的开展、大力的教育推广、美观的建筑设计（尤其在奥地利和丹麦）以及垃圾发电厂的成功先例（如瑞典）等，邻避主义情绪开始有所缓解，人们对垃圾发电厂有了更深的了解并能越来越理性地看待发电厂的建设。

近年来，大规模处理城市生活垃圾的焚烧供热或发电工程发展迅速。现将几个最具代表性的国家的垃圾发电技术的发展介绍如下。

（1）丹麦。丹麦在 70 多年前就发明了世界上当时效率最高的焚烧垃圾装置。自 1985 年以来，焚烧的垃圾已从占总量的 25% 提高到 70% 以上。焚烧产生的热能现已占区域供热总量的 10% 以上，足够 13 万户居民在北欧漫长寒冷的冬季采暖之用。

（2）法国。法国现有垃圾焚烧炉 300 多台，可以处理 40% 的城市生活垃圾。法国巴黎 90% 的垃圾经 4 个焚烧工厂处理后向全市供热，年处理垃圾 1.7×10^6 t，巴黎城区 490 万居民，每年产生的生活垃圾 2.4×10^6 t，相当人均 490 kg。根据分类处理系统的分析统计，垃圾中有 1.25×10^5 t（5.2%）可再生利用，1.8×10^6 t（74.6%）可作为燃料，用于发电，4.5×10^5 t（18.7%）可进行填埋处理，3.6×10^4 t（1.5%）被堆放。

（3）美国。美国政府支持并推动垃圾焚烧发电厂建设，20 世纪 90 年代兴建了 402 座垃圾焚烧厂，至此美国垃圾焚烧发电占到了总垃圾处理量的 40%。

在美国的底特律市拥有世界上最大的处理规模达 4000t/d 的垃圾发电厂。目前，美国的循环流化床焚烧炉趋向于大型化，如安装在 Robbins，Hinois 的日处理 1600 t 城市垃圾的 CFBC 焚烧锅炉，这是美国 CFBC 技术焚烧 RDF（垃圾衍生燃料）最大规模的应用，该工程有两套 RDF 生产线和两套 RDF - CFB 燃烧系统，两套空气污染控制系统和一台汽轮机，发电量为 55 MW，全年的垃圾处理能力为 50×10^4 t。

（4）芬兰。芬兰政府十分重视环境保护，不断改进处理城市垃圾的方式，以求最大限度地减少垃圾量及其污染。距芬兰首都赫尔辛基市 25 km 的埃麦斯索奥垃圾处理中心，是北欧最大的垃圾处理中心，建于 1987 年。2001 年这个中心的垃圾处理量达 6.8×10^5 t，其中有 3.1×10^5 t 垃圾被回收利用。2002 年 8 月，一个设计新颖的废品分类回收站在这个中心投入使用。附近地区的居民和企业可以将汽车直接开上回收站的垃圾分类平台，并根据分类提示牌上的标志，将垃圾放入相应的回收拖车箱内。中心设有生物垃圾分解厂，专门对生物垃圾进行降解处理，最后制成肥料土。为了进一步减少倾倒进掩埋场的垃圾量，中心计划在 2005 年新建一个混合垃圾处理厂，对所剩的混合垃圾进行再分类，最后只有无法再回收利用的垃圾（如塑料等）被运送到掩埋场。这样不仅大大减少掩埋场的用地面积，而且由于生物垃圾被完全分离将不再产生异味污染空气。此外，混合垃圾处理厂每年还将分离出近 2.0×10^5 t 可燃垃圾，可产生 6.0×10^5 kW·h 的能源。

近年来，发达国家把实现生活垃圾资源化提高到了社会可持续发展的战略高度，传统的倾倒和掩埋垃圾的方式将被彻底放弃，各种垃圾都将被最大限度地利用，垃圾资源化已经成为各国谋求的垃圾治理目标。很显然，芬兰的垃圾处理模式代表着整个欧洲的发展方向。

（5）日本。日本是目前生活垃圾焚烧技术最先进的国家，到 2000 年已完全采用焚烧法。焚烧厂的数量位于世界第一位，最多时有 1900 多座垃圾焚烧厂。

在环保领域，日本在法律法规建设、环保技术水平和环保效果等方面都走在了世界的前列。日本政府近年来提出要建设"物质循环社会"，通过对垃圾的 3R（Reduce，Reuse 和 Recycle，即减量化、重复使用、循环利用）活动，降低对资源的消耗，减轻对环境的污染。

在垃圾处理方式上，由于日本鼓励循环利用和资源节约，其循环利用垃圾所占比例接近垃圾总量的 20%，焚烧处理量占垃圾总产生量的 75% 以上，直接填埋的生活垃圾所占比例不足垃圾总产生量的 3%。2001 年至 2006 年间，在生活垃圾总产生量变化不大的情况下，由于垃圾循环利用的比例增加，日本生活垃圾焚烧处理的总规模呈略微下降趋势。2006 年，垃圾焚烧的处理规模为 187 823 t/d，比 2001 年减少了约 7.35%。同时，垃圾焚烧厂数量明显减少、单位垃圾焚烧厂处理规模呈现逐渐增加的趋势，垃圾焚烧厂数量从 2001 年的 1680 座减少为 2006 年的 1280 座，其减少比例达 23.81%，而单位垃圾焚烧厂的垃圾焚烧处理规模却从 121 t/d 增加到 147 t/d。

5.4.2 我国垃圾发电的现状及发展

1. 垃圾发电的现状

我国城市生活垃圾处理起步于 20 世纪 80 年代，在 1990 年前，全国垃圾处理率不足 2%。进入 90 年代以后，我国城市生活垃圾处理水平不断提高。2008 年，全国日均生活垃圾处理量为 31.53 万吨，生活垃圾无害化处理率达 66.03%。据《我国生活垃圾处理现状分析及对策建议》统计，截至 2008 年年底，在设市城市共有填埋场 465 座，处理能力约占总量的 80.3%；焚烧厂 90 座，处理能力约占总量的 15.5%；堆肥厂 20 座，处理能力约占总量的 3.5%；其他处理设施 4 座，处理能力约占总量的 0.7%。

我国生活垃圾焚烧技术的研究和应用起步较晚，国内第一座垃圾发电厂于 1988 年在深圳投产运行后，发挥了良好的社会、经济与环境效益，随即在北京、上海、广州、厦门、珠海、哈尔滨、北海、天津、大连、山东临沂、太原、郑州、宁波等城市先后建成了数十座垃圾发电厂。尤其是国家提出树立科学发展观推进节能减排号召以来，国家重点环境保护实用技术示范工程李坑垃圾焚烧发电厂，开创了"采用中温次高压技术使垃圾发电量增加20%、垃圾渗滤液回喷和向焚烧炉内喷入尿素降低氮氧化物的排放、实现飞灰固化杜绝了危险废物的污染扩散"4 个第一，使我国垃圾发电产业更趋向了欣欣向荣的景象。随着"十一五"规划对发展新能源,提倡环保型循环经济的进一步重视,国家对垃圾发电产业的政策支持将继续加大,国内一些城市均制定了垃圾发电工程规划。如:

重庆同兴公司计划在3～5年把主城区的全部生活垃圾用于焚烧发电,日处理垃圾3600吨左右,日发电量约80多万千瓦时,可为10万余户居民提供足够的用电量;

扬州垃圾发电项目一期总投资5亿元,日处理垃圾1200吨,预计年发电量1亿千瓦时;

福建闽侯南通镇生活垃圾低温负压热馏处理示范厂(总投资130万元)日处理生活垃圾10吨,每吨垃圾可生成180公斤炭渣、150公斤焦油和100立方米可燃气;

广州市2010年将在白云、番禺、南沙等地再兴建4个垃圾焚烧发电厂,垃圾日处理能力将达到1万吨;

成都洛带城市生活垃圾处理厂将建设3条焚烧线,总投资5.4亿元,日处理垃圾量可达1200吨,年发电约1.2亿度,至少可以满足10万户居民家庭的基本用电;

昆明市呈贡新城建设日处理1000吨垃圾的焚烧发电站;昆明曲靖垃圾发电厂投资2.1亿元、装机容量2.4万千瓦、日处理城市生活垃圾800吨;昆明西郊大普吉五华城市生活垃圾焚烧发电厂投资4.5亿元,装机容量4.5万千瓦,日处理城市生活垃圾1800吨;昆明东郊垃圾焚烧发电厂投资4.5亿元,装机容量4.5万千瓦、日处理垃圾1600吨;云南双星绿色能源有限公司投资3.5亿元建设垃圾焚烧发电工程,年发电约1.4亿千瓦时;昆明鑫兴泽环境产业公司一期投资2980万美元,建设垃圾焚烧发电工程,年发电1.4亿千瓦时;

安宁生态洁净电厂总投资1.13亿元,建设垃圾焚烧发电工程,年发电0.64亿度;

秦皇岛市投资4.5亿元,设计日焚烧生活垃圾1000吨,可以处理城区服务范围99.96平方公里生活垃圾;

长春市垃圾焚烧发电二期工程,设计日焚烧垃圾1040吨,发电28万千瓦时;

上海浦东御桥垃圾发电项目,投资6.7亿元,日处理垃圾1100吨;

广东李坑二期垃圾发电项目,投资9.7亿元,建设日处理2000吨的垃圾发电厂,年可发电约1.8～2亿千瓦时;

山西省在2007年城市垃圾焚烧可行性研究报告中,规划22个县级市以上城市全部建设垃圾焚烧发电厂,并计划在"十一五"末和"十二五"初全部建成投产。

截至2010年3月,全国垃圾焚烧发电项目的统计显示,全国目前已建和在建的垃圾焚烧厂共178座,其中已建垃圾焚烧厂为80座(占比44.94%),在建的也为80座(占比44.94%),进展未知的有14座(占比7.87%),另外还有4座受居民反对而停建。而2008年年底,国内仅有56座已建成的垃圾电站。

从地域来看,垃圾焚烧项目大部分集中在珠三角和长三角,其中广东32座,福建21座,浙江43座,江苏17座,四省占全国已建在建项目的63.48%。

根据《2010年中国能源重大新开工施工项目纵览表》统计数据,2010年国内拟建设的垃圾电站项目达到41个,其中河北拟建4座,天津、福建拟建3座,重庆、江西、湖北、广西、四川拟建2座,山西、浙江、安徽、河南、湖南、海南、陕西1座,广东居首,计划建设14座。在统计过程中,共有14个垃圾发电项目将在2010年开工建设,而这些项目仅有2个出现在《2010年中国能源重大新开工施工项目纵览表》规划的项目中。因此,有理由相信,未来我国垃圾发电项目的建设进度可能会超出之前规划的预期。

2. 相关政策法规和标准规范

相关政策法规和标准规范的支持对垃圾处理和焚烧发电技术的发展是至关重要的。截止 2009 年底,我国共发布生活垃圾处理相关法规 35 部。其中法律 1 部:《固体废物污染环境防治法》;行政法规 1 部:《城市市容和环境卫生管理条例》;《城市生活垃圾管理办法》等部门规章 9 部;《城市生活垃圾处理及污染防治技术政策》等规范性文件 24 部。

截止 2009 年底,我国共发布生活垃圾国家标准 5 项,行业标准 63 项,国家标准和行业标准合计 68 项。

3. 存在的问题和改进

处理能力不足,无害化水平低。目前在设市城市中仍有约 50% 的生活垃圾未实现无害化处理,在县城和建制镇中仍有近 90% 的生活垃圾未实现无害化处理,而村庄生活垃圾的无害化处理率更接近为零。另外,全国城镇有数十亿吨的存量生活垃圾未得到妥善处理。

政府投入不足,项目补贴偏低。我国对城市环境卫生行业的投入一直维持在较低水平,大大低于发达国家 10% 左右的平均水平。

分类收集效果差,资源利用水平低。生活垃圾分类收集在 8 个城市试点了近 10 年,另有数 10 个城市也开展了不同形式的生活垃圾分类试点工作,但由于政策法规不健全、协调机制不完善、分类系统不匹配、资金投入不足、宣传力度不够,总体效果没有达到预期目标。

设施标准偏低,环境污染严重。大多数生活垃圾处理设施不能全部满足现行的国家标准和行业标准,全国生活垃圾处理设施的总体水平偏低,环境污染的状况和隐患令人担忧,由于臭气扰民、二噁英恐慌、渗沥液污染、温室气体排放等原因导致处理设施周边居民反对者居多,造成生活垃圾处理设施选址难、环评难、建设难、运行难的局面,近期在我国的部分城市更是频频发生由于生活垃圾处理设施建设而引发的群体性事件。

2014 年 4 月,环保部常务会议决定修改和完善四项环保标准,将择机向社会发布。其中最引人关注的是《生活垃圾焚烧污染控制标准》,涉及的二噁英等排放指标将与欧盟看齐,达到"史上最严"。

按照即将颁布的新标准,未来新建垃圾发电厂以及既有老发电厂运行过程中均需全面降低相关尾气污染物排放,其中备受关注的二噁英将由旧标准的 $1.0ng/m^3$ 大幅降低至 $0.1\,ng/m^3$,与欧盟标准接近。此外还严格规定了颗粒物、二氧化硫和氮氧化物等空气污染物指标的控制标准。

事实上,国内近几年兴建的垃圾发电厂普遍按照欧盟标准进行尾气排放指标控制,二噁英的危害大为减少。但目前外界的主要顾虑是,虽然项目设计排放标准严格控制,但由于排放国家标准未修订,且针对垃圾发电项目的环保监管措施不得力,众多项目的尾气排放处理系统时常处于不正常运行状态,尾气排放超标现象仍难杜绝。随着新排放标准即将出台,垃圾发电尾气排放的环保监管能力将迅速提升,垃圾发电发展节奏将逐步有序化。

另一方面,垃圾发电市场近几年成长迅速,投资过热导致一些项目排放不达标。新排放标准的修订出台将带动垃圾发电行业变革,随着新标准的执行,环保门槛的提升可能会引发行业重新整合,一些中小企业会加速退出市场,拥有资金和技术优势的大公司有望在"大浪淘沙"中做大做强。

此外，排放新标准实施还将催生垃圾发电厂尾气在线监测以及净化系统加装和升级，催生垃圾发电厂尾气在线监测以及净化系统技术加速发展，掀起新一轮技术改造浪潮。

复习思考题

5-1　城市生活垃圾有哪些处理方法？垃圾处理的基本要求是什么？

5-2　为什么说垃圾也是一种再生资源？

5-3　如何对城市垃圾进行综合处理？垃圾综合处理有哪些优点？

5-4　简述垃圾焚烧发电厂电能的生产过程。

5-5　如何控制和减少垃圾焚烧发电对环境的污染？

5-6　垃圾焚烧发电的污染控制有什么特点？与一般燃煤电厂相比有哪些不同？

5-7　我国垃圾处理的现状如何？以后应怎样发展？

5-8　我国垃圾发电的现状如何？今后的发展趋势呢？

5-9　老百姓为什么反对修建垃圾焚烧发电厂？应该怎么处理？

第六章　风力发电技术

※※※

20 世纪 70 年代的石油危机和随之而来的环境问题迫使人们考虑可再生能源的利用问题，风能是一种不产生任何污染物排放的可再生的自然能源，风力发电技术相对较为成熟，使风能在众多可再生能源中最具大规模发电前景，是近期内最有开发利用价值的可再生能源，是 21 世纪人类社会经济可持续发展的主要新动力源。

中国风能资源十分丰富，全国风能储量约 4.8×10^9 MW，可开发利用的风能资源总量达 2.53×10^8 kW。中国风力发电近十年发展迅速，从 2003 年年底的世界第十名（累计装机容量 5.7×10^5 kW）到 2006 年年底的第六名（2.6×10^6 kW），再到 2010 年年底的第一名（4.1827×10^7 kW），至 2013 年年底累计达到 9.1424×10^7 kW 占世界总容量的 28.7%。按照国家风电发展规划，2015 年我国风电规模将达 1×10^8 kW、2020 年达 2×10^8 kW，中国风力发电方兴未艾，正是大有可为。

6.1　风与风力资源

6.1.1　风的产生与特性

1. 风与风能的形成

风是怎样产生的？风的能量来自何方？根据气象学家的解释，风就是水平运动的空气。在赤道和低纬度地区，太阳高度角大，日照时间长，太阳辐射强，地面和大气受热多，温度高；在高纬度地区太阳高度角小，日照时间短，地面和大气接受的热量小，温度低。这种高低纬度之间的温度差异，形成了南北之间的气压梯度，使空气作水平运动，于是形成风。地球在自转，使空气水平运动发生偏向，所以地球大气运动除受气压梯度力外，还要受地转偏向力的影响。大气真实运动是这两种力综合影响的结果。大气移动的最终结果是要使全球各地的热能分布均匀，于是，赤道暖空气向两极移动，两极冷空气向赤道移动。

因为空气流动具有一定的动能，因此风是一种可供利用的自然能源，称之为风能。由于风能不会因人类的开发利用而枯竭，因此风能是一种可再生能源。

2. 风的特性

风是随时随地可以产生的，它的大小不同、方向不定。在气象学上，把空气的不规则运动称为"紊流"，垂直方向的运动叫做"对流"，而相对于地面水平方向的运动就是风。

风速随高度的增加而变化。地面上风速较低的原因是由于地表植物、建筑物以及其他障碍物的摩擦所造成的。经测量，在离地面 20 m 处的风速为 2 m/s，而在离地 300 m 处则

变成 7～8 m/s。风速沿高度的相对增加量因地而异，大致上可以用下式表示

$$\frac{V}{V_0} = \left(\frac{H}{H_0}\right)^n \tag{6-1}$$

式中：V 为高度为 H(m)时的风速，m/s；V_0 为高度为 H_0(m)时的风速，m/s。

一般取 H_0 为 10 m，修正指数 n 与地面的平整程度(粗糙度)、大气的稳定度等因素有关，其值为 1/2～1/8，在开阔、平坦、稳定度正常的地区为 1/7。中国气象部门通过在全国各地测风塔或电视塔测量各种高度下得出 n 的平均值约为 0.16～0.20，一般情况下可用此值估算出各种高度下的风速(见图 6-1)。为了从自然界获取最大的风能，应尽量利用高空中的风能，一般至少要比周围的植物及障碍物高 8～10 m。

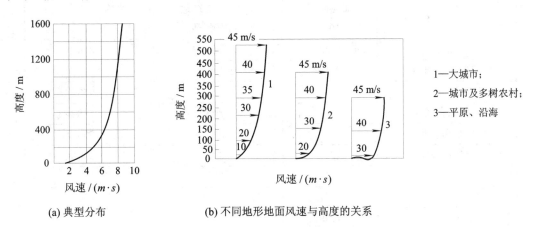

(a) 典型分布　　　　　　(b) 不同地形地面风速与高度的关系

图 6-1　地面风速与高度的关系

风除了具有随机性以及随高度增加而增大等特性外，其季节性变化的特点也很明显，日夜变化也有规律。大陆与海洋的热容量不同，陆地的比热比海洋小，冬季内陆的高气压流向海洋的低气压，所以在北半球冬季多刮北风，夏季多刮南风。海水热容量大，升温慢，陆地热容量小，升温快，气压低，空气容易上升，所以白天海风多刮向陆地，而夜间陆风常刮向海洋，大型湖泊附近也有类似的情况。由于地形不同，风的形成也不同，太阳辐射山顶受热快，白天山风上升，夜间山风向下。上述原因构成了风的周期性、多样性和复杂性。

我国地域辽阔，季风强盛。但青藏高原的存在改变了海陆影响，常引起气压分布和大气环流的变化，增加了季风的复杂性。冬季又受西伯利亚和蒙古的影响，常有冷空气形成寒流。夏季在太平洋上常形成热带旋风，使我国东南沿海地区夏秋之间常出现台风，这些对风能的利用都会有一定的特殊影响。

6.1.2　风力资源

广义上讲，风能也是太阳能的一部分。一年中整个地球可从太阳获得 5.4×10^{24} J 的热量。据理论计算，太阳辐射到地球的热能中约有 2‰被转变成风能，全球大气中总的风能量约为 10^{14} MW，其中蕴藏的可被开发利用的风能约有 3.5×10^9 MW，这比世界上可利用的水能大十几倍。

1. 世界风力资源分布

全球风能资源极为丰富，而且分布在几乎所有的地区和国家。根据世界能源理事会的

有关资料，地球表面(1.07×10^8 km²)有 27% 的地区年平均风速高于 5 m/s（距地面 10 m 高）。如将这些地方用作风力发电场，则每平方千米的风力发电能力最大值可达 8 MW，总装机容量可达 24×10^{13} W。据分析，实际上陆地面积中风力大于 5 m/s 的地区中仅 4% 有可能安装风力发电机组。据研究初步估计，按目前的技术水平，可认为每平方千米的风能发电量为 0.33 MW，平均每年发电量为 2×10^6 kW·h 的可用资源较为合理。如果全球风力资源能充分利用，那将具有十分可喜的前景（远超过全球能源消耗总量的许多倍）。世界风能资源评估如表 6-1 所示。

表 6-1　世界风能资源评估

地　　区	陆地面积 /($\times10^3$ km²)	风力为 3~7 级地区所占比例/(%)	风力为 3~7 级地区所占面积/($\times10^3$ km²)
北美	19 339	41	7876
拉丁美洲和加勒比	18 482	18	3310
西欧	4742	42	1968
东欧和独联体	23 047	29	6738
中东和北非	8142	32	2566
撒哈拉以南非洲	7255	30	2209
太平洋地区	21 354	20	4188
中国	9597	11	1056
中亚和南亚	4299	6	243
总计	106 660	27	29 143

2. 中国风力资源

中国风能资源十分丰富，全国风能储量约 4.8×10^9 MW，可开发利用的风能资源总量达 2.53×10^8 kW，约为我国水电资源技术可开发量的 51.32%。中国幅员辽阔，地形复杂，风能资源的地区性差异很大，即使在同一地区，风能也有较大的不同。

在中国，风能资源主要分布在新疆、内蒙古等北部地区和东部至南部沿海地带及岛屿。根据全国气象台风能资料的统计和计算，绘制出中国风能分布图（如图 6-2 所示）和中国每年 3~20m/s 风速累计时数分布图（如图 6-3 所示），以及中国风能分区及占全国面积的百分比（如表 6-2 所示）。中国一般用有效风能密度和年累计有效风速小时数两个指标来表示风能资源的潜力和特征。

表 6-2　中国风能分区及占全国面积的百分比

指　　标	丰富区	较丰富区	可利用区	贫乏区
年有效风能密度/(W/m²)	>200	200~150	<150~50	<50
年风速不大于 3 m/s 累计小时数/h	>5000	5000~4000	<4000~2000	<2000
年风速不大于 6 m/s 累计小时数/h	>2200	2200~1500	<1500~350	<350-
占全国面积的百分比/(%)	8	18	50	24

注：摘自《中国科学技术蓝皮书》，科学技术文献出版社，1990 年。

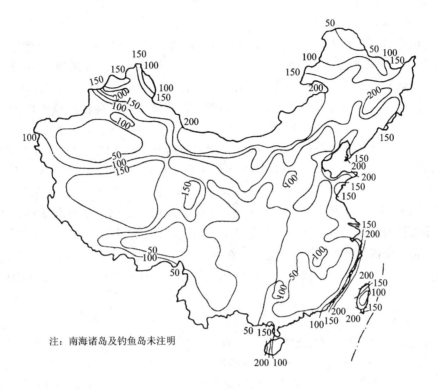

注：南海诸岛及钓鱼岛未注明

图 6-2　中国风能分布图

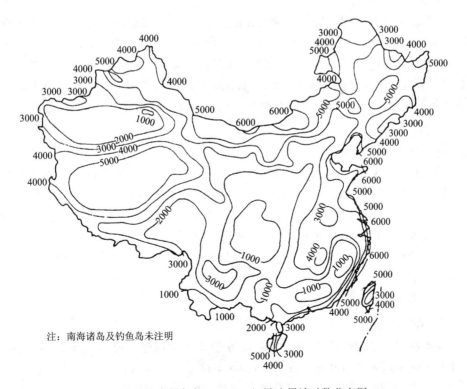

注：南海诸岛及钓鱼岛未注明

图 6-3　中国每年 3～20 m/s 风速累计时数分布图

1）风能最佳区

（1）东南沿海、山东半岛、辽东半岛以及海上岛屿。这一地区由于面向海洋，海面上风速比陆地大，有效风能密度在 200 W/m² 以上。大于或等于 3 m/s 风速的时间，全年有 6000～8000 h，大于或等于 6 m/s 风速的时间，也有 3500 h 以上。这一带的风能最佳区在离海岸 20 km 范围内。至于季节分配，东南沿海、台湾及南海诸岛秋季风能最大，冬季次之；山东、辽东半岛则是春季风能最大，冬季次之。另外，中国东南沿海水深在 2～10 m 的海域面积很大，而且风能资源好，靠近我国东部主要用电负荷区域，适宜建设海上风电场。

（2）内蒙古、甘肃北部。这一地区风能密度也在 200 W/m² 左右。大于或等于 3 m/s 风速的时间每年有 6000 h 以上，大于或等于 6m/s 风速的时间每年为 2200～2500 h。由于这一地区地形较平坦，所以风能密度的范围较大，这是利用风能的一个有利条件。这一地区风速的季节分配是东部北边和西部春季最大，夏季次之；东部南边则春季最大，冬季次之。

（3）黑龙江南部、吉林东部。风能密度在 200 W/m² 以上。大于或等于 3 m/s 风速的时间每年有 5000～6600 h，大于或等于 6 m/s 风速的时间每年有 2000 h 左右。该地区春季风能最大，秋季次之。

2）风能较佳区

（1）西藏高原中北部。风能密度在 150 W/m² 以上。大于或等于 3 m/s 风速的时间每年在 5000 h 以上，大于或等于 6 m/s 风速的时间每年在 2000 h 以上。该地区由于空气密度小，所以风能密度低，成为我国次大风能区。大于或等于 3 m/s 风速的时间，每年 50% 以上集中在春季，夏季次之。

（2）三北北部。包括东北图们江、燕山北麓、河西走廊到新疆阿拉山口一带，风能密度在 150～200 W/m²。大于或等于 3m/s 风速的时间每年有 4000～5000 h，大于或等于 6 m/s 风速的时间每年有 1500～2000 h。这一地区除新疆北部夏季风能大之外，其余地区以春季最大。

（3）东南沿海（离海岸线 20～50 km）。其风能密度及大于或等于 3 m/s 和 6 m/s 风速的时间（每年的小时数）基本和三北北部地区一致，但秋季风能最大，冬季次之。

3）风能可利用区

这一地区风能密度为 50～150 W/m²。大于或等于 3 m/s 风速的时间每年有 2000～4000 h，大于或等于 6 m/s 风速的时间每年有 500～1500 h。该地区在我国分布面积最广。

（1）两广沿海，包括福建 50～1000 km 的沿海地带。冬季风能大，秋季次之。

（2）大小兴安岭山区。风能密度由北面的 50 W/m² 向南增至 150 W/m²。每年风速大于或等于 6 m/s 的小时数由北面的 750 h 向南增至 1500 h。

（3）东从辽河平原向西，过华北大平原经西北到最西端，左侧绕西藏高原边缘部分，右侧从华北向南面淮河、长江到南岭。这是我国最大的一个区，该区只是在某个季节中风能较大，故又称为季节风能利用区。

4）风能贫乏区

本区风能密度在 50 W/m² 以下，大于或等于 3 m/s 风速的时间每年在 2000 h 以下，大于或等于 6 m/s 风速的时间每年在 300h 以下，这一地区包括：

（1）云贵川、甘南、陕西、湘西、鄂西和福建、两广的山区等；

（2）塔里木盆地、雅鲁藏布江各地。

　　从上述的风力资源分布情况来看，中国有相当大的地区有着丰富的风能资源，具有很大的开发利用价值。特别是我国风能丰富的地区主要分布在西北、华北和东北的草原或戈壁，以及东部和东南沿海及岛屿，这些地区一般都缺少煤炭等常规能源。在时间上，冬春季风大、降雨量少，夏季风小、降雨量大，与水电的枯水期和丰水期有较好的互补性(见表6－3)。

表6－3　风能资源比较丰富的省区

省　区	风力资源/MW	省　区	风力资源/MW
内蒙古	61 780	山东	3940
新疆	34 330	江西	2930
黑龙江	17 230	江苏	2380
甘肃	11 430	广东	1950
吉林	6380	浙江	1640
河北	6120	福建	1370
辽宁	6060	海南	640

3. 风能资源储量的估算方法

　　风能资源储量估算值是指离地 10 m 高度层上的风能资源量，而非整层大气或整个近地层内的风能量。

　　中国风能储量估算的方法是先在全国年平均风功率密度分布图上划出 10 W/m²、25 W/m²、50 W/m²、100 W/m²、200 W/m² 各条等值线，已知一个区域的平均风功率密度和面积便能计算出该区域内的风能资源储量。

　　设风能转换装置的风轮扫掠面积为 1 m²，风必须吹过前后左右各 10 m 距离后才能恢复到原来的速度。因此在 1 km² 范围内可以安装 1 m² 风轮扫掠面积的风能转换装置 1 万台，即有 1 万平方米截面积内的风能可以利用。全国的储量是采用逐省量取小于 10 W/m²、10～25 W/m²、25～50 W/m²、50～100 W/m²、100～200 W/m²、大于 200 W/m² 各等级风功率密度区域的面积后，使用求积仪乘以各等级风能功率密度，然后求其各区间积之和，计算出中国 10 m 高度层的风能总储量为 322.6×10^{10} W，即 32.26 亿千瓦，这个储量称作"理论可开发总量"。实际可供开发的量按上述总量的 1/10 估计，并考虑风能转换装置风轮的实际扫掠面积，再乘以面积系数 0.785（即 1 m 直径的圆面积是边长 1 m 的正方形面积的 0.785），得到中国 10 m 高度层可开发利用的风能储量为 2.53 亿千瓦，这个值不包括海面上的风能资源量。

　　一般而言，风速随高度的增加而增大，风能资源也相应增加。显然，在 50 m 高度层可开发利用的风能储量一定超过 2.53 亿千瓦。

4. 风能的利用

　　风能属于可再生能源，与存在于自然界中的其他一次能源如煤、石油、天然气等不同，不会随着其本身的转化和人类的利用而日趋减少。风能又是一种过程性能源，与煤、石油、天然气等近代广为开发利用的能源不同，不能直接储存起来，只有将其转化成其他形式的可以储存的能量才能储存。

　　风能利用已有数千年的历史。在蒸汽机发明以前，风能曾经作为重要的动力用于船舶航行、提水饮用和灌溉、排水造田、磨面和锯木等。最早的利用方式是"风帆行舟"，埃及被认为可能是最先利用风能的国家，约在几千年前，他们的风帆船就在尼罗河上航行。

我国是最早使用帆船和风车的国家之一，至少在 3000 年前的商代就出现了帆船。14 世纪初叶中国航海家郑和七下西洋，庞大的风帆船队功不可没。明代以后，风车得到了广泛的使用，中国沿海沿江地区的风帆船和用风力提水灌溉或制盐的做法，一直延续到 20 世纪 50 年代，仅在江苏沿海利用风力提水的设备就曾达 20 万台。

12 世纪，风车从中东传入欧洲。16 世纪，荷兰人利用风车排水、与海争地，在低洼的海滩地上建国立业，逐渐发展成为一个经济发达的国家。今天，荷兰人将风车视为国宝。

风力机械曾经是动力机械的一大支柱，其后随着蒸汽机的出现，随着煤、石油、天然气的大规模开采和廉价电力的获得，各种曾经被广泛使用的风力机械由于无法与蒸汽机、内燃机和电动机等相竞争而渐渐被淘汰。20 世纪 70 年代中叶，由于化石燃料日趋减少，而利用风能可以节约化石燃料，同时还可以减少环境污染，因此风能又重新受到重视并被开发利用。

21 世纪风能利用的主要领域是风力发电。

6.2　风能计算与风力机原理

6.2.1　风能参数与测量

风具有一定的质量和速度，因而它具备产生能量的基本要素。认识风能资源，首先要了解有关风能的一些主要特性参数，如风能、风能密度、风速与风级、风向与风频等，以及了解风的测量方法，从而了解风的基本知识。

1. 风能的特性参数

1）风能

空气运动产生的动能称为"风能"，由流体力学可知，气流的动能为

$$E = \frac{1}{2}mV^2 \tag{6-2}$$

式中：m 为气体的质量；V 为气流的速度。

设单位时间内气流通过面积为 S 的截面的气体体积为 L，则

$$L = VS$$

如果以 ρ 表示空气的密度，于是该体积的空气质量为

$$m = \rho L = \rho VS$$

此时气流所具有的动能为

$$E = \frac{1}{2}mV^2 = \frac{1}{2}\rho SV^3 \tag{6-3}$$

式（6-3）即为风能的表达式。在国际单位制中，ρ 的单位是 kg/m^3，S 的单位是 m^2，V 的单位是 m/s，所以 E 的单位为 W。

从上式可以看出，风能大小与气流通过的面积、空气密度和气流速度的立方成正比。因此，在风能计算中，最重要的因素是风速，风速取值准确与否对风能的估计有决定性作用，风速大 1 倍，风能可以大 8 倍。

2）风能密度

风能密度是估计风能潜力大小的一个重要指标，其定义为单位时间内通过单位截面积的风能。显然，风能密度的公式为

$$W = \frac{E}{S} = \frac{1}{2}\rho V^3 \qquad (W/m^2) \qquad (6-4)$$

从上式可知，风能密度 W 是空气质量密度 ρ 和风速 V 的函数。

ρ 值的大小随气压、气温和湿度等大气条件的变化而变化。一般情况下，在海拔高度 500 m 以下，即常温标准大气压力下，空气密度值可取为 1.225 kg/m³。根据中国 300 个气象站的计算经验得出空气密度与海拔高度的关系为

$$\rho_h = 1.225h^{-0.00012} \qquad (kg/m^3) \qquad (6-5)$$

由于风速时刻在变化，仅用风能密度的一般表达式，还不能得出某一地点的风能潜力。一般风速是用平均值表示的，如果令 W 为平均风能密度，W/m²；V_i 为等级风速，m/s；N_i 为等级风速 V_i 出现的次数；N 为各等级风速出现的总次数；则可得平均风能密度

$$W = \frac{\rho \sum N_i V_i^3}{2N} \qquad (W/m^2) \qquad (6-6)$$

平均风能密度也可采用概率计算方法求得，各气象台站都有详细的数据记录资料。

3）有效风能密度

实际上，风能不可能全部转换成机械能，也就是说，风力机不能获得全部理论上的能量，它受到多种因素的限制。当风速由 0 逐渐增加达到某一风速 V_m（切入风速）时，风力机才开始提供功率。在该风速下，风力机所得到的有用功率是整个风力机在无载荷损失时所吸收的。然后，风速继续增加，达到某一确定值 V_N（额定风速），在该风速下风力机提供额定功率或正常功率。超过该值时，利用调节系统，输出功率将保持常数。如果风速继续再增加到某一定值 V_M（切断风速）时，出于安全考虑，风力机应停止运转。

世界各国根据各自的风能资源情况和风力机的运行经验，制定了不同的有效风速范围及不同的风力机切入风速、额定风速和切断风速。

中国有效风能密度所对应的风速范围是 3~25 m/s。

4）风速与风级

风速就是空气在单位时间内移动的距离，国际上的单位是米/秒（m/s）或千米/小时（km/h）。由于风时有时无、时小时大且不断变化，每一瞬时的速度都不相同，所以通常所说的风速是指在一段时间内的平均值，即平均风速，如日平均风速、月平均风速或年平均风速等。

风速的分布与气候、地形等因素有关，取值方法不同也会引起风能计算的很大误差。我国现行的风速观测有定时 4 次 2 min 平均风速和 1 日 24 次自动记录 10 min 平均风速两种。

尽管风速数据已能精确地表示风的强弱，但是人们在日常生活中还是习惯用风级来表示，特别是在气象预报中，常说多少级风。我国是用风级表示风大小的最古老国家之一，远在唐代，科学家李淳风就在他的著作中提出过 9 级风的划分标准，而且非常直观形象，如"动叶"、"鸣条"、"摇枝"等。1805 年，英国人总结提出了更精确的风级划分标准，从 0 级到 12 级，共分 13 个等级。随后，又补充了每级风的相应风速数据，使人们从直接景观现

象发展到依靠精确的风速数据，这一标准后来逐渐被国际公认，称为"蒲氏风级"。1965 年国际风级的划分增加到 18 级，但是人们常用的还是 12 级风的标准，因为 13 级以上的风是很少见的。风级与风速的表现如表 6-4 所示。

表 6-4　风级的表现

风　级	名　称	相应风速/(m/s)	表　现
0	无风	0~0.2	零级无风炊烟上
1	软风	0.3~1.5	一级软风烟稍斜
2	轻风	1.6~3.5	二级轻风树叶响
3	微风	3.4~5.4	三级微风树枝晃
4	和风	5.5~7.9	四级和风灰尘起
5	清劲风	8~10.7	五级清风水起波
6	强风	10.8~13.8	六级强风大树摇
7	疾风	13.9~17.1	七级疾风步难行
8	大风	17.2~20.7	八级大风树枝折
9	烈风	20.8~24.4	九级烈风烟囱毁
10	狂风	24.5~28.4	十级狂风树根拔
11	暴风	28.5~32.6	十一级暴风陆罕见
12	飓风	>32.6	十二级飓风浪滔天

5）风向与风频

风是具有大小和方向的矢量，通常把风吹来的地平方向定为风的方向，即风向。如空气由东向西流动叫东风，由南向北流动叫南风，以此类推。在陆地上一般用 16 个方位来表示不同的风向。风向方位图如图 6-4 所示。

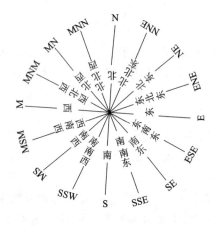

图 6-4　风向方位图

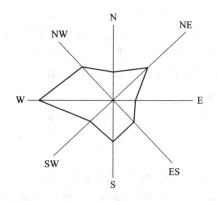

图 6-5　风频玫瑰图

风频是指风向的频率，即在一定时间内某风向出现的次数占各风向出现总次数的百分比，通常以下式计算

$$某风向频率 = \frac{某风向出现的次数}{风向的总观测次数} \times 100\%$$

计算出各风向的频率数值后，可以用极坐标的方式将这些数值标在风向方位图上，把各点连线以后形成一幅代表这一段时间内风向变化的风况图，也称为"风频玫瑰图"，如图6-5所示。在实际的风能利用中，总是希望某一风向的频率尽可能大些，尤其是不希望在较短的时间内出现风向频繁变化的情况。

6）风速频率

风速频率，又称风速的重复性，即一定时间内某风速时数占各风速出现总时数的百分比。按相差一定的时间间隔观测1年(1月或1天)内各种风速吹风时数与该时间间隔内吹风总时数的百分比，称为风速频率分布。风速频率分布一般以图形表示，风速频率分布曲线如图6-6所示。图中表示出两种不同地点a和b的风速频率曲线：曲线a变化陡峭，其最大频率出现在低风速范围内；曲线b变化平缓，其最大频率向风速较高的范围偏移，表明较高风速出现的频率增大。从风能利用的观点看，曲线b所代表的风况比曲线a表明的要好。

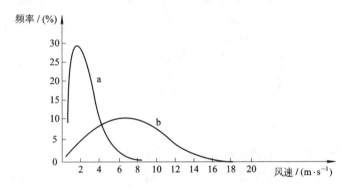

图6-6　风速频率分布曲线

利用风速频率分布可以计算某一地区单位面积上全年的风能。如测出风力机安装地点的风速频率，又已知该风力机的功率曲线，就可以算出该风力机每年的发电量。

7）风速变幅

风速的变幅在风能利用中是要经常考虑的，因为风速变化幅度的大小表示风速的相对稳定性。所以，在风能利用中，特别是对于风力发电，要选择风频和风速变化比较稳定的地点。在现代风能利用中，必须首先了解当地的风能特性，进行较长时间的观测，并用电子计算机作出风能特性的分析。

2. 风的测量

风的测量非常重要，它是了解风的特性和风力资源的基础。进行风的测量的主要目的是正确估计某地点可利用风能的大小，为装备风力机提供风能数据。

风的测量包括风向测量和风速测量两项，风向和风速随时间的变化是很大的，估算风能资源必须测量每日、每年的风速、风向，了解其变化的规律。

作为计算风能资源基本依据的每小时风速值有3种不同的测算方法：

(1) 每小时内测量的风速值取平均值；

(2) 将每小时最后10 min内测量的风速值取平均值；

(3) 在每小时内选几个瞬时测量风速值再取其平均值。

世界气象组织推荐 10 min 平均风速，中国目前也采用 10 min 平均风速，即第(2)种方法。

测量点上配有自动记录仪器，对风向和风速作连续记录，从中整理出各正点前 10 min 的平均风速和最多风向，并选取日最大风速(10 min 平均)和极大风速(瞬时)以及对应的风向和出现时间。地球上某一地区的风向首先与大气环流有关，同时与其所处的地理位置(离赤道或南北极远近)及地球表面不同情况(如海洋、陆地、山谷等)有关。

风的测量仪器主要有风向器、杯形风速器和三杯轻便风向风速表等。现代风速的测定日趋精确，气象台都有自动记录风速仪。

6.2.2　风力机工作原理

风具有能量，即风能，但自然界中的风能不便于利用。为了把风能转变成所需要的机械能、电能、热能等其他形式的能量，人们发明了多种风能转换装置，这就是风力机。

1. 风能转换的基本原理

人们通过长期的科学实践发现，如果将一块薄板放在气流中，并且与气流方向呈一角度 i(也称冲角)时，作用在翼形上的气动力如图 6-7 所示，则沿气流方向将产生一正面阻力 F_D 和一垂直于气流方向的升力 F_L，其值分别由下式确定

$$F_D = \frac{1}{2} C_d \rho S V^2 \qquad (6-7)$$

$$F_L = \frac{1}{2} C_l \rho S V^2 \qquad (6-8)$$

图 6-7　作用在翼形上的气动力

式中：C_d 和 C_l 为由实验得出的薄板随冲角 i 而变化的阻力系数和升力系数；S 为薄板的面积；ρ 为空气的质量密度；V 为气流速度。

在以风轮作为风能收集器的风力机上，如果由作用于风轮叶片上的阻力 F_D 而使风轮转动，称为阻力型风轮，我国传统的风车通常为阻力型风轮；若由升力 F_L 而使风轮转动，则称为升力型风轮，现代风力机一般都采用升力型风轮。

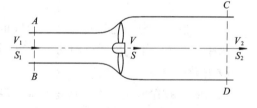

图 6-8　理想风轮的气流模型

无论采用何种风轮，都不可能将风能全部转化成机械能。德国科学家贝茨于 1926 年建立了著名的风能转化理论，即贝茨理论，下面作简要介绍。

假定风轮是理想的，即没有轮毂，且由无限多叶片组成，气流通过风轮时也没有阻力。此外，假定气流经过整个扫风面是均匀的，气流通过风轮前后的速度方向为轴向。

理想风轮的气流模型如图 6-8 所示。图中，V_1 是风轮上游的风速，V 是通过风轮的风速，V_2 是风轮下游的风速。通过风轮的气流其上游截面为 S_1，下游截面为 S_2。由于风轮所获得的能量是由风能转化得到的，所以 V_2 必定小于 V_1，因而通过风轮的气流截面积从上游至下游是增加的，即 S_2 大于 S_1。

自然界中的空气流动可认为是不可压缩的，由连续流动方程可得

$$S_1 V_1 = SV = S_2 V_2 \qquad (6-9)$$

由动量方程,可得作用在风轮上的气动力为

$$F = \rho SV(V_1 - V_2) \tag{6-10}$$

所以风轮吸收的功率为

$$P = FV = \rho SV^2(V_1 - V_2) \tag{6-11}$$

故上游至下游动能的变化为

$$0.5\rho SV(V_1^2 - V_2^2) \tag{6-12}$$

由能量守恒定律,可知式(6-11)和式(6-12)相等,则

$$V = 0.5(V_1 + V_2) \tag{6-13}$$

因此,作用在风轮上的力和提供的功率可写为

$$F = 0.5\rho S(V_1^2 - V_2^2) \tag{6-14}$$

$$P = 0.25\rho S(V_1^2 - V_2^2)(V_1 + V_2) \tag{6-15}$$

对于给定的上游速度 V_1,可写出以 V_2 为函数的功率变化关系,将式(6-15)微分可得,当 $V_2 = V_1/3$ 时,功率 P 可达到最大值,即

$$P_{\max} = \frac{8}{27}\rho SV_1^3 \tag{6-16}$$

将上式除以气流通过扫风面 S 时所具有的动能,可得到风轮的理论最大效率(或称理论风能利用系数)

$$\eta_{\max} = \frac{P_{\max}}{0.5\rho SV_1^3} = \frac{16}{27} \approx 0.593 \tag{6-17}$$

这就是著名的贝茨理论,它说明风轮从自然界中所获得的能量是有限的,理论上最大值为 0.593,其损失部分可解释为留在尾迹中的气流旋转动能。因此,能量的转换将导致功率的下降,它随所采用的风力机和发电机的形式而异,其能量损失约为最大输出功率的 1/3,也就是说,实际风力机的功率必定小于 0.593。因此,风力机实际能得到的有用功率是

$$P = 0.5C_P\rho SV_1^3 \tag{6-18}$$

式中, C_P 是风力机的风能利用系数。下面介绍其定义,它的值必定小于贝茨理论极限值 0.593。

2. 风力机的特征系数

为便于比较风力机的性能和结构特征,通常采用以下无因次特征系数表示。

(1)风能利用系数 C_P。风能利用系数的物理意义,是风力机的风轮能够从自然风能中吸取能量与风轮扫过面积内未扰动气流所具风能的百分比。风能利用系数 C_P 可用下式表示

$$C_P = \frac{P}{0.5\rho SV^3} \tag{6-19}$$

式中: P 为风力机实际获得的轴功率,W; ρ 为空气密度,kg/m³; S 为风轮扫风面积,m²; V 为上游风速,m/s。

理想风力机的风能利用系数 C_P 的最大值是 0.593,即贝茨理论极限值。 C_P 值越大,表示风力机能够从自然界中获取的能量百分比也越大,风力机的效率越高,即风力机对风能的利用率也越高。对实际应用的风力机来说,风能利用系数主要取决于风轮叶片的气动设计和结构设计以及制造工艺水平。如高性能螺旋桨式风力机,其 C_P 值一般是 0.45,而阻力型风力机只有 0.15 左右。

（2）叶尖速比。为了表示风轮运行速度的快慢，常用叶片的叶尖圆周速度与上游风速之比来描述，称为叶尖速比 λ

$$\lambda = \frac{2\pi Rn}{V} = \frac{\omega R}{V} \qquad (6-20)$$

式中：n 为风轮的转速，r/min；R 为叶尖的半径，m；V 为上游风速，m/s；ω 为风轮旋转角速度，rad/s。

（3）扭矩系数和推力系数。为便于把气流作用下同类风力机产生的扭矩和推力进行比较，常以 λ 为变量作扭矩和推力的变化曲线。扭矩系数用 C_M 表示，推力系数用 C_F 表示

$$C_M = \frac{M}{0.5\rho SV^2} = \frac{2M}{\rho SV^2} \qquad (6-21)$$

$$C_F = \frac{F}{0.5\rho SV^2} = \frac{2F}{\rho SV^2} \qquad (6-22)$$

式中：M 为扭矩，N·m；F 为推力，N。

高速风力机的输出功率大，扭矩系数小，适合于风力发电；低速风力机的输出功率系数小，扭矩系数大，适合于低速高扭矩的风力提水。

（4）实度。风轮叶片面积与风轮扫风面积之比称为实度 σ，它也是描述风力机特性的重要特征参数。风轮的实度 σ 是与其叶尖速比相联系的，不同风轮的实度与叶尖速比的关系见图 6 -9，各种风力机的特性曲线见图 6-10，各类风机的 C_P 值和叶尖速比 λ 的平均值见表 6-5。

表 6-5　各类风机的 C_P 值和叶尖速比 λ 的平均值

型　式	C_P	λ	型　式	C_P	λ
螺旋桨	0.42	5～10	荷兰式	0.17	2～3
帆翼	0.35	4	Φ 型	0.40	5～6
风扇式	0.30	1	旋翼	0.45	3～4
多叶式	0.25	1.5	S 型	0.15	1

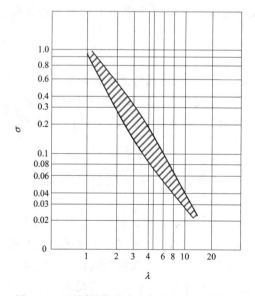

图 6-9　不同风轮的实度与叶尖速比的关系

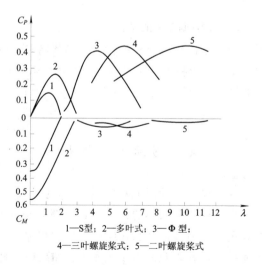

1—S 型；2—多叶式；3—Φ 型；
4—三叶螺旋桨式；5—二叶螺旋桨式

图 6-10　各种风力机的特性曲线

从上述各图表可以看出：

① 低速风力机实度大，叶尖速比小，扭矩大，效率低；

② 高速风力机实度小，叶尖速比高，扭矩小，效率高。

（5）装置的总效率。为了求得风力发电装置的总效率，除了要考虑风力机本身的转换效率以外，还得考虑风力机的其他损失，如传动机构的损失、发电机的损失等。以典型的风力发电装置为例，若取风力机效率为 70%，传动效率和发电机效率为 80%，因理想风力机的风能利用系数为 59.3%，所以装置的风能利用系数为

$$C_P = 0.593 \times 0.7 \times 0.8 = 0.332$$

图 6 - 11 是 $C_P = 0.332$ 时，不同风速下风轮直径与发电机输出功率的关系曲线。

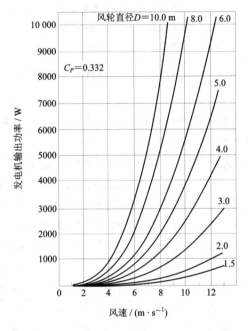

图 6 - 11　不同风速下风轮直径与发电机输出功率关系曲线

（6）工作风速与功率的关系。风力机的实际输出功率受到一些条件的限制。风力机启动时，需要一定的最低扭矩，风力机的启动扭矩不能小于这一最低扭矩。而启动扭矩主要与叶轮安装角和风速有关，因此风力机有一个最低工作风速。当风速超过技术上规定的最高值时，基于安全方面的考虑（主要是塔架安全和风轮强度），风力机应立即停车，所以每一风力机都要规定最高风速。风力机达到标称功率输出时的风速称为额定风速。

风力机功率与风速基本关系曲线如图 6 - 12 所示。可以看出，如果增大发电机的额定功率，可以更有效地利用含能量大的高风速；如果提高风力机的工作风速，在转速变化的情况下，功率按速度的三次方增加，但受发电机额定功率的限制，不可增加太多。为使供电频率稳定和出于安全方面的考虑，风力机应尽可能以稳定的或变化很小的转速工作。所以风力机就不可能在任何风速下都以最佳的功率系数和叶尖速比工作。在固定的额定转速下，C_P 值与 λ 无关，而是取决于风速 V。

应指出的是，风力机的额定工作风速直接影响风力机的年输出能量，应根据风力机安装位置处的年平均可利用风速合理确定额定工作风速，以达到最佳的能量生成。

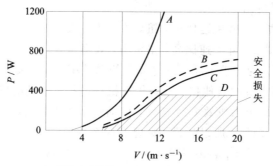

A—理论功率曲线;

B—扣除了空气动力损失和传动损失的轴功率曲线;

C—计算了机械能转换损失的功率曲线;

D—发电机的实际输出功率曲线

图 6 - 12　风力机功率与风速基本关系曲线

3. 风轮设计

风力机通常由叶轮、发电机、机头和机尾、塔架以及控制装置等组成。其中叶轮是最关键的部件,对发电效率有重要的影响。

从前面介绍的风力机工作原理可知,由翼型组成的叶轮是产生升力并使风力机转动的关键部件。现代风轮通常由三叶片或二叶片的迎风形式或下风形式组成。叶片通常由翼型系列组成,在尖部使用薄翼型以满足高升阻比的要求,而在根部则采用相同翼型较厚的形式,以满足结构强度的需要,典型运行工况下的雷诺数范围是 $5 \times 10^5 \sim 2 \times 10^6$。传统的航空翼形,如 NACA44XX 系列和 NACA230XX 系列,由于具有最大升力系数及最低的阻力系数,因而成为最流行采用的翼型。

过去在叶轮的设计中,人们通常认为翼型的气动特性并不重要,重要的是叶片的造型,如扭曲规律等,因此翼型的选择被忽略了。进入 20 世纪 80 年代以来,人们逐渐开始认识到传统的航空翼型并不适合设计高性能的风轮,转而开始开发新翼型。现代风力机所采用的翼型(美国国家可再生能源实验室设计)如图6-13所示,可见新翼型与传统的航空翼型已有明显的差别。

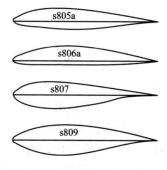

因此,翼型气动特性对风轮的动力输出至关重要。

图 6 - 13　现代风力机所采用的翼型

要实现最佳的翼型特性,提高在大攻角、低雷诺数下的数值计算精度是重要手段。但要注意的是优化翼型及叶轮最佳形状以满足最佳的设计要求,而不是选择每一个截面最佳的翼型气动特性,以达到最可靠的动力输出,才是风轮翼型优化设计的关键问题。

随着科学技术水平的提高和相关领域研究的进步,现代大型风力机叶轮的设计开始采用三维方法,即根据风况条件直接设计和验证风轮的气动特性,并对叶轮进行优化设计。由于篇幅限制,这里不再详述。

6.3　风力发电原理及设备

6.3.1　风力发电原理及输出功率

1. 风力发电原理

把风能转变为电能是风能利用中最基本的一种方式。

风力发电机一般由风轮、发电机、传动装置、调向器（尾翼）、塔架、限速安全机构和储能装置等构件组成。图 6-14 是小型风力发电机的结构示意图。

风力发电机的工作原理比较简单，风轮在风力的作用下旋转，它把风的动能转变为风轮轴的机械能。发电机在风轮轴的带动下旋转发电。

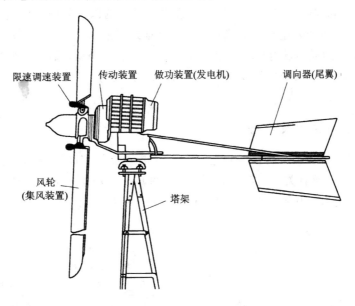

图 6-14　小型风力发电机的基本结构

2. 输出功率计算

风力发电机的性能特性是由风力发电机的输出功率曲线来反映的。风力发电机的输出功率曲线是风力发电机的输出功率与场地风速之间的关系曲线。用计算公式表示为

$$P = \frac{1}{8} \pi \rho D^2 V^3 C_P \eta_t \eta_g \tag{6-23}$$

式中：P 为风力发电机的输出功率，kW；ρ 为空气密度，kg/m³；D 为风力发电机风轮直径，m；V 为场地风速，m/s；C_P 为风能利用系数，一般在 0.2～0.5 之间，最大为 0.593；η_t 为风力发电机传动装置的机械效率；η_g 为发电机的机械效率。

风力发电机的制造厂家在出售风力发电机时都会提供其产品的输出功率曲线。图 6-15 是某型号的风力发电机的功率输出曲线。根据场地的风能资料和风力发电机的功率输出曲线，可以对风力发电机的年发电量进行估算。估算方法是：

（1）根据安装场地的风速资料，计算出从风力发电机的切入风速至切断风速为止全年

各级风速的累计小时数；

（2）根据风力发电机的功率输出曲线，计算出不同风速下风力发电机的输出功率；

（3）利用下面的公式进行估算

$$Q = \sum_{V_m}^{V_M} P_V T_V \qquad (6-24)$$

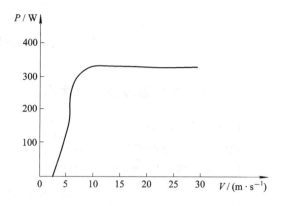

图 6-15　某型号的风力发电机的功率输出曲线

式中：Q 为风力发电机的年发电量，kW·h；P_V 为在风速 V 下，风力发电机的输出功率，kW；T_V 为场地风速 V 的年累计小时数；V_m 为风力发电机的切入风速，m/s；V_M 为风力发电机的切断风速，m/s。

由式(6-23)和式(6-24)知道，除风力发电机本身的因素外（如风轮直径等），风力发电机的发电量还受风力发电机安装高度、特别是场地风速大小的影响。如果场地选择不合理，即使性能很好的风力发电机也不能很好地发电工作；相反，如果场地选择的合理，性能稍差的风力发电机也会很好地发电工作。因此，为了获得多的发电量，应该十分重视风力发电机安装场址的选择。

6.3.2　风力发电系统及设备

风力发电装置是将风能转换为电能的机械、电气及其控制设备的组合，通常包括风轮，发电机、变速器及有关控制器和储能装置。图 6-16 是在我国新疆达坂城风电场安装运转的单机机容量为 600 kW 的 NORDEX 43/600 kW 型风机结构图。

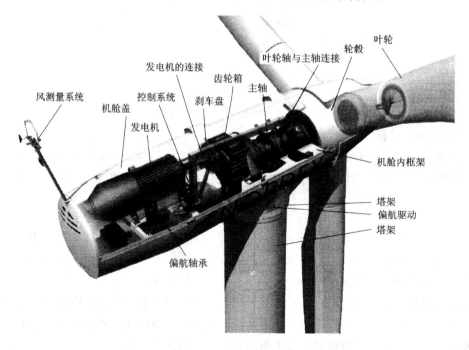

图 6-16　单机机容量为 600 kW 的 NORDEX 43/600 kW 型风机结构图

风力发电机组的单机容量范围为几十瓦至几兆瓦。

典型的风力发电系统通常由风能资源、风力发电机组、控制装置、蓄能装置、备用电源及电能用户组成。风力发电机组是实现由风能到电能转换的关键设备。

由于风能是随机性的，风力的大小时刻变化，必须根据风力大小及电能需要量的变化及时通过控制装置来实现对风力发电机组的启动、调节（转速、电压、频率）、停机、故障保护（超速、振动、过负荷等）以及对电能用户所接负荷的接通、调整及断开等操作。

储能装置是为了保证电能用户在无风期间内可以不间断地获得电能而配备的设备。另一方面，在有风期间，当风能急剧增加时，储能装置可以吸收多余的风能。

为了实现不间断地供电，有的风力发电系统配备了备用电源，如柴油发电机组。

1. 风力机

风力机是集风装置，它的作用是把流动空气具有的动能转变为风轮旋转的机械能。一般风力发电机的风轮由2个或3个叶片构成。叶片在风的作用下，产生升力和阻力，设计优良的叶片可获得大的升力和小的阻力。风轮叶片的材料因风力发电机的型号和功率大小不同而定，如有玻璃钢、尼龙等。

风力机根据结构形式及在空间的布置，可分为水平轴式或垂直轴式。风力机的风轮轴与地面呈水平状态，称水平轴风力机。凡风轮转轴与地面呈垂直状态的风力机叫垂直轴风力机。虽然目前垂直轴风力机尚未大量商品化，但是它有许多特点，如不需大型塔架、发电机可安装在地面上，维修方便及叶片制造简便等，对他的研究也日趋增多，各种形式不断出现。

风力发电中采用的风力机，在结构形式上，水平轴式与垂直轴式都存在，但数量上水平轴式的风力机占绝大多数，达98%以上，垂直轴式的主要是达里厄型，并主要在北美国家（美国、加拿大）使用。这两种型式的风力机都已制出单机容量为300、500、600、750 kW及MW级以上，并且风力机多为三叶片、下风向式的。但兆瓦级以上的大型风力机也有采用两个叶片的。为了在高风速时控制风力机的转速及输出功率，水平轴风力机普遍采用全翼展或1/3翼展（靠近叶尖处的1/3叶片长度）桨距控制或叶片失速控制。

为了保持风力机在不同风况下运行稳定，风轮必须有调速装置。调速装置主要有两种：一种是叶片桨距固定，当风速增加时，通过辅助侧翼或倾斜铰接的尾翼或其他气动机构使风轮绕垂直轴回转，以偏离风向，减少迎风面，从而达到调整的目的；另一种是叶片的桨距可以变化，当风速变化时，利用气动压力或风轮旋转产生的离心力，使桨距改变，实现调速。大型风力机常用侍服电机来变桨距。

2. 调向机构

当风轮叶片旋转平面与气流方向垂直时，也即是迎着风向时，风力机从流动的空气中获取的能量最大，因而风力机的输出功率最大。风力发电机中调向器的功能是尽量使风力发电机的风轮随时都迎着风向，从而能最大限度地获取风能。除了下风式风力发电机外，一般风力发电机几乎全部是利用尾翼来控制风轮，尾翼安装在比较高的位置上，这样可以避开风轮尾流对它的影响。尾翼的材料通常采用镀锌薄钢板。

通常直径6 m以下的小型水平轴风力机常用的调向机构有尾舵和尾车，两者皆属于被动对风调向。风电场中并网运行的中大型风力机则采用由伺服电动机驱动的齿轮传动装置来进行调向，伺服电动机是在风信标给出的信号下转动。伺服电动机可以正反转，因此可以实现两个方向的调向。为了避免伺服电动机连续不断地工作，规定当风向偏离风轮主轴 $\pm 10° \sim \pm 15°$ 时，调向机构才开始动作。调向速度一般为 $1°/s$ 以下，机组容量越大，调向速度愈慢，例如 600 kW 机组为 $0.8°/s$ 左右，而 1 MW 机组则为 $0.6°/s$ 左右。这种方式的调向属于主动对风调向。大型风力机也有采用电动调向的，测定风向与电动调向用微机自动控制。

3. 发电机

微型及容量在 10 kW 以下的小型风力发电机组，采用永磁式或自励式交流发电机整流后向负载供电及向蓄电池充电；容量在 100 kW 以上的并网运行的风力发电机组应用同步发电机或异步发电机。

同步发电机所需励磁功率小，仅约为额定功率的 1%，通过调节励磁可以调节电压及无功功率，可以向电网提供无功功率，从而改善电网的功率因数。但同步发电机在阵风时因输入功率有强烈的起伏，瞬态稳定性较差，通常需要采用变桨距风力机，以使得瞬态扭矩能被限制在同步发电机的牵出扭矩之内。同步发电机还需严格的调速及同步并网装置。

在具有大容量同步发电机装机容量和低感抗的网络中，采用配有异步发电机的风力发电机组与电网并联运行有较大的优点。异步发电机由于结构简单、价格便宜、且不需要严格的并网装置，可以较容易地与电网连接，因此允许其转速在一定限度内变化，可吸收瞬态阵风能量。但异步发电机需借助电网获得励磁，加重了对电网的无功功率的需求。

在综合比较同步及异步发电机的基础上，现代中型及大型风电场中的风力发电机组绝大多数选用异步发电机，并针对异步发电机自身的特点与风力为随机性的特点，在技术上作了改进与发展。主要措施是：

采用双速异步发电机（定子绕组数一般为 4/6 极的，其同步转速分别为 1500 r/min 及 1000 r/min）。在风力较强（高风速段）时，发电机绕组接成 4 极运行；在风力较弱（低风速段）时，发电机绕组换接成 6 极运行。这样可以更好地利用风能，增加发电量。

为克服异步发电机接入电网时产生冲击电流，采用"晶闸管软并网"方式，即将异步发电机通过双向晶闸管与电网连接，由微处理机发出信号控制晶闸管的导通角，使其导通角逐渐加大，异步发电机就可以经过晶闸管平稳接入电网，而不产生冲击电流。

4. 升速齿轮箱

风力机属于低速旋转机械，所采用的变速齿轮箱是升速的。其作用是将风力机轴上的低速旋转输入转变为高速旋转输出，以便与发电机运转所需要的转速相匹配。升速传动装置的升速比对风力发电机组的性能及造价有重要影响，选择高升速比或低升速比各有优劣，但选择过高或过低的升速比都会增大齿轮箱造价。合适的升速比应通过系统的方案优化比较来选定。现在大中型风电场中单机容量在 600 kW～1 MW 的风力发电机组中齿轮箱的速比在 1：50～1：70 左右，而齿轮箱的组合型式一般为 3 级齿轮传动，有时 3 级全采用螺旋斜齿轮传动，有时则采用 1 级行星齿轮及 2 级螺旋斜齿轮传动，也有采用 1 级行星齿轮及 2 级正齿轮传动的。

5. 塔架

塔架是风力发电机的支撑机构，也是风力发电机的一个重要部件。水平轴风力发电机组需要通过塔架将其置于空中，以捕捉更多的风能。

广泛使用的有两种类型塔架，即由钢板制成的锥形管式塔架和由角钢制成的桁架式塔架。考虑到便于搬迁、降低成本等因素，百瓦级风力发电机通常采用管式塔架，稍大的风力发电机塔架一般采用由角钢或圆钢组成的桁架结构。

管式塔架塔筒直径沿高度向上方向逐渐减小，一般沿高度由 2～3 段组成，在塔架内装有梯子和安全索，以便于工作人员沿梯子进入塔架顶端的机舱，塔筒表面经过喷砂处理和喷刷白色油漆用于防腐。桁架式塔架也装有梯子和安全索，便于工作人员攀登，为防止腐蚀，桁架经过热浸锌处理。锥形筒状塔架外形美观，对于寒冷地区或在大风时工作人员沿塔筒内梯子进入机舱比较安全方便，控制系统的控制柜(包括主开关、微处理机、晶闸管软起动装置、补偿电容等)皆可置于塔筒内的地面上，但塔筒较重、运输较复杂、造价较高。桁架式塔架由于重量较轻，可拆卸为小部件运到场地再组装，因此造价较低。桁架式塔架由螺栓连接，没有焊接点，因此没有焊缝疲劳问题，同时它还可承受由于风力发电机组调向系统动作时施加于整个结构上的轻微扭转力矩，但桁架式塔架需在其旁边地面处另建小屋，以安放控制柜。

6. 控制系统

100 kW 以上的中型风力发电机组及 1 MW 以上的大型风力发电机组皆配有由微机或可编程控制器(PLC)组成的控制系统来实现控制、自检和显示功能。其主要功能是：

(1) 按预先设定的风速值(一般为 3～4 m/s)自动启动风力发电机组，并通过软启动装置将异步发电机并入电网。

(2) 借助各种传感器自动检测风力发电机组的运行参数及状态，包括风速、风向、风力机风轮转速、发电机转速、发电机温升、发电机输出功率、功率因数、电压、电流等以及齿轮箱轴承的油温、液压系统的油压等。

(3) 利用限速安全机构是来保证风力发电机运行安全。当风速大于最大运行速度(一般设定为 25 m/s)时实现自动停机。失速调节风力机是通过液压控制使叶片尖端部分沿叶片枢轴转动 90°从而实现气动刹车。桨距调节风力机则是借助液压控制使整个叶片顺桨而达到停机，也是属于气动刹车。当风力机接近或停止转动时，再通过由液压系统控制的装于低速轴或高速轴上的制动盘以及闸瓦片刹紧转轴，使之静止不动。

(4) 故障保护。当出现恶劣气象(如强风、台风、低温等)情况、电网故障(如缺相、电压不平衡、断电等)、发电机温升过高、发电机转子超速、齿轮及轴承油温过高、液压系统压力降低以及机舱振动剧烈等情况时，机组也将自动停机，并且只有在准确检查出故障原因并排除后，风力发电机组才能再次自动启动。

(5) 通过调制解调器与电话线连接。现代大型风电场还可实现多台机组的远程监控，从远离风电场的地点读取风电场中风力发电机组的运行数据及故障记录等，也可远程启动及停止机组的运行。

7. 储能装置

风力机的输出功率与风速的大小有关。由于自然界的风速是极不稳定的，风力发电机的输出功率也极不稳定。这样一来，风力发电机发出的电能一般是不能直接用在电器上的，先要储存起来。目前蓄电池是风力发电机采用的最为普遍的储能装置，即把风力发电机发出的电能先储存在蓄电池内，然后通过蓄电池向直流电器供电，或通过逆变器把蓄电池的直流电转变为交流电后再向交流电器供电。考虑到成本问题，目前风力发电机用的蓄电池多为铅酸蓄电池。

8. 其他

除去上述风力机、齿轮箱、发电机、塔架、控制系统等主要部件外，风力发电机组上还装有联轴器、防雷装置、冷却装置、机舱盖及机舱基础底板等。

6.3.3 典型并网型风力发电机组特点介绍

目前世界上比较成熟的并网型风力发电机组多采用水平轴风力机，典型的大型风力发电机组通常主要由叶轮、传动系统、发电机、调向机构及控制系统几大部分组成。其基本结构如图 6-17 所示。

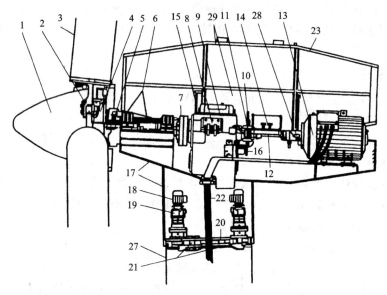

1—导流罩；2—轮毂；3—叶片；4—叶尖刹车控制系统；5—集电环；6—主轴；7—收缩盘；8—锁紧装置；9—齿轮箱；
10—刹车片；11—刹车片厚度检测器；12—万向联轴器；13—发电机；14—安全控制箱；15—舱盖开启阀；
16—刹车汽缸；17—机舱；18—偏航电机；19—偏航齿轮；20—偏航圆盘；21—偏航锁定；22—主电缆；
23—风向风速仪；24—梯子(未画出)；25—控制线(未画出)；26—平台(未画出)；27—塔筒；
28—振动传感器；29—舱盖

图 6-17　大型风力发电机组的基本结构

叶轮的作用是将风能转换为机械能，它由气动性能优异的叶片(目前商业机组一般为2～3 个叶片)安装在轮毂上，组成了叶轮。叶轮转速较低，以保证叶片前端的线速度在叶片材料允许的范围内，通过传动系统由齿轮箱增速，将叶轮约 18～33 r/min 提高到800 r/min 或 1500 r/min，将动力传递给发电机。以上部件都安装在机舱内部，整个机舱由高大的塔架支撑。为了有效地利用不同方向的风能，在机舱与塔架之间安装有调向系统，它根据风向传感器检测得到的风向信号，由控制器控制调向电机的启停，驱动与调向大齿轮咬合的小齿轮转动，使机舱对准来风的方向。

控制系统是风力发电机组的"大脑"，由它自动完成机组的所有工作过程，并提供人机接口和远方监控的接口。目前，风力发电机组控制系统已广泛采用微机装置，其控制软件根据风力发电基础理论研究成果和机组实际运行中积累的实验数据，能够准确地实现风力发电机组的一些特殊控制要求，对机组的安全可靠运行有十分重要的意义。

风力发电机组其功率调节方式可分为定桨距失速功率调节和变桨距功率调节两种类型。

定桨距失速功率调节是依靠叶片的气动外形完成的，其叶片有一定的扭角，在额定风速以下，空气沿叶片表面稳定流动，叶轮吸收的能量随空气流速的上升而增加；当风速超过额定风速后，在叶片后侧，空气气流发生分离，产生湍流，叶片吸收能量的效率急剧下降，导致叶轮吸收的能量随空气流速的上升而减少，由于失速叶片自身存在扭角，因此叶片的失速从叶片的局部开始，随风速的上升而逐步向叶片全长发展，保证叶轮吸收的总功率低于额定值，起到了功率调节的作用。定桨距失速功率调节型风力机由于依靠叶片外形完成功率的调节，机组结构相对简单，但机组结构受力较大。

变桨距功率调节主要依靠叶片攻角改变，保持叶轮的吸收功率在额定功率以下。与定桨距失速功率调节技术相比较，可以使风力发电机组在高于额定风速的情况下保持稳定的功率输出，减少对电网的干扰，提高机组的发电量 $3\%\sim10\%$，而且机组的结构受力相对减少。但是，变桨距功率调节需要增加一套桨距调节装置，使设备价格升高；同时，风速的不断变化导致变桨机构频繁动作，使机构中的关键部件变桨轴承受了各种复杂负载，其寿命一般仅为 $4\sim5$ 年左右，使得维修费用昂贵，机组可靠性大大降低。

目前主要对变桨轴承进行改进和设计优化。采用专门设计的轴承，解决了轴承使用寿命短的问题。同时，通过采用变滑差发电机、叶片主动失速等技术，组成了一种"混合"功率调节方式，减少了变桨机构的动作次数，降低了变桨轴承的机械磨损。

6.3.4　风电技术的发展趋势

1. 单机容量增大

风电场中采用大型风机比小型风机更加经济，因而现代风力发电机组的单机容量不断增大，随着科学技术的不断发展，已从主流单机容量 600 kW 发展到兆瓦级大型风力发电机组。目前已投入运行的华锐 SL3000 - 113 - HH90(3 MW)低温型风力发电机组，主机重约 120 t，塔筒重约 290 t，分为 4 节，高度为 87.177 m，轮毂的中心线高为 90 m，叶轮直径长 113 m；华锐 SL6000 型(6 MW)风力发电机组，是目前中国单机容量最大的风电机组，采用平行轴齿轮传动和鼠笼异步电机技术，叶轮直径长达 128 m，可适应零下 45 摄氏度的极限温度；而丹麦 Vestas 公司生产的当今世界最大的 8 MW 风力发电机组，叶片长度就有 80 m，塔架高度远远超过 100 m，叶轮直径超过 160 m，扫风面积 21124 m^2，整机重量 390 t。

而且，随着风机容量的增大，其中必然要采用一些新的复合材料和新的技术，同时，伴随着技术逐渐成熟，多样化的设计概念也逐渐走向统一。

2. 风机桨叶变化

单机容量不断增大，桨叶的长度也不断增长，目前 2 MW 风机叶轮扫风直径已达 72 m，最长的叶片已做到 80 m。现有的大部分涡轮风机大都具有 3 个叶片，只有极少数涡轮风机还是只有 2 个叶片的类型，而且这种涡轮风机的数量还在进一步减少之中。涡轮风机技术现已是足够成熟，机器的可靠性极高，可利用率通常在 $98\%\sim99\%$ 之间。桨叶材料由玻璃纤维增强树脂发展为强度高、质量轻的碳纤维。桨叶也向柔性方向发展。

早期的风机桨叶是根据直升机的机翼设计的，但风机的桨叶是运行在与直升机很不同的空气动力环境中。对叶型的进一步改进，增加了风机捕捉风能的效率。例如，在美国国家再生能源实验室开发了一种新型叶片，比早期的一些风机桨叶捕捉风能的能力要大 20%。

风电界普遍认为，风电机组的风轮直径或扫风面积比额定容量更能反映风电机组的特性，而风电机组的风轮直径与额定容量并不是一一对应的，它们之间的对应关系见表 6-6。

表 6-6　风电机组的风轮直径与额定容量的对应关系

项　　目	风轮直径/m	扫风面积/m²	额定功率/kW
小　型	0～8	0～50	0～10
	8.1～11	50.1～100	10～25
	11.1～16	100.1～200	30～60
中　型	16.1～22	200.1～400	70～130
	22.1～32	400.1～800	150～330
	32.1～45	800.1～1600	300～750
大　型	45.1～64	1600.1～3200	600～1500
	64.1～90	3200.1～6400	1500～3100
	90.1～128	6400.1～12 800	3100～6400

3. 塔架高度上升

在中、大型风电机的设计中，采用了更高的塔架，以捕获更多的风能。地处平坦地带的风机，在 50 m 高度捕的风能要比 30 m 高处多 20%。

4. 控制技术发展

尤其值得注意的是，随着电力电子技术的发展，近几年来出现了一种变速风电机。

变速风电机取消了沉重的增速齿轮箱，发电机轴直接连接到风机轴上，转子的转速随风速而改变，其交流电的频率也随之变化，经过置于地面的大功率电力电子变换器，将频率不定的交流电整流成直流电，再逆变成与电网同频率的交流电输出。由于它被设计成在几乎所有的风况下都能获得较大的空气动力效率，从而大大地提高了捕捉风能的效率。试验表明，在平均风速 6.7 m/s 时，变速风电机要比恒速风电机多捕获 15% 的风能。同时，由于机舱质量减轻和改善了传动系统各部件的受力状况，可使风机的支撑结构减轻，基础等费用也可降低，运行维护费用也较低。这是一种很有发展前途的技术。

5. 海上风力发电

在人口密度较高的国家，随着陆地风力场利用殆尽，发展海上风电场也就成为新的风机应用领域而受到重视。由于海上风电场具有风资源持续稳定、风速高、发电量大、不占用土地资源等特点，且海上风电靠近经济发达地区，距离电力负荷中心近，风电并网和消纳容易。因此，发展海上风电已成趋势。

一般陆上风电场平均设备利用小时数为 2000 h，好的为 2600 h，在海上则可达 3000 h 以上。同容量装机，海上比陆上成本增加 60%（海上基础占 23%、线路占 20%，陆上仅各占 5%左右），但电量增加 50%以上，效益明显。显而易见，大型风电机组的发展更适合滨海风力场，所以，滨海风力场在未来的风能开发中将占有越来越重要的份额。

欧洲已经建成若干海上风电场，取得在海洋中建造风电机组基础和向陆地输电的经验。其中，丹麦 2003 年 11 月建成的 Nysted 海上风场位于 Nysted 以南 10 公里的近海里，总装机容量为 165.6MW，由 72 台（8×9）Bonus82/2300 风电机组组成。

中国海岸线很长，很适宜建设海上风电场。2010 年 8 月，我国上海东海大桥 102 MW 海上风电场示范项目胜利建成，2012 年 11 月，江苏如东 182 MW 海上（潮间带）示范风电场全部投产发电，这表明发展海上风电已成为我国风电发展的重要方向。

6.4　风力发电运行方式

风力发电通常有独立运行和并网运行两种运行方式。

6.4.1　独立运行方式

独立运行的风力发电机组，又称离网户用小型风力发电机组，是把风力发电机组输出的电能经蓄电池蓄能，再供应用户使用。如用户需要交流电，则需在蓄电池与用户负荷之间加装逆变装置。5 kW 以下的风力发电机组多采用这种运行方式，可供边远农村、牧区、海岛、湖泊、气象台站、导航灯塔、电视差转台、边防哨所等电网覆盖不到的地区利用。

我国是离网型户用风电机组发展较好的国家之一，其小型风力发电机组保有量、年产量、生产能力均列世界之首。截止 2002 年底，我国小型风力发电机组生产企业累计共生产各种小型风力发电机组 248 477 台，总装机容量为 64 140.4 万千瓦，年发电量 8128 万度。

独立运行方式的缺点是在无风期间不能供电，为了克服这一缺点，可配备少量蓄电池来保证不能断电的设备在无风期间内从蓄电池获得电能，也可采用与其他动力源联合发电，互为补充的供电方式。

1. 储能系统

风能是过程性能源不可直接储存。因此，即使在风能资源丰富的地区，若以风力发电作为获得电能的主要方式，也必须配有适当的储能系统。在风力发电系统中，多采用铅酸蓄电池和碱性蓄电池作为存储电能的装置。小型风力发电系统中蓄电池组的电压通常为 12 V、24 V 或 36 V。铅酸蓄电池的寿命一般为 1～10 年，碱性蓄电池的寿命为 3～15 年。

除此之外，在地形条件合适的地点，也可以采用抽水蓄能。正在研究试验的还有压缩空气储能、飞轮储能、电解水制氢储能等。

2. 与其他发电形式的联合运行

为保证独立运行的离网型风力发电机组能连续可靠地供电，解决风力发电受自然条件限制的问题，风力发电机组经常与其他动力源联合使用，互为补充。

常用的方式主要有以下两种：

1）风力-柴油发电联合运行

采用风力-柴油发电系统可以实现稳定持续地供电。这种系统最常采用的运行方式是风力发电机组与柴油发电机组交替（切换）运行。风力发电机组与柴油发电机组在机械上及电气上没有任何联系，有风时由风力发电机组供电，无风时柴油发电机组发电，类似于双电源备用方式向负荷供电。

2）风力-太阳能电池发电联合运行

风力发电机组可以和太阳能电池组合成联合供电系统。风能、太阳能都具有能量密度低、稳定性差的弱点，并受地理分布、季节变化、昼夜变化等因素影响。中国属于季风气候区，春季、秋季风力强，但太阳辐射弱，夏季、秋季风力弱，而太阳辐射强，两者能量变化趋势相反，因而可以组成能量互补系统，并使电能输出比较稳定。利用自然能源的互补特性，增加了供电的可靠性，并使风力发电机组和太阳能电池方阵的容量都较单独使用时小。风力-光伏发电系统最常采用的运行方式是同时运行：风力发电机组与太阳能电池方阵同时向蓄电池组充电，可以充分发挥两者的效能，系统效率高。其中，风力发电机组、太阳能电池方阵及蓄电池三者容量的匹配，可根据风能、太阳能变化规律及负荷变动规律得出。

6.4.2　并网运行方式

1. 并网运行方式

采用风力发电机与电网连接，由电网输送电能的方式，是克服风的随机性而带来的蓄能问题的最稳妥易行的运行方式，同时可达到节约矿物燃料的目的。10 kW 以上直至 MW 级的风力发电机组皆可采用这种运行方式。并网运行又可分为两种不同的方式：

1）恒速恒频方式

即风力发电机组的转速不随风速的波动而变化，始终维持恒转速运转，从而输出恒定额定频率的交流电。这种方式目前已普遍采用，具有简单可靠的优点，但是风能利用不充分，因为风力机只有在一定的叶尖速比下才能达到最高的风能利用率。

2）变速恒频方式

即风力发电机组的转速随风速的波动作变速运行，但仍输出恒定频率的交流电。这种方式可提高风能的利用率，但必须增加实现恒频输出的电力电子设备，同时还应解决由于变速运行而在风力发电机组支撑结构上出现共振现象等问题。

2. 风力发电场

风力发电场是目前世界上风力发电并网运行方式的基本形式。

将数十台至数千台单机容量为数百 kW 直至 MW 级以上的并网型风力发电机安装在风力资源良好的场地，按照地形和主风向排成阵列，组成机群向电网供电，简称风电场。风电场是大规模利用风能的有效方式，其发出的电能全部经变电设备送往大电网。

风力发电场在大面积范围内大规模开发利用风能，弥补了风能能量密度低的不足，风力发电场的建立与发展可带动和促进形成新的产业，有利于降低设备投资及发电成本。

1）世界风电场概况

风力发电场的概念于 20 世纪 70 年代末首先在美国提出。从 80 年代初开始，风力发电场的建设在美国取得了巨大的进展，到 1987 年，世界上 90％的风力发电场都建在美国，其风电场主要分布在加利福尼亚州及夏威夷群岛，共计装有不同容量的风力发电机组共 7600余台，总装机容量达 670 MW。除美国外，丹麦、荷兰、德国、英国等也都建有总装机容量达 1 MW 以上的风力发电场。

21 世纪，发展大型风电场成为世界各国的共识，全球风电场迅猛发展，到 2013 年底，全世界风电场总装机容量达到 318 137 MW，其中：中国为 91 424 MW，居世界第 1 位；美国为 61 091 MW，居世界第 2 位；德国为 34 250 MW，居世界第 3 位；西班牙为 22 959 MW，居世界第 4 位；印度为 20 150 MW，居世界第 5 位。

2）中国风电场概况

中国于 20 世纪 80 年代中期开始建立小型风力发电场，1995 年以后，取得了较快发展。到 1998 年底已先后在新疆的达坂城、布尔津，内蒙古的朱日和、锡林浩特、商都、辉腾锡勒，甘肃的玉门等地区建成了 19 座风力发电场，总装机容量达到 223.60 MW；到 2002 年底，共有风电场 32 座，总装机容量达到 466.15 MW；到 2006 年 9 月，有风电场 62个，总容量达到 1266 MW；截止到 2009 年底，风电场已遍布全国 31 个省（区、市、特别行政区），累计装机 158 975 MW。其中（不含台湾省）风电累计装机超过 1000 MW 的省份超过 9 个，超过 2000 MW 的省份有 4 个，分别为内蒙古、河北、辽宁和吉林。

2013 年底，中国风电总装机容量达到 91 424 MW，列世界第 1 位，占世界风电总装机容量的 28.7％。预计到 2015 年底，装机将达 1×10^8 kW，2020 年将达 2×10^8 kW。

3. 风力发电场的选址和风力机组排布

风力发电机的发电量除受风力发电机风轮直径等因素影响外，还受风力发电机安装高度，特别是场地风速大小的影响。如果场地选择不合理，即使性能很好的风力发电机也不能很好地发电工作；相反，如果场地选择的合理，性能稍差的风力发电机也会很好地发电工作。因此，应十分重视风力发电机安装场址的选择。场址选择是一个复杂的过程，其中最主要的因素是风能资源，同时还必须考虑环境影响、道路交通及电网条件等许多因素。

在目前的科学技术水平下，只能利用距离地面高度在 100～200 m 高度的风能资源。在陆地上，山谷、高台等特殊地形会对自然风产生加速会聚作用，从而产生了一些风能资源特别丰富的地区，这些地区是风电场的首选场址，目前我国已建设的大型风电场多数是在这类地区。如新疆达坂城风电场所在的达坂城盆地，是由于天山的高大山脉阻挡了大气流动，使达坂城成为了一个气流通道，年平均风速达到 8.2～8.5 m/s（30 m 高度）；而内蒙古辉腾锡勒风电场是草原上的一个高台，由于高台对大气流动的阻挡和抬升作用，也形成了一个风能资源丰富的地区。

现代风电场建设规模巨大，单个风电场的占地面积数平方千米计，装机台数可达几千台，机组之间的间距若太小，则沿空气流动方向，前面机组对后面机组将产生较大的尾流效应，导致后面风力发电机组发电量减少；同时，由于湍流和尾流的联合作用，还会引起风力发电机组损坏，降低使用寿命。因此，必须合理地选择机组的排列方式。

在风能资源分布方向非常明显的地区，机组排列可以与主导风能方向垂直，平行交错布置，机组排间距一般为叶轮直径的 8～10 倍。在地形地貌条件较差的地区，机组排布受地形的限制，排列无法满足 8～10 倍叶轮直径的要求，则首先考虑地形条件进行机组的布置，这在一些建设在山峰上的风电场多为常见，如我国的南澳风电场、括苍山风电场。风力发电机组左右之间的列距应为风力机风轮直径的 2～3 倍。在地形复杂的丘陵或山地，为避免湍流的影响，风力发电机组可安装在等风能密度线上或沿山脊的顶峰排列。

6.5 风力发电现状与展望

6.5.1 风力发电发展简史

19 世纪末，丹麦人首先研制了风力发电机。早在 1890 年，丹麦政府就制定了一项风力发电计划，1891 年，丹麦建成了世界第一座风力发电站，又经过 17 年的努力，首批 72 台单机功率 5～25 kW 的风力发电机组问世。至 1918 年，又经过 10 年的改进，才发展到 120 台风力发电机组，可见步履维艰。但时至今日，丹麦已成为世界上生产风力发电设备的大国。

第一次世界大战刺激了螺旋桨式飞机的发展，使近代空气动力学理论有了用武之地。在此期间，高速风轮叶片的桨叶设计有了一定的基础。至 1931 年，前苏联首先采用螺旋桨式叶片设计建造了当时世界上最大的一台 30 kW 的风力发电机组，其风能利用系数高达 0.32，十分鼓舞人心。现在仍有不少风力机叶片的设计者还沿用苏式飞机的翼型。

第二次世界大战前后，由于能源需求量较大，不少国家相继开始关注风力发电机组的发展。美国于 1941 年建造了一台 1250 kW、风轮直径达 53.3 m 的风力发电机组，不亚于制造一架大型飞机。但这种特大型风力发电机组制造技术复杂，运行不稳定，经济性很差，很难得到发展。特别是在后来廉价石油的冲击下，特大型风力发电机组只停留在科研阶段，未能得到实际应用。

20 世纪 70 年代世界连续出现石油危机，随之而来的环境问题迫使人们考虑可再生能源利用问题，风力发电很快重新提上了议事日程。风电是近期内最具开发利用前景的可再生能源，也将是 21 世纪中发展最快的一种可再生能源。

中国是世界上利用风能最早的国家之一，据考证利用帆式风车提水已有 1700 多年历史，风能在农业灌溉和盐池提水中起到过重要作用。20 世纪 50 年代，在发展传统风车的同时，中国开始摸索研制风力发电机组，由于当时技术和经济条件的限制，没有获得成功，但积累了宝贵的经验；20 世纪 60 年代，重点是发展风力提水机组，在一些地区得到了推广应用，取得良好效果；自 20 世纪 70 年代开始，在国家有关部门的领导和协调下，组织全国力量开始小型风力机的研制，取得了明显进展，实现了小型机组的国产化，并在内蒙古等地区得到较广泛的应用。改革开放以来，中国的风力发电事业快速发展，在发展独立风力发电技术的同时也积极发展并网风力发电技术，加大力量建设风力发电场。至今，中国已发展成为风电装机容量世界第一大国，同时中国风电机组制造业也得以迅速壮大。

6.5.2 世界风力发电现状与展望

1. 世界风力发电现状

20 世纪 80 年代以来，工业发达国家对风力发电机组的研制取得了巨大进展。1987 年美国研制出单机容量为 3.2 MW 的水平轴风力发电机组，安装于夏威夷群岛的瓦胡岛上。

1987 年加拿大研制出单机容量为 4.0 MW 的立轴达里厄风力发电机组，安装于魁北克省的凯普—柴特。20 世纪 80～90 年代，单机容量在 100 kW 以上的水平轴风力发电机组的研发和生产在欧洲的丹麦、德国、荷兰、西班牙等国取得了快速发展。同时，单机容量在 1 MW 以上的风力发电机组也已研发成功，并成功运行。进入 21 世纪，风力发电机组向更加大型化发展，目前全球最大功率 8 MW 风机已成功安装。不过，在可以预见的五到十年内，全球风电市场所安装的主要机型依然是 1.5 MW～3 MW，更大容量机组的研发不是当前的重点。

在世界范围内，技术上处于领先地位并在市场上占有较大份额的风力发电机组制造厂家为丹麦的 Vestas，Nordex - Balcjke Durr 等公司，德国的 Enercon、西门子等公司，美国的 GE、Flowind 等公司。20 世纪 90 年代后期发展起来的还有西班牙的 Made 及 Ecotecnia 公司。只有美国的 Flowind 公司生产垂直轴风力发电机组（单机容量达 400 kW），其他各国公司皆生产水平轴风力发电机组，并且都采用叶片为定桨距失速控制的风力机，只有丹麦的 Vestas 公司生产叶片为变桨距调节的风力机。

21 世纪初，中国风力发电机组制造厂家迅猛崛起，集群突破。2013 年再次集群出现在全球风电企业排行榜上，前十五名中占据八席，所占份额为 31%。在可以预见的三、五年内，中国企业的市场地位和全球市场份额会进一步提升，这一方面得益于国内市场的复苏，也得益于国际市场的开拓，二者是相互促进，相互转化的。在 5～8 MW 风机研发上，国内企业整体上要落后发达国家三到五年时间，但在 10 MW 及以上超大型风机的研发上，大家基本上处在了同一起跑线上。

世界风电总装机容量 1997 年底为 760.0 万千瓦，1999 年底为 1360.0 万千瓦，2001 年为 2390.0 万千瓦，2003 年达 3943.1 万千瓦，2005 年达 5909.1 万千瓦，2007 年达 9388.9 万千瓦，2009 年达 15 897.5 万千瓦，2011 年达 23 812.6 万千瓦，2013 年达到了 31 813.7 万千瓦，平均年增长率在 30% 以上。2013 年世界累计风电装机最多的十个国家见表 6 - 7。

表 6 - 7　2013 年世界累计风电装机最多的十个国家　　$\times 10^4$ kW

项目	中国	美国	德国	西班牙	印度	英国	意大利	法国	加拿大	丹麦
当年	1610.0	108.4	323.8	17.5	172.9	188.3	44.4	63.1	159.9	65.7
累积	9142.4	6109.1	3425.0	2295.9	2015.0	1053.1	855.2	825.4	780.3	477.2
比例	28.7%	19.2%	10.8%	7.2%	6.3%	3.3%	2.7%	2.6%	2.5%	1.5%

资料来源：全球风能理事会，2014 年

欧洲风能协会预计，欧洲 2020 年风力发电装机容量将超过 1 亿千瓦（2013 已达 1.21 亿千瓦），占欧洲总发电量的 20% 以上。世界能源委员会预计，全世界到 2020 年风力发电装机容量可达 1.8 亿～4.7 亿千瓦（2013 已达 3.18 亿千瓦）。非政府组织预计，2030 年风力发电装机容量可达 10.7 亿～19 亿千瓦。

2. 世界风力发电展望

风力发电将是 21 世纪发展最快的一种可再生能源。其发展的驱动因素，在 20 世纪 70 年代，主要是为了减少对外地能源的依赖；到了 20 世纪 90 年代，主要是为了保护地球环境，减排温室气体 CO_2，减少日益枯竭的化石燃料的消耗；到 2010 年左右，由于风力发电技术的进一步提高，风力发电将更有竞争性，在世界电力构成中所占比重进一步提高，其清洁性和安全性将更符合经济社会的可持续发展战略方向。

　　前不久，国际能源署(IEA)发布的《风能技术路线图 2013》指出，2050 年的风力发电占全世界发电总量的比例将从目前的 2.6％上升到 18％，这将年均减排 48 亿吨 CO_2，比目前欧盟的年度排放量还多，进而，相应的装机量将较当前的 300 GW 增长 8～10 倍。同时，为实现这个远景目标，年投资额将达到 1500 亿美元。国际能源署还列出了为实现到 2050 年陆上风电成本降低 25％、海上风电成本降低 45％的目标，各国政府部门、工业界、研究机构等组织机构需要开展的工作。

　　风力发电场未来的发展趋向将集中在：提高机群安装场地选择的准确性；改进机群布局的合理性；提高运行的可靠性、稳定性，实现运行的最佳控制；进一步降低设备投资及发电成本；总装机容量在 1 MW 以上的风力发电场将占据主导地位，风力发电场内的风力发电机组单机容量将主要是数百千瓦以上至数兆瓦级的。

　　目前，发展海上风电场已成为新的大型风力发电机组的应用领域而备受重视。海上风电场的优势明显：具有较高的风速；对环境的负面影响少；风电机组距海岸远，视觉干扰小；允许机组更大型化；机组噪音问题也不那样突出。

　　截至 2007 年 6 月底，全球已有丹麦、英国、荷兰、爱尔兰、德国、西班牙、瑞典和日本共 8 个国家开展了海上风电场项目，共安装了 439 台风电机组，累计装机容量达 91.8 万千瓦。根据 2008 年欧洲 8 个国家已有的规划，欧洲风能协会预测 2010 年、2015 年欧洲海上风电装机容量将达到 350 万千瓦、1500 万千瓦，至 2020 年有望达到 4000 万千瓦。其中，2013 年 7 月，英国首相卡梅伦主持启动仪式的"伦敦阵列"海上风力发电场(如图 6-18 所示)是世界上目前最大的海上风力发电场。它位于英国东南沿海距肯特郡和埃塞克斯郡的海岸 20 公里之外的泰晤士河口，这座发电场总投资额达到了 15 亿英镑，包括了 175 台风力发电机，总装机容量为 630 MW，它也是目前世界第六大风力发电场。

　　中国风电也开始进军海上风电领域。2010 年 8 月，上海东海大桥 100 MW 海上风电示范项目顺利完成 240 小时预验收考核。该项目位于东海大桥东侧的上海市海域，距离岸线 8～13 km，平均水深 10 米，总装机容量 102 MW，全部 34 台 3 MW 发电机采用华锐风电自主研发的 SL3000 型海上风电机组。

图 6-18　"伦敦阵列"海上风力发电场

6.5.3　中国风力发电发展与现状

1. 中国风力发电的发展

中国风力发电起步较晚，但进展较快。前期风电机组的研制开发重点分两方面，一是1 kW 以下独立运行的小型风力发电机组，二是 100 kW 以上并网运行的大型风力发电机组。

中国现代风力发电技术的开发利用起源于 20 世纪 70 年代初，在世界能源危机的影响下，特别是在常规电网外无电地区农、牧、渔民对电能的迫切需求的推动下，国内的一些地区和部门对小型风力发电机组的研制、试点和推广应用给予了重视与支持，发展迅速。在新疆、内蒙古、吉林、辽宁等省区建立了一些容量在 10 kW 以下的小型风力发电站，其后，风力发电的发展处于停滞状态。进入 20 世纪 90 年代后期，中国的风力发电得到了快速的发展，经过科技攻关、研制开发、示范试验、商品生产和推广使用等阶段，微型和小型离网型风力发电机组研制已实现全部国产化，并在其推广应用中取得了明显的经济效益和社会效益。到 2002 年底全国微型和小型风力机组保有量约为 24.8 万台，年生产能力在 3 万台以上，居世界首位，除满足国内需要外，还出口国外。截至 2009 年，中国小型风电机组为约 150 万用户提供电力。

大容量风力发电技术的应用起始于 20 世纪 80 年代初，风力发电技术的商业化发展则是 90 年代初期开始的。经过多年的努力，中国大型风力发电机组的研制有了很大的进步，200 kW 风力发电机组于 1997 年通过了国家鉴定；1998 年制成 300 kW 风力发电机组；2000 年在引进消化吸收的基础上，研制开发出了 600 kW 的风力发电机组。本世纪初，中国风电企业迅猛发展，集群崛起。这几年，我国用短短 5 年就走完了发达国家数十年的路，风电技术极大提升。3 MW 机组已经规模化生产，6 MW 机组（图 6-19）也是由我国华锐风电 2011 年 5 月率先推出，这样我国在大型风机的研发上，与发达国家的差距已经不大。但是，我国风电行业以上游设备制造为主，对下游风电站的重视力度明显不足，电网建设滞后，并网外送困难，形成风电设备产能严重过剩。另外，由于国内的相关标准不规范，行业门槛低，导致企业良莠不齐等问题也阻碍了我国风电市场的发展。

图 6-19　华锐风电研发的 6MW 风力发电机主机

20 世纪 80 年代中期，中国开始规划风力发电场的建设。1983 年在山东荣成引进 3 台丹麦 55 kW 风力发电机组，开始并网型风力发电技术的试验和示范。1986 年在新疆达坂城安装了 1 台 100 kW 风力发电机组，1989 年又安装了 13 台 150 kW 风力发电机组，同年在内蒙古朱日和也安装了 5 台美国 100 kW 机组，开始了中国风电场运行的实验和示范。1994 年，电力部发布了风力发电上网有关规定之后，并网风力发电技术的发展越来越受到重视。风力发电产业从新疆、内蒙古和东南沿海部分地区起步，到 1996 年底，已初具规模。自 2000 年至今，中国风电装机容量增长了 34.5 倍，是全世界风电发展最快的国家，尤其是 2006 年可再生能源法颁布以来，年增长率高达 105%。截至 2013 年底，中国风力发电机组累计装机达到 9142.4 万千瓦，居世界第一位。

目前我国风电场已遍及 31 个省、市和自治区。

中国已提出"风电三峡"宏伟蓝图，国家能源局从我国部分省市挑选了六个风能资源最优化的地区，为其设立 2020 年的发展目标。这六大基地以及各自的风电目标分别为：新疆的哈密（10.8 GW）；内蒙古（内蒙古东部 20 GW，内蒙古西部 37 GW）；甘肃酒泉（12.7 GW）；河北（北部地区和沿海地区 14 GW）；吉林（23 GW）；江苏（海上 3 GW、陆地 7 GW）。此外，还将建设一批百万千瓦级风电基地。

据《中国风电发展报告 2010》预测，2020 年中国风电累计装机容量可以达到 2.3 亿千瓦，相当于 13 个三峡电站，总发电量可以达到 4649 亿千瓦时，相当于取代 200 个火电厂。

我国海岸线很长，其中大陆海岸线 1.8 万公里，岛屿海岸线 1.4 万公里，很适宜建设海上风电场。据有关专家评估，中国近海 10 m 水深的风能资源约 1 亿千瓦，近海 20 m 水深的风能资源约 3 亿千瓦，近海 30 m 水深的风能资源约 4.9 亿千瓦。中国海上风能的量值是陆上风能的 3 倍，具有广阔的开发应用前景。按照这个估计，再加上陆上风力资源，我国风电资源的总量将达到水电资源总量的两倍，这将是非常令人鼓舞的。

另外，到 2020 年，我国"海上风电三峡"的建设将使海上风电装机容量超过 1000 万千瓦，大部分分布于江苏沿海及潮间带，容量超过 800 万千瓦。

发展海上风电已成为我国风电发展的重要方向。

2. 中国大型风电场

1）新疆达坂城风力发电场

新疆是一个风能资源十分丰富的地区，仅次于内蒙古，有九大风能利用区，总面积 15 万平方公里，可装机约 8000 万千瓦。新疆正在利用风力资源发电，风力发电将成为新疆未来重要的替代能源。

从乌鲁木齐市沿高速公路向东南行 8 公里就是著名的新疆达坂城百里风区。新疆达坂城风力发电场（图 6−20）坐落在达坂城山口，在东西长约 80 km，南北宽约 20 km 南北疆气流活动的主要通道上，200 架银白色风机或成队列，或成方阵，迎风而立，非常壮观。达坂城风力发电站是中国第一个大型风电厂，也曾是亚洲最大的风力发电站。目前安装有 200 台风车，年发电量为 1800 万瓦。这个地区年风能蕴藏量为 250 亿千瓦时，可装机容量为 400 万千瓦。根据多年对该地区进行的风力资源测算，年平均风速在 7 m/s 以上，有效功率密度达 700 W/m^2，风电机组年有效利用小时为 3000 h，是国内建设大型风电基地较理想的地区。

规划显示，未来三至五年内，达坂城区力争实现总装机容量 350 万千瓦，并建设 2 平方公里园区管理服务基地和风光电实验基地。

图 6 - 20　达坂城风力发电场

事实上，按照电网规划，3000 万千瓦是"疆电外送"在 2015 年将要达到的目标。而 2015 年，新疆电力装机容量将突破 6000 万千瓦。

2）酒泉风力发电场

2008 年 8 月，甘肃酒泉千万千瓦级风电基地建设全面启动。位于甘肃省河西走廊西端的酒泉市是中国风能资源丰富的地区之一，境内的瓜州县被称为"世界风库"，玉门市被称为"风口"。据气象部门最新风能评估结果表明，酒泉风能资源总储量为 1.5 亿千瓦，可开发量 4000 万千瓦以上，可利用面积近 1 万平方公里。10 米高度风功率密度均在每平方米 250～310 瓦以上，年平均风速在每秒 5.7 米以上，年有效风速达 6300 小时以上，年满负荷发电小时数达 2300 小时，无破坏性风速，对风能利用极为有利，适宜建设大型并网型风力发电场。为此，国家在 2008 年批准了酒泉千万千瓦级风电基地规划。

酒泉风电基地远景风电总装机容量为 3565 万千瓦，先期计划建设装机容量 1065 万千瓦。建设酒泉千万千瓦级风电基地，需要投资 1100 亿元至 1200 亿元，资金全部由商业投入。

依据项目建设计划，到 2010 年酒泉风电基地装机容量达到 500 万千瓦，到 2015 年风电装机达到 1200 万千瓦，到 2020 年建成 1360 万千瓦的装机容量。

通过查看 2010 年拍摄的卫星地图，可以看到甘肃酒泉瓜州县以北的这片戈壁滩上，已经布满了风车群。在酒泉方圆 1100 平方公里戈壁滩上建成的 32 个大型风电场，塔架林立，巨大的叶片，迎着风匀速旋转，将无尽的电能传输到四面八方，如图 6 - 21 所示。

酒泉风电基地于 2008 年开始建设，到 2010 年底，已经完成装机容量 560 万千瓦。自 2010 年 11 月初投运以来，一年中已经为酒泉风电送出 62.6 亿千瓦时。

2012 年 8 月 5 日，甘肃玉门昌马大坝大风机示范风电场，首台 3 MW 风电机组成功吊装。该项目采用华锐科技生产的 SL3000 - 113 - HH90 低温型风力发电机组 32 台，该机型主机重约 120 吨；塔筒重约 290 吨，分为 4 节，高度为 87.177 米；轮毂的中心线高为 90 米；叶轮直径长 113 米。

3）内蒙古灰腾梁风力发电场

灰腾梁位于内蒙古卓资县，属于锡林郭勒盟，这里既是国家重要的畜产品基地，又是西部大开发的前沿，是距京、津、唐、最近的草原牧区。灰腾梁海拔 2100 米，草原占地面

图 6-21　酒泉风力发电场

积两万余亩，亚洲最大的风电场就在这里，如图 6-22 所示。灰腾梁地区风能资源十分丰富，70 米高度年均风速达 8.9 米/秒，年均风功率密度为 663 W/m^2，风场具有稳定性强、连续性好的特点，且风场地势平坦开阔，交通便利。灰腾梁风电基地规划面积 450 平方公里，规划装机容量 220 万千瓦，是自治区规划的 5 个百万千瓦风电基地之一。目前，灰腾梁风电基地签约的企业现已有 11 家，通过核准的 8 家，核准装机容量 80 万千瓦；并网发电的企业 7 家，发电装机容量达到 70 万千瓦

图 6-22　内蒙古灰腾梁风力发电场

4）江苏如东 15 万千瓦海上示范风电场

2012 年 11 月 23 日，江苏如东 150 MW 海上（潮间带）示范风电场二期 50 MW 工程竣工，江苏如东 150 MW 海上（潮间带）示范风电场（见图 6-23）全部投产发电，加上 2010 年 9 月底投产的江苏如东 32 MW（潮间带）试验风电场，总装机容量达 182 MW。这标志着，中国已建成全国规模最大的海上风电场。

江苏如东 150 MW 海上（潮间带）示范风电场建成后，年上网电量约 3.75 亿千瓦时，可利用小时数超过 2500 小时，电价为 0.778 元人民币/千瓦时，经济效益可观。

2010 年，国家能源局组织了 4 个海上风电特许权项目招标，共计 100 万千瓦。这些项目的开发将在 4 年内完成，这是中国为今后大规模发展海上风电、制定电价政策及管理机制进行的有益探索。

根据"十二五"可再生能源规划，2015 年中国海上风力电装机 500 万千瓦，规划到 2020

年海上风电装机 3000 万千瓦。特别是未来 5 年，中国海上风电将进入加速发展期，随着海上风电的加速发展，海上风电将成为沿海一带省市未来能源供给的主要来源。

图 6-23 江苏如东 150 MW 海上风力发电场

复习思考题

6-1 我国的风电资源是怎样分布的？有什么特点？

6-2 风能有哪些主要特性参数？风力机的工作原理是怎样的？

6-3 简述风力发电机的组成和风力发电系统的组成。

6-4 风力发电系统中控制系统的主要功能是什么？蓄能装置的主要作用是什么？

6-5 风电技术的发展趋势是什么？

6-6 风力发电有哪些运行方式？这些方式的适用范围如何？

6-7 怎样对风力发电场进行选址？

6-8 风力发电有何优点？我国风力发电的未来趋势如何？

6-9 我国为什么发展海上风电场？海上风电场有什么特点？

6-10 我国风电产业趋势如何？

第七章　太阳能热发电技术

❈❈

　　太阳能具有资源丰富、取之不尽、用之不竭、处处均可开发应用、无需开采和运输、不会污染环境和破坏生态平衡等特点。我国是太阳能资源十分丰富的国家之一，太阳能的开发利用将有巨大的潜力和市场前景，它不仅带来很好的社会效益、环境效益，而且还具有明显的经济效益，是一个十分诱人的新能源与可再生能源产业。

　　将吸收的太阳辐射热能转换成电能的发电技术称太阳能热发电技术，它包括两大类型：一类是利用太阳热能直接发电，但这种发电技术目前或仍处于原理性试验阶段，或功率很小，均未进入商业化应用，故本书不作介绍；另一类是将太阳热能通过热机带动发电机发电，其基本组成与常规热力发电设备类似，只不过其热能是从太阳能转换而来的。这类技术已经达到实际应用的水平，美国、西班牙等国已建成具有一定规模的商业化电站，本章将主要介绍这种太阳能热发电系统。

7.1　太阳能及其利用

7.1.1　太阳和太阳能

1. 太阳

　　万物生长靠太阳。太阳以它灿烂的光芒和巨大的能量给人类以光明，给人类以温暖，给人类以生命。没有太阳，便没有白昼；没有太阳，一切生物都将死亡。人类所用的能源，不论是煤炭、石油、天然气，还是风能和水力，无不直接或间接来自太阳。人类所吃的一切食物，无论是动物性的，还是植物性的，无不有太阳的能量包含在里面。完全可以说，太阳是光和热的源泉，是地球上一切生命现象的根源，没有太阳便没有人类。

　　那么，太阳到底是个什么样子，它距离我们有多远，究竟有多大？

　　太阳是一个巨大的球状炽热气团，整个表面是一片沸腾的火海，极不平静，每时每刻都在不停地进行着热核反应；太阳是距离地球最近的一颗恒星，最新测定的平均距离的精确数值为149 598 020 km；太阳的体积极其巨大，到目前为止测定的最精确的直径为1 392 530 km；太阳非常炽热，光芒四射，辐射能量无比巨大，整个太阳每秒钟释放出的能量高达3.865×10^{26} J，相当于每秒钟燃烧1.32×10^{16} t标准煤所发出的能量。

　　太阳辐射送往地球，地球磁场、大气层中的电离层、大气平流层中的臭氧层设置了"三道防线"。地球磁场如一堵坚厚的墙壁把直奔地面而来的太阳微粒辐射挡住；电离层将太阳辐射中的无线电波吸收或反射出去，使有害的紫外线部分和X射线部分在这里被阻，不能到达地面；臭氧层可以将进入这里的绝大部分紫外线吸收掉。由于地球设置了这样"三道防线"把太阳辐射中的有害部分消除了，因而使人类和各种生物得到保护，能够在地球上平安地生存下来。

2. 太阳能

太阳是地球永恒的能源，它以光辐射的形式每秒钟向太空发射约 $3.8×10^{20}$ MW 能量，其中有 $1/(22×10^8)$ 投射到地球上。达到地球大气层外的太阳辐射能为 $132.8\sim141.8$ mW/cm^2，被大气反射、散射和吸收之后，约有 70% 投射到地面。地球上一年中接收到的太阳辐射能高达 $1.8×10^{18}$ kW·h，是全球能耗的数万倍。

巨大的太阳能是地球上万物生长之源，除了其"永恒"和"巨大"之外，还具有广泛性、分散性、随机性、间歇性、区域性和清洁性等特点。在石油、天然气和核矿藏日趋枯竭的今天，充分利用太阳能显然具有持续供能和环境保护的双重意义。在美国遭遇"9·11"事件后，巨型电网受到挑战，而利用太阳能的分布式能源系统受到重视。"到处阳光到处电"的美好理想将伴随着人们对于绿色能源的追求而实现。

3. 太阳能的特点

太阳辐射能作为一种能源，与煤炭、石油、天然气、核能等比较，有其独具的特点。其优点可概括以下几点：

（1）普遍。阳光普照大地，处处都有太阳能，可以就地利用，不需到处寻找，更不需火车、轮船、汽车等日夜不停地运输。这对解决偏僻边远地区以及交通不便的乡村、海岛的能源供应，具有很大的优越性。

（2）无害。利用太阳能作能源，没有废渣、废料、废水、废气排出，没有噪声，不产生对人体有害的物质，因而不会污染环境，没有公害。

（3）长久。只要存在太阳，就有太阳辐射能。因此，利用太阳能作能源，可以说是取之不尽、用之不竭的。

（4）巨大。一年内到达地面的太阳辐射能的总量，要比地球上现在每年消耗的各种能源的总量大几万倍。

太阳能也有它的缺点：

（1）分散性。即能量密度低。晴朗白昼的正午，在垂直于太阳光方向的地面上，1 m^2 面积所能接受的太阳能，平均只有 1 kW 左右。作为一种能源，这样的能量密度是很低的。因此，在实际利用时，往往需要一套面积相当大的太阳能收集设备。这就使得设备占地面积大、用料多、结构复杂、成本增高，影响了推广应用。

（2）随机性。到达某一地面的太阳直接辐射能，由于受气候、季节等因素的影响，是极不稳定的。这就给大规模的利用增加了不少困难。

（3）间歇性。到达地面的太阳直接辐射能，随昼夜的交替而变化。这就使大多数太阳能设备在夜间无法工作。为克服夜间没有太阳直接辐射、散射辐射也很微弱所造成的困难，就需要研究和配备储能设备，以便在晴天时把太阳能收集并储存起来，供夜晚或阴雨天使用。

7.1.2　太阳能利用基本方式

利用太阳能的方式很多，其基本利用方式可以分为如下 4 大类。

1. 光热利用

它的基本原理是将太阳辐射能收集起来,通过与物质的相互作用转换成热能加以利用。目前使用最多的太阳能收集装置,主要有平板型集热器、真空管集热器和聚焦型集热器等3种。通常根据所能达到的温度和用途的不同,而把太阳能光热利用分为低温利用(<200℃)、中温利用(200~800℃)和高温利用(>800℃)。目前低温利用主要有太阳能热水器、太阳能干燥器、太阳能蒸馏器、太阳房、太阳能温室、太阳能空调制冷系统等,中温利用主要有太阳灶、太阳能热发电聚光集热装置等,高温利用主要有高温太阳炉等。

2. 太阳能发电

未来太阳能的大规模利用是用来发电。利用太阳能发电的方式有多种,有通过热过程的"太阳能热发电"(塔式发电、抛物面聚光发电、太阳能烟囱发电、热离子发电、热光伏发电、温差发电等)和不通过热过程的"光伏发电"、"光感应发电"、"光化学发电"及"光生物发电"等。目前已实用的主要有以下两种:

(1)光—热—电转换。即利用太阳辐射所产生的热能发电。一般是用太阳集热器将所吸收的热能转换为工质的蒸气,然后由蒸气驱动汽轮机带动发电机发电。前一过程为光—热转换,后一过程为热—电转换。

(2)光—电转换。其基本原理是利用光生伏打效应原理制成太阳能电池,将太阳辐射的光能直接转换成为电能加以利用,称为光—电转换,即太阳能光电利用。

3. 光化利用

光—化学转换尚处于研究试验阶段,这种转换技术包括利用太阳辐射能使半导体电极产生电而电解水制氢、利用氢氧化钙或金属氢化物热分解储能等。

4. 光生物利用

通过植物的光合作用来实现将太阳能转换成为生物质的过程。目前主要有速生植物(如薪炭林)、油料作物和巨型海藻等。

7.2 中国的太阳能资源

7.2.1 中国的太阳能资源分布及其特点

1. 中国的太阳能资源分布

中国的疆界,南从北纬4°附近西沙群岛的曾母暗沙以南起,北到北纬53°31′黑龙江省漠河以北的黑龙江心,西自东经73°40′附近的帕米尔高原起,东到东经135°05′的黑龙江和乌苏里江的汇流处,土地辽阔,幅员广大。中国的国土面积,从南到北,自西至东,距离都在5000 km以上,总面积达960万平方公里,为世界陆地总面积的7%,居世界第3位。在中国广阔富饶的土地上,有着十分丰富的太阳能资源。全国各地太阳年辐射总量为3340~8400 MJ/m²,中值为5852 MJ/m²。从中国太阳年辐射总量的分布来看,西藏、青海、新疆、宁夏南部、甘肃、内蒙古南部、山西北部、陕西北部、辽宁、河北东南部、山东东南部、河南东南部、吉林西部、云南中部和西南部、广东东南部、福建东南部、海南岛东部和西部以及中国台湾地区的西南部等广大地区的太阳辐射总量很大。尤其是青藏高原地区最大,这里平均海拔高度在 4000m 以上，大气层薄而清洁，透明度好，纬度低，日照时间长。例如人们称为"日光城"的拉萨市，1961～1970 年的年平均日照时间为 3005.7 h，相对日照为 68%，年平均晴天为 108.5 d、阴天为 98.8 d，年平均云量为 4.8，年太阳总辐射量为 8160 MJ/m²，比全国其他省区和同纬度的地区都高。全国以四川和贵州两省及重庆市的太阳年辐射总量最小，尤其是四川盆地，那里雨多、雾多、晴天较少。例如素有"雾都"之称的重庆市，年平均日照时数仅为 1152.2 h，相对日照为 26%，年平均晴天为 24.7 d，阴天达 244.6 d，年平均云量高达 8.4。其他地区的太阳年辐射总量居中。

2. 中国太阳能资源分布的特点

中国太阳能资源分布的主要特点有：

（1）太阳能的高值中心和低值中心都处在北纬 22°～35°这一带，青藏高原是高值中心，四川盆地是低值中心；

（2）太阳年辐射总量，西部地区高于东部地区，而且除西藏和新疆两个自治区外，基本上是南部低于北部；

（3）由于南方多数地区云多雨多，在北纬 30°～40°地区，太阳能的分布情况与一般的太阳能随纬度而变化的规律相反，太阳能不是随着纬度的增加而减少，而是随着纬度的升高而增长。

7.2.2　中国的太阳能资源等级划分

为了按照各地不同条件更好地利用太阳能，20 世纪 80 年代中国的科研人员根据各地接受太阳总辐射量的多少，将全国划分为如下 5 类地区。

1. 一类地区

全年日照时数为 3200～3300 h。在每平方米面积上一年内接受的太阳辐射总量为 6680～8400 MJ，相当于 225～285 kg 标准煤燃烧所发出的热量。主要包括宁夏北部、甘肃北部、新疆东南部、青海西部和西藏西部等地，是中国太阳能资源最丰富的地区，与印度和巴基斯坦北部的太阳能资源相当。尤以西藏西部的太阳能资源最为丰富，全年日照时数达 2900～3400 h，年辐射总量高达 7000～8000 MJ/m²，仅次于撒哈拉大沙漠，居世界第 2 位。

2. 二类地区

全年日照时数为 3000～3200 h。在每平方米面积上一年内接受的太阳能辐射总量为 5852～6680 MJ，相当于 200～225 kg 标准煤燃烧所发出的热量。主要包括河北西北部、山西北部、内蒙古南部、宁夏南部、甘肃中部、青海东部、西藏东南部和新疆南部等地，为中国太阳能资源较丰富区，相当于印度尼西亚的雅加达一带。

3. 三类地区

全年日照时数为 2200～3000 h。在每平方米面积上一年接受的太阳辐射总量为 5016～5852 MJ，相当于 170～200 kg 标准煤燃烧所发出的热量。主要包括山东东南部、河南东南部、河北东南部、山西南部、新疆北部、吉林、辽宁、云南、陕西北部、甘肃东南部、广东南部、福建南部、江苏北部、安徽北部、天津、北京和台湾西南部等地，为中国太阳能资源的中等类型区，相当于美国的华盛顿地区。

4. 四类地区

全年日照时数为 1400～2200 h。在每平方米面积上一年内接受的太阳辐射总量为 4190～5016 MJ，相当于 140～170 kg 标准煤燃烧所发出的热量。主要包括湖南、湖北、广西、江西、浙江、福建北部、广东北部、陕西南部、江苏南部、安徽南部以及黑龙江、台湾东北部等地，是中国太阳能资源较差地区，相当于意大利的米兰地区。

5. 五类地区

全年日照时数为 1000～1400 h。在每平方米面积上一年内接受的太阳辐射总量为 3344～4190 MJ，相当于 115～140 kg 标准煤燃烧所发出的热量。主要包括四川、贵州、重庆等地，是中国太阳能资源最少的地区，相当于欧洲的大部分地区。

中国的太阳能资源与同纬度的其他国家相比，除四川盆地和与其毗邻的地区外，绝大多数地区的太阳能资源相当丰富，和美国类似，比日本、欧洲条件优越得多，特别是青藏高原的西部和东南部的太阳能资源尤为丰富，接近世界上最著名的撒哈拉大沙漠。

7.2.3　中国的太阳能资源带

太阳能资源的研究计算工作，不能做一次即可一劳永逸。近些年的研究发现，随着大气污染的加重，各地的太阳辐射量呈下降趋势。上述中国太阳能资源分布，主要是依据 20 世纪 80 年代以前的数据计算得出的，因此其代表性已有所降低。为此，中国气象科学研究院根据 20 世纪末期最新研究数据又重新计算了中国太阳能资源分布。

太阳能资源的分布具有明显的地域性。这种分布特点反映了太阳能资源受气候和地理等条件的制约。根据太阳年曝辐射量的大小，可将中国划分为 4 个太阳能资源带，如图 7-1 所示。这 4 个太阳能资源带的年曝辐射量指标，如表 7-1 所列。

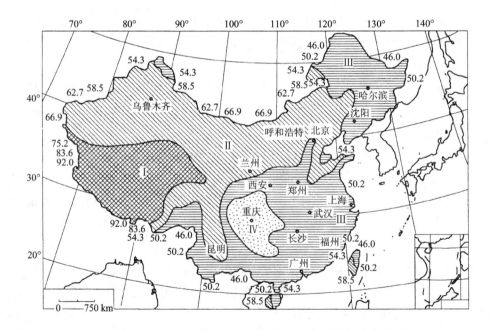

图 7-1　中国太阳能资源带分布图（100 MJ/m²）

表 7 - 1　中国 4 个太阳能资源带的年曝辐射量

资源带号	资源带分类	年曝辐射量/(MJ/m^2)
Ⅰ	资源丰富带	$\geqslant 6700$
Ⅱ	资源较丰富带	$5400\sim 6700$
Ⅲ	资源一般带	$4200\sim 5400$
Ⅳ	资源缺乏带	<4200

7.3　太阳能热发电系统

7.3.1　太阳能热发电系统基本工作原理

1. 太阳能热发电技术

太阳能发电的基本途径之一是先将太阳辐射能转换为热能，然后再按照某种发电方式将热能转换为电能，即太阳能热发电。

太阳能热发电技术可分为两大类型。一类是利用太阳热能直接发电，如利用半导体材料或金属材料的温差发电，真空器件中的热电子和热离子发电，碱金属的热电转换以及磁流体发电等。其特点是发电装置本体无活动部件。这类太阳能热发电技术目前的功率都很小，有的仍处于原理性试验阶段，均尚未进入商业化应用，因此这里不作介绍。另一类是太阳能热动力发电，即利用太阳集热器将太阳能收集起来，加热水或其他工质，使之产生蒸汽，驱动热力发动机，再带动发电机发电。这种类型的太阳能热发电技术已达到实际应用的水平，下面介绍的即为这种类型的太阳能热发电系统。

2. 太阳能热发电系统工作原理

太阳能热发电系统与火力发电系统的工作原理基本相同，其根本区别在于热源不同，前者以太阳能为热源，后者则以煤炭、石油和天然气等化石燃料为热源。

所谓太阳能热发电，就是利用聚光集热器把太阳能聚集起来，将某种工质加热到数百摄氏度的高温，然后经过热交换器产生高温高压的过热蒸汽，驱动汽轮机并带动发电机发电。从汽轮机出来的蒸汽其压力和温度均已大为降低，经过冷凝器冷凝为液体后，被重新泵回热交换器，又开始新的循环。由于整个发电系统的热源来自于太阳能，因而称之为太阳能热发电系统。

利用太阳能进行热发电的能量转换过程为：首先是将太阳辐射转换为热能，然后将热能转换为机械能，最后将机械能转换为电能。整个系统的效率由这 3 部分的效率所组成。对于太阳能热发电系统来说，冷凝器的温度主要取决于环境，而在实际应用中冷源的温度是很难低于环境温度的。因此，提高热机效率的主要途径，是提高热源的温度，这就需要采用聚光集热器。但温度过高也会带来诸多问题，如对结构材料的要求苛刻，对聚光跟踪的精度要求高，集热器的热效率随着温度的增加而降低等，所以过于提高热源的温度也并不总是有利的。

太阳能热发电系统的总效率 η_s 为集热器效率 η_c、热机效率 η_m 和发电机效率 η_e 的乘积，

即

$$\eta_s = \eta_c \eta_m \eta_e$$

由于太阳能的不稳定性，系统中必须配置蓄能装置，以便夜间或雨雪天时提供热能，保证连续供电。也可考虑组成太阳能与常规能源相结合的混合型发电系统，用常规能源来补充太阳能的不足。

7.3.2　太阳能热发电系统组成

太阳能热发电系统由集热子系统、热传输子系统、蓄热与热交换子系统和发电子系统所组成，如图 7-2 所示。

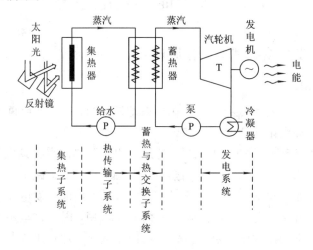

图 7-2　太阳能热发电系统组成

1. 集热子系统

集热子系统为吸收太阳辐射能转换为热能的装置。主要包括聚光装置、接收器和跟踪机构等部件。不同的功率和不同的工作温度有其合适的结构。100℃以下的小功率装置，多为平板式集热器。有的装置为增加单位面积上的受光量，而外加反射镜。由于工作温度低，其系统效率一般在 5% 以下。对于在高温条件下工作的太阳能热发电系统来说，必须采用聚光集热装置来提高集热温度，从而提高系统效率。聚光集热器主要有以下几种类型。

(1) 复合抛物面反射镜聚焦集热器，需季节性调整其倾角。

(2) 线聚焦集热器，常采用单轴跟踪的抛物柱面反射镜聚光。

(3) 固定的多条槽型反射镜聚焦集热装置和固定的半球面反射镜线聚焦集热装置，其吸热管都需跟踪活动。

(4) 点聚焦方式，它提供了最大可能的聚光度，并且成像清晰，但需配备全跟踪机构。

(5) 菲涅尔透镜，常用硬质或软质透明塑料模压而成，可做成长的线聚焦装置或圆的点聚焦装置，要相应配置单轴跟踪机构或全跟踪机构。

(6) 塔式聚光集热装置，是大功率集中式太阳能热发电系统的聚光集热器的结构方式。

上述集热器的聚光倍率和工作温度如表 7-2 所列。

表 7-2　各种集热器的聚光倍率和工作温度

集热器类型	聚光倍率	工作温度/℃
平板集热器及附加平面反射镜	1～1.5	<100
复合抛物面反射镜聚焦集热器	1.5～10	100～250
菲涅尔透镜线聚焦集热器	1.5～5	100～150
菲涅尔透镜点聚焦集热器	100～1000	300～1000
柱状抛物面反射镜线聚焦集热器	15～50	200～300
盘式抛物面反射镜点聚焦集热器	500～3000	500～2000
塔式聚光集热器	1000～3000	500～2000

构成聚光装置反射面的主要材料是反射镜面，如把铝或银蒸镀在玻璃上，或者蒸镀在聚四氟乙烯及聚酯树脂等膜片上。对于玻璃反射镜，可蒸镀在镜子的正面或反面。镀在正面，反射率高，没有光透过玻璃的损失，但不易保护，寿命较短。镀在反面，尽管由于阳光必须透过玻璃会引起一些损失，但镀层易保护，使用寿命较长，因而目前应用较多。

接收器的主要构成部件是吸收体，其形状有平面状、点状、线状，也有空腔结构。在吸收体表面往往覆盖选择性吸收面，如：经过化学处理的金属表面；由铝－钼－铝等类多层薄膜构成的表面；用等离子体喷射法在金属基体上喷镀特定材料后所构成的表面等。它们对太阳光的吸收率 α 很高，而在吸收体表面温度下的辐射率 ε 则很低。对同样的聚光比，α/ε 越大（即吸收率 α 越大，反射率 ε 越小），接收器所能达到的温度越高。还可在包围吸收体的玻璃等的表面镀上一定厚度的钼、锡、钛等金属制成选择性透过膜。这种膜能使可见光区域的波长几乎全部透过，而对红外区域的波长则几乎完全反射。这样，吸收体吸收了太阳辐射并变成热能再以红外线辐射时，此膜即可将热损耗控制在最低限度。

为使聚光器、接收器发挥最大的效果，反射镜应配置跟踪太阳的跟踪机构。跟踪的方式有反射镜可以绕一根轴转动的单轴跟踪，有反射镜可以绕两根轴转动的双轴跟踪。实现跟踪的方法有程序控制式和传感器式。程序控制式是预先用计算机计算并存储设置地点的太阳运行规律，然后依据程序以预定的速度转动光学系统，使其跟踪太阳。传感器式是用传感器测出太阳入射光的方向，通过步进电机等驱动机构调整反射镜的方向，以消除太阳方向同反射镜光轴间的偏差。

2. 热传输子系统

对于热传输子系统的基本要求是：输热管道的热损耗小、输送传热介质的泵功率小、热量输送的成本低。

对于分散型太阳能热发电系统，通常是将许多单元集热器串、并联起来组成集热器方阵，这就使得由各个单元集热器收集起来的热能输送给蓄热子系统时所需的输热管道加长，热损耗增大。对于集中型太阳能热发电系统，虽然输热管道可以缩短，但却要将传热介质送到塔顶，需消耗动力。传热介质根据温度和特性来选择，目前大多选用在工作温度下为液体的加压水和有机流体，也有选择气体和两相状态物质的。为减少输热管道的热损失，目前主要有两种做法：一种是在输热管外面包上陶瓷纤维、聚氨基甲酸酯海绵等导热系数很低的绝热材料；另一种是利用热管输热。

3. 蓄热与热交换子系统

由于地面上的太阳能受季节、昼夜和云雾、雨雪等气象条件的影响，具有间歇性和随机不稳定性，为保证太阳能热发电系统稳定地发电，需设置蓄热装置。蓄热装置常由真空绝热或以绝热材料包覆的蓄热器构成。可把太阳能热发电系统的蓄热与热交换系统分为下面 4 种类型：

(1) 低温蓄热。以平板式集热器收集太阳热和以低沸点工质作为动力工质的小型低温太阳能热发电系统，一般用水蓄热，也可用水化盐等。

(2) 中温蓄热。指 100～500℃ 的蓄热，但通常指 300℃ 左右的蓄热。这种蓄热装置常用于小功率太阳能热发电系统。适宜于中温蓄热的材料有高压热水、有机流体(在 300℃ 左右可使用导热油、二苯基氧-二苯基族流体、稳定饱和的石油流体和以酚醛苯基甲烷为基体的流体等)和载热流体(如烧碱等)。

(3) 高温蓄热。指 500℃ 以上的高温蓄热装置。其蓄热材料主要有钠和熔化盐等。

(4) 极高温蓄热。指 1000℃ 左右的蓄热装置。常用铝或氧化锆耐火球等做蓄热材料。

4. 发电子系统

由热力机和发电机等主要设备组成，与火力发电系统基本相同。应用于太阳能热发电系统的动力机有汽轮机、燃气轮机、低沸点工质汽轮机、斯特林发动机等。这些发电装置可根据集热后经过蓄热与热交换系统供汽轮机入口热能的温度等级及热量等情况选择。对于大型太阳能热发电系统，由于其温度等级与火力发电系统基本相同，可选用常规的汽轮机，工作温度在 800℃ 以上时可选用燃气轮机，对于小功率或低温的太阳能热发电系统，则可选用低沸点工质汽轮机或斯特林发动机。

低沸点工质汽轮机是一种使用低沸点工质的朗肯循环热机，一般把它的热温度设计为 150℃。过去常用氟利昂做工质，现在多用丁烷和氨等。来自蓄热与热交换系统的热能送入气体发生器，使加压的液体工质蒸发，然后被引至汽轮机膨胀做功。压力下降后的低压气体经冷凝器冷却并液化，再由泵将加压的工质送回气体发生器(如图 7-3 所示)。

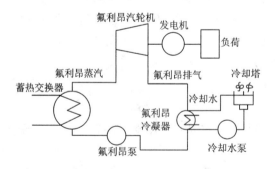

图 7-3　低沸点工质汽轮发电机组方框图

斯特林发动机又称为热气机，因其是 1816 年由苏格兰人罗伯特·斯特林所发明而得名。它是一种由外部供热使气体在不同温度下做周期性压缩和膨胀的闭式循环往返式发动机，具有可适用于各种不同热源、无废气污染、效率高、振动小、噪声低、运转平稳、可靠性高和寿命较长等优点。其主要部件有加热器、回热器、冷却器、配气活塞、动力活塞及传动机构等(如图 7-4 所示)。

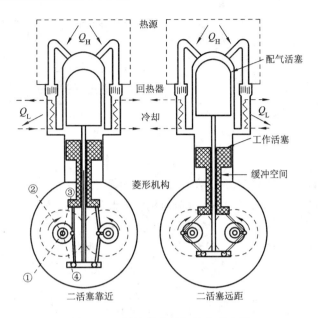

图 7-4　斯特林发动机结构示意图

7.4　太阳能热发电系统基本类型

自从 1950 年俄罗斯设计建造了世界第一座小型塔式太阳能热发电试验装置和 1976 年法国在比利牛斯山区建成世界第一座电功率达 100 kW 的塔式太阳能热发电系统之后，20世纪 80 年代以来，美国、意大利、法国、俄罗斯、西班牙、日本、澳大利亚、德国、以色列等国相继建立起各种不同类型的试验示范装置和商业化试运行装置，促进了太阳能热发电技术的发展和商业化进程。据不完全统计，仅在 1981～1991 年 10 年期间，全世界就共建成了 500 kW 以上的太阳能热发电系统 20 多座。世界现有的太阳能热发电系统大致可分为槽式线聚焦系统、塔式系统和碟式系统 3 大基本类型。

7.4.1　槽式线聚焦系统

槽式线聚焦系统利用槽形抛物面反射镜将太阳光聚焦到集热器对传热工质加热，在换热器内产生蒸汽，推动汽轮机带动发电机发电的系统。其特点是聚光集热器由许多分散布置的槽形抛物面镜聚光集热器串、并联组成，如图 7-5 所示。载热介质在单个分散的聚光集热器中被加热或形成蒸汽汇集到汽轮机(见图 7-5(a))或者汇集到热交换器，把热量传递给汽轮机回路中的工质(见图 7-5(b))。

槽形抛物面镜集热器是一种线聚焦集热器，其聚光比塔式系统低得多，吸收器的散热面积也较大，因而集热器所能达到的介质工作温度一般不超过 400℃，属于中温系统。这种系统，容量可大可小，不像塔式系统只有大容量才有较好的经济效益，其集热器等装置都布置于地面上，安装和维护比较方便，特别是各聚光集热器可同步跟踪，使控制成本大为降低。主要缺点是能量集中过程依赖于管道和泵，致使输热管路比塔式系统复杂，输热损失和阻力损失也较大。

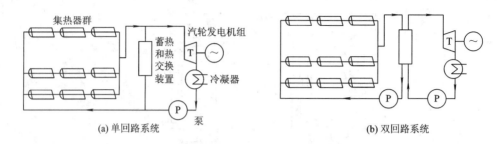

图 7-5　槽式抛物面镜线聚焦太阳能热发电系统

美国与以色列联合的鲁兹(LUZ)公司于 1980 年开始研制开发槽式线聚焦系统,5 年后实现了产品化,可生产 14~80 MW 的系列化发电装置。该公司于 1985~1991 年间先后在美国加利福尼亚州南部的莫罕夫(Mojave)沙漠地区建成的 9 座大型商用槽式抛物面镜线聚焦太阳能热发电系统(SEGSI—SEGSIX),是这一类型的典型。

图 7-6 是这一系统的原理图。它是利用线性聚焦的抛物面槽技术,由太阳辐射作为一次能源的中压、朗肯循环蒸汽发电系统。系统中的太阳能收集器场装有相当数量的太阳能集热器组合单元,每个组合单元由若干槽式抛物面镜线聚焦集热器组成,装配成 50~96 m 长的单元。例如 80 MW 的 SEGSVIII 太阳能收集器场包括 852 个长 96 m 的太阳能集热器组合单元,排列成 142 个环路。由 1 台计算机分别控制这些组合单元跟踪太阳,使其全天都能将阳光准确地反射到集热钢管上。集热钢管内装有传热流体,先由反射的太阳辐射加热到 391℃,然后被输送到动力装置,在传统的热交换系统中把热量传递给水,将水加热成过热蒸汽,驱动汽轮发电机组发电。

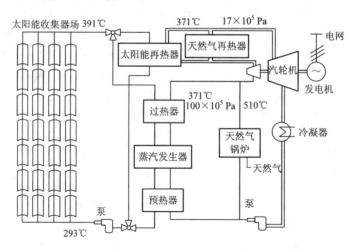

图 7-6　槽式抛物面镜线聚焦太阳能热发电系统原理图

鲁兹公司先后研制开发了三种太阳能集热装置。反射镜、真空集热管和跟踪机构是其 3 大关键部件。反射镜采用低铁玻璃加热成型,背面镀银再涂以保护层。镜片用高强度黏结剂黏附在支架的托盘上。LS-1 和 LS-2 集热器元件由带铬黑表面的不锈钢管和抽真空的玻璃外套管构成,铬黑表面的吸收率为 0.94,在 300℃时反射率为 0.24。LS-3 采用的不锈钢管外表面涂覆有光谱选择性吸收涂层,太阳光吸收率为 0.96,在 350℃时的反射率为 0.19,明显优于铬黑。玻璃套管上有双层减反射涂层,太阳光透过率为 0.965。不锈钢管与玻璃套管之间抽成 0.013 Pa 真空,并用可伐合金及不锈钢波纹管封接,保证夹层真空密封,以降低在高温下运行的热损失,并保护涂层表面不被氧化。夹层中装有吸气剂,使真空得以长期保持。集热器的载热工质为一种合成油,并加有防冻剂,具有热容大和凝固点低等特点。集热装置采用单轴跟踪。启动运行时,由一个轴编码器确定集热装置绕轴的初始位置,定位系统的设计精度为 0.1°,然后通过太阳辐射传感器闭环跟踪系统,使集热装置对准太阳,把太阳光线聚焦到集热管上。反射镜架结构和驱动系统能保证在 9 m/s 以下的风速时有正常的跟踪精度,在 20 m/s 的风速下可保证在某个降低的精度下运行。

太阳能集热器场控制系统由中央控制室的场地监控装置和每个集热器组合单元的微处理器组成。场地监控装置监测日照、风速和传热流体的流动状态,并传送给所有集热器的微处理器。从太阳能集热器场输出的热流体经过热交换器,产生过热高压蒸汽,进入汽轮机。在系统中还包括一个并联的天然气锅炉,用以补充太阳能的不足,维持汽轮机满容量运行,提供峰值输出。由于锅炉系统产生的蒸汽压力与太阳能系统相同,汽轮机用同一常规入口。

这 9 座电站的总容量为 354 MW,年发电为 10.8 亿度,其中:SEGSI 为 14 MW,SEGSII～SEGSVII 各为 30 MW,SEGSVIII 和 SEGSIX 各为 80 MW。这 9 座电站均与南加州爱迪生电力公司联网。随着技术的不断提高,其系统效率已由初始的 11.5% 提高到 13.6%,建造费用已由 5976 美元/千瓦下降到 3011 美元/千瓦,发电成本已由 26.3 美分/度下降为 12 美分/度。

7.4.2 塔式系统

塔式系统又称集中型系统。它是在很大面积的场地上装有许多台大型反射镜,通常称为定日镜,每台都各自配有跟踪机构,准确地将太阳光反射集中到一个高塔顶部的接收器上。接收器上的聚光倍率可超过 1000 倍。在这里把吸收的太阳光能转换成热能,再将热能传给工质,经过蓄热环节,再输入热动力机,膨胀做功,带动发电机,最后以电能的形式输出。塔式系统主要由聚光子系统、集热子系统、蓄热子系统和发电子系统等部分组成,如图 7-7 所示。

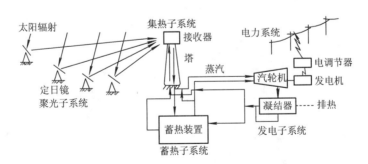

图 7-7 塔式太阳能热发电系统

塔式热发电系统的关键技术有如下 3 个方面:

1. 反射镜及其自动跟踪

由于这一发电方式要求高温、高压,对于太阳光的聚焦必须有较大的聚光比,需用千百面反射镜,并要有合理的布局,使其反射光都能集中到较小的集热器窗口。反射镜的反光率应在 80%～90% 以上，自动跟踪太阳要同步。

2. 接收器

接收器也叫太阳能锅炉，对其要求是体积小、换能效率高。有垂直空腔型、水平空腔型和外部受光型等类型。对于垂直空腔型和水平空腔型来说，由于反射镜反射光可以照射到空腔内部，因而可将锅炉的热损失控制到最低限度，但最佳空腔尺寸与场地的布局有关。外部受光型吸收体的热损耗要比上述两种类型大些，但适合于大容量系统。

3. 蓄热装置

蓄热装置选用传热和蓄热性能良好的材料作为蓄热工质。选用水汽系统具有许多优点，因为工业界和使用者都很熟悉，有大量的工业设计和运行经验，附属设备也已商品化，但腐蚀问题是其不足之处。对于高温的大容量系统来说，可选用钠做热传输工质，它具有优良的导热性能，可在 3000 kW/m² 的热流密度下工作。

1982 年 4 月，美国在加州南部巴斯托（Barstow）附近的沙漠地区建成一座称为"太阳 1 号"的塔式太阳能热发电系统。该系统的反射镜阵列，由 1818 面反射镜环和包括接收器总高达 85.5 m 的高塔排列组成。起初，采用水 - 蒸汽系统，发电功率为 10 MW（如图 7 - 8 所示）。1992 年装置经过改装，用于示范熔盐接收器和蓄热装置。由于增加了蓄热装置，使太阳塔输送电能的负荷因子可高达 65%。熔盐在接收器内由 288℃ 加热到 565℃，用于发电。该电站在运行 3 年之后进行了评估，其发电实践不仅证明了熔盐技术的正确性，而且促进了 30～200 MW 塔式系统的商业化进程。近年，以色列 Weizmanm 科学研究院正在对此类系统进行改进：用一组独立跟踪太阳的反射镜，将阳光反射到固定在塔顶部的初级反射镜——抛物面镜上，然后由其将阳光向下反射到位于它下面的次级反射镜——复合抛物面聚光器（CPC），最后由 CPC 将阳光聚集在其底部的接收器上。通过接收器的气体被加热到约 1200℃，推动 1 台汽轮发电机组，500℃ 左右的排气再用于推动另 1 台汽轮发电机组，从而使系统的总发电效率可达 25%～28%。据悉仍在研究试验中。

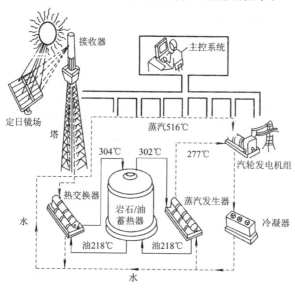

图 7 - 8　"太阳 1 号"塔式太阳能热发电系统工作原理图

7.4.3　碟式系统

碟式系统也称为盘式系统。主要特征是采用盘状抛物面镜聚光集热器，其结构从外形上看类似于大型抛物面雷达天线。由于盘状抛物面镜是一种点聚焦集热器，其聚光比可以高达数百到数千倍，因而可产生非常高的温度。这种系统可以独立运行，作为无电边远地区的小型电源，一般功率为 $10\sim25$ kW，聚光镜直径约 $10\sim15$ m；也可用于较大的用电户，把数台至十数台装置并联起来，组成小型太阳能热发电站。图 7 - 9 为碟式抛物面镜点聚焦集热器并联布置的小型太阳能热发电站。图 7 - 10 为碟式抛物面镜点聚焦集热器小型太阳能热发电装置。

图 7 - 9　碟式抛物面镜点聚焦集热器并联布置的小型太阳能热发电站

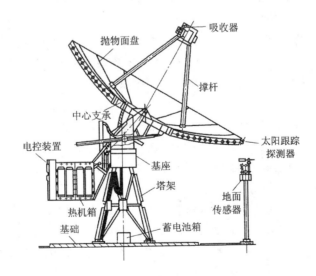

图 7 - 10　碟式抛物面镜点聚焦集热器小型太阳能热发电装置

在上述三种类型太阳能热发电系统中，目前只有槽式线聚焦系统已进入商业化阶段，其他两种类型均尚处于中试和示范阶段，但其商业化前景看好。这 3 种类型的系统，既可单纯应用太阳能运行，也可安装成为与常规燃料联合运行的混合发电系统。

7.5 太阳能热发电系统的发展与未来展望

7.5.1 太阳能热发电技术的发展及现状

太阳能热发电系统不耗用化石能源，无污染物排放，是与生态环境和谐的清洁能源发电系统。自 20 世纪 80 年代初研究试验成功以后，一直在不断地发展和改进，最早投入商业运行的是美国的 9 座槽式抛物面镜线聚焦系统和 2 座点聚焦塔式系统，总装机容量约为 365 MW，而后在日本、法国、以色列、意大利、西班牙、德国、俄罗斯、澳大利亚等国也积极开展了研究开发工作，并建设了各类试验示范系统。研究开发与试验示范表明，上面介绍的几种类型发电系统在技术上是可行的，在经济上也将是大有前途的。这些发电系统分别是：30 MW 以上线聚焦抛物面槽式系统；30 MW 以上点聚焦塔式系统；几千瓦至几十千瓦采用燃气轮机或斯特林发动机的点聚焦抛物面碟式系统。前两种，一般与大电网并网运行；后一种一般供用户作为独立电源使用，但同时也可并网使用。

1. 槽式系统

在 20 世纪 70 年代末和 80 年代初，美国、西欧、以色列和日本等国都做了很多研究开发工作，取得了较大进展，特别是美国已有 9 座大型系统投入商业并网运行，总装机容量达 35.4 万千瓦。1981 年国际能源机构(IEA)在西班牙南部的阿尔梅里亚建设了 2 座额定功率各为 500 kW 的太阳能热发电系统，其中的 SSPS－DOS 即为槽式系统。该系统使用了 164 台槽式抛物面镜，集热总面积 5362 m²，用油(HT－43)做集热介质和蓄热介质，蓄热容量为 0.75 MW·h，汽轮机进口蒸汽温度为 285℃，压力为 2.5 MPa，建设费用为 2800 万马克。日本于 1981 年在四国香川县仁尾町海边建设了 2 座装机容量各为 1000 kW 的太阳能热发电站，其中之一即为平面镜－曲面镜混合聚光的槽式系统，建设费用为 50 亿日元，于 1981 年 9 月投入运行试验。由于当地日照条件较差，在取得许多试验数据后，于 1984 年停运。

槽式技术是最早实现商业化的，也是目前在全球已经投入商业化运行中占比最多的太阳能热发电技术类型。据国际权威机构的统计显示，全世界运行的槽式光热发电站占整个光热发电站的 88%，占在建项目的 97.5%，其中，2012 年在西班牙投入商业化运行的 Valle 电站，由两座相邻的槽式电站组成(Valle1 和 Valle2)，总容量 100 MW。

值得注意的是，虽然槽式太阳能热发电已具备了大规模投产的条件，然而其核心部件高温真空管仍存在技术缺陷，涂层技术还有待改进，因而加强核心部件的技术研发、工艺改进将是今后提高槽式太阳能热发电效率、降低成本的关键，也将成为推动槽式太阳能发展的重要动力。

2. 塔式系统

20 世纪 80 年代世界上已建成的塔式太阳能热发电系统基本上都是试验电站，目的是为设计建设更大型的商用电站提供技术和经济上的依据。这些电站的建设费用都相当昂贵，经济上的竞争力差。这些电站中，美国的"太阳 1 号"和"太阳 2 号"是性能发挥得最好的电站。"太阳 1 号"电站，即使没有辅助热源，也可昼夜连续运行 33.6 h，是其他系统不可比的。建成以后，经过两年的初试和评估期，并入南加州电网正常发电。在整个 50 个月（包括正常发电的 3 年和每星期 5 天的 14 个月）的运行期，累计净发电 3.7 万度。1994 年 10 月，又完成了"太阳 2 号"电站的设计，并于 1996 年 4 月投入并网发电。"太阳 2 号"电站（图 7-11）去掉了"太阳 1 号"电站的全部水－蒸汽热传输系统和油－岩石储热系统，安装了新的熔化硝酸盐系统（包括接收器、2 个箱式储热系统和蒸汽发生器系统），增添了部分反射镜，并改进了主控系统。具体地说，与"太阳 1 号"电站相比，有如下特点：

（1）在镜场南部增加了 108 台双轴跟踪的反射镜，每台镜面 95 m²，共 10 260 m²，加上原来的 1818 台反射镜，总面积为 81 660 m²。由于增加了反射镜面积，使接收器可接收的太阳辐射量达到了商业接收器的水平，减少了电站早晨启动的时间，并可为储能系统提供更多的能量。

（2）用 43 MW 圆柱形的硝酸盐接收器替换了水－蒸汽接收器，不但更加坚实，而且可容许更高的辐射量。新的接收器，直径 5.1 m，高 6.2 m，从反射镜接收到的平均辐照度为 0.4 MW/m²。它在 24 块面板上安装了 768 根内径 2.6 cm、壁厚 0.12 cm 的不锈钢管。进入接收器的熔化盐温度为 288℃，流出温度为 565℃。

（3）用硝酸盐储热系统替换了油－岩石储热系统。该系统可储存电站 3h 满负荷运行的热量。它包括一个热盐箱（565℃）和一个冷盐箱（288℃）。热盐箱内径 11.6m、高 8.4m，用不锈钢材制造。冷盐箱直径 11.6 m、高 7.8 m，用碳素钢材制造。箱的外部均绝热。用于这一系统的硝酸盐约 60 万千克。

（4）增加了一个 35 MW 的蒸汽发生器，在此利用硝酸盐的热能产生 512℃的蒸汽，驱动汽轮发电机组。

（5）控制系统进行了改进，把原有的和新增的反射镜结合在一个反射镜阵列控制器中。

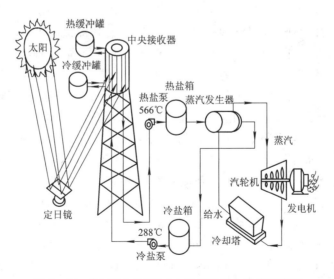

图 7-11　"太阳 2 号"塔式太阳能热发电系统示意图

"太阳 2 号"电站共耗资 4850 万美元，其中：用于电站设计、建设和检验的费用为 3900 万美元；用于 1 年试验评估阶段和两年电力生产阶段的运行及维护费用为 950 万美元。"太阳 2 号"电站是美国太阳能热发电计划中最令人瞩目的一个项目，但仍是试验电站。

作为欧洲首座商业性太阳能发电厂，2007 年 3 月，西班牙的 PS10 电站利用 624 个面积均为 120 m^2 的巨大日光反射器将太阳光聚焦在高约 90 m 的塔上，产生 11 MW 的电力，电站每年向电网供电 1920 万千瓦时，年平均发电效率可达 10.5%。2009 年 5 月，在 PS10 电站的基础上，PS20 电站正式动工。PS20 电站使用 1225 个面积为 120 m^2 的定日镜将太阳光聚集在高约为 162 m 的塔上，能提供满足 18 万个家庭日常需求的用电量，整个电站计划在 2013 年竣工。2011 年 5 月，全球首座采用熔融盐作为传热和储能介质的西班牙 GemaSolar 塔式电站投入商业化运行，占地 185 公顷，容量 19.9 MW，包括 2650 个反射面积为 120 m^2 的定日镜，塔高 150 m。目前，处于建设中的最大容量的塔式电站是美国的 Ivanpah 电站(图 7 - 12)，容量为 392 MW，该电站已经完成近 90% 的建设内容。

图 7 - 12　建设中的 Ivanpah 塔式电站

3. 碟式系统

现代碟式热发电系统首先由瑞典 US - AB 和美国 Advanco Corporation、MDAC、NASA 及 DOE 等开始研发，大都采用 Silver/glass 聚光镜、管状直接照射式集热管及 USAB4 - 95 型热气机。在 1984 年，美国 Advanco Corporation 研制了一套 25 kW 碟式斯特林热发电系统，最高太阳能－电能转换效率为 29.4%。以后，MDAC 曾开发了 8 套碟式斯特林热发电系统，净效率大于 30%。后来，它将硬件和技术全部转让给了 SEC。SEC 于 1986～1998 年间进行了试验，年平均效率达 12%。德国 SBP 公司于 1984～1988 年间建立了 2 套碟式热发电系统，安装于沙特阿拉伯的利亚德附近，当入射光辐照度为 1000 W/m^2 时，净输出 53 kW，效率达 23.1%。进入 20 世纪 90 年代以来，美国"太阳能热发电计划"与 Cummins 公司合作，于 1991 年开始研制开发 7kW 碟式－斯特林商用发电系统。该碟式抛物面镜点聚焦集热器－斯特林系统，是由许多镜子构成的抛物面反射镜组成，接收器在抛物面的焦点上，接收器内的传热工质被加热到 750℃左右，驱动热力机带动发电机发电，5 年共投入资金 1800 万美元。1996 年 Cummins 公司向电力部门和工业用户共交付了 7 台系统，1997 年生产 25 台以上。Cummins 公司预计，自 1998 年起的 10 年内可生产 1000 台以上。该系统适用于边远地区作为独立电站。美国"太阳能热发电计划"还同时开发了 25 kW 的碟式发电系统。25 kW 是经济规模，更适宜于较大规模的离网和并网应用。该装置于 1996 年进行实验，1997 年开始运行。这种系统，光学效率高，启动损失小，年净效率高达 29%，具有一定的优势。

目前全球只有一座投入商业化运行的碟式斯特林热发电站 Maricopa(见图 7 - 13)，位于美国 Arizona 州，总装机容量 1.5 MWe，由 60 台单机容量为 25 kW 的碟式斯特林太阳能热发电装置组成。

图 7 - 13　Maricopa 碟式斯特林电站

4. 菲涅尔反射式系统

近来，一种新型的太阳能热发电系统的设计引起了广泛的关注。该设计采用一列同轴排列的反射镜取代传统意义上的抛物面反射镜，将太阳光首先聚焦在上部的中央反射镜上，再由中央反射镜向下反射，将太阳光聚焦到地面接收器中，这种新型的聚光方式称为向下反射式或菲涅尔反射式(见图 7 - 14)。由于二次聚焦，保证了较高的聚光比；同时，向下反射的方式不但避免了高塔上安装接收器的风险，也解决了塔顶热量损失大、安装维护成本高等问题，势必成为未来太阳能热发电的一个重要研究方向。目前，全球很多国家都建设了菲涅尔反射式电站的试验项目，希望在不久的将来取得快速发展。

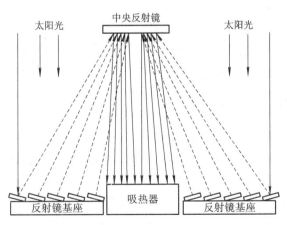

图 7 - 14　菲涅尔反射式示意图

7.5.2　太阳能热发电的现状和展望

1. 世界太阳能热发电

太阳能热发电与常规化石能源在热力发电方式上的原理是相同的，都是通过朗肯循环(Rankine)、布雷顿循环(Brayton)或斯特林循环(Stirling)将热能转换为电能，区别在于热源不同,太阳能发电的热源来自太阳辐射,因而如何用聚光装置将太阳能收集起来是大多数太阳能热发电的关键技术之一。此外,考虑到太阳能的间歇性,需要配置蓄热系统储存收集到的太阳能,用以夜间或辐射不足时进行发电,因此成熟的蓄热技术成为太阳能热发电中的另一关键技术。太阳能热发电技术同其他太阳能利用技术一样,正在不断完善、发展和提高,但其商业化程度目前尚未达到太阳热水器和太阳能电池的水平。

20世纪90年代,美国能源部通过"太阳能热发电计划",积极推动太阳能热发电技术的商业化进程。通过对加利福尼亚州的莫罕夫沙漠地区建成的9座(SEGSI—SEGSIX)大型商用槽式太阳能热发电系统进行了考察和分析,确定了系统运行、维修的优化方案,对分系统的自动化、可靠性以及集热器的对准和净化等进行了分析,认为槽式电站的运行和维修成本可以降低30%左右,已可步入商业化应用。

同期,欧洲也制定了积极推进太阳能热发电技术的计划。欧美这些工业发达国家当时正处于太阳能热发电商业化的前夕,政府和工业界正联合采取措施推动其商业化进程。

然而,随着石油危机的缓解,美国政府对可再生能源的激励政策发生变化,在随后的很长一段时间内,便宜而又唾手可得的化石燃料以及联合循环技术的发展导致太阳能热发电技术不再具有吸引力和竞争力。直至2007年,西班牙政府颁布了合理的太阳能上网电价,催生了太阳能热发电技术的应用的热潮,太阳能热发电市场逐渐复苏。

2007年至2013年间,全球太阳能热发电装机容量稳步上升。截至2013年3月,全球太阳能热发电装机容量超过2.8 GW。西班牙和美国仍是主要市场:在西班牙,共有45座太阳能热发电站处于商业化运行的状态,总装机容量达到2053.8 MWe,其中槽式电站40座(1972.5 MWe)、塔式电站3座(49.9 MWe)、菲涅尔式电站2座(31.4 MWe);在美国,处于运行中的太阳能热发电装机容量为525 MWe;阿联酋、阿尔及利亚、埃及、摩洛哥和伊朗等分别有一座容量超过10 MW的商业化电站,其中阿联酋的太阳能热发电站容量为100 MW。

随着运行经验的增加,系统成本和投资风险都在逐步降低,商业化太阳能热发电项目在全球逐步推进。根据SolarPACES统计,截至2013年4月,西班牙共6座太阳能热发电站处于建设中,容量总计300 MWe。因此预计2013年底,西班牙商业化运行的太阳能热发电装机容量将达到2.353 GWe。美国有5个电站项目正在建设中,总容量达到1312 MWe,单个项目容量分别为392 MW(塔式)、250 MW(槽式)、280 MW(槽式/储热)、110 MW(塔式/储热)和280 MW(槽式)。另有1座容量为500 MW的太阳能混合电站正在筹备中。以色列有2个总容量为220 MW太阳能热发电项目正在推进,塔式和槽式各1个,容量都是110 MW。南非100 MW Eskom塔式空冷熔融盐带9~12小时储热系统项目将于年内启动土建,预计2017年完成建设。法国有2个项目入选电力监管委员会组织的招标,技术形式都为菲涅尔,容量分别为12 MW和9 MW。

能源和环境都是世界焦点问题。当前,产生世界需要的电力而不会释放更多的气体在技术上是可行的,太阳能热发电的特性使其成为有效的可再生能源组合的重要组成部分。可调度性(通过储热或者混合)是太阳能热发电站的主要优势,这一特点使电网可以消纳更多的其他间歇性发电技术。当下,光热发电的进展远远落后于光伏。相对于光伏电价,光热电价依然很高。但是,由于光热发电没有光伏、风电等新能源不稳定、不连续的缺陷,许多国家在未来能源规划中将其定位为电力的基础负荷。实际上,欧美各国已经开始将光热发电作为未来替代传统能源的主导选择。在当前全世界太阳能规模发电中，太阳能聚热发电占 92.7%，太阳能光伏发电不足 7%。

2009 年 7 月，欧洲 12 家跨国公司联合启动"欧洲沙漠行动"，各国政府和企业计划在未来 10 年内投资 4000 亿欧元，在撒哈拉沙漠地区建立庞大的光热电站（如图 7-15 所示），该项目至少将满足全欧洲 15% 的电力需求。

图 7-15　"欧洲沙漠行动"太阳能光热电站

国际能源署在 2010 年 5 月发布的《太阳能热发电技术路线图》中提到，在适度的政策支持下，预计到 2050 年，全球太阳能热发电累计装机容量将达到 1089GW，年发电量 4770 TW·h，占全球电力生产的 11.3%（9.6% 来自于纯太阳能），其中，中国太阳能热发电电力生产将占全球的 4%，年发电量约 190 TW·h。在太阳能资源非常好的地区，太阳能热发电有望成为具有竞争力的大容量电源，到 2020 年承担调峰和中间电力负荷，2025 至 2030 年以后承担基础负荷电力。

2. 中国太阳能热发电

20 世纪 70 年代末，我国一些科研院所和高等院校，就对太阳能热发电开始了应用基础研究工作。在"八五"、"九五"和"十五"期间，原国家科委和现在的科技部，均将大型太阳能热发电关键技术列入国家重点科技攻关计划，将碟式小型太阳能热发电装置的研制列入 863 计划，安排中科院电工研究所等单位进行科技攻关和研究开发。但从总体上来说，由于技术、成本和政策等多方面原因，我国太阳能热发电尚处于产业化起步阶段。

技术方面，经过多年的技术研究，我国在太阳能聚光、高温光热转换、高温蓄热、兆瓦级塔式电站系统设计集成等方面得到了进一步发展。随着国外太阳能热发电市场的快速发展，我国企业已经进入太阳能热发电产业链的上下游环节，包括太阳能实验发电系统、太阳能集热/蒸汽发生系统等。国家发改委、国家能源局和科技部也在持续关注和支持太阳能热发电项目。2006 年科技部颁布实施的《国家中长期科学和技术发展规划纲要（2006—2020）》、2007 年国家发改委颁布的《可再生能源中长期发展规划》、2011 年国家能源局颁布的《国家能源科技"十二五"规划》中均把太阳能热发电明确列为重点和优先发展方向，支持太阳能热发电用材料、聚光部件、吸热部件、储热装置、系统集成和项目开发等。

在关键部件的开发方面，已经涌现出一批企业公司。目前国内已基本可全部生产太阳能热发电的关键和主要装备，一些部件具备了商业生产条件，太阳能热发电产业链逐步形成。

比起关键设备制造，光热电站系统集成技术则更为缺乏，目前国内还没有商业化运行的光热电站，整体系统设计能力和集成技术、太阳能热发电站系统模拟及仿真技术也刚刚起步，缺乏电站建设运营经验和能力。大型太阳能热发电系统的详细设计、镜场安装及维护在我国均是空白。

据不完全统计，截至目前，我国已经搭建的太阳能高温集热系统共22个，其中2个为采用汽轮机发电系统：中科院电工所1 MW塔式电站和上海益科博公司三亚电站。另外，青海中控太阳能公司也已经完成一期塔式系统的工程建设，并产汽，其容量为10 MW。通过技术研发和实验室示范，我国在太阳能热发电关键设备和运行方面已经积累了一定的研究经验，但由于没有大容量太阳能热发电站，其设计理论和运行经验都还仅局限于实验室阶段，缺乏商业电站级的使用经验，这些技术的中试实验、技术考验和技术改进亟需开展。

尽管目前缺乏有效的激励政策、投资前景不甚明朗，几大电力集团及数个民营企业却已开始布局，数个数十兆瓦级的商业化光热发电项目在西北西南地区相继落子。目前国内筹划推进的商业化太阳能热发电项目总装机容量约886 MW。

目前太阳能热发电最大的障碍是成本过高，但根据国际太阳能研究机构预测，太阳能光热发电成本下降的空间很大。随着技术进步、工艺改进、规模化应用和市场竞争，太阳能热发电的成本将持续下降。初始投资将随着规模效应、部件产业化和产能的提高、供应商竞争、技术进步等稳步下降。由于规模效应的存在，光热的成本下降要快于光伏。国外机构预测光热的成本最终将低于光伏发电成本。

2007年颁布的《可再生能源中长期发展规划》指出，"十一五"期间，在甘肃敦煌和西藏拉萨建设大型并网型太阳能光伏电站示范项目，在内蒙古、甘肃、新疆等地建设太阳能热发电示范项目。到2020年，全国太阳能光伏电站总容量达到2000 MW，太阳能热发电总容量也将达到2000 MW。

在近期由国家能源专家咨询委员会召开的太阳能发电研讨会上，数十名与会专家普遍认为，在全球低碳经济与新能源革命的大趋势下，光热发电和光伏发电相比，首先是光热和火电一样通过汽轮机发电，所以比光伏、风电更有利于电网系统的稳定；其次是避免了光伏发电中昂贵的硅晶光电转换，节约了成本、避免了污染；第三是随着局部地区太阳能光伏发电大规模并网，光伏发电的并网和消纳问题将日益突出，在太阳能资源丰富地区发展太阳光热发电已是必然趋势，所以光热发电最有可能成为我国未来份额最大的主导能源。

通过地理信息系统（GIS）分析，我国符合太阳能集热发电基本条件（法向直射辐射不小于5 kW·h/m²·天，坡度≤3%）的太阳能热发电可装机潜力约16 000 GW，与美国相近，其中法向直射辐射不小于7 kW·h/m²·天的装机潜力约1400 GW。以年可发电量来讲，我国潜在的太阳能热发电年发电潜力为42 000 TW·h/年。这意味着，即便在未来，所有的化石能源枯竭之后，中国仍然有着远大于自给自足能力的丰富的太阳能热发电资源。

中国太阳能热发电前景十分乐观。

7.5.3 其他几种太阳能热发电技术

在太阳能热力发电方面，目前很多国家正在努力探索新的转换方式，主要有以下几种：

（1）太阳池发电。简单来说，太阳池是一种池内水加盐（一般为 NaCl、CaCh、$MgCl_2$、Na_2CO 和芒硝等盐类），使对流受到抑制的太阳能集聚工程。它可以兼作太阳能集热器和储热器，并且构造简单，操作方便，宜于大规模开发，所以近年来得到快速发展。

一般太阳池都是依托天然盐湖建造，发电厂建造成本低。海洋也是一种太阳池。

（2）太阳能热气流发电。近年有的发达国家还开展了一种称之为"太阳能烟囱"的太阳能热气流发电方式的研究试验。太阳能热气流发电系统，其实际构造由 3 部分组成：大篷式地面空气集热器、烟囱和风力机。在以大地为吸热材料的巨大篷式地面太阳空气集热器的中央，建造高大的竖直烟囱。烟囱的底部在近空气集热器透明盖板的下面开吸风口，上面安装风轮。地面空气集热器根据温度效应生产热空气，从吸风口进入烟囱，形成热气流，驱动安装在烟囱内的风轮带动发电机发电，这就是太阳能热气流发电的原理。这种方式的最大特点是没有聚光系统，不但可利用漫射光，而且避免了因聚光带来的各项技术难题。

（3）热化学太阳能发电。这是最近几年发展起来的很有前途的发电方式。美国能源部认为它可能是 21 世纪主要发电方式之一。它的工作原理是：工作气体（例如二氧化碳和甲烷）被太阳能集热器加热后，分解成一氧化碳氢气和低压蒸汽，并吸收热量，把这种低温低压气体输送到中心电站，以化学燃料的形式储存起来，当需要发电时，进行第二次化学反应，使气体变换成原来的二氧化碳和甲烷，产生高温，使储能罐中低熔共晶盐熔化，释放热量，加热储罐顶部的水管产生蒸汽，驱动汽轮发电机发电。

复习思考题

7-1　太阳能有哪些优缺点？太阳能的利用方式有哪些？

7-2　我国的太阳能资源是怎样分布的？有什么特点？资源等级如何划分？

7-3　太阳能热发电系统的组成及其基本工作原理如何？

7-4　太阳能热发电系统有哪些基本类型？各有什么优缺点？

7-5　我国太阳能热发电的趋势如何？

7-6　为什么说太阳能热发电会成为我国未来份额最大的主导能源？

第八章　太阳能光伏发电技术

❈❈❈

通过太阳能电池将太阳辐射能转换为电能的发电系统称为太阳能光伏发电系统。太阳能光伏发电系统可分为离网太阳能光伏发电系统和并网太阳能光伏发电系统两大类。与公共电网并联的太阳能光伏发电系统,是太阳能光伏发电进入大规模商业化发电阶段的重要方向,是当今世界太阳能光伏发电技术发展的主流趋势。

截至 2013 年年底,世界太阳能光伏发电系统的总装机容量达到 134GW,应用于工业、农业、科技、文教、国防和人民生活的各个领域。根据美国世界观察所的报告预测,太阳能电池产业将与通信行业一起成为发展最快的产业,到 21 世纪中叶,光伏发电量将占到世界总发电量的 1/5。

8.1　太阳能光伏发电及其系统

8.1.1　太阳能光发电

利用太阳能发电的方式有多种,有通过热过程的"太阳能热发电"和不通过热过程的"光伏发电"、"光感应发电"、"光化学发电"及"光生物发电"等。

1. 光伏发电

1839 年,法国物理学家 A. E. 贝克勒尔(A. E. Becqurel)意外地发现:将两片金属浸入溶液构成的伏打电池,当受到阳光照射时会产生额外的伏打电动势。他把这种现象称为"光生伏打效应"(Photovohaic Effect),简称"光伏效应"。1883 年,有人在半导体硒和金属接触处发现了固体光伏效应。以后,人们即把能够产生光生伏打效应的器件称为"光伏器件"。因为半导体 P-N 结器件在太阳光照射下的光电转换效率最高,所以通常把这类光伏器件称为"太阳能电池"(Solar Cell)。1954 年,恰宾(Charbin)等人在美国贝尔电话实验室第一次做出了光电转换效率为 6% 的实用的单晶硅太阳能电池,开创了太阳能电池研究的新纪元。

2. 光感应发电

光感应发电是利用某些有机高分子团吸收太阳的光能后变成"光极化偶极子"的现象,分别把积聚在受感应的"光极化偶极子"两端的正负电荷引出,即得到光电流。因为要寻找合适的光感应高分子材料,使它们的分子团有序排列,并要在高分子团上安装极为精细的电极等步骤都具有较高的难度,因而这项技术目前还处于原理性实验阶段。

3. 光化学发电

光化学发电是指浸泡溶液中的电极受到光照后,电极上有电流输出的现象。光化学发电一般还可细分为"液结光化电池"、"光电解电池"和"光催化电池"等。

（1）液结光化电池是指电解液中只含有一种氧化还原物质，电池反应为正、负极间进行的氧化还原可逆反应。光照后，半导体电极与溶液间存在的界面势垒（这种势垒称作"液体结"），分离光生电子和空穴对，并向外界提供电能，电解液主体不发生变化，其自由能变化等于 0。

（2）光电解电池是指电解液中存在两种氧化还原离子，光照后发生化学变化，其净反应的自由能变化为正，光能有效地转换为化学能。

（3）光催化电池是指光照后电解液发生化学变化，其净反应的自由能变化为负，由光能提供进行化学反应所需的活化能。

光化学发电具有液相组分，容易制成直接储能的太阳能光化蓄电池。目前，以多孔氧化钛类半导体作电极的"液结光化电池"，其光电转换效率已高达 10% 以上，具有成本低廉、工艺简单等许多优点，但是还有工作稳定性等问题需要解决。

4. 光生物发电

光生物发电通常是指"叶绿素电池"发电。叶绿素在光照作用下能产生电流，这是最普遍的生物现象之一。但由于叶绿素细胞不断进行新陈代谢，要做成稳定的"叶绿素电池"目前还比较困难。有人参考光合作用过程，提出将多种染料涂在多孔氧化钛类半导体上构成固态"仿生物光合作用电池"，曾达到 10% 的光电转换效率。这种电池有低成本、高效率的优点，但也有较严重的光老化等问题需要解决。

8.1.2　太阳能光伏发电系统

通过太阳能电池将太阳辐射能转换为电能的发电系统称为太阳能电池发电系统。目前，工程上广泛使用的太阳能光伏发电的光电转换器件是太阳能电池，其生产技术和工艺成熟，已进入大规模产业化生产。在严峻的能源问题与生态环境形势压力下，光伏产业和市场自 90 年代后半期起进入了快速发展时期，过去 10 年的平均年增长率达到 40%，超过了 IT 产业，已经成为世界上发展最快的产业之一。其间，2005 年，全球太阳能电池年产量达到了 1650 MW，2008 年高达 7.9 GW，2010 年太阳能电池年产量增长 118%，达到 27.2 GW。2011 年，全球电池企业计划生产超过 50 GW 的产品，其发电量大约与 6 座核反应堆相当。

太阳能光伏发电系统的运行方式主要可分为离网运行和联网运行两大类。

未与公共电网相连接的太阳能光伏发电系统称为离网太阳能光伏发电系统，又称为独立太阳能光伏发电系统，主要应用于远离公共电网的无电地区和一些特殊处所，如为公共电网难以覆盖的边远偏僻农村、牧区、海岛、高原、沙漠的农牧渔民提供照明、看电视、听广播等基本生活用电，为通信中继站、沿海与内河航标、输油输气管道保护、气象台站、公路道班以及边防哨所等特殊处所提供电源。

与公共电网相连接的太阳能光伏发电系统称为联网太阳能光伏发电系统，它是太阳能光伏发电进入大规模商业化发电的重要方向，是当今世界太阳能光伏发电技术发展的主流趋势。特别是其中的光伏电池与建筑相结合的联网屋顶太阳能光伏发电系统，是众多发达国家竞相发展的热点，发展迅速，市场广阔，前景诱人。

在今后的十几年中，太阳能电池的市场走向将发生很大的改变。2010 年以前中国太阳能电池多数用于独立光伏发电系统，从 2011 年到 2020 年，中国光伏发电的市场主流将会由独立发电系统转向并网发电系统，包括沙漠电站和城市屋顶发电系统。

8.1.3　太阳能光伏发电系统的应用前景

太阳能电池最早用于空间，至今宇宙飞船和人造卫星等空间飞行器的电力，仍然主要依靠太阳能光伏发电系统来供给。20 世纪 70 年代以后，太阳能电池在地面得到广泛应用，目前已遍及生活照明、铁路交通、水利气象、邮电通信、广播电视、阴极保护、农林牧业、家庭民生、军事国防、并网调峰等各个领域，功率级别大到 100 kW~10 MW 的太阳能光伏电站，小到手表、计算器的电源。

随着太阳能电池发电成本的进一步降低，它将进入更大规模的工业应用领域，如海水淡化、光电制氢、电动车充电系统等。对于这些系统，目前世界上已有成功的示范。

太阳能光伏发电最终的发展目标，是进入公共电网的大规模应用，包括中心联网光伏电站、风-光混合电站、电网末梢的延伸光伏电站、分散式屋顶联网光伏发电系统等。展望太阳能光伏发电的未来，人们甚至设想出大型的宇宙发电计划，即在太空中建立太阳能发电站。大气层外的阳光辐射比地球上要高出 30% 以上，而且由于宇宙空间没有黑夜，空间电站可以连续发电。一组 11 km×4 km 的巨型太阳能电池方阵，在空间可产生 8000 MW 的电力，一年的发电量将高达 700 亿度。空间太阳能光伏电站可以将所发出的电力通过微波源源不断地传送回地球供人们使用。

随着太阳能电池新材料领域科学技术的发展和太阳能电池更先进的生产工艺技术的发展，一方面晶体硅太阳能电池的效率将更高、成本将更低，另一方面性能稳定、转换效率高、成本低的薄膜太阳能电池等将被研制开发成功并投入商品化生产。

太阳能光伏发电与火力、水力、柴油发电比较具有许多优点，如安全可靠、无噪声、无污染、资源随处可得不受地域限制、不消耗化石燃料、无机械转动部件、故障率低、维护简便、可以无人值守、建站周期短、规模大小随意、无需架设输电线路、可以方便地与建筑物相结合等。因此，无论从近期还是远期，无论从能源环境的角度还是从满足边远地区和特殊应用领域需求的角度考虑，太阳能光伏发电都极具吸引力。

目前，太阳能光伏发电系统大规模应用的突出障碍是其成本尚高，预计到 21 世纪中叶，太阳能光伏发电的成本将会下降到同常规能源发电相当。届时，太阳能光伏发电将成为人类电力的重要来源之一。

8.2　太阳能电池及太阳能电池方阵

8.2.1　太阳能电池及其分类

1. 太阳能电池

太阳能电池是一种利用光生伏打效应把光能转变为电能的器件，又叫光伏器件。太阳能电池是太阳能光伏发电的基础和核心。

物质吸收光能产生电动势的现象，称为光生伏打效应。这种现象在液体和固体物质中都会发生。但是，只有在固体中，尤其是在半导体中，才有较高的能量转换效率。所以，人们又常常把太阳能电池称为半导体太阳能电池。

什么叫半导体？自然界中的物质，按照它们导电能力的强弱，可分为 3 类：

（1）导电能力强的物体叫导体，如银、铜、铝等，其电阻率为 $10^{-8} \sim 10^{-6}$ $\Omega \cdot cm$。

（2）导电能力弱或基本上不导电的物体叫绝缘体，如橡胶、塑料等，其电阻率为 $10^{8} \sim 10^{20}$ $\Omega \cdot cm$。

（3）导电能力介于导体和绝缘体之间的物体，就叫做半导体，其电阻率为 $10^{-5} \sim 10^{7}$ $\Omega \cdot cm$。

半导体的主要特点，不仅仅在于其电阻率在数值上与导体和绝缘体不同，而且还在于它在导电性上具有如下两个显著的特点：

（1）电阻率的变化受杂质含量的影响极大。例如，硅中只要掺入百万分之一的硼，电阻率就会从 2.14×10^{3} $\Omega \cdot m$ 减小到 0.004 $\Omega \cdot m$ 左右。如果所含杂质的类型不同，导电类型也不同。

（2）电阻率受光和热等外界条件的影响很大。温度升高或光照射时，均可使电阻率迅速下降。例如，锗的温度从 200℃ 升高到 300℃，电阻率就要降低一半左右。一些特殊的半导体，在电场和磁场的作用下，电阻率也会发生变化。

半导体材料的种类很多，按其化学成分，可分为元素半导体和化合物半导体；按其是否有杂质，可分为本征半导体和杂质半导体；按其导电类型，可分为 N 型半导体和 P 型半导体。此外，根据其物理特性，还有磁性半导体、压电半导体、铁电半导体、有机半导体、玻璃半导体、气敏半导体等。目前获得广泛应用的半导体材料有锗、硅、硒、砷化镓、磷化镓、锑化铟等，其中以锗、硅材料的半导体生产技术最为成熟，应用得最多。

2. 太阳能电池分类

太阳能电池发展至今，种类繁多，形式各样。然而综合考虑材料的价格、环境保护以及转换效率等因素，以硅为原材料的电池是太阳能电池中最重要的成员。

1）按材料分类

（1）单晶硅太阳能电池。硅是一种良好的半导体材料，禁带宽度为 1.1 eV，是间接迁移型半导体，因储量丰富，且单晶硅性能稳定、无毒，因此成为太阳能电池研究开发、生产和应用中的主体材料。单晶硅太阳能电池是开发的最早也是最快的一种太阳能电池，它的构造和生产工艺已定型，产品已广泛用于空间和地面。这种太阳能电池以高纯的单晶硅棒为原料，纯度要求 99.999%。单晶硅太阳能电池的基本结构为 N+/P 型，多以 P 型单晶硅片作为基片，电阻率的范围为 $1 \sim 3$ $\Omega \cdot cm$，具有比较高的转换效率，规模生产的电池组件的效率可达到 12%～16%，而实验室记录的最高转换效率为 24.4%。单晶硅太阳能电池的颜色多为黑色或灰色，其光学、电学、力学性能均匀一致，适合于切成小片制作小型光电产品。从目前来看，单晶硅电池已十分成熟，其效率高、寿命长、性价比好，是目前最受重视的太阳能电池。

（2）多晶硅太阳能电池。多晶硅是单质硅的一种形态。熔融的单质硅在过冷条件下凝固时，硅原子以金刚石晶格形态排列成许多晶核，如这些晶核长成晶面取向不同的晶粒，则这些晶粒结合起来，就结晶成多晶硅。多晶硅可作拉制单晶硅的原料。多晶硅太阳能电池具有独特的优势，与单晶硅相比，多晶硅半导体材料的价格比较低廉，相应的电池单元成本低，非常具有竞争优势。但是由于多晶硅材料存在较多的晶粒间界而有较多缺点，转换效率不够高，实验室最高转换效率为 20.3%。多晶硅太阳能电池的基本结构为 N＋/P 型，以 P 型单晶硅片作为基片，电阻率的范围为 0.5～2 Ω·cm。在制作多晶硅电池时，原料高纯硅不是拉成单晶，而是熔化后浇铸成正方形的硅旋，可以节省原料和能源。由于多晶硅太阳能电池性能稳定，适合于建设光伏电站，也可用作光伏建筑材料。

（3）非晶硅太阳能电池。非晶硅是一种直接能带半导体，它的结构内部有许多所谓的"悬键"，也就是没有和周围的硅原子成键的电子，这些电子在电场作用下就可以产生电流，并不需要光子的帮助，因而非晶硅可以做得很薄，具有制作成本低的优点。

非晶硅太阳能电池的转换效率和稳定性都不够好，对其研究开始于 20 世纪 70 年代初。非晶硅的可见光吸收系数比单晶硅大，是单晶硅的 40 倍，1 μm 厚的非晶硅薄膜可以吸引大约 90% 有用的太阳光能。但是，非晶硅太阳能电池的稳定性较差，从而影响了它的迅速发展。非晶硅及其合金的光暗导电率随着光照时间的加长而减少，经过 170～200℃ 的退火处理，又可以恢复到光照之前的值。这一现象首先由 Staebler 和 Wronski 发现，被称为 S-W 效应。S-W 效应使非晶硅太阳能电池的转换效率由于光照时间加长而衰退，长期以来成为非晶硅太阳能电池应用的主要障碍。目前，非晶硅太阳能电池存在的问题是光电转换效率偏低，国际先进水平为 10% 左右，且不够稳定，常有转换效率衰减的现象，所以尚未用于大型太阳能电源，而多半用于弱光电源，如袖珍式电子计算器、电子钟表及复印机等。估计效率衰减问题克服后，非晶硅太阳能电池将促进太阳能利用的大发展，因为它成本低、质量轻，应用更为方便，它可以与房屋的屋面结合构成住户的独立电源。

（4）化合物太阳能电池。化合物太阳能电池包括 Ⅲ-Ⅴ 族化合物电池和 Ⅱ-Ⅵ 族化合物电池。Ⅲ-Ⅴ 族化合物电池主要有 GaAs 电池、InP 电池、GaSb 电池等；Ⅱ-Ⅵ 族化合物电池主要有 CaS/CuInSe 电池、CaS/CdTe 电池等。在 Ⅲ-Ⅴ 族化合物太阳能电池中，GaAs 电池的转换效率最高，可达 28%。GaAs 是二元化合物，Ga 是其他产品的副产品，非常稀少珍贵；As 是稀土元素，有毒。GaAs 化合物材料尤其适用于制造高效电池和多结电池，这是由于 GaAs 具有十分理想的光学带隙以及较高的吸收效率，抗辐照能力强，对热不敏感。由于具有这些特点，所以 GaAs 化合物材料也适合于制造高效单结电池。GaAs 化合物太阳能电池虽然具有诸多优点，但是 GaAs 材料的价格不菲，因此在很大程度上限制了 GaAs 电池的普及。为了解决这个问题，采用了聚光系统，该系统由于采用价格较低的塑料透镜和金属外壳，并且改进了电池性能，因而深受广大用户青睐。

（5）有机太阳能电池。有机太阳能电池具有柔韧性和成本低廉的优势，是近年出现的新型太阳能电池。与结构工艺复杂、成本高昂、光电压受光强影响波动大的传统半导体固体太阳能电池相比，有机太阳能电池制备工艺简单，可采用真空蒸镀或涂敷的方法制备成膜，且可以制备在可弯曲折叠的衬底上，形成柔性太阳能电池。有机物太阳能电池材料的分子结构还可以自行设计合成，材料选择余地大、加工容易、毒性小、成本低、可制造面积大，在太阳能电池产业引起了科学家的极大关注。

美国加州大学圣芭芭拉分校的诺贝尔奖得主、物理学教授 Alan Heeger 和同事 Kwanghee Lee，以及一个韩国科学家小组，利用新的技术，完全在溶液中合成出一种效率更高的级联有机太阳能电池，将有机太阳能电池的效率提高到了 6.5%，已经接近 7% 的商业化标准。由于电池以塑料为主要材料，因此成本比采用多晶硅为材料的普通太阳能电池低得多。除提高太阳能电池效率外，新技术还能降低制造成本。Alan Heeger 表示，在溶液中沉积电池的多层结构是降低成本的关键，这有赖于由半导体聚合物和富勒烯衍生物构成的本体异质结材料。

（6）染料敏化太阳能电池。染料敏化太阳能电池（DSSC）是最近二十几年发展起来的一种基于植物叶绿素光合作用原理研制出的太阳能电池。这是一种使用宽禁带半导体材料的太阳能电池。宽带隙半导体有较高的热力学稳定性和光化学稳定性，不过本身捕获太阳光的能力非常差，但将适当的染料吸附到半导体表面上，借助于染料对可见光的强吸收，可以将半导体的光谱响应拓宽到可见区，这种现象称为半导体的染料敏化作用，而载有染料的半导体称为染料敏化半导体电极。

染料敏化太阳能电池最近取得较大进展。面积 100 cm^2 的染料敏化太阳能电池转换效率已达到 6%。这类电池所用主要材料为导电玻璃和 TiO$_2$，来源比较丰富，电池制备工艺也比较简单，具有较大的潜在价格优势。但是这类电池的转换效率还有待进一步提高，电池运行的稳定性还需要进一步经受考验。

2）按形态结构分类

（1）叠层太阳能电池。叠层太阳能电池是由两种或两种以上不同带隙的电池有机地叠加组合而成的。一般而言，顶部电池的材料具有较宽的带隙，适于吸收能量较大的太阳光能；而底部电池的材料带隙较窄，适于吸收能量较小的太阳光能，因此，在单结的基础上，叠层太阳能电池的转换效率较高，例如 GaAs 叠层太阳能电池的转换效率可以达到 35%。

（2）薄膜太阳能电池。太阳能电池实现薄膜化，是当前国际上研发的主要方向之一。如采用直接从硅熔体中拉出厚度在 100 μm 的晶体硅带。人们也在研究利用液相或气相沉积，如化学气相沉积的方法制备晶体硅薄膜作为太阳能电池材料。这时可以采用成本较低的冶金硅或者其他廉价基体材料，如玻璃、石墨和陶瓷等。在廉价衬底上采用低温制备技术沉积半导体薄膜的光伏器件，材料和器件制备可同时完成，工艺技术简单，便于大面积连续化生产；制备能耗低，可以缩短回收期。在不用晶体硅作为基底材料的衬底上气相沉积得到的多晶硅转换效率也达到 12% 以上。

除了晶体硅薄膜电池以外，其他薄膜电池材料的研究也在取得进展。已实现产业化和正在实现产业化的有非晶硅薄膜和多晶化合物半导体薄膜电池（碲化镉 CdTe、铜铟镓硒 CIGS）。非晶硅薄膜主要采用化学气相沉积制备。对于提高单纯非晶硅太阳能电池的转化效率的研究进展不大，目前的技术水平是低于 8%。因此人们研究利用叠层技术以提高非晶硅电池效率，如 a-Si/a-GeSi/a-SiGe 叠层电池实验室最高效率达到 15.6%。非晶硅/多晶硅叠层电池（HIT）也是一种效率很高的叠层电池。Sanyo 开发出效率达到 20.7% 的 a-Si/c-Si 电池。CIGS 电池研究方面人们试图利用其他材料如稀土元素替代资源稀少的 In。在 CdTe 化合物半导体薄膜电池研究方面，虽然 CdTe 稳定、无害，但 Cd 和 Te 都是有毒的，人们正试图研究部分替代材料。其他化合物半导体材料的研究也取得了令人瞩目的成就。美国国家可再生能源实验室和光谱实验室在锗衬底上生长出 GaInP/Gs/Ge 三节电池涂层，结合金属连接和抗反射涂层，通过对标准 AM1.5 太阳光谱聚光，获得 47 倍太阳光强度，从而得到创纪录的 32.3% 的光电转化效率。薄膜电池的生产成本可以随其生产规模的扩大而降低，一旦技术上有重大突破，其成本可以降到 1 美元 Wp（Wp 是指标准太阳光照条件下，即欧洲委员会定义的 101 标准：辐射强度 1000 W/m^2，大气质量 AM1.5，电池温度25℃条件下，太阳能电池的输出功率)以下。

（3）聚光太阳能电池。聚光太阳能电池是降低太阳能电池系统整体造价的一种措施。它通过聚光器使较大面积的阳光会聚在一个较小的范围内，加大光强，克服太阳辐射能流密度低的缺陷，提高光电转换效率，因此可以用较小面积的太阳能电池获得较高的电能输出。假设太阳辐射为 1 kW/m²，如果用普通太阳能硅电池提供 10 W 的输出功率，则需要 10 dm²、价值 400 元的电池；而在 1 dm²、价值 40 元的太阳能电池上放置一个面积为 15 dm²、价值 20 元的聚光透镜，也可以实现 10 W 功率的输出。在使用聚光器将太阳光浓缩 15 倍后照射到太阳能电池上，提供 10 W 功率所需的成本由 400 元降低到 60 元，其经济性可见一斑。国际上大力开展聚光太阳能电池的研究，一方面能减少昂贵的半导体太阳能电池片的用量，另一方面可有效提高单位电池面积的输出功率，是极具潜力的太阳能光伏发电新技术。聚光太阳能电池突破了普通太阳能电池高成本的制约因素，为太阳能电池的普及开辟了一条新的道路。

8.2.2 太阳能电池的工作原理及制造方法

1. 太阳能电池的工作原理

太阳能是一种辐射能，它必须借助于能量转换器才能变换成为电能。这个把光能变换成电能的能量转换器，就是太阳能电池。太阳能电池是如何把光能转换成电能的？下面以单晶硅太阳能电池为例做一简单介绍。

太阳能电池工作原理的基础，是半导体 P-N 结的光生伏打效应。所谓光生伏打效应，简言之，就是当物体受到光照时，物体内的电荷分布状态发生变化而产生电动势和电流的一种效应。当太阳光或其他光照射半导体 P-N 结时，就会在 P-N 结的两边出现电压，叫做光生电压。这种现象，就是著名的光生伏打效应。使 P-N 结短路，就会产生电流。

众所周知，物质的原子是由原子核和电子组成的。原子核带正电，电子带负电。电子就像行星围绕太阳转动一样，按照一定的轨道围绕着原子核旋转。单晶硅的原子是按照一定的规律排列的。硅原子的外层电子壳层中有 4 个电子，如图 8-1 所示。每个原子的外层电子都有固定的位置，并受原子核的约束。它们在外来能量的激发下，如在太阳光辐射时，就会摆脱原子核的束缚而成为自由电子，并同时在它原来的地方留出一个空位，即半导体物理学中所谓的"空穴"。由于电子带负电，空穴就表现为带正电。电子和空穴就是单晶硅中可以运动的电荷。在纯净的硅晶体中，自由电子和空穴的数目是相等的。如果在硅晶体中掺入能够俘获电子的硼、铝、镓或铟等杂质元素，那么它就成了空穴型半导体，简称 P 型半导体。如果在硅晶体中掺入能够释放电子的磷、砷或锑等杂质元素，那么它就成了电子型的半导体，简称 N 型半导体。若把这两种半导体结合在一起，由于电子和空穴的扩散，在交界面处便会形成 P-N 结，并在结的两边形成内建电场，又称势垒电场。由于此处的电阻特别高，所以也称为阻挡层。当太阳光照射 P-N 结时，在半导体内的电子由于获得了光能而释放电子，相应地便产生了电子-空穴对，并在势垒电场的作用下，电子被驱向 N 型区，空穴被驱向 P 型区，从而使 N 区有过剩的电子，P 区有过剩的空穴；于是，就在 P-N 结的附近形成了与势垒电场方向相反的光生电场，如图 8-2 所示。光生电场的一部分抵消势垒电场，其余部分使 P 型区带正电、N 型区带负电；于是，就使得在 N 区与 P 区之间的薄层产生了电动势，即光生伏打电动势。当接通外电路时便有电能输出。这就是

P-N结接触型单晶硅太阳能电池发电的基本原理。若把几十个、数百个太阳能电池单体串联、并联起来，组成太阳能电池组件，在太阳光的照射下，便可获得相当可观的输出功率的电能。

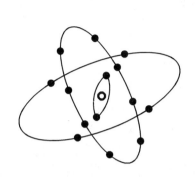

图 8-1　硅原子结构示意图

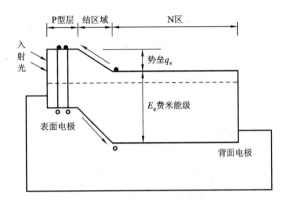

图 8-2　太阳能电池能级图

2. 太阳能电池的制造方法

太阳能电池的种类很多，目前应用最多的是单晶硅和多晶硅太阳能电池。它们技术上成熟，性能稳定可靠，转换效率较高，已产业化大规模生产。单晶硅太阳能电池是一个大面积的半导体 P-N 结。上表面为受光面，蒸有铝银材料做成的栅状电极；背面为镍锡层做成的背电极。上下电极均焊接银丝作为引线。为了减少硅片表面对入射光的反射，在电池表面上蒸镀一层二氧化硅或其他材料的减反射膜。

在实际使用时，要把几十片或上百片单体太阳能电池串、并联起来，并密封在透明的外壳中，组装成一个可以单独作为电源使用的最小单元，即太阳能电池组件。这种密封成的组件，可以满足使用中对防冰雹、防风、防尘、防湿、防腐等条件的要求，保证在户外条件下的使用寿命在 20 年以上。

把组件再进行串、并联，便组成了具有一定输出功率的太阳能电池方阵。

8.2.3　太阳能电池方阵

1. 太阳能电池方阵的设计和安装

1）太阳能电池方阵的设计

太阳能电池方阵可分为平板式和聚光式两大类。平板式方阵，只需把一定数量的太阳能电池组件按照电性能的要求串、并联起来即可，不需加装汇聚阳光的装置，结构简单，多用于固定安装的场合。聚光式方阵，加有汇聚阳光的收集器，通常采用平面反射镜、抛物面反射镜或菲涅尔透镜等装置来聚光，以提高入射光谱辐照度。聚光式方阵，可比相同功率输出的平板式方阵少用一些单体太阳能电池，使成本下降；但通常需要装设向日跟踪装置，有了转动部件，从而降低了可靠性。

太阳能电池方阵的设计，一般来说，就是按照用户的要求和负载的用电量及技术条件计算太阳能电池组件的串、并联数。串联数由太阳能电池方阵的工作电压决定，应考虑蓄电池的浮充电压、线路损耗以及温度变化对太阳能电池的影响等因素。在太阳能电池组件串联数确定之后，即可按照气象台提供的太阳年辐射总量或年日照时数的 10 年平均值计算确定太阳能电池组件的并联数。太阳能电池方阵的输出功率与组件的串、并联数量有关，组件的串联是为了获得所需要的电压，组件的并联是为了获得所需要的电流。

2）太阳能电池方阵的安装

平板式地面型太阳能电池方阵被安装在方阵支架上，支架被固定在水泥基础或其他基础上。对于方阵支架和固定支架的基础以及与控制器连接的电缆沟道等的加工与施工，均应按照设计进行。对太阳能电池方阵支架的基本要求主要有以下几点：

（1）应遵循用材省、造价低、坚固耐用、安装方便的原则进行太阳能电池方阵支架的设计和生产制造。

（2）光伏电站的太阳能电池方阵支架，可根据应用地区实际和用户要求，设计成地面安装型或屋顶安装型。

（3）太阳能电池方阵支架应选用钢材或铝合金材料制造，其强度应达到可承受 10 级大风的吹刮。

（4）太阳能电池方阵支架的金属表面，应镀锌或镀铝或涂防锈漆，以防止生锈腐蚀。

（5）太阳能电池方阵支架应考虑当地纬度和日照资源等因素设计，也可设计成按照季节变化以手动方式调整太阳能电池方阵的向日倾角和方位角，以更充分地接收太阳辐射能，增加发电量。

（6）太阳能电池方阵支架的连接件，包括组件和支架的连接件、支架与螺栓的连接件以及螺栓与方阵场的连接件，均应以电镀钢材或不锈钢材制造。

太阳能电池方阵的发电量与其接收的太阳辐射能成正比。为使方阵更有效地接收太阳辐射能，要设计好方阵的安装方位和倾角。好的方阵安装方式是跟踪太阳，使方阵表面始终与太阳光垂直，入射角为 0。比较好的可供参考的方阵接收角 ϕ 为：全年平均接收角 ϕ 为使用地的纬度 $+5°$，一年可调整接收角两次，一般可取 $\phi_{春分} =$ 使用地纬度 $-11°45'$，$\phi_{秋分} =$ 使用地纬度 $+11°45'$。这样，接收损耗就有可能控制在 2% 以下。

2. 太阳能电池方阵的使用和维护

太阳能电池方阵的使用和维护可以概括为如下 10 条：

（1）太阳能电池方阵应安装在周围没有高建筑物、树木、电杆等遮挡太阳光的处所，以便充分地获得太阳光。我国地处北半球，方阵的采光面应朝南放置，并与太阳光垂直。

（2）在太阳能电池方阵的安装和使用中，要轻拿轻放组件，严禁碰撞、敲击、划损，以免损坏封装玻璃，影响性能，缩短寿命。

（3）遇有大风、暴雨、冰雹、大雪等情况，应采取措施保护太阳能电池方阵，以免损坏。

（4）太阳能电池方阵的采光面应经常保持清洁，如有灰尘或其他污物，应先用清水冲洗，再用干净纱布将水迹轻轻擦干，切勿用硬物或腐蚀性溶剂冲洗、擦拭。

（5）太阳能电池方阵的输出连接要注意正、负极性，切勿接反。

（6）与太阳能电池方阵匹配使用的蓄电池组，应严格按照蓄电池的使用维护方法使用。

（7）带有向日跟踪装置的太阳能电池方阵，应经常检查维护跟踪装置，以保证其正常工作。

（8）采用手动方式调整角度的太阳能电池方阵，应按照季节的变化调整方阵支架的向日倾角和方位角，以便更充分地接收太阳辐射能。

（9）太阳能电池方阵的光电参数，在使用中应不定期的按照有关方法进行检测，发现问题应及时解决，以确保方阵不间断地正常供电。

（10）太阳能电池方阵及其配套设备周围应加护栏或围墙，以免动物或人损坏；如安装在高山上，应安装避雷器，以预防雷击。

8.3　独立太阳能光伏发电系统

8.3.1　独立太阳能光伏发电系统

太阳能光伏发电系统是利用以光生伏打效应原理制成的太阳能电池将太阳辐射能直接转换成电能的发电系统。由于太阳能资源具有分散性，而且随处可得，太阳能光伏发电系统特别适合于作为独立电源使用。独立太阳能光伏发电系统根据用电负载的特点，可分为直流系统、交流系统和交直流混合系统等几种。其主要区别是系统中是否带有逆变器。

一般来说，独立太阳能光伏发电系统主要由太阳能电池方阵、控制器、蓄电池组、直流-交流逆变器等部分组成。独立太阳能光伏发电系统的组成框图如图 8-3 所示。

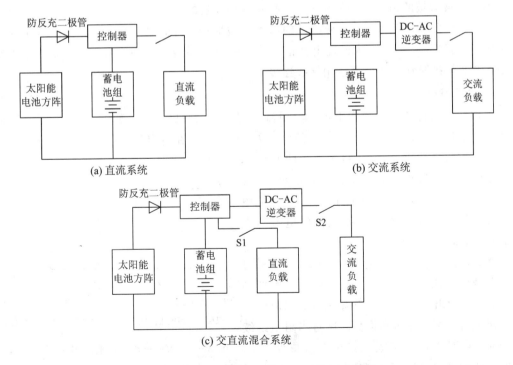

(a) 直流系统　　　(b) 交流系统

(c) 交直流混合系统

图 8-3　独立太阳能光伏发电系统组成框图

8.3.2 独立太阳能光伏发电系统的组成

1. 太阳能电池方阵

太阳能电池单体是光电转换的最小单元，尺寸一般为 $4 \sim 100 \text{ cm}^2$。太阳能电池单体的工作电压约为 $0.45 \sim 0.5 \text{ V}$，工作电流约为 $20 \sim 25 \text{ mA/cm}^2$，一般不能单独作为电源使用。将太阳能电池单体进行串、并联并封装后，就成为太阳能电池组件，其功率一般为几瓦至几十瓦、百余瓦，是可以单独作为电源使用的最小单元。太阳能电池组件再经过串、并联并装在支架上，就构成了太阳能电池方阵，可以满足负载所要求的输出功率(见图 8-4)。

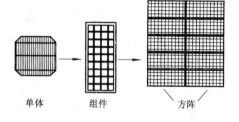

图 8-4 太阳能电池单体、组件和方阵

太阳能电池组件是构成太阳能电池方阵的基本部件，下面对其基本技术特性加以介绍。

1) 封装类型

太阳能电池的可靠性在很大程度上取决于其防腐、防风、防雹、防雨等的性能，其潜在的质量问题，是边沿的密封以及组件背面的接线盒。

太阳能电池组件的封装方式主要有以下两种：

(1) 双面玻璃密封。太阳能电池组件的正反两面均是玻璃板，太阳能电池被镶嵌在一层聚合物中。这种密封方式存在的一个主要问题是玻璃板与接线盒之间的连接。这种连接不得不通过玻璃板的边沿，而在玻璃板上打孔是很昂贵的。

(2) 玻璃合金层叠密封。这种组件的前面是玻璃板，背面是一层合金薄片。合金薄片的主要功能是防潮、防污。太阳能电池也是被镶嵌在一层聚合物中。在这种太阳能电池组件中，电池与接线盒之间可直接用导线连接。

2) 电气特性

组件的电气特性主要是指电流-电压特性，也称为 $I-U$ 曲线，如图 8-5 所示。$I-U$ 曲线显示了通过太阳能电池组件传送的电流 I_m 与电压 U_m 在特定的太阳辐照度下的关系。

如果太阳能电池组件电路短路，即 $U=0$，此时的电流称为短路电流 I_{sc}；如果电路开路，即 $I=0$，此时的电压称为开路电压 U_{oc}。太阳能电池组件的输出功率等于流经该组件的电流与电压的乘积，即 $P=IU$。

当太阳能电池组件的电压上升时，例如通过增加负载的电阻值或组件的电压从 0 开始增加时，组件的输出功率亦从 0 开始增加；当电压达到一定值时，功率可达到最大，这时当阻值继续增加时，功率将跃过最大点，并逐渐减少至 0，即电压达到开路电压 U_{oc}。在组件的输出功率达到最大的点，称为最大功率点；该点所对应的电压，称为最大功率点电压 U_m；该点所对应的电流，称为最大功率点电流 I_m；该点的功

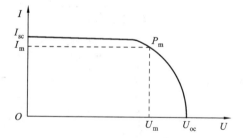

I—电流；I_{sc}—短路电流；I_m—最大工作电流；U—电压；U_{oc}—开路电压；U_m—最大工作电压；P_m—最大功率

图 8-5 太阳能电池的电流-电压特性曲线

率，称为最大功率 P_m。

随着太阳能电池温度的增加，开路电压减少，大约每升高 1℃ 每片电池的电压减少 5 mV，相当于在最大功率点的典型温度系数为 $-0.4\%/℃$。也就是说，如果太阳能电池温度每升高 1℃，则最大功率减少 0.4%。

3）功率测试

由于太阳能电池组件的输出功率取决于太阳辐照度、太阳光谱的分布和太阳能电池的温度，因此太阳能电池组件的测量在标准条件下（STC）进行，测量条件被欧洲委员会定义为 101 号标准，其条件是：光谱辐照度为 1000 W/m²；光谱为 AM1.5；电池温度为 25℃。在该条件下，太阳能电池组件所输出的最大功率被称为峰值功率，表示为 W_p。在很多情况下，太阳能电池组件的峰值功率用太阳模拟器测定，并和国际认证机构的标准化的太阳能电池进行比较。

通过户外测量太阳能电池组件的峰值功率是很困难的，因为太阳能电池组件所接收到的太阳光的实际光谱取决于大气条件及太阳的位置；此外，在测量的过程中，太阳能电池的温度也是不断变化的。在户外测量的误差很容易达到 10% 或更大。

4）热斑效应和旁路二极管

在一定的条件下，一串联支路中被遮蔽的太阳能电池组件将被当作负载消耗其他被光照的太阳能电池组件所产生的能量。被遮挡的太阳能电池组件此时将会发热，这就是热斑效应。这种效应会严重地破坏太阳能电池。有光照的电池所产生的部分能量或所有的能量，都可能被遮蔽的电池所消耗。为防止太阳能电池由于热斑效应而被破坏，需要在太阳能电池组件的正负极间并联一个旁路二极管，以避免光照组件所产生的能量被遮蔽的组件所消耗。

5）连接盒

连接盒是一个很重要的元件，它保护电池与外界的交界面及各组件内部连接的导线和其他系统元件。这包含 1 个接线盒和 1 只或 2 只旁路二极管。

6）可靠性和使用寿命

考察太阳能电池组件可靠性的最好方式是进行野外测试。但这种测试需经历很长的时间。为能用较低的费用在相似的工作条件下以较短的时间测出可靠性，发展了一种新型的测试方法，即加速使用寿命测试方法。这种测试方法，主要是依据野外测试和过去所执行的加速测试之间的关联度，并基于理论分析和参照其他电子测量技术以及国际电工技术委员会（IEC）的测试标准而设计的。在 IEC 规范的 503 条中描述了一整套可靠性的测试方法。这一规范包含如下测试内容：UV 照明测试、高温暴露测试、高温/高湿测试、框架扭曲度测试、机械强度测试、冰雹测试、温度循环测试。

太阳能电池发电系统中的太阳能电池组件的期望使用寿命是 20 年以上，实际的使用寿命决定于太阳能电池组件的结构性能和当地的环境条件。

7）特殊应用领域的太阳能电池组件

在某些实际应用领域，需要比峰值功率为 36～55 W 的标准组件小的太阳能电池组件。为达到这个目的，太阳能电池组件可以被生产为电池数量相同、但电池的面积比较小的组件。例如，一个由 36 个 5 cm×5 cm 电池封装成的太阳能电池组件，能输出的功率为

20 W，电压为 16 V。

在海洋中应用的太阳能电池组件，应采用特殊的设计方法和工艺，以承受海水和海风的侵蚀。这样的太阳能电池组件，它的背面有一块金属板，用以抵抗海啸冲击和海鸥袭击，而且组件中的所有的材料都必须有较高的抗腐蚀能力。

在危险的地区，太阳能电池组件应采用特殊的外表防护板。此外，太阳能电池组件还能与其他装备连接为一个统一的整体。

2. 防反充二极管

防反充二极管又称阻塞二极管。其作用是避免由于太阳能电池方阵在阴雨天和夜晚不发电，或出现短路故障时，蓄电池组通过太阳能电池方阵放电。它串联在太阳能电池方阵电路中，起单向导通的作用。要求其能承受足够大的电流，而且正向电压降要小，反向饱和电流要小。一般可选用合适的整流二极管。

3. 蓄电池组

蓄电池组的作用是储存太阳能电池方阵受光照时所发出的电能并可随时向负载供电。太阳能光伏发电系统对所用蓄电池组的基本要求如下：① 自放电率低；② 使用寿命长；③ 深放电能力强；④ 充电效率高；⑤ 少维护或免维护；⑥ 工作温度范围宽；⑦ 价格低廉。

目前我国太阳能光伏发电系统中配套使用的蓄电池主要是铅酸蓄电池。配套 200 A·h 以上的铅酸蓄电池，一般选用固定式或工业密封免维护铅酸蓄电池；配套 200 A·h 以下的铅酸蓄电池，一般选用小型密封免维护铅酸蓄电池。

4. 控制器

控制器是对太阳能光伏发电系统进行控制与管理的设备。由于控制器可以采用多种技术方式实行控制，同时实际应用对控制器的要求也不尽一致，因而控制器所完成的功能也不一样。

1）控制器的功能

（1）信号检测。检测光伏系统各种装置和各个单元的状态和参数，为对系统进行判断、控制、保护等提供依据。需要检测的物理量有输入电压、充电电流、输出电压、输出电流、蓄电池温升等。

（2）蓄电池最优充电控制。控制器根据当前太阳能资源状况和蓄电池荷电状态，确定最佳充电方式，以实现高效、快速的充电，并充分考虑充电方式对蓄电池寿命的影响。

（3）蓄电池放电管理。对蓄电池组放电过程进行管理，如负载控制自动开关机、实现软启动、防止负载接入时蓄电池组端电压突降而导致的错误保护等。

（4）设备保护。光伏系统所连接的用电设备在有些情况下需要由控制器来提供保护，如系统中逆变电路故障而出现的过压和负载短路而出现的过流等，若不及时加以控制，就有可能导致光伏系统或用电设备损坏。

（5）故障诊断定位。当光伏系统发生故障时，可自动检测故障类型，指示故障位置，为对系统进行维护提供方便。

（6）运行状态指示。通过指示灯、显示器等方式指示光伏系统的运行状态和故障信息。

2）控制器的控制方式

光伏系统在控制器的管理下运行。控制器可以采用多种技术方式实现其控制功能，比较常见的有逻辑控制和计算机控制两种方式，智能控制器多采用计算机控制方式。

（1）逻辑控制方式是一种以模拟和数字电路为主构成的控制器，通过测量系统有关的电气参数，由电路进行运算、判断，实现特定的控制功能。

（2）计算机控制方式能综合收集光伏系统的模拟量、开关量状态，有效地利用计算机的快速运算、判断能力，实现最优控制和智能化管理。

5. 逆变器

逆变器是将直流电变换成交流电的设备。由于太阳能电池和蓄电池发出的是直流电，当负载是交流负载时，逆变器是不可缺少的。按运行方式逆变器可分为独立运行逆变器和并网逆变器。独立运行逆变器用于独立运行的太阳能光伏发电系统，为独立负载供电。并网逆变器用于并网运行的太阳能光伏发电系统，将发出的电能馈入电网。按输出波形逆变器又可分为方波逆变器和正弦波逆变器。方波逆变器电路简单，造价低，但谐波分量大，一般用于几百瓦以下和对谐波要求不高的系统。正弦波逆变器成本高，但可以适用于各种负载。从长远看，晶体管正弦波（或准正弦波）逆变器将成为发展的主流。

对逆变器的基本技术要求如下：① 输出电压稳定；② 输出频率稳定；③ 输出的电压及其频率在一定范围内可以调节；④ 具有一定的过载能力，一般应能过载$125\%\sim150\%$；⑤ 输出电压波形含谐波成分应尽量小；⑥ 具有短路、过载、过热、过电压、欠电压等保护功能和报警功能；⑦ 启动平稳，启动电流小，运行稳定可靠；⑧ 换流损失小，逆变效率应在85%以上；⑨ 具有快速的动态响应。

6. 测量设备

对于小型太阳能光伏发电系统，只要求进行简单的测量，如蓄电池电压和充放电电流测量所用的电压和电流表一般就装在控制器上。对于太阳能通信电源系统、管道阴极保护系统等工业电源系统和大中型太阳能光伏电站，往往要求对更多的参数进行测量，如太阳辐射、环境气温、充放电电量等，有时甚至要求具有远程数据传输、数据打印和遥控功能，这就要求为太阳能光伏发电系统配备数据采集系统和微机监控系统。

太阳能光伏发电系统还可以同其他发电系统组成混合供电系统，如风-光混合系统、风-光-油混合系统等。由于风力发电系统成本低，风能和太阳能在许多地区具有互补性，从而可以大大减少蓄电池的存储容量，因此风-光混合系统的投资一般可以比独立太阳能光伏发电系统减少1/3左右。

8.4　联网太阳能光伏发电系统

8.4.1　联网太阳能光伏系统的优越性和国外发展简况

联网太阳能光伏系统就是太阳能光伏发电系统与常规电网相连，共同承担供电任务。联网发电系统分为被动式联网系统和主动式联网系统。被动式联网系统中不带储能系统，馈入电网的电力完全取决于日照的情况，不可调度；主动式联网系统带有储能系统，可根据需要随时将太阳能光伏发电系统并入或退出电网。

实践证明，太阳能光伏发电进入大规模商业化应用的必由之路，就是将太阳能光伏系统接入常规电网,实行联网发电。联网发电可以对电网调峰、提高电网末端的电压稳定性、改善电网的功率因数和有效地消除电网杂波,应用前景广阔。2011 年世界联网太阳能光伏系统装机容量为 27.9 GW,2012 年装机容量为 31 GW,2013 年装机容量为 37 GW,占光伏电池各年产量的 95% 以上。

1. 联网太阳能光伏系统的优越性

联网太阳能光伏发电系统具有许多独特的优越性,可概括为如下几点:

(1) 利用清洁干净、可再生的自然能源太阳能发电,不耗用化石能源,使用中无温室气体和污染物排放,与生态环境和谐,符合经济社会可持续发展战略。

(2) 所发电能馈入电网,以电网为储能装置,省掉蓄电池,可比独立太阳能光伏系统的建设投资减少达 35%～45%,从而使发电成本大为降低。省掉蓄电池还可以提高系统的平均无故障时间和蓄电池的二次污染。

(3) 光伏电池组件与建筑物完美结合,既可发电又能作为建筑材料和装饰材料,使物质资源得到充分利用,发挥多种功能,不但有利于降低建设费用,并且还使建筑物科技含量提高。

(4) 分布式建设,就近就地分散发供电,进入和退出电网灵活,既有利于增强电力系统抵御战争和灾害的能力,又有利于改善电力系统的负荷平衡,并可降低线路损耗。

(5) 可起调峰作用。

2. 国外联网太阳能光伏系统发展简况

联网太阳能光伏系统是世界各发达国家在光伏应用领域竞相发展的热点和重点,是世界太阳能光伏发电的主流发展趋势,其市场巨大,前景广阔。下面介绍各国联网太阳能光伏系统发展情况。

(1) 德国。对于发展太阳能,德国自然条件并不优越,囿于气候和地理等因素限制,德国平均年日照时间约为 1500 小时,只有我国新疆自治区的一半左右。1990 年德国首先开始实施由政府投资支持、被电力公司承认的"1000 屋顶计划",继而扩展为"2000 屋顶计划"。到 1997 年,已成功地建成 10 000 多个联网住宅光伏屋顶系统,每套 1～5 kW,总计安装光伏组件 33 MW。紧接着,又于 1998 年提出"10 万屋顶计划",自 1999 年开始逐年实施,至 2004 年建成,累计 10 万套,光伏组件总装机容量 300 MW。截止到 2013 年底,德国累计光伏装机容量 35.7 GW,占全球总量 137 GW 的近 26.6%,居世界第一位。从市场化程度看,2011 年,全德光伏电站发电总量达 185 亿千瓦时,可满足 520 万户居民的用电需求,光伏系统价格也大幅降低至 2012 年 2 季度的 1776 欧元/kW,较 2006 年同期降幅 76%。

(2) 意大利。1998 年开始实施"太阳能屋顶计划",5 年共投入 5500 亿里拉(约合 3 亿美元),到 2002 年光伏组件总安装容量达到 50 MW。2010 年,由于采取了各种合适的激励政策,意大利全国的太阳能装机量仅次于欧洲太阳能第一大国德国;而 2011 年上半年,意大利的新增太阳能光伏装机总量曾经超过了德国的 3 倍。相比周边邻国太阳能产业发展速度的减缓,意大利在欧洲显得格外耀眼。在 2011 年达到最高增长的 9.2 GW 后,意大利的增长速度已经慢下来了。2013 年新增装机总量 2 GW,光伏装机增长了 19%,总容量累计达到 18.25GW,居世界第二位。2013 年意大利的太阳能电力满足了全年的 7.0% 的电力需求。这是世界上光伏电力比例的最高数据，超过了西班牙、法国。

（3）日本。1994年1月开始实施"朝日七年计划"，到2000年安装16.2万套联网屋顶光伏系统，光伏组件总安装容量185 MW。1997年又再次宣布实施"7万屋顶计划"，每套容量扩大为4 kW，光伏组件总安装容量为280 MW。据日本经产省的数据，到2001年底，日本国内已建设光伏系统5.2万套，光伏组件总装机容量312 MW。根据日本太阳光发电协会（JPEA）公布的统计数据显示，2013年7～9月日本太阳能电池内需量较去年同期跳增2.3倍至2.07 GW，超越2013年1季度的1.73 GW，创季度史上新高水准。就内需来看，日本住宅用太阳能电池出货量较去年同期增长21.0％至0.53 GW；大规模太阳能发电厂等非住宅用太阳能电池出货量暴增752.6％至1.53 GW，占比达73.9％。截至2013年12月，日本累计光伏装机量为13.9 GW，居世界第四位。

（4）美国。美国20世纪80年代初开始建造了100 kW以上的大型联网光伏电站4座，最大的为6 MW。1996年在能源部的支持下又开始了一项"光伏建筑物计划"，共投资达20亿美元。1997年6月，在联合国环境与发展大会上美国又宣布了一个宏伟的"百万太阳能屋顶计划"，目标是到2010年累计安装101.4万套太阳能住宅（包括联网屋顶光伏系统和太阳能供热系统），光伏组件的总装机容量为3025 MW。根据最新北美光伏市场季度报告数据显示，2013年美国太阳能光伏新安装量创纪录地达到4.2 GW，比2012年增长15％，成为继亚太地区之后全球第二大光伏市场。至此累计光伏装机量为11.4 GW，居世界第五位。

2013年美国光伏市场主要由大型电站项目主导，在新增项目中占比超过80％。其中地面电站达到3 GW，仅第四季度便超过了1 GW。大型屋顶项目的需求量超过了500 MW，与前几年水平相当。包括住宅及小型非住宅在内的小型光伏电站2013年新增需求近700 MW，比2012年增长10％。其中超过75％的需求均来自住宅屋顶项目。

（5）西班牙。2007年夏天，西班牙出台了在欧盟各国中最为优厚的太阳能补贴政策。太过诱人的补贴，吸引了大量投资者。2007和2008年，欧洲的光伏市场都占到世界光伏市场的80％。值得注意的是西班牙取代德国成为2008年世界最大的光伏市场，全年安装2500 MW，占世界市场的46％。然而，由于对吸引投资规模估计不足，西班牙政府完全没想到要支出那么高的补贴。为了应付财政危机，西班牙政府大幅减少光伏产业的支出。根据当年生效的法律，西班牙将彻底取消按千瓦时支付电价补贴的做法，实施有追溯力的削价措施。根据西班牙电网运营商给出的数据显示，2013年，西班牙新装机量仅仅只有140 MW，故累计光伏装机量为5.24GW，居世界第六位。

（6）法国。法国光伏装机量（包括科西嘉岛）从2012年12月份的3.405 GW增长到2013年底的4.276 GW，年度增长870 MW，增长率为25％，累计装机量居世界第七位。光伏发电总量从2013年1月的139 GW·h（全年总发电量的3.1％）增长到7月的623 GW·h。尽管法国的光伏装机量远远少于他的邻居们，如德国、意大利、西班牙等国家，但2013年法国太阳能总发电量仍可占全年发电总额的18％，共计4.45 TW·h。

（7）英国。在整个2013年，英国太阳能光伏装机都在大规模进行，以至于在全年令人难以置信地膨胀了6倍，达到了1.45 GW，并且累计装机容量达到3.25 GW，居世界第八位。在这1.45 GW里面，地面装机量占总量的90％以上。英国曾经是世界第六大太阳能光伏市场，现在仍然是最大的那六个年装机量破1 GW的国家之一。预测2014年，英国新装容量更是可能超过 2 GW 大关。

(8) 澳大利亚。聚沙成塔,积小成大。不同于其他太阳能应用大国,澳大利亚的地广人稀的特殊情况,使得澳大利亚的大型光伏电站建设相对较小,取而代之的是小型屋顶光伏发电市场的兴起。2000 年悉尼奥运会时 BP 太阳能公司在运动员村安装了 665 套屋顶光伏系统,每套光伏组件功率为 1 kW。在澳大利亚,截止到目前,已经有 116 万套小型屋顶发电系统被安装在澳大利亚的千家万户。澳大利亚 2013 年新增装机 0.7 GW,总计装机容量 3.1 GW,居世界第九位。

(9) 比利时。比利时 2012 年累计装机达到 2.567 GW。

(10) 印度。在发展中国家,印度于 1997 年 12 月也宣布了一项光伏屋顶计划,提出到 2002 年在全印度将推广 150 万套光伏屋顶系统。作为一个极度缺电的人口大国,印度至今仍有 3 亿人口生活在无电的状态。因为对电力极度渴望,印度制定了一项项长期规划,然而却由于一次次的执行推延,计划始终流于纸面。据印度新能源与可再生能源(MNRE)部门最新公布的数据显示,2013 年,印度并网光伏发电新装机量与聚光光伏发电(CSP)产能共为 1.004 GW,累计总量达 2.18 GW。不过,印度为了表示发展新能源的决心,又制定了一个新的能源计划。为了实现到 2020 年单位 GDP 排放水平比 2005 年降低 20%~25% 的目标,印度规划了 2022 年装机量达到 20 GW 的目标。

8.4.2 联网太阳能光伏系统类型、工作原理和设备构成

1. 联网太阳能光伏系统分类

联网太阳能光伏系统可分为集中式大型联网光伏系统(以下简称为大型联网光伏电站)和分散式小型联网光伏系统(以下简称住宅联网光伏系统)两大类型。

大型联网光伏电站的主要特点是所发电能被直接输送到电网上,由电网统一调配向用户供电。建设这种大型联网光伏电站,投资巨大,建设期长,需要复杂的控制和配电设备,并要占用大片土地,同时其发电成本目前要比市电贵数倍,因而发展不快。

而住宅联网光伏系统,特别是与建筑结合的住宅屋顶联网光伏系统,由于具有上述优越性,建设容易,投资不大,许多国家又相继出台了一系列激励政策,因而在各发达国家备受青睐,发展迅速,成为主流。因此,下面重点介绍住宅联网光伏系统。

2. 住宅联网光伏系统

住宅联网光伏系统的主要特点,是所发的电能直接分配到住宅(用户)的用电负载上,多余或不足的电力通过连接电网来调节。住宅系统可分为有逆流和无逆流两种形式。有逆流系统,是在光伏系统产生剩余电力时将该电能送入电网,由于是同电网的供电方向相反,所以称为逆流;当光伏系统电力不够时,则由电网供电。这种系统,一般是为光伏系统的发电能力大于负载或发电时间同负荷用电时间不相匹配而设计的。住宅系统由于输出的电量受天气和季节的制约,而用电又有时间的区分,为保证电力平衡,一般均设计成有逆流系统。无逆流系统,则是指光伏系统的发电量始终小于或等于负荷的用电量,电量不够时由电网提供,即光伏系统与电网形成并联向负载供电。这种系统,即使当光伏系统由于某种特殊原因产生剩余电能,也只能通过某种手段加以处理或放弃。由于不会出现光伏系统向电网输电的情况,所以称为无逆流系统。

住宅系统又有家庭系统和小区系统之分。家庭系统，装机容量较小，一般为 1～5 kW，为自家供电，由自家管理，独立计量电量。小区系统，装机容量较大些，一般为 50～300 kW，为一个小区或一栋建筑物供电，统一管理，集中分表计量电量。

根据光伏系统是否配置蓄电池，又有可调度型系统和不可调度型系统之分。配置少量蓄电池的系统，称为可调度型系统。不配置蓄电池的系统，称为不可调度型系统。可调度型系统主动性较强，当出现电网限电、掉电、停电等情况时仍可正常供电。

住宅联网光伏系统通常是白天光伏系统发电量大而负载耗电量小，晚上光伏系统不发电而负载耗电量大。将光伏系统与电网相连，就可将光伏系统白天所发的多余电力"储存"到电网中，待用电时随时取用，省掉了储能蓄电池。其工作原理是：太阳能电池方阵在太阳光辐照下发出直流电，经逆变器转换为交流电，供用电器使用；系统同时又与电网相连，白天将太阳能电池方阵发出的多余电能经联网逆变器逆变为符合所接电网电能质量要求的交流电馈入电网，在晚上或阴雨天发电量不足时，由电网向住宅(用户)供电。住宅联网系统所带负载的电压，在我国一般为单向 220 V 和三相 380 V，所接入的电网为低压商用电网。

典型住宅联网光伏系统主要由太阳能电池方阵、联网逆变器和控制器等 3 大部分构成，如图 8-6 所示。

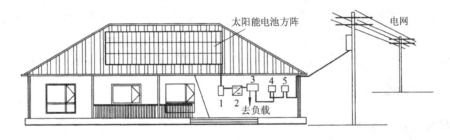

1—接线箱；2—联网逆变器；3—配电箱；4—电表(向电网输出)；5—电表(从电网引入)

图 8-6　典型住宅联网光伏系统示意图

8.4.3　联网系统的太阳能电池方阵

太阳能电池方阵是联网光伏系统的主要部件，其将接收到的太阳光能直接转换为电能。目前工程上应用的太阳能电池方阵多由一定数量的晶体硅太阳能电池组件按照联网逆变器输入电压的要求串、并联后固定在支架上组成。

住宅联网系统的光伏方阵一般都用支架安装在建筑物的屋顶上，如能在住宅或建筑物建设时就考虑方阵的安装朝向和倾斜角度等要求，并预先埋好地脚螺栓等固定元件，则光伏方阵安装时就将很方便和快捷。

住宅联网光伏系统光伏器件的突出特点和优点是与建筑相结合，目前主要有如下两种形式。

1. 建筑与光伏系统相结合

作为光伏与建筑相结合的第一步，是将现成的平板式光伏组件安装在建筑物的屋顶等处，引出端经过逆变和控制装置与电网连接，由光伏系统和电网并联向住宅(用户)供电，多余电力向电网反馈，不足电力向电网取用。

2. 建筑与光伏组件相结合

光伏与建筑相结合的进一步目标，是将光伏器件与建筑材料集成化。

建筑物的外墙一般都采用涂料、马赛克等材料，为了美观，有的甚至采用价格昂贵的玻璃幕墙等，其功能是起保护内部及装饰的作用。如果把屋顶、向阳外墙、遮阳板甚至窗户等的材料用光伏器件来代替，则既能作为建筑材料和装饰材料，又能发电，一举两得、一物多用，使光伏系统的造价降低，发电成本下降。这就对光伏器件提出了更高、更新的要求，应具有建筑材料所要求的隔热保温、电气绝缘、防火阻燃、防水防潮、抗风耐雪、重量较轻、具有一定强度和刚度且不易破裂等性能，还应具有寿命与建材同步、安全可靠、美观大方、便于施工等特点。如果作为窗户材料，还需要能够透光。

美国、日本、德国等发达国家的一些公司和高校，在政府的资助下，经过一些年的努力，研究开发出不少这类光伏器件与建筑材料集成化的产品，有的已在工程上应用，有的还在试验示范，并且还在进一步研究更新的品种。目前已研发出的品种有：双层玻璃大尺寸光伏幕墙，透明和半透明光伏组件，隔热隔音外墙光伏构件，光伏屋面瓦，大尺寸、无边框、双玻璃屋面光伏构件，面积达 2 m² 左右代替屋顶蒙皮的光伏构件，光伏电池不同颜色、不同形状、不同排列的构件，屋面和墙体柔性光伏构件等。

光伏建筑一体化系统的关键技术问题之一，是设计良好的冷却通风系统，这是因为光伏组件的发电效率随其表面工作温度的上升而下降。理论和试验证明，在光伏组件屋面设计空气通风通道，可使组件的电力输出提高 8.3% 左右，组件的表面温度降低 15℃ 左右。

8.4.4　联网逆变器

1. 联网逆变器功能

联网逆变器是联网光伏系统的核心部件和关键技术。联网逆变器与独立逆变器不同之处，是它不仅可将太阳能电池方阵发出的直流电转换为交流电，并且还可对转换的交流电的频率、电压、电流、相位、有功与无功、同步、电能品质（电压波动、高次谐波）等进行控制。它具有如下功能：

（1）自动开关。根据从日出到日落的日照条件，在尽量发挥太阳能电池方阵的潜力前提下实现自动开始和停止。

（2）最大功率点跟踪（MPPT）控制。对太阳能电池方阵表面温度变化和太阳辐照度变化而产生的输出电压与电流的变化进行跟踪控制，使方阵经常保持在最大输出的工作状态，以获得最大的功率输出。

（3）防止单独运行。若系统所在地发生停电，当负荷电力与逆变器输出电力相同时，逆变器的输出电压不会发生变化，难以察觉停电，因而有通过系统向所在地供电的可能，这种情况叫做单独运行。在这种情况下，本应停了电的配电线中又有了电，这对于保安检查人员是危险的，因此要防止单独运行的情况。

（4）自动电压调整。在剩余电力逆流入电网时，因电力逆向输送而导致送电点电压上升，有可能超过商用电网的运行范围，为保持系统的电压正常，运转过程中要能够自动防止电压上升。

（5）异常情况排解与停止运行。当系统所在地电网或逆变器发生故障时，能够及时查出异常，安全加以排解，并控制逆变器停止运转。

2. 联网逆变器构成

联网逆变器主要由逆变器和联网保护器两大部分构成，如图 8-7 所示。

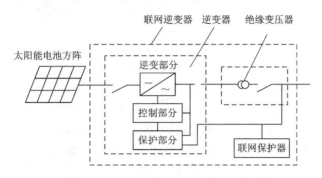

图 8-7 绝缘变压器方式联网逆变器回路构成

（1）逆变器包括 3 个部分：

① 逆变部分。其功能是采用大功率晶体管将直流高速切割，并转换为交流。

② 控制部分。由电子回路构成，其功能是控制逆变部分。

③ 保护部分。也由电子回路构成，其功能是在逆变器内部发生故障时起安全保护作用。

（2）联网保护器是一种安全装置，主要用于频率上下波动、过欠电压和电网停电等的监测。通过监测如果发现问题，应及时停止逆变器运转，把光伏系统与电网断开，以确保安全。它一般装设在逆变器中，但也有单独设置的。

3. 联网逆变器回路方式

实用的主要有电网频率变压器绝缘方式、高频变压器绝缘方式和无变压器方式三种：

（1）电网频率变压器绝缘方式。采用脉宽调制（PWM）逆变器产生电网频率的交流电，并采用电网频率变压器进行绝缘和变压。它具有良好的抗雷击和削除尖波的特性，但由于采用了电网频率变压器，因而较为笨重。

（2）高频变压器绝缘方式。其优点是体积小、质量轻，但回路较为复杂。

（3）无变压器方式。特点是体积小、质量轻、成本低、可靠性能高，但与电网之间没有绝缘。

除第一种方式外，后两种方式均具有检测直流电流输出的功能，进一步提高了安全性。

无变压器方式由于在成本、尺寸、重量及效率等方面具有优势，因而目前应用广泛。该回路由升压器把太阳能电池方阵的直流电压提升到无变压器逆变器所需要的电压；逆变器把直流转换为交流；控制器具有联网保护继电器的功能，并设有联网所需手动开关，以便在发生异常时把逆变器同电网隔离（如图 8-8 所示）。

4. 最大功率点跟踪（MPPT）技术

太阳能电池方阵的输出随太阳辐照度和太阳能电池方阵表面温度而变动，因此需要跟踪太阳能电池方阵的工作点并进行控制，使方阵始终处于最大输出，以获取最大的功率输

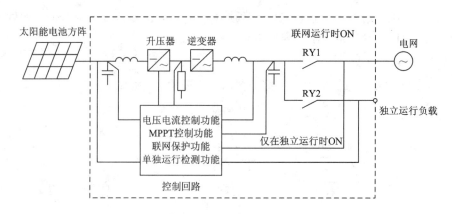

图 8-8 无变压器方式联网逆变器回路构成

出。最大功率点跟踪(MPPT)技术的作用：每隔一定时间让联网逆变器的直流工作电压变动一次，测定此时太阳能电池方阵输出功率，并同上次进行比较，使联网逆变器的直流电压始终沿功率变大的方向变化。

8.5 中国太阳能光伏发电系统及应用实例

1. 中国太阳能光伏发电现状

我国太阳能电池的研究开发始于 1958 年，1971 年就成功地将自主研发的太阳能电池首次应用于我国发射的东方红二号卫星上，并于 1973 年开始将太阳能电池用于地面。自1981 年开始，太阳能电池及其应用列入国家的科技攻关计划，通过六个五年计划，在太阳能电池器件和应用技术方面都取得了可喜的成绩。2000 年以后国家科技部又启动了国家"863"计划和"973"计划，分别对光伏发电的产业化技术和基础性研究给予支持。

进入 21 世纪，我国先后实施了"西藏无电县建设"、"光明工程"、"西藏阿里光电计划"、"送电到乡工程"以及"无电地区电力建设"等国家计划。"九五"至"十一五"期间，又开展了多项城市并网光伏发电和大型并网荒漠电站的工程示范。我国政府还争取了国际援助，开展了多项国际合作计划，大大推动了光伏发电在农村电气化方面的应用推广。我国的"可再生能源法"已于 2006 年生效，政府各部门都积极推动光伏发电的应用推广，启动了多个光伏发电项目。

奥运申办成功后，为了"绿色奥运"的承诺，北京市已经建成多项光伏建筑一体化工程和太阳能路灯 13.5 万盏，总功率 10 MW。根据招标网的统计，2008 年全国通过公开招标的光伏发电项目共计 175 个，已经完成安装的光伏项目的总功率达到 30 MW，估计未公开招标的光伏项目功率约为 10 MW，2008 年国内光伏系统安装量合计约为 40 MW。截至2008 年底，我国光伏发电的累积装机已经达到 140 MW。

虽然我国的太阳能电池产量在 2007、2008 连续两年居世界第一，但 98% 是出口，国内安装量仅占 2%。截至 2011 年，中国光伏累计装机 3.3 GW，而且这些累计装机中的 75%是西部荒漠电站，用户端的分布式利用只占到四分之一，而这四分之一还基本上都没能并网。

2009 年，由于欧美"反倾销、反补贴"造成的中国光伏产品产能过剩愈加明显，我国政府为了挽救光伏产业并推进国内新能源利用、促进能源结构调整，开始通过各种政策开发国内光伏发电应用市场，到了 2012—2013 年，光伏电站的投资建设达到了新的高峰。

2012 年 12 月，中国光伏发电新增装机容量 3.7 GW，累计达到 7 GW。

截至到 2013 年 12 月末，中国光伏发电新增装机容量达到 10.66 GW，光伏发电累计装机容量达到 17.16 GW，居世界第三位。其中，大规模光伏电站累计装机容量达到 11.18 GW，分布式光伏发电累计装机容量达到 5.98 GW，可谓硕果累累。

中国光伏发电装机分布在 30 个省、直辖市、自治区，累计装机容量排在前五位的省级地区依次为青海、甘肃、新疆、宁夏、内蒙古。其中，青海光伏发电累计装机约占全国光伏发电累计装机的 19%。

年初，国家能源局将 2014 年光伏装机容量配额目标从 10 GW 提高到 14 GW，其中包含分布式光伏 8 GW 和集中式光伏 6 GW，到年底我国光伏发电累计装机容量将突破 31 GW。近日中国政府通过国家发改委作出承诺：到 2017 年将光伏安装量目标提高到 70 GW，预计包括 35 GW 的分布式安装量，高于此前目标。另外，根据规划我国 2015 年太阳能装机目标为 35 GW，2020 年装机目标为 100 GW。

2. 中国太阳能光伏发电系统的应用实例

1）辽宁建昌贫困无电山区独立家用太阳能光伏电源系统示范工程

该示范工程为中德科技合作"黄金计划"中的子项目，由国家计委能源研究所、建昌县农电局与德国 ASE 公司承担。项目于 1997 年 3 月将太阳能电池组件总功率 22 650 W、总计 353 套独立家用太阳能光伏电源系统安装完毕，投入使用。使用以来，运行可靠，发电正常，性能优良，满足了盼电多年的 353 户无电贫困山区农民点电灯、看电视、听收音机等用电需要。

2）西藏措勤 20 kW 独立光伏电站

西藏措勤县 20 kW 光伏电站，位于西藏自治区阿里地区措勤县县政府所在地，是一座以柴油发电机组作为备用电源的离网型的小型独立光伏电站。

措勤县位于号称"世界屋脊"的西藏阿里地区，距地区所在地狮泉河镇 783 km，距拉萨市 969 km，全县总人口 10 510 人，县城人口 226 户 678 人。措勤县不但无煤、油、气等化石能源资源，而且也缺乏小水电资源，但却拥有极为丰富的太阳能资源可以开发利用。

建设光伏电站的目的，是为了解决县政府所在地各单位的办公用电和居民的照明、听收音机、看电视等用电，以节约从 1000 km 外运进的柴油。

电站建于海拔高度达 4700 m 的世界屋脊，是当时世界上最高的光伏电站之一。

电站的发电系统由太阳能电池方阵、蓄电池组、直流控制器、直流-交流逆变器、交流配电柜和备用电源系统（包括柴油发电机组和整流充电柜）等组成。

电站太阳能电池方阵的总功率为 20kW，年发电量可达 43 000 kW·h，总投资为 290 万元。电站于 1994 年 12 月正式建成发电，投入试运行，于 1995 年 10 月通过了国家级验收。

3）输油输气管道阴极保护太阳能光伏电源系统

在塔里木盆地中，有一片面积达 30 万平方公里的我国最大的沙漠，这就是闻名世界的塔克拉玛干沙漠。塔中 4 油田位于塔克拉玛干沙漠腹地，有 35.7 平方公里的含油面积和达亿吨的石油储量,在整个塔里木盆地至 1996 年为止已探明的油气储量中规模最大。

国家计委-中国科学院能源研究所承担了横贯塔克拉玛干沙漠、总长 302.49 km 的塔里木油田塔中 4 到轮南输油输气管道阴极保护设备及仪表设备用太阳能电源系统(见图 8-9)的设计与工程建设任务。工程于 1996 年 5 月签订合同,至 1996 年 11 月安装完毕投入运行,并于 1996 年 12 月通过初验。

阴极保护是金属的一种电化学防腐方法,目前广泛用于地下管道保护,如输油管、输气管、水管等。阴极保护需要外电源和经常的维护管理。阴极保护电源所需功率较小,但要求供电稳定可靠,以保证管道电位控制在一定的保护范围之内。太阳能电池电源,供电稳定可靠,维护量极小,可以无人值守,是理想的阴极保护电源。

塔中 4 到轮南输油输气管道共有 9 个子站。1# 站和 9# 站两个首末站由交流电供电。2# ~8# 站为沙漠腹地站,均配备独立的太阳能电源系统为阴极保护设备和仪表设备供电。2# ~8# 站各个子站的太阳能电池用量为 5700 W,7 个子站的总用量为 39 900 W,控制器选用 24V/180A/6000W 控制器,7 个子站共用 7 台,蓄电池容量为 6000 A·h,共 7 套。

图 8-9　阴极保护系统用太阳能光伏发电站　　　图 8-10　21 世纪中国乡村太阳能示范学校

4)21 世纪中国乡村太阳能示范学校工程

根据联合国教科文组织工程技术处处长 Boris Berkovski 先生的建议,中国科学技术协会与联合国教科文组织合作,于 1996 年在河北省保定市满城县岭西中学成功地进行了"21 世纪中国乡村太阳能示范学校"项目首选点的工程建设。

岭西中学位于河北省保定市满城县西北 25 km 的太行山麓,是一所初级中学,校舍面积 1790 m²,有教学班 10 个,在校学生 582 人,其中住宿生 235 人。

该示范电站(见图 8-10)是以太阳能电池发电为主并辅以交流市电的独立电站。电站的系统配置由太阳能电池方阵、蓄电池组、控制器、逆变器和交流配电屏等部分组成。太阳能电池选用 D1000×400 型单晶硅太阳能电池组件,其峰值功率为 4 kW。蓄电池组选用 GGM-500 型固定用铅酸蓄电池,容量为 500 A·h。太阳能电源控制器选用 TDCK-600 型太阳能电源控制器。逆变器选用 JK-2-3000 型逆变电源 2 台。交流配电屏选用 JK-3-20K 型交流配电屏。太阳能光伏发电通过逆变器后,经交流配电屏向负载输出 220 V 单相交流电;或将接入交流配电屏的 380 V 三相交流电直接向负载供电。

另外,根据学校的迫切需要及资金可能,还建成了 3 种光热利用示范项目,它们分别是:总建筑面积 160 m² 的被动式太阳房;每天可供 20 多人洗澡的集热面积约为 10 m² 的太阳能浴室；可为教师和部分学生提供饮用开水的额定功率约为 1200 W 的太阳灶 2 台。

5）川藏线上的牧区太阳能广播电视中转机站

地处川藏高原的藏族牧区，地广人稀，交通不便，电力供应也十分困难，要实现村村寨寨通广播电视有较大难度。但是，这些高原山区却有得天独厚的太阳能资源，采用太阳能电池技术，对于解决一定数量的电源很有实效。图 8-11 所示为 2006 年 7 月建成的，地处四川省雅江县海拔高度 4600 多米的剪子弯山上的某广播电视中转机站。该站建于剪子弯山顶某浅谷内，数量可观的太阳能电池方阵在造福牧区群众的同时，也向牧区人民展现着现代技术的魅力。

图 8-11　川藏公路边的牧区广播电视中转机站　　图 8-12　青海玉树藏族自治州曲麻莱光伏电站

6）青海玉树藏族自治州曲麻莱光伏电站

2014 年 2 月 10 日，世界最大离网光伏电站（曲麻莱光伏电站）在我国青海玉树藏族自治州曲麻莱县建成并试运行，如图 8-12 所示。

该电站 2012 年由青海省科技厅组织中广核太阳能科技有限公司实施国家金太阳工程项目建设。项目光伏总装机容量为 7.203 MW，电站采用离网型全光伏储能发电模式，不带任何其他转子发电电源，储能总容量为 25.7 MW·h。采用锂电池储能系统（5 MW·h）、铅酸蓄电池储能系统（20.7 MW·h），以微电网构架搭建的光储离网电站，可解决曲麻莱县城常住户 3866 户 11429 人以及自来水厂、肉联厂、鹿厂、砖厂、寺院等用电大户的无电、缺电问题。

7）青海格尔木光伏电站

格尔木 200 MW 并网光伏电站于 2011 年 10 月 29 日并网发电，如图 8-13 所示。

格尔木 200 MW 并网光伏电站占地面积 5.64 平方千米，是目前世界上单体规模、总装机容量最大的光伏电站，年平均上网发电量 3.17 亿千瓦时。与火电相比，每年可节约标准煤 118 558 吨，减少碳排放 53 423 吨，减少粉尘排放 1540 吨。站内布置有电池阵列、逆变器室、箱式变、升压站、生产楼等，总投

图 8-13　青海格尔木光伏电站

资 32.6 亿元。

8）青海龙羊峡水光互补光伏电站

2013 年 12 月 4 日，龙羊峡水光互补 320MW 并网光伏电站（见图 8-14）开始启动并试运行，这是目前全球最大的一次投资、一次建成的水光互补项目。

图 8-14 青海龙羊峡水光互补光伏电站

龙羊峡水光互补光伏电站于 2013 年 3 月 25 日在青海共和光伏发电园区开工建设，项目占地 9.16 平方公里，生产运行期为 25 年。工程建成投运后，年平均上网电量约为 4.83 亿千瓦时，对于承担西北电网第一调频调峰的龙羊峡水电站来说，水光互补项目将打破多年已形成的整个梯级联合调度的格局。

龙羊峡水光互补光伏电站施工量非常大，但建设期仅为 8 个月，在这期间，共浇筑 40 余万支架桩基础，安装电池组件约 136 万片、汇流箱 4486 台等，布置电缆总长超过 3200 公里，可环绕青海湖十圈。

复习思考题

8-1 什么是光伏发电？太阳能光发电还有哪些其他方式？

8-2 什么是太阳能电池？太阳能电池可以分成哪几类？其工作原理是怎样的？

8-3 什么是太阳能电池方阵？它是如何设计的？

8-4 什么是独立太阳能光伏发电系统？什么是联网太阳能光伏发电系统？它们有什么不同？

8-5 联网太阳能光伏发电系统有哪些优越性？住宅联网光伏发电系统有哪些特点？如何实现？

8-6 我国太阳能光伏发电为何得以快速发展？前景如何？

第九章　生物质能发电技术

生物质是指通过光合作用而形成的各种有机体，包括所有的动植物和微生物。生物质能是太阳能以化学能形式储存在生物质中，并以生物质为载体的能量。它直接或间接地来源于绿色植物的光合作用，可转化为常规的固态、液态和气态燃料，并且取之不尽、用之不竭，是一种可再生能源。生物质能的原始能量来源于太阳，所以从广义上讲，生物质能是太阳能的一种表现形式。

自 1973 年第一次石油危机冲击之后，开发利用生物质能技术得到世界各国的重视和发展。特别在当今化石燃料日趋枯竭、节能减排迫在眉睫的双重压力下，生物质能作为与太阳能、风能并列的可再生能源之一，更加受到国际上广泛的重视。

生物质能发电技术就是利用生物质和生物质加工转换形成的固体、液体和气体燃料为动力的发电技术，其动力机可以是内燃机、斯特林发动机、燃气轮机和汽轮机。

9.1　生物质与生物质能

9.1.1　生物质与生物质能资源

生物质能来源于生物质。所谓生物质，就是所有来源于植物、动物和微生物的除矿物燃料外的可再生的物质。动物的生存以植物为主，而植物通过光合作用把太阳能转变为生物质的化学能。故从根本上说，生物质能来源于太阳能，是取之不尽的可再生能源和最有希望的"绿色能源"。

1. 生物质

生物质种类和蕴藏量都是极其丰富的，科学家曾经估计全球生物物种有 150 万。随着科学研究的深入，这一数字已经上升到 3000 万～5000 万，热带雨林的生物多样性最为丰富，生活着全世界半数以上的物种。

生物界分为动物界和植物界，这是由瑞典博物学家林奈（Carolus Linnaeous）在 18 世纪提出的。我们现在利用的生物质能主要来自自然界的各种植物。自然界植物是经过长时间的进化发展而来的，种类繁多，形态各异。迄今为止，已知的植物约有 50 多万种，它们的形态、结构、生活习性以及对环境的适应性各不相同，千差万别。

2. 生物质能资源

1）资源的概念

资源特别是自然资源，一般是指在一定时期、地点的条件下能够产生经济价值，提高人类当前和将来福利的自然因素和条件，如土壤、草地、水、森林、矿藏、野生动植物、水生动植物、阳光、空气等。

地球上的自然资源一般包括气候资源、水资源、矿物资源、能源和生物资源。其中，生物资源是有生命的自然资源，包括动物、植物和微生物。生物资源和其他非生物资源的不同点在于它是一种可再生的自然资源，如果进行合理的开发，能够长期利用。

资源从再生性角度可划分为再生资源和非再生资源。再生资源在人类参与下可以重生新的资源，如农田，如果耕作得当，可以使地力常新，不断为人类提供新的农产品。

2）生物质能资源

生物学的研究表明，绿色植物通过太阳光能的光合作用，把二氧化碳和水合成为储藏能量的有机物，并释放出氧气。绿色植物和氧气使动物和微生物得以生存，动物、植物和微生物都含有大量的有机物，从而成为生物质能的载体。所以，生物资源也是生物质能资源。利用地球上的绿色植物及其所"喂养"的动物，包括由此产生的各种各样的垃圾、废弃物，即可开发出不同类型的生物能源。

地球上的生物质能资源极其丰富，且属无污染、无公害的能源。以热量来计算，地球表面积共 5.1×10^8 km^2，其中陆地表面积 1.49×10^8 km^2，海洋表面积 3.61×10^8 km^2。陆地植物每年可固定的太阳能为 1.97×10^{21} J，按每 1 kg 绿色植物的发热量为 1.7×10^4 J 计，即相当于 1.180×10^{11} t 有机物；海洋植物每年可固定的太阳能为 9.2×10^{20} J，每 1 kg 海洋植物的发热量也按 1.7×10^4 J 计，则相当于 5.5×10^{10} t 有机物。这样，若地球表面全部都覆盖上植物，这些绿色植物每年可以"固定"的太阳能，相当于产生 1.73×10^{11} t 有机物质。

实验表明，1 t 有机碳燃烧释放的热量为 4.017×10^{10} J。以 1.73×10^{11} t 有机物所拥有的能量计算，可相当于全世界能源总消耗量的 $10\sim20$ 倍，而目前只有 $1\%\sim3\%$ 的生物能源被人类利用，主要用于取暖、烹饪和照明。但是，即便如此，在当今世界能源消费结构中，生物质能仍然是排名为煤、石油、天然气之后的第四大能源。

9.1.2 生物质能的分类

对于如何将生物质能进行分类，有着不同的标准。例如，依据是否能大规模代替常规化石能源，而将其分为传统生物质能和现代生物质能。广义地讲，传统生物质能指在发展中国家小规模应用的生物质能，主要包括农村生活用能：薪柴、秸秆、稻草、稻壳及其他农业生产的废弃物和畜禽粪便等；现代生物质能是指可以大规模应用的生物质能，包括现代林业生产的废弃物、甘蔗渣和城市固体废物等。

以下将依据来源的不同，将适合于能源利用的生物质分为林业资源、农业资源、生活污水和工业有机废水、城市固体废物及畜禽粪便等五大类。

1. 林业资源

林业生物质资源是指森林生长和林业生产过程提供的生物质能源，包括白杨与悬铃木以及赤杨等薪炭林，苜蓿和芦苇等草木类，森林抚育和间伐作业中的零散木材、残枝、树叶和木屑，木材采运和加工过程中的枝丫、锯末、木屑、梢头、板皮和截头，林业副产品的废弃物，如果壳和果核。

2. 农业资源

农业生物质能资源是指：① 农业作物：包括产生淀粉可发酵生产酒精的薯类、玉米、甜高粱等，产生糖类的甘蔗、甜菜、果实等，以及油料作物；② 能源植物：通常包括草本能源作物，可以提炼石油的橡胶树、蓝珊瑚、桉树、葡萄牙草等，可制取碳氢化合物植物，包括海洋生的马尾藻、巨藻、石莼、海带等，淡水生的布带草、浮萍等，微藻类的螺旋藻、小球藻等，以及蓝藻、绿藻等；③ 农业生产过程中的废弃物：如农作物收获时残留在农田内的农作物秸秆(玉米秸、高粱秸、麦秸、稻草、豆秸和棉秆等)；④ 农牧加工业的废弃物：如农产品加工过程中剩余的稻壳、畜牧业废弃物(如骨头、皮毛)。

3. 生活污水和工业有机废水

生活污水主要由城镇居民生活、商业和服务业的各种排水组成，如冷却水、洗浴排水、盥洗排水、洗衣排水、厨房排水、粪便污水等。工业有机废水主要是酒精、酿酒、制糖、食品、制药、造纸及屠宰等行业生产过程中排出的废水，其都富含有机物。

4. 城市固体废物

城市固体废物主要是由城镇居民生活垃圾，商业、服务业垃圾和少量建筑业垃圾等构成。其组成成分比较复杂，受当地居民的平均生活水平、能源消费结构、城镇建设、自然条件、传统习惯以及季节变化等因素的影响。

5. 畜禽粪便

畜禽粪便是畜禽排泄物的总称，它是其他形态生物质(主要是粮食、农作物秸秆和牧草等)的转化形式，包括畜禽排出的粪便、尿及其垫草的混合物。我国主要的畜禽包括鸡、猪和牛等，其资源量与畜牧业生产有关。根据这些畜禽的品种、体重、粪便排泄量等因素，可估算出 2000 年全国畜禽粪便可获得实物量为 3.2 亿吨干物质。

此外，还有一类生物质就是光合成微生物，如硫细菌、非硫细菌等。

9.2　生物质能的转化与热裂解技术

9.2.1　生物质能转化技术

生物的多样化使生物质能的应用方式也趋于多样化。各种不同的生物质可采用不同的加工工艺转化为不同的能源形式，从而达到不同的应用途径。

1. 生物质转化的能源形式

1) 直接燃料

采用直接燃料的目的是获取热量。燃烧热值的多少因生物质的种类而不同，并与空气(氧气)的供应量有关。有机物氧化的越充分，产生的热量越多。直接燃烧是生物质利用最古老、最广泛的方式，但存在的问题是直接燃烧的转换效率很低，一般不超过 20%(节柴灶最多可达 30%)。

2) 绿色"石油燃料"——酒精

把植物纤维素经过一定的加工改造、发酵即可获得乙醇(酒精)。用酒精作燃料，可大大减少石油产品对环境的污染，而且其生产成本与汽油基本相同。科学研究表明：生产1加仑酒精约需要 56 000 热量单位的能量，而 1 加仑酒精至少可以产生 76 000 热量单位的能量，从而增加了 20％的有用能量。若在乙醇里加入 10％的汽油，则燃烧生成的一氧化碳将可大大减少。因此酒精被广泛作为汽油、柴油的替代品用在交通运输上，得到环境保护组织的青睐。车用乙醇汽油的组成是将乙醇脱水后再加上适量汽油形成"变性燃料乙醇"，再与汽油以一定比例混合配制成为"车用乙醇汽油"。

3）甲醇

甲醇是由植物纤维素转化而来的重要产品，是一种环境污染很小的液体燃料。甲醇的突出优点是燃烧中碳氢化合物、氧化氮和一氧化碳的排放量很低，而且效率较高。美国环保局试验表明：汽车使用 85％甲醇和 15％无铅汽油制成的混合燃料，可使碳氢化合物的排放量减少 20％～50％。

4）沼气

沼气是高效气体燃料，主要成分为甲烷（55％～70％）、二氧化碳（约占 30％～35％）和极少量硫化氰、氢气、氨气、磷化三氢、水蒸气等。1776 年，意大利物理学家伏尔泰首先发现在厌氧状态下有机物质腐败过程能产生甲烷气体。

在第二次世界大战期间，由于欧洲能源紧缺，法国、德国等欧洲国家相继兴建了大批沼气发酵工程，成为战时能源供应的重要来源。但随后，由于化石燃料"价廉物美"的竞争，沼气工程相继被迫停产。1973 年，全球发生石油危机，同时，鉴于其有利于环境保护和对废物的合理开发利用的特点，沼气作为可再生能源的地位在世界上受到各国政府的普遍重视。仅在 1976～1986 年 10 年间，西欧各国就兴建了 743 个沼气工程。

5）垃圾燃烧供能

城市垃圾经过分类处理后，可在特制的焚烧炉内燃烧，并利用其产生的热量发电，是又一生物质能资源。这与垃圾发酵产生沼气燃烧发电的方法可谓"殊途同归"。

6）生物质气化生产可燃气体及热裂解产品

生物质燃气是可燃烧的生物质如木材、锯末屑、秸秆、谷壳、果壳等在高温条件下经过干燥、干馏热解、氧化还原等过程后产生的可燃混合气体。其主要成分有 CO、H_2、CH_4、$CmHn$ 等可燃气体及不可燃气体 CO_2、O_2、N_2 和少量水蒸气。另外，还有大量煤焦油，它是由生物质热解后释放出的多种碳氧化合物组成的。不同的生物质资源气化产生的混合气体含量有所差异。生物质在完全无氧或只提供有限的氧气条件下进行热裂解时，不会大量发生气化，生物质分解为气体（不可凝的挥发物）、液体（可凝的挥发物）和固体碳。上述产品均可作为燃料使用，其中生物油还是用途广泛的有机化学原料。

生物质气化产生的混合气体与煤、石油经过气化后产生的可燃混合气体——煤气的成分大致相同，为了加以区别，俗称"木煤气"。

2. 生物质能的转化技术

生物质能转化利用途径主要包括燃烧、热化学法、生化法、化学法和物理化学法等（如图 9－1 所示）。

生物质燃烧技术是传统的能源转化形式，是人类对能源的最早利用。生物质燃烧所产生的能源可应用于炊事、室内取暖、工业过程、区域供热、发电及热电联产等领域。

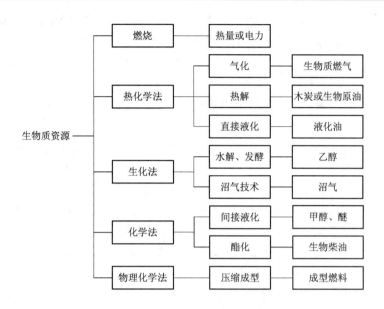

图 9-1 生物质能转化利用途径

热化学法包括热解、气化和直接液化。热解是指在隔绝空气或通入少量空气的条件下，利用热能切断生物质大分子中的化学键，使之转变为低分子物质的热化学反应。热解的产物包括醋酸、甲醇、木焦油抗聚剂、木馏油和木炭等。

气化是以氧气、水蒸气或氢气等作为气化剂，在高温的条件下通过热化学反应将生物质中可燃部分转化为可燃气（主要为一氧化碳、氢气和甲烷等）的热化学反应。气化可将生物质转换为高品质的气态燃料。

液化是把固体状态的生物质经过一系列化学加工过程，使其转化成液体燃料（主要是指汽油、柴油、液化石油气等液体烃类产品，有时也包括甲醇、乙醇等醇类燃料）的清洁利用技术。与热解相比，直接液化可以生产出物理稳定性和化学稳定性都更好的液体产品。

生化法是依靠微生物或酶的作用，对生物质能进行生物转化，生产出如乙醇、氢、甲烷等液体或气体燃料。

酯化是指将植物油与甲醇或乙醇在催化剂和 $230\sim250\,^{\circ}C$ 温度下进行酯化反应，生成生物柴油，并获得副产品——甘油。生物柴油可单独使用以替代柴油，又可以一定比例（2％～30％）与柴油混合使用。

压缩成型是生物质的物理化学处理方式，是利用木质素充当黏合剂将松散的秸秆、树枝和木屑等农林废弃物挤压成固体燃料，提高其能源密度，改善燃烧特性。

目前研究开发的转换技术主要分为物理干馏、热解法和生物、化学发酵法几种，包括干馏制取木炭技术、生物质可燃气体（木煤气）生成技术、生物质厌氧消化（沼气制取）技术和生物质能生物转化技术。

1）固体生物质燃料制取技术

固体生物质燃料制取技术主要包括生物质干馏制取木炭技术和生物质挤压成型为固体燃料技术。

（1）生物质干馏制取木炭技术。中国是生物质干馏制取木炭技术最古老的使用国之一。在生物资源丰富的国家和地区，直到 20 世纪仍然以木炭为炼钢的主要能源。例如，20

世纪前半期，其他工业化国家早已将木炭炼钢改为焦炭炼钢，而巴西的工业界仍保留木炭炼钢，木炭炼钢技术促进了高炉设计的改进及再造林战略的实施，这得到环境保护主义者和公众的认可。巴西工业每年消耗的木炭量达4500万立方米，其中70%产自原始森林，30%产自人工林。

此外，木炭还是用途很广的工业原料和化工原料，例如木炭可用作吸附剂。

（2）生物质挤压成型为固体燃料技术。压缩成型是利用木质素充当黏合剂将农业和林业生产的废弃物压缩为成型燃料，提高其能源密度，是生物质预处理的一种方式。生物质压缩成型的设备一般分为螺旋挤压式、活塞冲压式和环模滚压成型。将松散的秸秆、树枝和木屑等农林废弃物粉碎成一定细度后，在一定的压力、温度和湿度条件下，挤压成棒状、球状、颗粒状的生物质固体燃料，这时它的能源密度就相当于中等烟煤，热值显著提高，便于储存和运输，并保持了生物质挥发性高、易着火燃烧、灰分及含硫量低、燃烧产生污染物较少等优点。它不仅可用作工业锅炉、工业窑炉的燃料，还可以用作化工原料和家庭燃料，是一种不可多得的清洁商业燃料。

与木炭制取技术类似，生物质挤压成型为固体燃料转化技术的关键是原料的处理。目前采用的一般工艺是将压成棒状的原料进行干馏，一般 2.5～3 t 纯秸秆可制成 1 t 碳棒。如果秸秆与煤粉按 3:1 的比例混合制成炭棒，则可适当降低成本，而且碳棒的物理化学性质与纯秸秆差别不大。这种碳棒具有热值高（高于 30 546 kJ/kg）、固定碳高（达 84% 以上）、强度高（高于焦炭的强度）、灰分低（小于 10%）等特点。这些指标均达到或优于化石原料煤的各项指标。此外，在生产秸秆碳棒的过程中，还可以得到 20% 的木煤气、20% 的木醋液和 10% 的木焦油，达到了很好的综合利用效果。年产 1000 t 秸秆碳棒只需投资约 70 万元，按同等有效成分比较，其成本比现有的碳化煤球低 20% 以上。很明显，生产秸秆碳棒具有投资省、上马快、成本低的优点。国外早在 20 世纪 70 年代初就研制出棒状、颗粒状成型机，并形成了年产几万乃至几十万吨的生产能力。中国近 20 年来也开始了这方面的研究，例如江苏省已建成年产 1000 t 固体棒状燃料生产线。

2）酒精制取技术

酒精这一"绿色石油"来源于绿色植物，是可广泛应用的良好能源形式，有利于经济社会的可持续发展。目前，世界各国都根据各自不同的生物质资源开发酒精的生产。

（1）瑞典、挪威等北欧国家，根据其丰富的森林资源和发达的造纸工业，采用亚硫酸盐纸浆废液发酵生产酒精，其中瑞典从 1980 年开始从木材（速生能源树如柳树、赤杨等）中提取酒精的研究开发，以替代石油燃料。

（2）巴西、古巴等国，利用其盛产甘蔗的优势，采用甘蔗糖作为原料生产酒精。巴西全国在交通运输业中已普遍使用酒精及酒精混合液体燃料（酒精、甲醇、汽油之比为 6:3.3:0.7）。从巴西实施"国家乙醇生产计划"起，到 1981 年，已有近 300 万公顷专用农田生产甘蔗，为 300 家加工厂提供原料，达到了年产 12 亿加仑酒精的生产规模，其中绝大部分用于汽车燃料，占全国汽车燃料的 50%。

（3）新西兰致力于利用饲料、甜菜、紫苜蓿和松树作为原料制取酒精的研究。到 2000 年，仅从松树中提取的能源就可满足该国全国运输部门燃料的需要。

（4）美国能源部于 1977 年制定"国家酒精燃料计划"，利用其大量生产的玉米为原料生产酒精，与汽油混合作为汽车燃料，从而代替汽油燃料，并达到环保目的。

（5）在中国：① 沈阳农大利用北方的甜高粱研制、开发了生产酒精的工艺和技术，获得很好效果。上海交大等国内院校和瑞士洛桑工学院、日本东京大学完成一个国际合作计划，2006 年首先在上海市实现在城市交通中的应用酒精燃料。② 目前由上海交大与广西政府等单位正研制、开发木薯生产酒精的工艺和技术。③ 中原地区盛产玉米等粮食作物，在国家计划委员会等政府部门的支持下，开始了用陈粮生产酒精的工作。

（6）澳大利亚、日本、印度等国也都在进行生产酒精燃料的研究、开发工作。

进入 21 世纪，随着全球各国对化石燃料资源逐渐枯竭和危害环境等情形的高度重视，可以预料，乙醇的需求量将随着社会对环境保护要求的不断增高而大幅度上升，"绿色石油"——酒精的应用范围将不断扩大并得到进一步发展。

3）生物质气化炉技术

目前世界各国研究开发制造的生物可燃气体发生器有多种形式，通常分为热裂解装置和气化炉两大类。

常压下生物质原料在气化炉中经过氧化还原等一系列反应生成可燃性混合气体。由于空气中含有大量氮气，故生物煤气中可燃性气体所占比例较低，热值较低，一般为 $4000 \sim 5800 \ kJ/m^3$。气化炉的工作过程为：生物质原料进入炉内，加一定量燃料后点燃，同时通过进气口向炉内鼓风，通过一系列反应形成煤气。期间可分为氧化层、还原层、热解层、干燥层 4 个区域。

气化炉一般分为流化床、移动床和固定床 3 种。

（1）流化床：流化床技术是近 20 年发展起来的新型燃烧炉。借助于流化物质，例如加热到上千摄氏度的细砂与研细的生物质原料混合，在强大空气流的作用下，形成气固多相流，喷入燃烧室，炙热的细砂将细碎的生物质原料加热燃烧，从而产生出"木煤气"，通过管道引出。

（2）移动床：将生物质原料置于燃烧室中可移动加热面上，连续送入，连续不断地燃烧。

（3）固定床：这是历史最久的气化装置。按照气体在燃烧炉内的流动方向，固定床可分为上吸式、下吸式、平吸式 3 种。

上吸式气化炉（图 9-2（a））是生物质原料从炉上方加入，热空气从炉栅下方通入，在运行过程中原料不断被加热，氧化还原形成木煤气、干馏产物及水分。它们由煤气收集器或上方的煤气管引出。上吸式气化炉形成煤气与热气流流动方向一致，引出煤气阻力较小，煤气中混有较多的干馏挥发物质和水蒸气。上吸式气化炉热转化效率较高，但不适于含水分和焦油过多的生物质原料。

下吸式气化炉（图 9-2（b））的生物原料也是从炉口上方加入，空气则从炉体中下部某一位置沿圆周方向通过风嘴通入炉内。由于风嘴附近有大量空气，原料点燃后急剧氧化，体积不断缩小，新加入的原料不断下移，形成连续不断的进料过程。充分氧化的原料降到炉栅上的碳层并被不断还原成煤气；同时，大量的焦油、水蒸气被炙热的碳分解后，又参加反应生成可燃气体、煤气、焦油蒸气和水蒸气等，从炉栅下部经管道收集引出炉外。下吸式气化炉有效层高度（指氧化层、还原层）不变，工作稳定性好，水蒸气和干馏产物全部通过氧化层高温区，容易被分解参加反应生成可燃气体。但由于所有气体通过炉栅，使得生成的可燃气体混有较多的灰分和杂质，必须加强过滤。

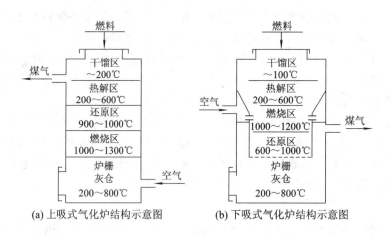

(a) 上吸式气化炉结构示意图　　　(b) 下吸式气化炉结构示意图

图 9-2　上吸式和下吸式气化炉结构示意图

4）沼气的制作——生物质化学厌氧消化技术

（1）厌氧发酵的机理。沼气的产生是不同的微生物在发酵过程中共同作用的结果。根据其不同的作用，微生物可分为纤维素分解菌、脂肪分解菌和果胶分解菌。按它们的代谢产物不同，又可分为产酸细菌、产氢细菌和产甲烷细菌等。实际上，在发酵过程中，这些微生物相互协调、分工合作完成沼气发酵。沼气发酵是纤维素发酵、果胶发酵、氢气发酵、甲烷发酵等多种单一发酵的混合发酵过程。总之，沼气的生产过程是有机物在厌氧条件下被沼气微生物分解代谢，最后形成以甲烷和二氧化碳为主的混合气体的生物化学过程。

经过近 100 多年的研究，特别是近 30 年的研究实践，人们已基本认识和掌握了沼气发酵工艺和影响因素。其关键点如下：

① 严格的厌氧环境。产甲烷菌是严格厌氧菌，对氧特别敏感。它们不能在有氧的环境中生存，哪怕是微量氧气也会使发酵受阻，因此沼气池要严格密闭。

② 菌种的选择和数量的确定。粪便和发酵原料经过堆沤再添加活性污泥作为菌种是最适宜使用，且产甲烷速度极快的方法。一般加入污泥作为接种物，接种量为发酵料液的 $10\%\sim15\%$。

③ 发酵温度。在一定范围内，温度越高，原料消化速度越快，产气量越大。例如，15℃时每吨原料发酵周期为 12 个月，35℃时发酵周期仅为 1 个月，即 35℃ 时 1 个月的产气总量相当于 15℃ 时 12 个月的产气总量。

④ 发酵液的酸碱度（pH 值）。发酵的最佳 pH 值为 6.8～7.5 之间。一般情况下，一个正常发酵的沼气池不需要人工调节 pH 值，而是靠其自动调节保持平衡。但如果 pH 值低于 6 或高于 8，就需要人工调节。

此外，沼气池的压力以及是否搅拌也是很重要的因素。故严格的发酵工艺对于获得快速、高产、质优的沼气至关重要。

（2）沼气池制作技术。沼气由沼气发酵池产生，故沼气制作技术主要指沼气池技术。根据应用环境不同，可分为城镇工业化发酵装置和农村家用沼气装置。城镇工业化发酵装置包括单级发酵池、二级高效发酵池和三级化粪池高效发酵池。农村家用沼气池包括水压式沼气池、浮动罩式沼气池和塑料薄膜气袋式沼气池。

中国在农村推广的沼气池多为水压式沼气池，这种形式的沼气池又称"中国式沼气池"，已为第三世界各国采用。正常情况下，在中国南方这样一个池子可达到年产 $250\sim300$ m^3 沼气，提供一家农户 $8\sim10$ 个月的生活燃料用。水压式沼气池结构如图 9-3 所示。

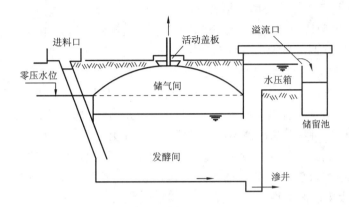

图 9-3　水压式沼气池结构

图 9-3 中的水压箱也称反水箱，如建在发酵房间顶部则称为顶反式，如建在池侧则称为侧反式。池顶覆盖泥土，既可保温，又可抗衡储气间内向上的气体压力；活动盖板方便修理和清扫时工作人员上下活动和通风排气；斜置的进料管便于进料，并可以从进料管中随时搅拌发酵液；发酵间内大量产气后，把发酵液压至水压箱，压力上升，一般控制在 1.5 m 水柱压力之下；使用沼气时，池内压力降低，水压箱的发酵液流回发酵间。这类池的优点是容易建造，可因地制宜使用三合土、灰、沙、砖、石、水泥（少量）等原料。其缺点是压力较高，防漏的要求较严格，如管理不善，容易引起沼气池破裂。此外，采用发酵液压至水压箱减少了发酵间内的有效发酵液的量，影响产气率。同时，发酵液中的氨态氮会在水压箱中挥发掉，对保肥不利。

5）生物质能源的"生物转化"技术

生物质能源的"生物转化"技术是指能高效产生能源生物的培育技术。

（1）"石油植物"的培植。1977 年，美国科学家发现，某些绿色植物能迅速地把太阳能转变为烃类，而烃类是石油的主要成分。据专家预测，全球绿色植物储存的总能量大约相当于 80 000 亿吨标准煤，其中有 90% 储存于森林中。由植物依靠自身的生物机能转化为可利用的燃料，这是生物能转化的又一方式。自然界生长的植物能够生出"石油"的现象，引起了科学家们的极大兴趣。这种"石油"实际上是一种低分子量的碳氢化合物，它的汁液中含有的分子量在 $1000\sim5000$ 之间，与矿物石油性质相近，故科学家将其称为"绿色石油"，将这些能生产生物油的植物称为"石油树"。正是由于美国加利福尼亚大学的卡尔文发现和培育出了"石油草"，才为人类开辟了一个通过光合作用利用太阳能的新天地，他获得了诺贝尔奖。

目前，全球已发现有上千种可生产"绿色石油"的植物。

① 在美国，科学家从一种叫"霍霍巴"的野生常绿灌木植物的乳液中首次成功地提取出一种宛如汽油的液体燃料。经过试用表明，它完全可以作为石油的代用品。美国能源部建立了 5 个由三角叶杨、黑槐、糖槭树、桉树等组成的能源试验林场，用以提取液体燃料。

② 在巴西发现的"石油树"——三叶橡胶树，其胶浆中有 1/3 是石油烃，约达 10 500 kcal/kg 的热量。此外，还有美洲香槐、澳大利亚的阔叶棉等，均可提炼出油类。

③ 加拿大目前正在实验两年轮伐的杨树能源林。

④ 菲律宾种植了 1.2 万公顷的银合欢树。

⑤ 瑞士制定了种植 10 万公顷"能源林"的计划，将解决全国每年石油需求量的 50%。

科学家们特别强调应该大力开发和利用"高光效植物"。所谓"高光效植物"，就是那些光合作用效率高于 5‰ 的植物，例如甘蔗、玉米、甜菜、甘薯等。这些植物具有更高的吸收二氧化碳的能力。选育和大面积种植高光效植物，已成为生物质能开发利用的重要途径。在林业方面研究和培育光合作用效率高、生长快、繁殖力强的树种也十分重要。

（2）能"发电"与回收石油的藻类。蓝藻是一种地球上最古老的生物，早在 30 亿年前就是地球上唯一的生物。蓝藻可在极为险恶的环境下潜伏在水层里，依靠它所含有的叶绿素和藻蓝素利用透射和散射的太阳光进行光合作用，成功地把二氧化碳和水合成碳水化合物。光合作用是太阳能的生物转化过程。这一过程合成的碳水化合物就是太阳能的化身。因此蓝藻是世界上最早的太阳能收集器、储存器。现已发现的蓝藻有 2000 多种，分属于 140 属 20 科。

蓝藻与其他光合细菌最大的区别是，其他光合细菌在光合过程中不会放出氧气，而蓝藻却能源源不断地往空中输送氧气。经过长期不断的释放氧气，终于改变了大气的组成，进而在高空形成臭氧层，挡住紫外线，为以后的需氧生物提供了有利的生存环境，并为海洋生物登陆提供了条件。蓝藻是一种既能光合又能固氮还能放氢的"综合工厂"。蓝藻可以把大气中的游离氮同氢合成氨，此即固氮作用。蓝藻大多分为营养细胞和异型细胞。在光合过程中，营养细胞能制糖和发电，异型细胞在特定条件下能催化放出理想的燃料——氢。更令人感到惊异的是蓝藻竟能发电。近年来，国外用蓝藻进行发电试验取得成功。

作为生物质能源，除蓝藻外的水生植物可利用的还有很多。专家们在进行海藻种植研究中发现，藻类可把太阳能转化为化学能（甲醇），藻类生物可通过厌氧发酵生成甲醇，其转化率可达 50%～70%。此外，将海藻研碎后进行发酵发现，这些藻类能释放出大量的近似甲烷的可燃性气体。据估计，1 公顷海藻一年内可排放出 40 000 m³ 的可燃性气体。还有一种海藻它能在高盐碱的水中产生大量有价值的烃类（其中也含有甘油）。

藻类还能回收石油，如"红巨藻"能以相当其生物量生长速度 50% 的速率合成分泌出一种磺化多糖，可用于从地下的砂质形成物中回收石油，其回收石油的数量等于或高于用商品聚合物得到的数量。

9.2.2　生物质热裂解技术

生物质热裂解生成产物的相对比例取决于热裂解方法和反应条件。与生物质完全气化所需用的温度要达 800～1300℃ 相比，生物质热裂解所需的温度相对较低，一般为 400～800℃。生物质热裂解的优势在于它能够直接将难处理的固体生物质及其他废弃物比较容易地转化为液体燃料。这些液体物，无论是生物油，还是水－炭浆混合物和生物油－炭浆混合物，在运输、储存、燃烧、改性以及生产、销售的灵活性方面都优于原始物质。生物质原料及其热裂解产物的能量密度如表 9-1 所示。

表 9-1　生物质原料及其热裂解产物的能量密度

表 9-1　生物质原料及其热裂解产物的能量密度

原　　料	稻草	木屑	生物油	炭	水－炭浆(1∶1)	油－炭浆(4∶1)
体积密度/(kg/m³)	100	400	1200	300	1000	1150
干基热值/(GJ/t)	20	20	25	30	15	24
能量密度/(GJ/m³)	2	8	30	9	15	28

从表 9-1 中可以看出，生物油和炭浆的混合物比木屑和稻草在体积密度尤其是能量密度方面具有明显优势，这种优势对于长途运输以及搬运、储存是非常有利的。其次，一次生物油在应用和销售上，还具有较大优势，且在燃烧工艺上也比较容易操作。

生物质热裂解产生的液体为棕黑色的热裂解油，又称为生物油或生物原油。根据工艺不同，生物质热裂解产生两类热裂解油：一种是闪速生物质热裂解工艺产生的一次生物油；另一种是常规和慢速热裂解工艺产生的二次油或焦油。由于在储存和应用上存在的重要差异，故人们对在闪速生物质热裂解工艺产生的一次生物油非常重视。另一种液体产品是浆体燃料，它是用水和炭添加稳定悬浮态的化学品制成的，也可以用生物油和炭制成生物油－炭浆体燃料。

9.3　生物质能的应用与发电技术

9.3.1　生物质能的特点及其应用

1. 生物质能的特点与应用现状

生物质能属于分散性、劳动密集型和占地较多的能源。它主要以薪柴的形式存在，其应用方式主要是直接燃烧。随着人类社会的不断发展，对能源的需求不断增长，生物能源天然储量逐渐枯竭，新的形式的能源如煤炭、石油、水力、天然气、核能等被大量开发应用。由于新的形式的能源能量密度高、容易利用和开发，从而导致生物质能被逐渐取代。

在发达国家，尽管某些国家和地区的能耗结构中生物能源仍占较高比例，如芬兰达15%、瑞典达 9%，但就整个工业化国家而言，生物能源占一次能源的比例不超过 3%。在发展中国家，由于经济和社会原因，生物能源仍占较高比例，尤其在少数国家和地区生物能源所占比例非常高，如尼泊尔生物能源占一次能源的比例高达 95%，肯尼亚达到 75%，印度达到 50%，中国达到 33%，巴西达到 25%，埃及和摩洛哥达到 20%。

生物能源的优点首先在于其经济性。生物能源属于可再生资源，一般都是使用本国的原产物，不需进口，并为该国的农业、林业的发展提供条件；生物资源便宜，易于获得；其转化装置可大可小，因地制宜。其次，从环境保护的角度出发，燃烧生物质所产生的污染远低于矿物质燃料。目前利用生物能源的技术还使许多废物、垃圾的处置问题得到缓解。

生物质能是以生物质的实物形式存在的，相对比风能、水能、太阳能和潮汐能等，生物质能是唯一可存储和运输的可再生能源。生物质的组织结构与常规的化石燃料相似，它的利用方式与化石燃料类似。常规能源的利用技术无需做大的改动，就可以应用于生物质能。但生物质的种类繁多，分别具有不同特点和属性，利用技术远比化石燃料复杂与多样，除了常规能源的利用技术以外，还有其独特的利用技术。

显然，与其他可再生能源一样，大规模利用生物质能的最有效途径之一，是首先将其转化为可驱动发电机的能量形式，如燃气、燃油、酒精等，再按照通用的发电技术发电，然后直接提供给用户或并入电网提供给用户。

2. 生物质能发电的特点

基于生物资源分散、不易收集、能源密度较低等自然特性，生物质能发电与大型发电厂相比，具有如下特点：

（1）生物质能发电的重要配套技术是生物质能的转化技术，且转化设备必须安全可靠、维修保养方便。

（2）利用当地生物资源发电的原料必须具有足够数量的储存，以保证持续供应。

（3）所用发电设备的装机容量一般较小，且多为独立运行的方式。

（4）利用当地生物质能资源就地发电、就地利用，不需外运燃料和远距离输电，适用于居住分散、人口稀少、用电负荷较小的农牧业区及山区。

（5）生物质能发电所用能源为可再生能源，污染小、清洁卫生，有利于环境保护。

9.3.2　生物质能发电技术

生物质能发电技术是利用生物质及其加工转化成的固体、液体、气体为燃料的热力发电技术，其原动机可以根据燃料的不同、温度的高低、功率的大小分别采用煤气发动机、斯特林发动机、燃气轮机和汽轮机等。下面介绍几种典型的生物质能发电形式。

1. 直接燃烧发电

在发达国家，目前生物质燃烧发电占可再生能源(不含水电)发电量的 70%。例如，在美国与电网连接的以木材为燃料的热电联产总装机容量已经超过了 7 GW，输出电力中一部分按照公用事业调整政策法(PURPA)规定，以 0.065～0.080 美元/kW·h 的价格销售给电网。此外，在偏远的地区也有相当数量以木材为燃料的自备热电联产。

我国生物质燃烧发电也有一定的规模，南方地区许多糖厂利用甘蔗渣发电，仅广东和广西两省就有小型发电机组 300 余台，总装机容量 800 MW。近年来，我国生物质直燃发电装机容量逐年增加，到 2010 年 6 月，生物质发电项目累计超过了 170 个，总装机规模达到 5500 MW，已经有超过 50 个生物质发电项目实现了并网发电，发电装机容量达到 2000 MW 以上。

生物质燃烧发电技术根据不同的技术路线，可分为汽轮机、蒸汽机和斯特林发动机等。各种生物质发电技术主要对比见表 9-2。

表 9-2　生物质燃烧发电技术对比

工作介质	发电技术	装机容量	发展状况
水蒸气	汽轮机	5～500 MW	成熟技术
水蒸气	蒸汽机	0.1～1 MW	成熟技术
气体(无相变)	斯特林发动机	20～100 kW	发展和示范阶段

　　生物质直接燃烧发电是一种最简单和直接的方法，但是由于生物质燃料密度较低，其燃烧效率和发热量都不如化石燃料，通常应用于有大量工、农、林业生物废弃物需要处理的场所，并且大多与化石燃料混合或互补燃烧。显然，为了提高热效率，也可以采取各种回热、再热措施和各种联合循环方式。

2. 甲醇发电技术

　　甲醇作为发电站燃料，是当前研究开发利用生物能源的重要课题。日本专家采用甲醇气化－水蒸气反应产生氢气的工艺流程，开发了以氢气作为燃料驱动燃气轮机带动发电机组发电的技术。日本建成 1 座 1000 kW 级甲醇发电实验站并于 1990 年 6 月正式发电。甲醇发电的优点除了低污染外，其成本也低于石油发电和天然气发电，因此很具吸引力。利用甲醇的主要问题是燃烧甲醇时会产生大量的甲醛（比石油燃烧多 5 倍）。一般认为甲醛是致癌物质，且有毒，刺激眼睛，导致目前对甲醇的开发利用存在分歧，应对其危害性进一步进行研究观察。

3. 城市垃圾发电技术

　　当今世界，城市垃圾的处理是一个非同小可的问题。垃圾焚烧发电最符合垃圾处理的减量化、无害化、资源化原则，特别是采用综合处理系统效果更佳。详情请见第五章。

　　此外还有一些其他的方式。例如：1991 年德国建成欧洲最大的处理 10 万吨城市垃圾的凯尔彭市垃圾处理场。该处理场采用筛网和电磁铁等机械设备，把废纸、木料和有机物运到沼气发酵场生产沼气，再用于发电。1992 年加拿大建成第 1 座下水道淤泥处理工厂，把干燥后的淤泥无氧加热到 450℃，使 50% 的淤泥气化，并与水蒸气混合转变成为饱和碳氢化合物，作为燃料供低速发动机、锅炉、电厂使用。

4. 生物质燃气发电技术

　　生物质燃气（木煤气）发电技术中的关键技术是气化炉及热裂解技术。

　　生物质燃气发电系统如图 9-4 所示，它主要由气化炉、冷却过滤装置、煤气发动机、发电机等 4 大主机构成，其工作流程为首先将生物燃气冷却过滤送入煤气发动机，将燃气的热能转化为机械能，再带动发电机发电。

　　生物质燃气发电系统主要包括以下几部分：

　　1）气化炉

　　气化炉的结构与工作原理上节已述，不再重复。

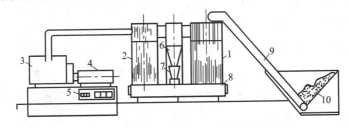

1—煤气发生炉；2—煤气冷却过滤装置；3—煤气发动机；4—发电机；

5—配电盘；6—离心过滤器；7—灰分收集器；8—底座；9—燃料输送带；10—生物质燃料

图 9-4　生物质燃气发电系统

2）冷却过滤装置

木煤气从气化炉引出后，含有大量的灰分杂质，其中煤焦油、水蒸气的温度高达 100～300℃，在送入煤气发动机前必须很好地过滤和冷却。因为煤气发动机的气门、活塞、活塞环等运动部件配合间隙要求很高，焦油和灰尘极易造成粘连和磨损，高温气体和水蒸气则会影响机器的换气质量和数量，造成直接功率损失。这些都直接关系到发动机运行特性和使用寿命。

冷却过滤装置分粗滤和细滤。粗滤多采用离心式和加长管路多次折返装置，从而将大颗粒炭灰杂质清除。细滤多采用瓷环、棕榈火柴杆、玻璃纤维、毛毡和棉纱细密物质，并在过滤的同时喷淋洁净的冷水，将煤气冷却到常温。一般采用三级过滤，即一次粗滤和两次细滤。经过滤清后的煤气，其清洁程度应达到专业标准规定：含灰分杂质量为 40 mg/m³ 以下，温度为环境温度。

3）煤气发动机

滤清后的煤气与洁净空气在混合器中按一定比例混合，进入煤气发动机。煤气发动机由汽油机或柴油机改装而成，其压缩比与汽油机或柴油机不同。这是由于煤气的热值远比石油燃料热值低，故发动机的功率要下降 30％左右。

4）发电机

发动机运转带动发电机工作。对于小型发电机，为简化机构，多采用相同的转速，以节省一套变速机构。

稻壳发电装置在中国具有一定程度的开发利用，其技术关键在于稻壳气化炉的设计、制造。

5. 沼气发电技术

沼气应用已有 80 多年的历史。尤其是广大农村"因地制宜"的家用沼气发生装置，不仅解决了广大农村长期以来缺乏燃料的困难，还大大改善了农民的居住环境和生活环境。据不完全统计，到 2000 年底中国农村已有家用沼气池 764 万个，共有 3500 多万人口使用沼气，年产沼气达 26 亿立方米，成为世界上建设沼气发酵装置最多的国家。能源"十二五"规划要求优化发展户用沼气，加快发展集中沼气，到 2015 年，农村沼气用户达到 5000 万户，建设 3000 个规模化养殖场沼气集中供气工程，农村沼气年利用量达到 190 亿立方米。

沼气发电技术分为纯沼气电站和沼气－柴油混烧发电站，按规模分为 50 kW 以下的小型沼气电站、50～500 kW 的中型沼气电站和 500 kW 以上的大型沼气电站。

沼气发电系统工艺流程如图 9-5 所示。沼气发电系统主要由消化池、汽水分离器、脱硫化氰及二氧化碳塔、储气柜、稳压箱、发电机组（即沼气发动机和沼气发电机）、废热回收装置、控制输配电系统等部分构成。

沼气发电系统的工艺流程为消化池产生的沼气经汽水分离器、脱硫化氰及脱二氧化碳塔净化后，进入储气柜，经稳压箱进入沼气发动机驱动沼气发电机发电。发电机所排出的废水和冷却水所携带的废热经热交换器回收，作为消化池料液加温热源或其他再利用。发电机所产出电流经控制输配电系统送往用户。

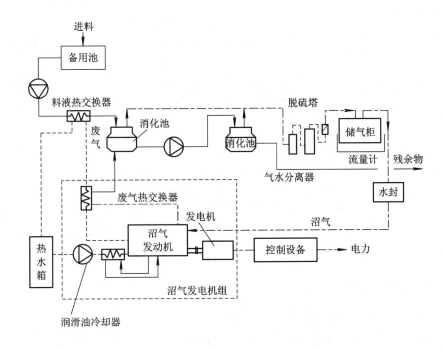

图 9-5　沼气发电系统工艺流程图

沼气发电系统主要包括以下几部分：

1）沼气发动机

与通用的柴油发动机一样，沼气发动机的工作循环包括进气、压缩、燃烧膨胀做功、排气 4 个基本过程。由于沼气的燃烧热值、特点与柴油、汽油不同，沼气发动机的技术关键在于压缩比、喷嘴设计和点火技术。其特点如下：

（1）沼气是甲烷、二氧化碳及少量的一氧化碳、氢、硫化氢和碳氢化合物等组成的混合气体，是抗爆性高的气体。沼气发动机可采用较高的压缩比。

（2）密闭条件下，沼气与空气的混合比在 5%～15% 之间，一遇火种即引燃并迅速燃烧、膨胀，从而获得沼气发动机理想的工作范围。

（3）沼气在低速燃烧（0.268～0.428 m³/s）时液化困难，须考虑将沼气发动机的点火期提前。

（4）沼气中含有硫化氢等有害成分，会对金属设备造成腐蚀，故在进入发动机前必须进行脱硫化氢、脱二氧化碳净化处理，且金属管道和发动机部件要采用耐腐蚀材料制造。

2）发电机

根据具体情况可选用自身作为励磁电源的同步发电机和须与外接励磁电源配用的感应发电机，与沼气发动机配套使用。上述发电机为通用发电机，无特殊要求。

3）废热回收装置

采用水-废气热交换器、冷却排水-空气热交换器及余热锅炉等废热回收装置回收利用发动机排除的沼气废热（约占燃烧热量的 65%～70%）。通过该措施，可使机组总能量利用率达到 65%～68%。废热回收装置所回收的余热可用于消化池料液升温或采暖空调。

4）气源处理

气源须进行疏水、脱硫化氢处理，将硫化氢含量降到 $500\ mg/m^3$ 以下，并且要经过稳压器使压强保持在 $1470\sim2940\ Pa$ 再输入发动机用。同时，为保证安全用气，在沼气发动机进气管上必须设置水封装置，防止水进入发动机。

沼气发电也适用于城市环卫部门垃圾发酵及粪便发酵处理。广东省佛山市环卫处军桥沼气电站就是采用的粪便发酵处理。

沼气电站适于建设在远离大电网、少煤缺水的山区农村地区。中国是农业大国，商品能源比较缺乏，一些乡村地区距离电网较远，在农村开发利用沼气有着特殊意义。无论从环境保护还是发展农村经济的角度考虑，沼气在促进生物质良性循环、发展庭园经济、建立生态农业、维护生态平衡、建立大农业系统工程中都将发挥重要作用。经过 40 余年的发展，中国的沼气发电已初具规模，研究制造出 $0.5\sim250\ kW$ 各种不同容量的沼气发电机组，基本形成系列产品。

9.3.3 生物质发电技术的发展

生物质发电技术主要分为燃烧发电和气化发电两种。

生物质燃烧发电（包括城市固体废物发电）技术类似于燃煤技术，已经基本达到成熟阶段，且风险最小，已经进入商业化应用阶段。气化发电技术能获得较高效率，目前尚处于商业化的早期阶段，也有将气化装置应用于混合燃烧中用于发电。

生物质与煤混合燃烧发电技术十分简单，具有很大的发展潜力，并且可以迅速减少二氧化碳的排放量，此项技术在挪威、瑞典和北美地区得到应用。在美国，约有 300 多家发电厂采用生物质能与煤混合燃烧技术，装机容量达 9000 MW，预计还有更多的发电厂将有可能采用此技术。此外，还有利用城市固体废物热解气发电和沼气发电等技术。

在经济合作与发展组织（OECD）国家，2001 年生物质能提供了约 1.3% 的电力，仅次于水能，占可再生能源发电总量的 8.6%。其中，固体燃料发电总量占可再生能源的 5.6%（1990 年为 4.6%），发电量从 1990 年的 59.5 TW·h 提高到 2001 年的 79.6 TW·h，年平均增长率为 2.7%。城市固体废物发电总量占可再生能源的 2.3%，2001 年的发电量为 33 379 GW·h。2001 年沼气发电量为 13 617 GW·h。表 9-3 为 OECD 国家 1990~2001 年生物质能发电总量。

表 9-3 OECD 国家 1990~2001 年生物质能发电总量　　　　GW·h

来　源	1990 年	1995 年	1998 年	1999 年	2000 年	2001 年
工业垃圾	—	9290	13 080	11 329	14 622	16 416
可降解城市固体废物	—	24 946	31 032	31 445	31 873	33 379
不可降解城市固体废物	—	1671	2548	4467	5020	4846
农业、林业废弃物和木炭等	59 479	73 671	75 840	81 881	80 187	79 625
沼气		6106	8914	9716	12 401	13 617

在经济合作与发展组织，生物质能在发电中所占的份额在 2020 年预计将提高到 2.1%。例如，预计美国到 2020 年生物质发电量将达到 200 TW·h；欧盟计划将其可再生

能源发电的份额由目前的 6％提高到 2010 年的 12％，与 1995 年对比，2010 年的发电量提高了 10 倍。表 9-4 为可再生能源 2010 年装机容量的预测与目前装机容量的对比。

表 9-4　2010 年可再生能源装机容量的预测　　　　　　　　　GW

能　源	小水电	太阳能光电	太阳能	生物质能	地热能	风　能
2000 年	32	1.1	0.4	37	8	17
2010 年	45	11	2	55	14	130

生物质燃料用于发电时，必须满足数量大、容易获得和低成本的要求。影响生物质能成本的主要因素是与其他能源的相互竞争关系、农作物产量的变化和季节性以及运输距离等。一般情况下，生物质作为一种废弃物，其成本可能为零。发达国家的生物质能成本估计每吨为 150～250 美元。生物质能发电的成本取决于发电技术、燃料成本和燃料品质。典型的生物质能电厂的装机容量小于 20 MW。与化石能源电厂相比，生物质能电厂单位安装容量的资本成本和单位发电量的营业成本均较高，表 9-5 为生物质电厂的资本成本。

表 9-5　生物质电厂的资本成本　　　　　　　　　美元/kW

国　家	资本成本	发　电　技　术	数据来源
美国	1965	燃烧	EPRI 和美国能源部
	2102	气化	(1997)
	272	混合燃烧	
美国	800～1500	热电联产，生物质气、热、电联产	能源情报局(2000)
	800～1000	热电联产，汽轮机	
	700～900	热电联产，燃气轮机、生物质气、热、电联产	
德国	4632～7629	热电联产，木材	Nissch，J.(2000)
丹麦	2719～3708	热电联产，汽轮机，木材和秸秆	丹麦生物中心
	2101～3214	气化，木材	

与常规电厂相比，生物质能发电的资本成本高、燃料成本高和转化效率低。所以，以生物质为燃料的发电技术进一步发展的速度取决于价格上的竞争，依赖于热效率的提高、化石能源价格的上涨以及对可再生能源使用的优惠政策等。

9.4　中国生物质能利用现状与前景

9.4.1　生物质能在中国的发展

中国是农业大国，随着广大偏远农村和山区经济的快速发展，对能源的需求量迅猛增长。生物质能源以其产地为农村和山区、小型、价廉、适用范围广等特点，对中国的发展具有重要意义。

1. 乙醇汽油研究开发的大好形势

根据中国农村实际情况进行的沼气开发、秸秆气化等工作得到各级政府和科技工作者的重视，特别是当前车用乙醇汽油开发工作的开展方兴未艾。

中国 2001 年的石油消耗量只占能源总消耗量的 15％，但随着交通运输的发展，这一份额迅速增加。同时中国石油短缺，石油进口量不断增长，2014 年预计进口 3.01 亿吨，较 2013 年增长 5.3%，石油对外依存度将达到 58.8%。

运输部门的能量消耗结构是石油占统治地位，石油产品所产生的直接影响是对人类环境的污染，是大气中的 CO、NO_x 和 SO_2 的主要来源之一。与发达国家相比，中国在交通运输领域能源消耗量仍维持较低水平。在 1990 年，运输部门能源消耗量只占最终能源消耗量的 9%，而在经济合作与发展组织，这一数字达 31%。由于运输领域中石油产品的消耗量和国内生产总值（GDP）相互对应，可以预见，21 世纪汽车燃料需求的增长将主要来自于中国和其他发展中国家。因此，有必要在中国开发高效生物燃料，以生物燃料大量替代化石燃料，减少城市污染，促进农村发展，并对全球气候变化产生正面影响。

2000 年 3 月，广东省一位人大代表向全国人大会提出的关于在中国发展车用乙醇汽油的提案，得到了政府的重视。正是由于政府的大力支持，从而加速成立了由国家计划委员会任组长单位，国家经济贸易委员会、中国石油总公司、中国石油化工总公司任副组长单位，国务院有关部委及相关单位参加的推广应用车用乙醇汽油领导小组。

中国的河南省和广西壮族自治区目前正在进行燃料乙醇汽油的科研开发和生产工作。

河南省地处中国中原，农业发达，土地肥沃，历来是国家的粮食生产基地。河南天冠集团根据国家推广应用车用乙醇汽油领导小组的部署，利用河南省库存的超过 5 年储藏期的粮食，于 2001 年 4 月 8 日建成投产生产燃料乙醇的工厂，其生产能力达到 20 万吨/年，迈出了河南省推广应用车用乙醇汽油的关键一步。河南省用陈化粮生产车用乙醇汽油的推广应用计划源于河南省粮食过剩、拥有大量库存粮食的现实。据统计，近年来粮食丰收，国家实行保价收购，但因粮库库容有限，造成 1/3 粮食露天堆放，质量严重下降。同时其中还有不断增多的库存超过 5 年的不能食用的陈化粮。目前河南省存有 270 万吨陈化粮，而全国有 2500 万吨陈化粮。试验表明，每生产 1 t 乙醇要消耗 3.6 t 小麦或 3.4 t 玉米。中国每年需要约 360 万吨燃料乙醇。若采用玉米为原料，则需约 1000 万吨，占中国玉米总产量的 8% 左右。问题在于，用粮食作原料的乙醇成本较高，目前成本价为 3800 元/吨。

与此同时，国家推广应用车用乙醇汽油领导小组还组织有关部门进行了乙醇汽油车用试验。从 2000 年 10 月到 2001 年 3 月，12 辆试验用车在北京通县不分昼夜进行了 8 万千米连续试车。对桑塔纳、富康、夏利 3 种车型分别使用了乙醇含量为 7%、10%、15% 的车用乙醇汽油进行试验。试车结果表明，车用乙醇汽油的提速性能、爬坡性能与普通汽油没有区别；百公里油耗仅增加了不到 1%，而尾气中的氧化氮排放减少了 30%～40%，碳氢化合物减少了 15%，环保效果显著。2001 年 4 月 18 日，国家计划委员会和国家质量监督检验检疫总局正式颁布了《变性燃料乙醇》和《车用乙醇汽油》两项国家标准，确定了 10% 的混配比例为中国国家标准。

广西壮族自治区地处中国西南山区，历来粮食自给不足。要发展车用乙醇汽油，必须就地取材，另辟新路。2001 年 3 月，上海交通大学汽车研究中心与广西壮族自治区委员会签订了以广西山区特产的木薯为原料生产燃料乙醇的合作协议，揭开了中国边远贫困地区用先进技术脱贫致富的历史画卷。木薯是中国南方山区的高产量农作物，但它口感粗糙、味道不佳，且不易被人体吸收，故在农村只能用作饲料。而试验表明，用木薯制取燃料乙醇却比粮食类农作物好，这是由于木薯含纤维素高，易降解。该项研究包括的内容有：高效率转化木薯为乙醇的工艺流程；乙醇与各种不同类型燃油的配比；乙醇燃油对各种不同类型汽车发动机的运行试验；木薯转化为乙醇过程的废渣处理；木薯制取乙醇对广西经济发展的影响等，预期将在近几年内取得成果。届时不仅对中国发展应用车用乙醇汽油作出积极的贡献，还对广西 300 万山区人民的脱贫致富发挥作用。

2. 生物运输能源的国际开发(SETA R & D)计划

由上海交通大学、上海理工大学、同济大学、沈阳农业大学、瑞士洛桑工学院和日本东京大学专家学者联合制定的 SETA——可持续运输能源和农林学研发计划的主要内容如下：

(1) 通过研究、开发和市场推广，根据现有的小环境，推动与食物、原料相协调的汽车生物燃料的大规模生产和使用。

(2) 从社会、传统和环境的视角来评估汽车生物燃料自生产到市场使用不同环节的功效。

(3) 通过研究开发改进汽车生物燃料的发展道路，使之达到最佳效果。

(4) 提高农林学的生产效率和减缓农村土地流失。

这个计划本着"从干中学习"的原则，综合考虑中国社会、经济和生态环境的各个方面，将在中国对汽车生物燃料生物乙烯醇的大规模生产和使用所需条件进行研究和开发。

根据联合国食品和农业组织(FAO)与中国沈阳农业大学合作开展的"中国东北寒冷地区能源试验基地"工程，沈阳农业大学进行了甜高粱培育和加工成生物乙烯醇的试验。该校在甜高粱培育和发酵工艺方面积累了成功而重要的经验。SETA 计划将利用沈阳农业大学现有的经验，开发商业化加工生物乙烯醇的关键设备和技术，加强中国在甜高粱和生物乙烯醇加工方面的竞争力，并支持中国企业与工业化国家的企业组建合资公司，从而在以后的阶段中发展更大规模生物乙烯醇的生产和应用。该计划的特点在于：

(1) 拓展中国战略性政策的内涵，特别是在清洁汽车燃料领域。

(2) 促进可持续生物资源领域的技术交流，在运输部门推广应用生物乙烯醇。

(3) 该计划有利于农村和城市再就业及环境保护。

(4) 可用国产可再生资源替代进口石油。

该计划的第一阶段为：抓住乙醚市场的机遇，通过以生物 ETBE (乙基叔丁基醚)代替 MTBE(甲基叔丁基醚)，推进生物乙烯醇的发展。事实上，从 1997 年开始北京、天津和上海等城市开始使用无铅汽油，到 2000 年整个中国已使用无铅汽油；中国使用的添加剂为 MTBE，其生产能力大约为每年 55 万吨，1995 年 MTBE 的需求量约 35 万吨，1999 年增至 103 万吨，2004 年则达约 165 万吨。国际上的一些评估表明，由于 ETBE 的毒性低于 MTBE，有利于环境保护，如果能将投资成本保持在一个合理的范围，并保证提供生物资源，则生物 ETBE 可与 MTBE 相抗衡。

该计划的实施将需要较多的资金支持，预计在第一阶段需近 500 万美元的费用。

计划第二阶段结束达到的目标是：到 2010 年，推进作为汽油添加剂的生物乙烯醇的直接使用；到 2020 年，实现作为汽油替代物的水合乙烯醇的使用。

9.4.2　生物质能发展的制约因素分析

1. 经济因素的制约

与其他能源相比，生物质资源较分散，不易收集，含水量大，能源密度低，开发所需费用较高，经济上不合算。因此，现代生物质资源的开发受到投资额等经济因素的制约。

（1）发达国家所需生物质能源主要用于发电、供热和运输，而发展中国家的主要需要是用于炊事和运输。用途不同，其投资数额也会明显不同，但发电的投资最大。

（2）某一设备的使用目的可能会完全不同。例如在北欧，建设沼气池的目的是为环境保护考虑，沼气池所产生的能量只当作附带效益，它与其他控制污染方法相比比较经济。同样，在发达国家，社会上愿意支持焚烧城市固体废物所需的费用，同时回收一些能量；而发展中国家建沼气池的主要取向是生物质能，由于具有充足的废物，可以很容易地从某一工业部门获得工业下脚料和城市垃圾。

（3）由于生物质原料在其他领域可能会创造出更高的价值，因而面临着与其他领域争夺原料的问题，同时下脚料也会越来越少，并投入到其他市场循环。

（4）目前现有的技术还不完全成熟，对私人投资者来说要冒一定的风险。

（5）不可再生能源的价格趋于稳定，也减慢了生物质能的发展速度。

发展生物质能的最有利环境毫无疑问是经济上的，如果生物质能比其他能源便宜，那么它的发展就会异常迅速。

2．生态环境的制约

（1）利用生物质生产燃料的过程需要处理大量复杂的有机物，从而同样会产生大量的固体、液体和气体废物。根据巴西实施乙醇计划和处理液体废物的经验，该问题是可以解决的。

（2）需要和希望保持生物的多样性。不论是在热带还是在温带，人们决不希望原始森林、湿地被单一的能源植物所取代。如果通过间作套种、成林储植、生态恢复性的土地撂荒及其他可促进局部生物多样性发育的措施，那么，现代生物质便可以具有巨大的净化环境效益。为了制止以牺牲潜在的环境利益而无止境的提高产量和最大限度地获取利润，必须制定并有效地实施适当的环境生态准则。

（3）需要保持和进一步保护重要的天然景区、著名的自然风光、生态敏感区和重要地区的植物种类。

3．政策的制约

生物质能的开发利用需要机构与规章制度上的制约，进一步加强研究后的开发工作，促进研究人员、制造者和潜在用户之间的更好合作。

（1）必须制定生物质开发利用的合理政策包括税收和补贴政策；

（2）能源价格必须反映出外部社会成本，例如空气污染影响和核泄漏危险等；

（3）公用电业部门保证购买过剩的电力；

（4）保证种植能源植物等，制订有实效的鼓励政策，尤其是针对造林计划的鼓励政策。

总之，在当前的经济条件下特别是与常规能源价格相比，生物质能源的价格是关键。

9.4.3　开辟多元途径，促进生物能源商业化发展

从长远看，大力开发生物质等可再生能源，不断降低石油消耗量是防止能源危机和环境污染的有效措施。

生物质能源在发达国家是一种昂贵的能源，这就是生物质能在发达国家不能获得大规

模发展的原因。在发展中国家，丰富的自然资源和廉价劳动力会大大降低生物质能的价格。同时，常规能源的高资金投入和环境污染影响严重，进口能源则更加昂贵，从而使得在发展中国家大力发展生物质能源前景良好。

中国是一个发展中国家，我国生物质能资源的利用占一次能源总量的 30%，虽然这些生物质能主要是广大农村用于炊事和取暖，但它是我国最重要的能源资源之一。中国又是一个农业大国，农作物播种面积有 18 亿亩，每年 7 亿吨的农作物秸秆和 4000 万吨谷壳是非常可观的生物质资源。特别是在大中城市周围，由于能源结构变化，大量秸秆被弃置焚化，既浪费了能源，又严重污染环境，必须予以合理应用。

可以预见，随着社会的发展，传统利用生物质能的比例将越来越少，到 2050 年，农村生物质能的利用中传统利用方法可能不到 1%，但是，生物质能的现代化利用技术的比例将越来越高，到 2050 年可能达到农村总能耗的 13%。

近年来中国生物质能源有较大发展，特别是在《可再生能源法》及配套政策的支持下，我国生物质直燃发电开始迈出实质性步伐，装机容量逐年增加。据统计，截止到 2010 年 6 月底，国内各级政府核准的生物质发电项目累计超过了 170 个，总装机规模由 2006 年的 1400 MW 增加到 2010 年的 5500 MW，已经有超过 50 个生物质发电项目实现了并网发电，发电装机容量达到 2000 MW 以上。同时，在《可再生能源中长期发展规划》中提出，到 2020 年，我国生物质发电的装机容量要达到 30 000 MW。

中国《能源十二五规划》中要求有序开发生物质能，以非粮燃料乙醇和生物柴油为重点，加快发展生物液体燃料。鼓励利用城市垃圾、大型养殖场废弃物建设沼气或发电项目。因地制宜利用农作物秸秆、林业剩余物发展生物质发电、气化和固体成型燃料。

《生物产业发展规划 2012》中又提出围绕开拓清洁能源、缓解能源短缺、解决"三农"问题等战略需求，积极拓展非粮生物质原料来源和途径，加快先进生物液体燃料的研发与应用示范，积极推动生物质燃气和成型燃料的规模化应用，因地制宜发展生物质发电产业，有力推进分布式能源并网标准和管理体系建设，进一步完善生物能源定价机制和激励机制，推进生物能源规模化、专业化、产业化发展。到 2015 年，生物能源年利用总量超过 5000 万吨标准煤，可减排二氧化碳 9500 万吨，生物能源产业年产值达到 1500 亿元。具体要求是：

1. 加大新一代生物液体燃料开发力度

充分利用盐碱荒地、荒坡地、宜林地等宜能荒地种植能源作物，建设以能源林、甜高粱茎秆、非粮淀粉类植物、农林（工业）废弃物以及新型能源作物为主的非粮原料多元化供应体系。突破纤维素乙醇原料预处理、低成本水解糖化关键技术瓶颈，加速生物质燃气合成燃油催化剂等的研发和产业化，建设纤维素燃料乙醇和生物合成燃油商业化示范工程，构建生物液体燃料产业链。加大油藻生物柴油和航空生物燃料等前沿技术的研发力度，推动开展产业化示范。

2. 促进生物燃气和成型燃料的商业化应用

促进生物燃料供应的城乡一体化，重点在农林生物质资源条件较好的地区推广生物质燃气和成型燃料集中供应技术、沼气集中供应技术和生物质成型燃料技术的规模化应用，鼓励生物能源并入城市能源供应网络，提高生物能源产业的经济效益，促进市场化发展。

重点加大对大型生物质集中供气成套装备、中高温高效沼气厌氧发酵成套装备、沼气净化、压缩、灌装成套设备、低电耗生物质燃料成型设备、生物质供热锅炉技术和民用炉具的研发和应用力度，建设城乡一体化的生物质燃气、沼气供应管网体系和生物质成型燃料供应体系。制定和完善生物质燃气、沼气、成型燃料产品质量标准、工程建设运行安全标准以及生物燃料应用污染物排放标准。

3. 因地制宜加快生物质发电产业发展

充分利用农林剩余物、沙生植物平茬物及灌木林、生活垃圾、蔗渣、畜禽粪便、有机污水等，因地制宜发展各类生物质发电技术，加快生物质发电关键设备的研发和产业化。结合新能源集成应用重大产业创新发展工程的实施，建设适应不同区域特点的生物质发电示范工程，加快制定适用于生物质发电的分布式发电并网标准，建立健全生物质发电原料收集体系、装备研发和产业化体系及生物质发电管理体系。

复习思考题

9-1 什么是生物质？什么是生物质能资源？生物质能如何进行分类？

9-2 生物质能资源在当今世界能源消费结构中的地位如何？为什么？

9-3 生物质能的转化有哪些方式？采用何种途径？

9-4 什么是生物质热裂解技术？热裂解产品有什么用途？

9-5 生物质能发电有什么特点？生物质能发电形式有哪些？

9-6 为什么要发展生物乙醇和生物柴油？

9-7 我国生物质能发电现状如何？今后发展趋势怎样？

第十章　地热发电技术

※※

地球内部蕴藏着巨大的自然能源——地热能。它通过火山爆发、温泉、喷泉以及岩石的热能等方式源源不断地向地表传送。地球内部的热能，不论是通过地热流体的循环对流或地幔物质对流，还是通过岩石的热传导，都必须在特定的地质构造部位和水文地质条件下，才能富集赋存在地壳的浅部，形成有开发价值的地热资源。

地热利用已有数千年的历史，但是具有一定规模的开发利用则始于 20 世纪。70 年代末全球地热开发和利用取得重要进展，地热发电在一些国家的能源构成中开始占有一定的比例，其中菲律宾、哥斯达黎加、萨尔瓦多、冰岛和尼加拉瓜的地热发电已占其全国发电总量的 10%～25%。目前全球地热发电总电力为 49 263 GW·h/年，直接利用为 52 979 GW·h/年。预计近期内地热发电和非电利用仍将有很大的发展空间。

地热能量是新能源家族中的重要成员之一。它在某些方面具备太阳能、风能等所不具备的特点，比如资源的多功能性，不受白昼和季节变化限制以及可直接利用等。与常规能源煤、石油和天然气等相比，地热能以资源覆盖面广、对生态环境污染小、运营成本低等优势而受到人们的青睐。所以当前它在新能源和可再生能源开发行列中，具有一定的竞争力，而且有广阔的发展空间。

10.1　地热能基本知识

所谓地热能，简单地说，就是来自地下的热能，即地球内部的热能。但是，地热是从何而来的？地球内部的温度有多高？地热水或蒸汽是怎样形成的呢？这些是人们在开发利用地热能时不禁要提出的问题。为了说明这些问题，得从地球的构造说起。

10.1.1　地球的构造

地球是一个巨大的实心椭球体，它的表面积约为 5.11×10^8 km^2，体积约为 1.0833×10^{12} km^3，赤道半径为 6378 km，极半径为 6357 km。地球的构造好像是一只半熟的鸡蛋，主要分为 3 层，如图 10-1 所示。

地球的最外面一层，即地球外表相当于鸡蛋壳的部分叫做"地壳"，地壳由土层和坚硬的岩石组成，它的厚度各处不一，介于 10～70 km 之间，陆地上平均为 30～40 km，高山底下可达 60～70 km，海底下仅为 10 km 左右；地球的中间部分，即地壳下面相当于鸡蛋白的部分，叫做"地幔"，也叫做"中间层"，它大部分是熔融状态的岩浆，可分为"上地幔"和"下地幔"两部分，地幔的厚度约为 2900 km，它由硅镁物质组成，温度在 1000℃以上；地球的中心，即地球内部相当于鸡蛋黄的部分，叫做"地核"，地核的温度在 2000～5000℃之间，外核深 2900～5100 km，内核深 5100 km 以下至地心，一般认为是由铁、镍等重金属组成的。地球内部各层温度如图 10-2 所示。

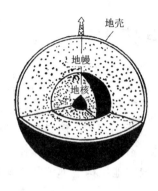

图 10-1　地球构造示意图

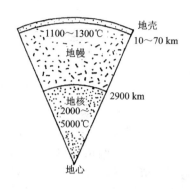

图 10-2　地球内部温度示意图

　　地球的内部是一个高温、高压的世界，是一个巨大的热库，蕴藏着无比巨大的热能。地球内部蕴藏的热量有多大？假定地球的平均温度为 2000℃，地球的质量为 $6×10^{27}$ g，地球内部的比热为 1.045 J/g℃，那么整个地球内部的热含量大约为 $1.25×10^{31}$ J。即便是地球表层 10 km 厚这样薄薄的一层，所储存的热量也有 10^{25} J。地球通过火山爆发、间歇喷泉和温泉等途径，源源不断地把它内部的热能通过传导、对流和辐射的方式传到地面上来。据估计，全世界地热资源的总量，大约为 $1.45×10^{26}$ J，相当于 $4.948×10^{15}$ t 标准煤燃烧时所放出的热量。如果把地球上储存的全部煤炭燃烧时所放出的热量作为标准来计算，那么，石油的储存量约为煤炭的 3%，目前可利用的核燃料的储存量约为煤炭的 15%，而地热能的总储存量则为煤炭的 1.7 亿倍。可见，地球是一个名副其实的巨大热库，我们居住的地球实际上是一个庞大的热球。

10.1.2　地热、地热分布与地热异常区

1. 地热

　　地球内部的温度这样高，它的热量是从哪里来的？地球内热的来源问题，是与地球的起源问题密切相关的。关于地球的起源问题，目前有许多不同的假说，因此，关于地热的来源问题，也有许多不同的解释。但是，这些解释都一致承认，地球物质中放射性元素衰变产生的热量是地热的主要来源。放射性元素有铀 238、铀 235、钍 232 和钾 40 等，这些放射性元素的衰变是原子核能的释放过程。放射性物质的原子核，无需外力的作用，就能自发地放出电子、氦核和光子等高速粒子并形成射线。在地球内部，这些粒子和射线的动能和辐射能，在同地球物质的碰撞过程中便转变成了热能。

　　目前一般认为，地下热水和地热蒸汽主要是由在地下不同深处被热岩体加热了的大气降水所形成的。

2. 地热分布

　　在地壳中，地热的分布可分为 3 个带，即可变温度带、常温带和增温带。可变温度带由于受太阳辐射的影响，其温度有着昼夜、年份、世纪、甚至更长的周期性变化，其厚度一般为 15～20 m；常温带，其温度变化幅度几乎等于 0，深度一般为 20～30 m；增温带在常

温带以下，它的温度随深度增加而升高，其热量的主要来源是地球内部的热能。

　　地球每一层次的温度状况是迥然不同的。在地壳的常温带以下，地热温度随深度增加而不断升高，越深越热。这种沿地下等温面的法线向地球中心方向上单位距离内温度增加的数值，叫地温梯度，也叫做地热增温率，其单位通常采用℃/hm 或℃/km。地球各层次的地热增温率差别是很大的：地表至 15 km 深处，地热增温率平均为 2～3℃/km；15～25 km 深处，地热增温率降为平均 1.5℃/km；再往下，则只有 0.8℃/km。根据各种资料推断，地壳底部至地幔上部的温度大约为 1100～1300℃，地核的温度大约在 2000～5000℃之间。假如按照正常的地热增温率来推算，80℃的地下热水，大致是埋藏在 2000～2500 m左右的地下。

3. 地热异常区

　　按照地热增温率的差别，我们把陆地上的不同地区划分为地热正常区和地热异常区。除地热增温率外，大地热流值也是衡量地热正常区和地热异常区的重要指标。大地热流值是指单位时间内通过地球表面单位面积所散失的热量，用符号 HFU 表示热流单位（1 HFU = 4.1868×10^{-7} J/cm^2·s）。从全球来看，地表大地平均热流值为 1.4～1.5 热流单位，地表平均地温梯度为 1.5～3.0 ℃/km。凡接近上述平均热流值和地温梯度的地区，均称为地热正常区；凡热流值和地温梯度超过上述平均值的地区，称为地热异常区。在地热正常区，较高温度的热水和蒸汽埋藏在地壳的较深处；在地热异常区，由于地热增温率较大，较高温度的热水或蒸汽埋藏在地壳的较浅部位，有的甚至露出地表。一般把那些天然露出的地下热水和蒸汽叫做温泉，温泉是在当前技术水平下最容易利用的一种地热资源。在地热异常区，除温泉外，人们也较容易通过钻井等人工方法把地下热水或蒸汽引导到地面上来并加以利用。

　　人们要想获得高温地下热水或蒸汽，就得去寻找那些由于某些地质原因，破坏了地壳的正常增温，而使地壳表层的地热增温率大大提高了的地热异常区。地热异常区的形成区域，一种是近代地壳断裂运动活跃的地区，另一种则主要是现代火山区和近代岩浆活动区。除此两种之外，也还有由于其他原因所形成的局部地热异常区。在地热异常区，如果具备良好的地质构造和水文地质条件，就能够形成有大量热水或蒸汽的具有重大经济价值的热水田或蒸汽田，统称为地热田。目前世界上已知的一些地热田中，有的在构造上同火山作用有关，另外也有一些则是产生在火山中心地区的断块构造地带上。

10.1.3　地热分类

　　形成地热资源有热储层、热储体盖层、热流体通道和热源 4 个要素。通常，我们把地热资源根据其在地下热储中存在的不同形式，分为蒸汽型、热水型、地压型、干热岩型资源和岩浆型资源等几类。

1. 蒸汽型资源

　　蒸汽型资源是指地下热储中以蒸汽为主的对流水热系统，它以产生温度较高的过热蒸汽为主，掺杂有少量其他气体，所含水分很少或没有。这种干蒸汽可以直接进入汽轮机，对汽轮机腐蚀较轻，能取得满意的工作效果。但这类构造需要独特的地质条件，因而资源少、地区局限性大。

2. 热水型资源

热水型资源是指地下热储中以水为主的对流水热系统,它包括喷出地面时呈现的热水以及水汽混合的湿蒸汽。这类资源分布广、储量丰富,根据其温度可分为高温(>150℃)、中温(90~150℃)和低温(90℃以下)。

3. 地压型资源

地压型资源是一种目前尚未被人们充分认识的、但可能是一种十分重要的地热资源。它以高压水的形式储存于地表以下 2~3 km 的深部沉积盆地中,并被不透水的盖层所封闭,形成长 1000 km、宽数百千米的巨大热水体。地压水除了高压、高温的特点外,还溶有大量的碳氢化合物(如甲烷等)。所以,地压型资源中的能量,实际上是由机械能(压力)、热能(温度)和化学能(天然气)3 个部分组成的。

4. 干热岩型资源

干热岩型资源是比上述各种资源规模更为巨大的地热资源。它是指地下普遍存在的没有水或蒸汽的热岩石。从现阶段来说,干热岩型资源专指埋深较浅、温度较高的有开发经济价值的热岩石。提取干热岩中的热量,需要有特殊的办法,技术难度大。

5. 岩浆型资源

岩浆型资源是指蕴藏在熔融状和半熔融状岩浆中的巨大能量,它的温度高达 600~1500℃左右。在一些多火山地区,这类资源可以在地表以下较浅的地层中找到,但多数则是埋在目前钻探还比较困难的地层中。

在上述 5 类地热资源中,目前能为人类开发利用的,主要是地热蒸汽和地热水两大类资源,人类对这两类资源已有较多的应用;干热岩和地压两大类资源尚处于试验阶段,开发利用很少;岩浆型资源的应用还处于课题研究阶段。不过,仅仅是蒸汽型资源和热水型资源所包括的热能,其储量也是极为可观的。仅按目前可供开采的地下 3 km 范围内的地热资源来计算,就相当于 2.9×10^{12} t 煤炭燃烧所发出的热量。随着科学技术的不断发展,完全可以确信,地热能的开发深度还会逐渐增加,为人类提供的热量将会更大。

10.2 地 热 资 源

地热资源简称地热,系指当前能经济地为人类所利用的地球内部的热资源。地球每年通过地表传输的总热量虽然很大,但在有限的地区内不仅很小,而且很分散,目前的技术经济条件尚无法抽取和利用,因此还构不成资源。自然界有一些过程,主要指地壳内火山活动和年轻的造山运动,能使地球内热在有限的地域内富集,并达到为人类能够开发利用的程度,这种地热便构成地热资源。

10.2.1 概述

1. 地热资源定义

地热资源是开发利用地热能的物质基础。地热资源是指在当前技术经济和地质环境条件下,地壳内能够科学、合理地开发出来的岩石中的热能量和热流体中的热能量及其有用的伴生成分。各种类型的地热资源均要通过一定程序的地热地质勘探工作,才能查明其数量、质量和开采的技术条件以及开发后的地质变化情况。从技术经济方面说，目前地热资源勘探的深度可达地表以下 5000 m，其中地表下 0～2000 m 为经济型地热资源，地表下 2000～5000 m 为亚经济型地热资源。

2. 地热资源类型

地热资源按其在地下热储中存在形式的不同，分为蒸汽型地热资源、热水型地热资源、地压型地热资源、干热岩型地热资源和岩浆型地热资源。目前能为人类开发利用的，主要是地热蒸汽和地热水两大类资源，统称为水热型地热资源。

3. 地下热水形成

地下热水的形成一般可分为深循环型和特殊热源型两种形成类型。

1）深循环型

目前一般认为，约 90％左右的地下热水来自大气降水，仅有极少量是从岩浆释放出的"原生热水"。大气降水落到地面后，在重力的作用下，沿土壤或缝隙向地下深处渗流，成为地下水。在渗流过程中，地下水不断吸收周围岩石的热量，逐渐被加热成为地下热水，渗入越深，水温越高。这种地下热水的温度一般符合地热增温率规律，在常温带以下每深入 100 m 平均约增温 3℃，所以，在地下 2 km 左右就可获得 60～80℃的热水。热水受热后还要膨胀，并在下部强大压力的作用下，又沿着另外的岩石缝隙系统向地表移动，成为浅埋藏的地下热水，甚至出露地表成为温泉。一边冷水下降，一边热水上升，这就构成地下热水的循环运动。深循环型地下热水如图 10-3 所示。

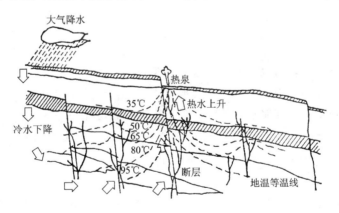

图 10-3　深循环型地下热水

深循环型地下热水的形成、运动和储存，与地质构造密切相关。在地壳变动比较剧烈、岩石发生较大断裂的地区，深入地壳内部的岩层裂隙就较多，从而就为冷热水的循环提供了通道。尤其是在几组不同走向的断层交汇处，岩层在不同方向力的挤压下，断裂破碎程度会更大，裂隙也将更多，从而成为集聚热水的含水层。所以，在断层复合交叉的部位及其附近，常是存在深循环型地下热水的地区。

2）特殊热源型

数十亿年来地壳岩层一直在经历着断裂、挤压、折曲及破碎等变化。每当岩层破裂时，地球深部的岩浆就会通过裂缝向地表涌来。如果涌出地表，即成为火山爆发。如果停驻在地表下一定的深度，则成为岩浆侵入体。岩浆侵入体是一个特殊的高温热源，它使渗入的大气降水受到强烈加热，形成高强度的地热异常区，其地热增温率可达每百米几十摄氏度。例如新西兰怀拉基地热田地热增温率达 $30\sim40℃/100\ m$。岩浆侵入体的时代越新，它所保留的余热就越多，对地下水加热的程度也越强烈。此外，岩浆侵入体的规模、埋深及覆盖岩层情况等条件也关系到侵入体释放热量的多少。一般认为，第四纪以前地质时期中发生的岩浆侵入体的余热早已散尽，只有近期侵入体可构成特殊热源。可见，以侵入体为热源的地下热水的埋藏深度，取决于热岩体的停驻位置和其温度影响范围，如侵入体较靠近地表，就有可能在地下几百米的地方形成温度很高的热水。特殊热源型地下热水的形成过程如图 10-4 所示。

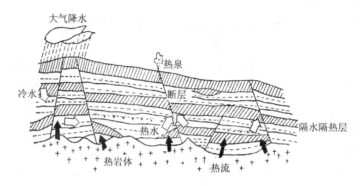

图 10-4　特殊热源型地下热水的形成过程

4. 地热田类型

地热田分为热水田和蒸汽田两大类型。

1）热水田

这种地热田开采出的介质主要是液态水，温度在 $60\sim120℃$ 之间，多属于深循环型热水，但有时也可能是特殊热源型热水。其地质构造为在储水层上方通常没有不透水的覆盖岩层，那里的地热增温率和储水层的深度足以维持对流循环和储水层上部的温度不超过该处气压下的沸点。热水田是地热田中一种较普遍的类型，既可直接用于供暖和工农业生产，也可用于减压扩容法地热发电系统。

2）蒸汽田

当储水层的上方有一透水性很差的覆盖岩层时，由于覆盖层的隔水、隔热作用，覆盖层下面的储水层在长期受热的条件下，就成为聚集大量具有一定压力和温度的蒸汽和热水的热储，即构成为蒸汽田。蒸汽田模型如图 10-5 所示，由图可知，热储上部热水的蒸汽压力超过当地的压力，因而热水以蒸汽形式出现在热储上部，像个蒸汽帽，而热储下部静压大于热水的蒸汽压力，所以热水为液态。蒸汽田还可以按井口喷出介质的状态分为干蒸汽田和湿蒸汽田。干、湿蒸汽田的地质条件一般是类似的。有时也会发现，同一口地热井一个时期喷出干蒸汽，另一个时期又会喷出湿蒸汽的情况。蒸汽田特别适合于发电，是十分有开采价值的地热田。

5. 地热水和天然蒸汽杂质

不同地热田的热水和蒸汽，受不同地质条件所导致的地球化学作用，其化学成分各不相同。通常热水中含有较多的硫酸和铵、铁、铝等硫酸盐，有时还有盐酸、硅酸、偏硼酸

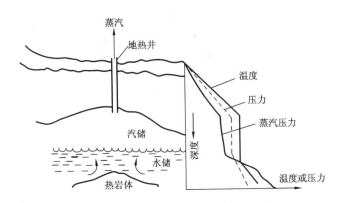

图 10-5　蒸汽田模型示意图

等。在地热水和蒸汽中的气体成分，则有二氧化碳、硫化氢、甲烷、氨、氮、氢、乙烷等；在有的热水中还含有二氧化硫、盐酸气和氢氟酸气等。除此之外，无论热水或蒸汽，都还常常挟带有泥沙等固体异物。地热水和天然蒸汽中的各种杂质，都会对地热发电产生影响。例如各种盐类和固体异物可能使管道、阀门、汽轮机叶片等产生沉盐、结垢、磨损和堵塞等现象；伴生的气体成分则可能导致管道、热交换器、冷凝器等发生堵塞、腐蚀以及冷凝器真空度降低和污染环境等。所以，地热水和天然蒸汽中杂质的成分和含量等因素，是地热电站在设计和运行中必须加以考虑的重要因素之一。

10.2.2　地热的利用方式

地热资源的利用方式可分为直接利用和地热发电两大方面。

1. 地热直接利用

将中、低温地热能直接用于中、低温的用热过程，从热力学的角度来看，是最合理不过的。对地热能进行直接利用，不但能量的损耗要小得多，并且对地下热水的温度要求也低得多，从 15～180℃ 这样宽的温度范围均可利用。在全部地热资源中，这类中、低温地热资源是十分丰富的，远比高温地热资源丰富得多。但是，对地热能的直接利用也有其局限性，由于受热水输送距离的制约，一般来说，热源不宜离用热的城镇或居民点过远，不然会造成投资多、损耗大、经济性差的情况。

地热能的直接利用，技术要求较低，所需设备也较为简易，目前对地热能的直接利用发展十分迅速，已广泛地用于工业加工、民用采暖和空调、洗浴、医疗、农业温室、农田灌溉、土壤加温、水产养殖、畜禽饲养等各个方面，收到了良好的经济技术效益，减轻了环境污染，节约了能源。目前，我国地热直接利用的年产出能量和设备总装机容量分别在世界排名第 1 位和第 2 位。

2. 地热发电

地热发电是利用地下热水和蒸汽为动力的一种新型发电技术，地热发电原理和火力发电是基本一样的，都是将蒸汽的热能经过汽轮机转变为机械能，然后带动发电机发电。所不同的是，地热发电不需要消耗燃料，它所用的能源就是地热能。另一方面，由于地热能源温度和压力总是较低，故地热发电一般采用低参数小容量机组。

地热发电的热效率低，对温度的要求较高。所谓热效率低，是指由于地热类型的不同以及所采用的汽轮机类型的不同，地热发电的热效率一般只有 $6.4\%\sim18.6\%$，大部分的热量白白地消耗掉；所谓对温度要求较高，是指利用地热能发电一般要求地下热水或蒸汽的温度要在 150℃以上，否则将严重地影响其经济性。

10.2.3　世界地热资源

据初步估算，全世界地热资源总储量约为 1.45×10^{26} J，相当于 4.948×10^{15} t 标准煤，数量十分巨大。

全球地热资源的分布，与板块构造有密切关系。20 世纪 60 年代以来，在大陆漂移、海底扩张和地幔对流等假说基础上发展起来的板块构造学说，将造山运动、岩浆活动、变质作用和成矿作用结合起来，构成一个统一的动力模型，是当今地质界的一种新兴的全球大地构造理论。根据这一理论，地球表面(包括海底)在漫长的地球发展进程中分成了若干块体，在这些块体之间不断发生相对的、规模不等的位移和错动，规模大的可移动数千公里甚至上万公里。这些经常处在相互运动之中的地球表面的若干块体，被称为板块。板块属于超巨型构造，在全球范围内，整个岩石圈被划分为大小不等的若干板块。根据这一学说，岩石圈下有所谓软流圈，板块似乎漂浮在其上面，地壳的运动就是由于软流圈内的对流所引起的。形象地说，大陆壳像是一个"筏"，放在刚性岩石圈上，岩石圈再"漂浮"在软流圈上。由于软流圈的对流作用，使这些大陆壳"筏"向各个方向移动，与大陆板块或其他大陆壳"筏"相碰撞或分离。这些相互作用的地区，就是地质活动区，在那里发生着火山喷发、造山活动等现象，板块可能在另一板块下消灭，也有可能出现一板块交叠在另一板块之上的情况。这些活动产生的热物质就是岩浆，侵入到地壳中加热岩石或包含在其中的热水，即形成地热资源。

根据上面介绍的板块学说，在各大板块的交接处形成了有丰富地热资源的地热带。从世界范围来说，主要有如下 4 个地热带：

1. 环太平洋地热带

环太平洋地热带是世界最大的太平洋板块，位于美洲板块、欧亚板块及印度洋板块的碰撞边界，包括美国、墨西哥、新西兰、菲律宾、中国东南部及日本等国的一些大型地热田，如美国的吉塞斯地热田、墨西哥的塞罗普里托地热田、新西兰的怀拉基地热田、菲律宾的蒂威和汤加纳地热田、日本的松川和大岳地热田以及中国台湾省的大屯地热田等。

2. 大西洋洋中脊型地热带

大西洋洋中脊型地热带位于美洲、欧亚、非洲等板块的边界，其大部分在洋底，洋中脊露出海面的部分主要是冰岛，从冰岛至亚速尔群岛有许多地热田，其中最著名的是冰岛首都雷克雅未克地热田。

3. 红海－亚丁湾－东非裂谷型地热带

这一地热带位于阿拉伯板块与非洲块板的边界，北起红海和亚丁湾地堑，向南经埃塞俄比亚地堑与非洲裂谷系连接，包括吉布提、埃塞俄比亚、肯尼亚等国的许多地热田，如著名的肯尼亚阿尔卡利亚高温地热田等。

4. 地中海－喜马拉雅缝合线型地热带

这一地热带位于欧亚块板与非洲、印度洋等大陆板块碰撞的结合带，包括意大利的拉德瑞罗以及中国藏滇地区的羊八井和热海等著名的高温地热田。

　　环球地热带的分布与板块构造关系如图 10-6 所示。

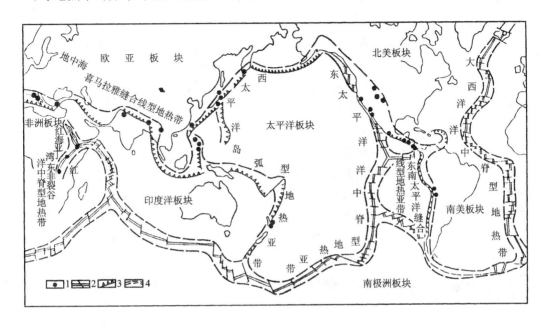

1—高温地热田；2—增生的板块边界：洋脊扩张带、大陆裂谷及转换断层；3—俯冲消亡的板块边界：
深海沟—火山岛弧界面、海沟—火山弧大陆边缘界面及大陆与大陆碰撞的界面；4—环球地热带

图 10-6　环球地热带的分布与板块构造关系略图

10.2.4　中国地热资源

1. 中国的地热资源

　　通过对中国 30 个省、市、自治区的地热资源普查与勘探表明，中国地热资源丰富，资源潜力占全球总量的 7.9%。我国地热分布广泛，高温地热资源主要分布在西藏南部、云南西部、四川西部和台湾省，中、低温资源则遍布全国。因此，我国是以中、低温地热资源为主的国家。目前，中国已发现的地热点有 3200 多处，已打成的地热井有 2000 多眼，其中具有高温地热发电潜力的有 255 处。

　　1）高温地热资源

　　中国的高温地热资源丰富，可用于地热发电的有 255 处，总发电潜力为 5800 MW。主要分布在西藏、滇西和中国台湾地区。预计到 2010 年，还可开发利用 10 余处新的高温地热资源，发电潜力约为 300 MW。

　　2）中、低温地热资源

　　中国的中、低温地热资源中可用于非电直接利用的有 2900 多处，其中盆地型潜在地热资源埋藏量约相当于 2000 亿吨标准煤。主要分布在松辽盆地、华北盆地、江汉盆地、渭河盆地、太原盆地、临汾盆地、运城盆地等众多的山间盆地以及东南沿海的福建、广东、赣南、湘南等地。目前的开发利用量还不到资源保有量的 1‰。

2. 中国地热资源的类型

根据地热资源的成因，可将中国地热资源划分为如下 4 种类型：

1）现（近）代火山型

这类地热资源主要分布在中国台湾省北部大屯火山区和云南西部腾冲火山区。腾冲火山高温地热区是印度板块与欧亚板块碰撞的产物。台湾省大屯火山高温地热区属于太平洋岛弧的一环，是欧亚板块与菲律宾小板块碰撞的产物。在台湾省已探到 293℃ 的高温地热流体，并在靖水建起装机 3 MW 的地热试验电站。

2）岩浆型

在现代大陆板块碰撞边界附近，地表以下 6~10 km，隐藏着众多的高温岩浆，成为高温地热资源的热源。如西藏南部的高温地热田，均沿雅鲁藏布江即欧亚板块与印度板块碰撞边界出露，就是这种生成模式较典型的代表。西藏羊八井地热田 ZK4002 孔，在井深 1500~2000 m 处，探获 329.8℃ 的高温地热流体。西藏羊易地热田 ZK203 孔，在井深 380 m 处，探获 204℃ 的高温地热流体。

3）断裂型

断裂型地热带主要分布在板块内侧基岩隆起区或远离板块边界由断裂所形成的断层谷地和山间盆地，如辽宁、山东、山西、陕西以及福建、广东等地。这类地热资源的生成和分布主要受活动性的断裂构造所控制。热田面积一般为几平方公里，小的甚至不到 1 km²。热储温度以中温为主，也有个别高温的。单个地热田热能潜力不大，但这类资源的点多面广。

4）断陷、凹陷盆地型

这类地热资源主要分布在板块内部巨型断陷、凹陷盆地之内，如华北盆地、松辽盆地、江汉盆地等。地热资源主要受盆地内部断块凸起或褶皱隆起控制，其热储层常常具有多层性、面状分布的特点。单个地热田的面积较大，达几十平方公里，甚至几百平方公里。其地热资源潜力大，有很高的开发利用价值。

3. 中国地热分布带

根据现有资料，按照地热资源的分布特点、成因和控制等因素，可把中国地热资源的分布划分为如下 7 个带：

1）藏滇地热带

主要包括喜马拉雅山脉以北，冈底斯山、念青唐古拉山以南，西起西藏阿里地区，向东至怒江和澜沧江，呈弧形向南转入云南腾冲火山区，特别是雅鲁藏布江流域。这一地带水热活动强烈，地热显示集中，是中国大陆上地热资源潜力最大的一个带。

2）台湾地热带

台湾省是中国地震最为强烈，最为频繁的地带。其地热资源主要集中在东、西两条强震集中发生的地方，在 8 个地热区中有 6 个温度在 100℃ 以上。

3）东南沿海地热带

主要包括福建、广东、海南、浙江以及江西和湖南的一部分。地下热水的分布和出露受一系列东北向断裂构造的控制。这个带所拥有的主要是中、低温热水型地热资源。

4）鲁皖鄂断裂地热带

庐江断裂带很深，水热活动经久不息，自山东招远向西南延伸，贯穿皖、鄂边境，直达汉江盆地，包括湖北英山和应城的地热。这是一条将整个地壳断开的、至今仍在活动的深断裂带，也是一条地震带。这里蕴藏的主要是低温地热资源，除招远的地热水可达 90～100℃外，一般均为 50～70℃。

5）川滇青新地热带

主要分布在从昆明到康定一线的南北向狭长地带，经河西走廊延伸入青海和新疆境内，扩大到准噶尔盆地、柴达木盆地、吐鲁番盆地和塔里木盆地，以低温热水型资源为主。

6）祁吕弧形地热带

包括冀热山地、吕梁山、汾渭谷地、秦岭及祁连山等地。为近代地震活动带，是一个低温热水型的地热带。

7）松辽及其他地热带

松辽盆地跨越吉林、黑龙江大部分地区和辽河流域。整个东北大平原属新生代沉积盆地，沉积厚度不大，一般不超过 1000 m，主要为中生代白垩纪碎屑岩热储，盆地基底多为燕山期花岗岩，有裂隙地热形成，温度为 40～80℃。其他地热带是指上述地热以外的孤立地热地区，如广西的南宁盆地等。

地热资源温度的高低是影响其开发利用价值的最重要因素。中国地热勘查国家标准（GB 11615—1989）规定，地热资源按温度分为高温（＞150℃）、中温（90～150℃）、低温（＜90℃）3 级，按地热田规模分为大型（＞50 MW）、中型（10～50 MW）、小型（＜50 MW）3 类。

10.3　地热发电原理和技术

10.3.1　地热发电原理及分类

地热发电是利用地下热水和蒸汽为动力源的一种新型发电技术，它涉及地质学、地球物理、地球化学、钻探技术、材料科学和发电工程等多种现代科学技术。地热发电和火力发电的基本原理是一样的，都是将蒸汽的热能经过汽轮机转变为机械能，然后带动发电机发电。所不同的是，地热发电不像火力发电那样要备有庞大的锅炉，也不需要消耗燃料，它所用的能源就是地热能。地热发电的过程，就是把地下热能首先转变为机械能，然后再把机械能转变为电能的过程。地热发电的示意图如图 10-7 所示。

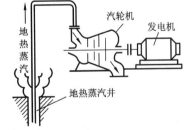

图 10-7　地热发电示意图

要利用地下热能，首先需要由载热体把地下的热能带到地面上来。目前能够被地热电站利用的载热体，主要是地下的天然蒸汽和热水。按照载热体类型、温度、压力和其他特性的不同，可把地热发电的方式划分为地热蒸汽发电和地下热水发电两大类。此外，还有正在研究试验的干热岩发电系统。

1. 地热蒸汽发电

1）背压式汽轮机发电系统

最简单的地热干蒸汽发电，是采用背压式汽轮机地热蒸汽发电系统（如图10-8所示）。其工作原理为：首先把干蒸汽从蒸汽井中引出，先加以净化，经过分离器分离出所含的固体杂质，然后就可把蒸汽通入汽轮机做功，驱动发电机发电。做功后的蒸汽，可直接排入大气，也可用于工业生产中的加热过程。这种系统大多用于地热蒸汽中不凝结气体含量很高的场合，或者综合利用于工农业生产和人民生活的场合。

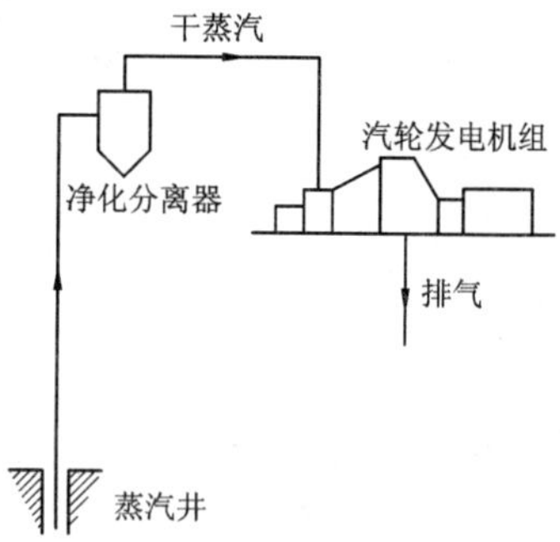

2）凝汽式汽轮机发电系统

为提高地热电站的机组出力和发电效率，通常采用凝汽式汽轮机地热蒸汽发电系统（如图10-9

图10-8　背压式汽轮机地热蒸汽发电系统

所示）。在该系统中，由于蒸汽在汽轮机中能膨胀到很低的压力，因而能做出更多的功。做功后的蒸汽排入混合式凝汽器，并在其中被循环水泵打入冷却水所冷却而凝结成水，然后排走。在凝汽器中，为保持很低的冷凝压力，即真空状态，设有两台带有冷却器的射汽抽气器来抽气，把由地热蒸汽带来的各种不凝结气体和外界漏入系统中的空气从凝汽器中抽走。

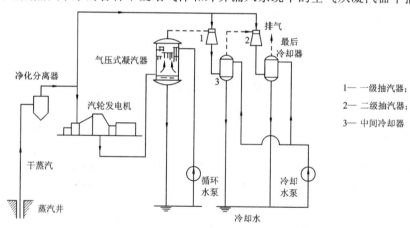

1— 一级抽汽器;
2— 二级抽汽器;
3— 中间冷却器

图10-9　凝气式汽轮机地热蒸汽发电系统

2. 地下热水发电

地下热水发电有两种方式：一种是直接利用地下热水所产生的蒸汽进入汽轮机工作，叫做闪蒸地热发电系统；另一种是利用地下热水来加热某种低沸点工质，使其产生蒸汽进入汽轮机工作，叫做双循环地热发电系统。

1）闪蒸地热发电系统

在此种方式下，不论地热资源是湿蒸汽田或者是热水田，都是直接利用地下热水所产生的蒸汽来推动汽轮机做功。

用100℃以下的地下热水发电，是如何实现将地下热水转变为蒸汽来供汽轮机做功的？要回答这个问题，就需要了解在沸腾和蒸发时水的压力和温度之间的特有关系。众所周知，水的沸点和气压有关，在 101.325 kPa 下，水的沸点是 100℃。如果气压降低，水的沸点也相应地降低。50.663 kPa 时，水的沸点降到 81℃；20.265 kPa 时，水的沸点为 60℃；而在 3.04 kPa 时，水在 24℃就沸腾。

根据水的沸点和压力之间的这种关系，我们就可以把 100℃以下的地下热水送入一个密封的容器中进行抽气降压，使温度不太高的地下热水因气压降低而沸腾，变成蒸汽。由于热水降压蒸发的速度很快，是一种闪急蒸发过程，同时，热水蒸发产生蒸汽时，它的体积要迅速扩大，所以这个容器就叫做闪蒸器或扩容器。用这种方法来产生蒸汽的发电系统，叫做闪蒸法地热发电系统，也叫做减压扩容法地热发电系统。它又可以分为单级闪蒸地热发电系统(又包括湿蒸汽型和热水型两种，如图 10-10、图 10-11 所示)、两级闪蒸地热发电系统(如图 10-12 所示)和全流法地热发电系统(如图 10-13 所示)等。

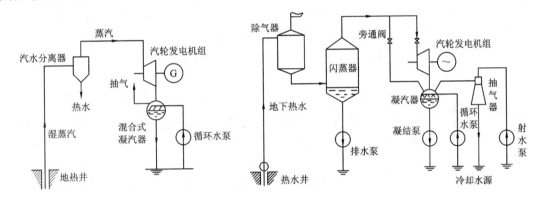

图 10-10　单级闪蒸地热发电系统(湿蒸汽)　　　图 10-11　单级闪蒸地热发电系统(热水)

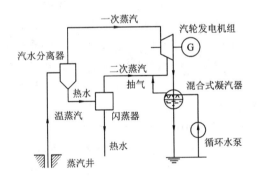

图 10-12　两级闪蒸地热发电系统

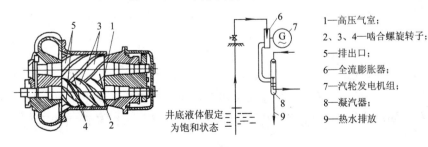

1—高压气室；
2、3、4—啮合螺旋转子；
5—排出口；
6—全流膨胀器；
7—汽轮发电机组；
8—凝汽器；
9—热水排放

图 10-13　全流法地热发电系统

两级闪蒸法发电系统，即第一次闪蒸器中剩下来汽化的热水，又进入第二次压力进一步降低的闪蒸器，产生压力更低的蒸汽再进入汽轮机做功。它的发电量可比单级闪蒸法发电系统增加 15％～20％。

全流法发电系统是把地热井口的全部流体，包括蒸汽、热水、不凝气体及化学物质等，不经处理直接送进全流动力机械中膨胀做功，而后排放或收集到凝汽器中，这样可以充分地利用地热流体的全部能量。该系统由螺杆膨胀器、汽轮发电机组和冷凝器等部分组成。它的单位净输出功率可分别比单级闪蒸法和两级闪蒸法发电系统的单位净输出功率提高60％和30％左右。

采用闪蒸法发电的地热电站，基本上是沿用火力发电厂的技术，即将地下热水送入减压设备—扩容器，将产生的低压水蒸气导入汽轮机做功。在热水温度低于 100℃时，全热力系统处于负压状态。这种电站设备简单，易于制造，可以采用混合式热交换器。其缺点是设备尺寸大，容易腐蚀结垢，热效率较低。由于系直接以地下热水蒸气为工质，因而对于地下热水的温度、矿化度以及不凝气体含量等有较高的要求。

2）双循环地热发电

双循环地热发电也叫做低沸点工质地热发电或中间介质法地热发电，又叫做热交换法地热发电。这是 20 世纪 60 年代以来在国际上兴起的一种地热发电新技术。这种发电方式，不是直接利用地下热水所产生的蒸汽进入汽轮机做功，而是通过热交换器利用地下热水来加热某种低沸点的工质，使之变为蒸汽，然后以此蒸汽去推动汽轮机，并带动发电机发电。汽轮机排出的乏汽经凝汽器冷凝成液体，使工质再回到蒸发器重新受热，循环使用。在这种发电系统中，低沸点介质常采用两种流体：一种是采用地热流体作热源；另一种是采用低沸点工质流体作为一种工作介质来完成将地下热水的热能转变为机械能。所谓双循环地热发电系统即是由此而得名。常用的低沸点工质有氯乙烷、正丁烷、异丁烷、氟利昂-11、氟利昂-12 等。在常压下，水的沸点为100℃，而低沸点的工质在常压下的沸点要比水的沸点低得多。例如，氯乙烷在常压下的沸点为 12.4℃，正丁烷为 −0.5℃，异丁烷为−11.7℃，氟利昂−11 为 24℃，氟利昂−12 为−29.8℃。这些低沸点工质的沸点与压力之间存在着严格的对应关系。例如，异丁烷的沸点在 425.565 kPa 时为 32℃，在 911.925 kPa 时为60.9℃；氯乙烷的沸点在 101.325 kPa 时为 12.4℃，162.12 kPa 时为 25℃，354.638 kPa 时为 50℃，445.83 kPa 时为 60℃。根据低沸点工质的这种特点，就可以用100℃以下的地下热水加热低沸点工质，使它产生具有较高压力的蒸气来推动汽轮机做功。这些蒸气在冷凝器中凝结后，用泵把低沸点工质重新打回热交换器循环使用。

这种发电方法的优点是利用低温位热能的热效率较高；设备紧凑、汽轮机的尺寸小；易于适应化学成分比较复杂的地下热水。缺点是不像扩容法那样可以方便地使用混合式蒸发器和冷凝器；大部分低沸点工质传热性都比水差，采用此方式需有相当大的金属换热面积；低沸点工质价格较高，来源欠广，有些低沸点工质还有易燃、易爆、有毒、不稳定、对金属有腐蚀等特性。双循环地热发电系统又可分为单级双循环地热发电系统（图 10－14 所示）、两级双循环地热发电系统（图 10－15 所示）和闪蒸与双循环两级串联发电系统（图10－16所示）等。

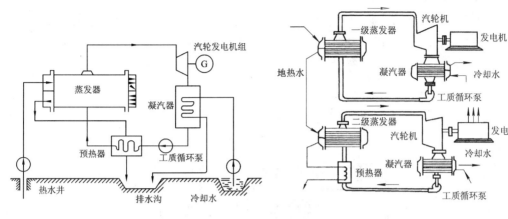

图 10-14 单级双循环地热发电系统　　　　图 10-15 两级双循环地热发电系统

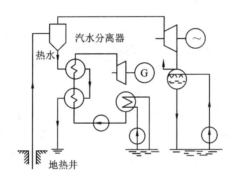

图 10-16 闪蒸与双循环两级串联发电系统

① 单级双循环发电系统发电后的热排水还有很高的温度，可达 50～60℃，可以再次利用。

② 两级双循环地热发电系统，就是利用排水中的热量再次发电的系统。采用两级利用方案，各级蒸发器中的蒸发压力要综合考虑，选择最佳数值。

③ 闪蒸与双循环两级串联发电系统，就是第一级采用闪蒸发电，然后利用排水中的热量加热低沸点工质再一次发电的系统。如果这些系统中温度与压力数值选择合理，那么在地下热水的水量和温度一定的情况下，一般可提高发电量 20% 左右。这两种系统的优点是都能更充分地利用地下热水的热量，降低发电的热水消耗率，缺点是都增加了设备的投资和运行的复杂性。

经济性是考察地热发电站设计和建设的最重要的综合性指标。衡量地热发电站经济性的指标，主要有两个：一个是发电量(kW·h/t 热水)，它表示地热发电站发电效率的高低；一个是地热发电站的投资费用(元/kW)，它表示电站建设费用的大小。

由于目前的地热发电站建设规模一般都较小，同时又由于钻井的初始投资较大，所以它的竞争能力不强，其经济性还有待进一步提高。但地热电站的最大优点是不耗用化石燃料，发电成本低，设备的年利用率高。

3. 联合循环地热发电

20 世纪 90 年代中期,以色列奥玛特(Ormat)公司把上述地热蒸汽发电和地热水发电两种系统合二为一,设计出一个新的被命名为联合循环地热发电系统(图 10-17),该机组已在世界一些国家安装运行,效果很好。

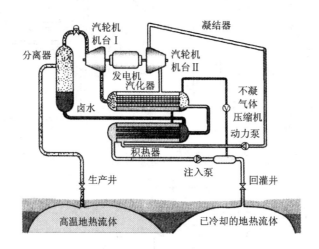

图 10-17 联合循环地热发电系统示意图

这种联合循环地热发电系统的最大优点是可以适用于大于 150℃ 的高温地热流体(包括热卤水)发电,经过一次发电后的流体,在并不低于 120℃ 的工况下,再进入双工质发电系统,进行二次做功,这就充分利用了地热流体的热能,既提高发电的效率,又能将以往经过一次发电后的排放尾水进行再利用,大大地节约了资源。图 10-17 为该系统示意图。从图上看出,从生产井到发电最后回灌到热储,整个过程是在全封闭系统中运行的。因此,即使是矿化度甚高的热卤水也照常可用来发电,不存在对生态环境的污染。同时由于是封闭系统,所以电厂厂房上空也见不到团团白色汽雾的笼罩,也闻不到刺鼻的硫化氢气味,是百分之百环保型地热电站。由于发电后的流体全部回灌到热储层,无疑又起到节约资源延长热田寿命的作用,达到可持续利用之目的,所以它又属节能型地热电站。新西兰罗托卡瓦装机 27 MW 地热电站,采用联合循环地热发电系统,由于地热流体 100% 回灌,所以电站厂房上空呈现的不是白色蒸汽,而是蓝天白云。

10.3.2 地热发电资源勘探与开采

1. 地热勘探

火力发电厂的建设容量,主要是按照当地电力负荷的需要来确定的。与之不同,地热电站的建设容量,则主要取决于地热田的资源条件以及冷却水源的条件。因此,在确定地热发电建设项目之前,首先要对地热田进行地热资源的普查和勘探,以获取与地热电站设计有关的资料。勘探内容主要有:

(1)载热流体的类型,如蒸汽、热水或汽水混合物等;

(2)地热田的热力参数,包括地热田的热储量、地热水(不同井口压力时)和冷水的稳定流量、温度及其昼夜、季节、年度变化数据等;

（3）地热水输出计算参数，包括钻井井口的静水压力（水头高度）、动水压力、密封压力（包括汽和水的混合压力）等；

（4）地热发电防腐蚀有关数据，如地热水的化学成分、气体成分和含量等；

（5）地热发电工程施工的有关数据，如地热水开采区的工程地质条件（包括工程基础砌置深度内土层岩性、厚度、土壤的物理和力学性质）及地下水的水温、水位、水量等。

地热资源的普查勘探，有地球物理方法和地球化学方法两大类。地球物理方法包括地表温度测量、热流测量以及电法、重力、磁力和地震勘探等方法。地球化学方法是地热普查勘探中最经济而且有效的一种方法，它主要是分析热泉或沸泉的化学成分，为确定是否勘探提供指导。从勘探到地热田开发，化学勘探都是了解地热田的重要方法。

2. 地热开采

地热资源经查明后，为确定地热田的开发方案，必须进行钻探。通过钻探打成地热井，取出地热，就叫做地热开采。地热井的结构包括钻孔直径和套管两大方面。钻孔直径不能太大，也不能太小。太小影响出水量，太大增加钻井时间和费用。但对热水井来说，钻孔口径应大一些，才能保证热流体顺利通过。钻井过程中最重要的环节，是将合适的套管下到适当的深度。每一口井常有表层套管、中间套管、生产套管和尾管 4 种套管。一般低温地热的开采比较简单，如 100℃ 以下的地热水，多半是自流井，地热水经过井管自动流出，通过一个主阀门即可进入输水管道，送往电站使用。也有一些低温地热水是不能自流的，或开始几年自流，以后水位下降就不能自流，则需用井下泵将热水取出，这就要有井口装置。特别是开采中、高温地热时，往往会出现地热蒸汽和热水中含有较复杂的混合物的情况，甚至会遇到井下的高压。这样，地热开采技术就比较复杂，而且地热水中往往会含有腐蚀和结垢成分，所以在现代地热开采中应用了许多高新技术。

1）自流井

通过钻探打成的能使热水从地下向上喷的井，叫自流井。由于多数地下热储是封闭式的，一旦人工打出通道，地下固有的压力就会把热水挤向地面。当然，通过一段时间的开采，随着水位的下降，压力也将随之减弱。自流井持续自喷时间的长短，取决于地热资源的状况和对其开采的强度。在自流时间，地热井不需设置泵房，井口装置也很简单，只需在井口井管离地面约 0.2 m 处加装一个法兰即可，法兰以上接弯头及阀门。由于自流井经过一段时间的运行，自流量会逐年减少，甚至变为非自流井，最好要配以自流、抽水两用型井口装置。在冬季高峰负荷时起动井下泵，还可以增加供水量，起到调峰的作用。

2）非自流井

非自流井指那些地下热储压力小、致使热水不能自流而出的地热井。开采这种地下热水，必须使用水泵取水，因而在井口要附加一些相关的设施，并要建设泵房。泵房中的关键设备是水泵，其选型十分重要。不论选用潜水泵还是深井泵，都必须考虑地下热水的温度和水质特性。普通水泵均按常温条件下设计，同时在材质上一般也不考虑防腐蚀的要求。但对用于地热水的水泵来说，首先就要考虑温度的影响，例如橡皮轴承与动轴之间的间隙必须适当，否则就很难运行。一般的潜水泵虽然具有使用方便、拆装简单、扬程较高、重量较轻以及维修费用低等优点，但由于它所配用的异步交流电机的适应温度低于 80℃，不能满足地热开发的要求，因此应选用地热专用的水泵。地热井的泵座也不同于普通水井，应采用钢筋混凝土结构，并设有两段管路，一段用于测量井中的水位，一段用于输出热水。井管与泵座应采取软连接的方式，即在井管周围绕以石棉绳，以防止井管由于热胀冷缩或泵座基础下沉而损坏。必要时，系统中还应配备除砂器。

3）中、高温地热井

温度在100℃以上的中、高温地热井的井口装置较复杂，因为井下喷出的不仅是热水，有的还伴随着大量的高压蒸汽或甲烷、二氧化碳、硫化氢等化学物质。仅气体和热水两种成分的混合物，就涉及汽水分离问题，因此在设计中必须采取两相流动的管道和各种换热器。井口要安装汽水分离器，蒸汽走蒸汽管道输送，热水通过集水罐和消声器放出，或通过扩容器送入第二级分离器以获得低压蒸汽。运行时旁通阀关闭，主阀门、检修阀和截止阀打开，地热流体经主阀门、检修阀到分离器。其中，气相部分经浮球阀到蒸汽主管道、液相部分到集水罐后，经控制孔板和截止阀到消声器后排放。如果液相压力和温度很高，为了充分利用能量，还可进行多级分离。

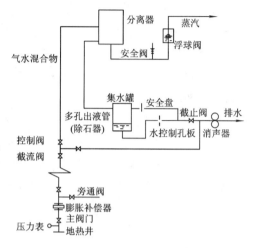

图 10-18　高温地热井井口装置系统示意图

高温地热井井口装置系统如图10-18所示。图中还设有一些安全措施：膨胀补偿器、安全盘、浮球阀、水控制孔板、检修阀。

10.4　地热发电现状与展望

10.4.1　世界地热发电

1. 世界地热发电发展及现状

世界地热发电始于20世纪之初。1904年，意大利在拉德瑞罗建立起世界上第1座小型地热蒸汽试验电站。1913年，拉德瑞罗的250 kW地热电站正式投入运行，这是世界地热发电的开端。在1958年新西兰建设怀拉基地热电站之前，以水为主的热储能一直未曾被大规模开发过。自1958年起，美国、墨西哥、俄罗斯、日本、菲律宾、萨尔瓦多、冰岛和中国先后开始进行地热发电的研究试验和开发建设，但发展速度不快。

20世纪70年代初，世界性的能源短缺和燃料价格上涨以及能源的科技进步，引起了一些工业发达国家对包括地热在内的新能源开发利用的重视，地热发电技术有了较大的发展。特别是20世纪80年代以来，世界地热发电装机容量增加迅速：由1980年的2388 MW增加为1990年的5827.55 MW，增幅达1.44倍；1998年，又增加到8239 MW，比1990年增加了2372 MW，增幅达41.38%。迄今为止，全世界至少已有83个国家已经开始开发利用地热资源或计划开发利用地热资源，约有50个国家统计了地热能利用数量，有21个国家利用地热发电，约有250个地热电站。

1997 年，全世界地热发电装机容量为 7950 MW，分布在如下 20 个国家：美国 2850 MW，菲律宾 1780 MW，墨西哥 743 MW，意大利 742 MW，日本 530 MW，印度尼西亚 528 MW，新西兰 364 MW，萨尔瓦多 105 MW，尼加拉瓜 70 MW，哥斯达黎加 65 MW，冰岛 51 MW，肯尼亚 45 MW，中国 32 MW，土耳其 21 MW，俄罗斯 11 MW，葡萄牙（亚速群岛）8 MW，法国（哥德洛普岛）4 MW，阿根廷 0.7 MW，澳大利亚 0.4 MW，泰国 0.3 MW。

1999 年，全世界地热发电装机容量为 8239 MW，其中美国 2850 MW，居第 1 位；菲律宾 1909 MW，居第 2 位；意大利 785 MW，居第 3 位；墨西哥 743 MW，居第 4 位；印度尼西亚 590 MW，居第 5 位。

美国加州的吉塞斯地热电站，总装机容量达 1918 MW，是目前世界上最大的地热电站。

2. 主要的地热发电国家

1）美国

美国是全球地热发电装机容量最大的国家。据美国能源部 1996 年度报告的评述，目前美国在地热发电方面，主要是围绕日常运行和维护开展工作，形成了可用系数很高（常常高于 95%）且稳定可靠的电力供应。出于提高经济性的考虑，对蒸汽系统的供应设备和汽轮发电机组进行更新换代，十分强调提高效率和增强可靠性。在俄勒冈、爱达荷及加利福尼亚州等地的地热区域供暖系统，已运行了几十年，投入使用的地源热泵空调系统已超过 50 多万套，冬季采暖，夏天降温，可以削减尖峰用电负荷 40% 左右。

吉塞斯地热已有 40 年的历史，目前已成为美国、也是世界最大的地热发电基地，其所采取的地热发电技术以安全可靠、发电成本低、环境影响小著称。把地热资源以外的水注入热储层，以维持压力和产热量，是该地热田在过去 16 年间最大的技术成就。

美国还在西部 9 个州进行了地热资源（>50℃）和社区（位于地热资源 8 km 范围内）的配对研究，鼓励这些社区开发利用地热，已有约 256 个配对社区。美国能源部地热工艺处在其于 1998 年 6 月制定的地热能发展规划中提出：将致力于使地热作为资源上可持续的、环境上合理的、经济上有竞争力的能源，用于国内和世界的能源供应。具体目标是：

（1）国内地热发电方面。到 2010 年，达到用地热能供应 700 万个美国家庭、共约 1800 万人需用的电力，使地热发电成为在经济上和环境上受欢迎的电力发展方案。

（2）国内地热直接利用方面。到 2010 年，把地热直接利用及地源热泵空调系统的应用规模，扩大到可以满足 700 万个美国家庭采暖、降温和热水的需要。

（3）国际地热开发方面。到 2010 年，达到用美国的地热工艺设备在发展中国家至少装备 10 000 MW 的地热发电装机容量，以满足发展中国家 1 亿人口的基本用电需求。

（4）地热开发利用技术方面。加速地热开发利用的科学技术进步，以保证美国继续居于世界地热开发利用的领先地位。

（5）未来地热资源方面。研究开发利用地热资源的新技术、新工艺，不断开拓地热利用的资源量，以满足美国未来非运输能源需要的 10%。

美国南卫理公会大学地热实验室的研究人员最新测绘发现，美国境内地热发电能力超过 300×10^4 MW，是燃煤的 10 倍。美国地热资源协会统计数据表明，美国利用地热发电的总量为 2200 MW，相当于 4 个大型核电站的发电量。虽然美国地热资源储量大得惊人，但利用率不足 1%，主要原因是现有的地热开发技术成本太高，平均每钻入地下一英里就需要几十个金刚石钻头，而一个钻头至少要 2000 美元，因此地热的发展相对较为缓慢。

2）菲律宾

菲律宾政府大力推进开发本土的电力资源，以降低对进口石油的依赖。菲律宾拥有丰富的地热资源，1991 年 12 月被确认的地热资源蕴藏量为 1400 MW，主要分布在吕宋岛南部、莱特岛、民答那峨岛东部等地。开发最早的为吕宋岛东南部的蒂威地热田，早在 1968 年就利用 200 m 深的地热井产生的蒸汽成功地进行了发电。到 1980 年地热发电装机容量即迅速发展到 446 MW。到 1999 年，地热发电的装机容量已增至 1909 MW，约占世界地热发电装机容量的 23%。2000 年的地热发电量占全国能源总量的 12.94%。菲律宾国家电力公司制定的电力发展 15 年规划中，2005 年前 18% 的新增装机容量为地热发电。

菲律宾过去只有高温地热可以作为能源利用，借助于科技发展，人们已经可以利用热泵技术将低温地热用于供暖和制冷。菲律宾政府给予可再生能源项目的优惠政策包括赋税优惠期和免税政策。2008 年，地热能源占菲律宾总能源产出的 17%，总装机容量达到 2000 MW。2009 年，该国政府正就 10 处地热资源开发项目进行招标，同时还有 9 项合作正在与公司直接进行商讨，这些合作总共将开发 620 MW 的地热能源。

3）冰岛

1997 年冰岛的一次能源消费量为 254.1×10^4 t 石油当量，其中 48.1% 由地热能供应，目前的比例已达到 55%，如此大的比例在世界各国中是罕见的。2001 年，冰岛的地热发电装机容量已发展到 202 MW，占全国总发电装机容量的 13%，占国家能源近 15%。冰岛所有电力都来自水电、地热发电等清洁能源，同时该国还建起了完整的地热利用体系，所有供暖系统也都使用地热。利用地热还有助于减少二氧化碳排放。按照冰岛国家能源局的数据，如果每年用在取暖上的石油为 64.6×10^4 t，用地热取代石油，冰岛可以减少 40% 的二氧化碳排放。得益于水力和地热资源的开发，冰岛现在已成为世界上最洁净的国家之一。

4）哥斯达黎加

哥斯达黎加把"2000 年 90% 的电力来自可再生能源"的目标作为其绿色经济增长总体计划的一部分。据 1995 年 1 月统计，正在运行的地热电站装机容量为 60 MW，年发电量为 447 GW·h，分别占全国总量的 6% 和 9%。2002 年地热发电装机容量达到 162.5 MW，年发电量达到 600 GW·h，分别占全国总量的 7.8% 和 10.5%，地热发电与水力发电合计的装机容量占到全国总量的 87.4%，年发电量占到全国总量的 88.3%，基本达到计划目标。

5）萨尔瓦多

萨尔瓦多在 1975～1993 年的 19 年间，其地热电站的年发电量一直占全国总发电量的 14% 以上。其中 1976～1985 年期间的地热电站年发电量占到全国总发电量的 25%，1981 年并曾一度达到占 43.6%。目前，地热发电装机容量为 161 MW。

6）日本

日本作为火山岛国，地热资源量为 23 470 MW，是全球第三大地热资源国。据日本地热协会的统计，截至 1999 年，全日本地热发电装机容量为 546.9 MW，占全国总发电装机容量的 0.2%。到 2010 年的目标，是把地热发电的装机容量发展到 2800 MW，占届时全国总发电装机容量的 1%。东日本大地震引发的核电站事故以来，为了缓解企业和居民的用电负担，日本出台《再生能源法案》，鼓励自主发电的同时，加快了地热发电等再生能源开发利用步伐。日本地热利用的研究开发十分活跃，正在进行的研究项目有：推进地热资源的普查；小型双循环地热发电系统的试验示范；裂隙型热储勘探方法的开发；深层热储的调查；开发 10 MW 级双循环地热示范电站；地热井兆瓦级系统的开发；干热岩发电系统的开发，包括深层热储钻井与生产工艺的开发等。

7）印尼

印尼地热能源已探明储量达 27 000 MW，占全球地热能源总量的 40%。政府大力倡导使用地热能，政府已经定下指标，到 2025 年利用多样化能源，其中石油的使用量占 20%，远远低于 52%，地热用量将增至 5%。为了加快地热能源的开发利用，印尼不仅出台了专门的政府法令，同时也积极地吸引投资。2008 年，总统苏西洛宣布了 4 项热力发电站工程正式启动，总投资额 3.26 亿美元。

8）德国

德国首座地热发电厂将在德国西部巴符州建成，当地公用事业部门宣布德环境部为此投资 650 万欧元。据悉，该电厂将从地下 4600 m 深处采集热量。由于该地地质结构特殊，这一深度的地下岩石温度达 170℃。

3. 干热岩地热开发技术

关于世界地热发电技术的新发展，值得加以介绍的是干热岩地热开发技术。干热岩地热开发是一种利用地热的新概念，它最早由美国洛斯阿拉莫斯科试验室所提出，美国能源部投入了大量试验经费，证实了这种获取地热新概念的正确性。

干热岩地热开发概念的基础是地球内部的温度随着深度而增加，在没有水或蒸汽的热岩石里，采用人工钻探和注水的方法，人为地造出一个与天然水热系统相似的地下热储。可以设想，在不渗透的岩石中打两个深井钻孔，并通过水力将炽热的岩石破碎，然后从一个钻孔中注入冷水，让水在岩石的裂隙中加热，再从另一个钻孔中取出热水，待这种注水与吸水在岩缝中沟通之后，就可靠冷热水密度的不同而形成自然循环。这种人造地热的方法，原理并不复杂，但实践起来却相当困难。首先是要有大量的投资；其次是要有打深孔的钻探设备，像钻探石油一样的斜钻技术，孔深达数公里，钻头、钻杆要耐高温；再次则是需要事先了解何处有这种又干又热的岩层。不难看出，干热岩地热开发是一项高新技术的综合工程，它不仅要运用斜井深钻技术和深层热岩破碎岩体技术以及耐高温高压的新材料技术等，而且在传热计算、自动控制以及计算机模拟设计等方面也要进行大量的工作。

1973 年美国开始着手干热岩开发的初步试验，钻到 785 m 深处，岩石温度就已达到100℃。在此之后，美国又于 1977 年在芬顿山建立起 5 MW 和 10 MW 的发电试验装置。1978 年钻进到 3000 m 深，试验温度达到 200℃。1979 年将破碎岩石延伸到 4000 m 深，热岩温度增加到 250～275℃，达到了预期目标。至今，美国仍在继续进行工业性试验。尽管目前试验的发电成本非常之高，但由于这项技术不受地热田的局限，可以在更大范围开发地热资源，因而受到日本、德国、英国、法国等发达国家的重视，纷纷投资开展干热岩的研究试验工作。干热岩地热开发示意图，如图 10-19 所示。

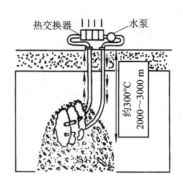

图 10 - 19　干热岩地热开发示意图

10.4.2　中国地热发电

1. 中国地热利用简史

中国是研究和开发利用地热能资源最早的国家之一。

在中国古代的许多宝贵的科学文化遗产中，记载着不少关于开发利用温泉的史实和论述。古籍中记载，远在公元前 500～600 年的东周时代，就已有人利用地下热水洗浴治病、灌溉农田以及从热水或热气中提取硫黄和其他有用元素或化合物等。

20 世纪 20 年代，中国地质界的先驱者章鸿钊先生，曾汇集了中国各种历史文献中记载的温泉 600 多处，于 1926 年在日本东京召开的第三次太平洋会议上发表了题为《中国温泉分布与地质构造关系》的论文，并著有《中国温泉辑要》一书。

新中国建立以后，中国杰出的地质学家李四光先生对地热能的开发利用十分重视，多次呼吁要积极研究和开发利用地热能。他说："地下热能的开发和利用，是个大事情。这件事，就像人类发现煤炭、石油可以燃烧一样。这是人类历史上开辟的一个新能源，也是地质工作的一个新领域"，"地下是个大热库，是开辟自然能源的新来源"。

新中国建立的 50 多年来，国家对地热能的开发利用十分重视，先后组织了地热资源的普查和勘探；建立研究机构，充实研究力量；制订规划并组织科技攻关；积极开展对地热能的开发利用；安排试验示范；召开学术会议，开展国际合作与交流。

在 20 世纪 50 年代以前，中国地热能的开发利用主要是应用于医疗和洗浴行业；自 20 世纪 60 年代起，开始应用于工农业生产；20 世纪 70 年代以来，地热能作为新能源的一种，已扩大到用于发电、工业加工、民用采暖、农业温室、农田灌溉、水产养殖、医疗卫生以及旅游业等诸多方面，应用范围越来越广，取得了明显的节能效益、经济效益和环保效益。到 1998 年底，中国的地热发电装机容量达 32 MW，居世界第 13 位；中国的地热直接利用设备总功率达 2443 MW，居世界前列。

2. 中国地热发电现状

中国地热发电的研究试验工作开始于 20 世纪 70 年代初。30 余年来的发展经历了两大阶段：1970～1985 年期间，为以发展中低温地热试验电站为主的阶段；1985 年以后，进入发展商业应用高温地热电站的阶段。1970 年，广东省丰顺县邓屋建立起中国第一座闪蒸系统(扩容法)地热试验电站,利用91℃的地热水发电,机组功率为86 kW。随后,江西省宜春市温汤和河北省怀来县,也相继建设起双循环系统(低沸点工质)地热试验电站。20世纪70年代中后期,湖南省灰汤、辽宁省熊岳以及山东省招远又先后建成闪蒸及双循环系统地热试验电站。所有这些电站发电机组的功率都不大,从50~300 kW不等,地热水温度均较低,从61~92℃不等。这些地热试验电站曾对中国地热发电技术的发展与提高起了积极的作用,取得了一系列科研成果,积累了经验。目前,这些地热试验电站多数已经停运,但也有个别电站至今仍在运行发电。

目前中国高温地热电站主要集中在西藏地区,总装机容量为27.18 MW,其中羊八井地热电站装机容量为25.18 MW,朗久地热电站装机容量为1 MW,那曲地热电站装机容量为1 MW。

羊八井地热电站是中国自行设计建设的第1座用于商业应用的、装机容量最大的高温地热电站,年发电量约达1×10^8 kW·h,占拉萨电网总电量的40%以上,对缓和拉萨地区电力紧缺的状况起了重要作用。

羊八井地热田位于西藏拉萨西北90 km处,当地海拔高度4300 m,处在一个东北—西南向延展的狭窄山间盆地中,电站利用145℃左右的地热水(汽水混合物)发电,向92 km以外的拉萨地区供电。羊八井地热电站包括第一电站和第二电站两部分。第一电站由1台1 MW机组(1号机组)和3台3 MW机组(2号、3号和4号机组)构成。1号机组于1977年10月10日投入运行,2号和3号机组分别于1981年12月和1982年11月建成并投入发电,1985年又扩建了4号机组。至此,第一电站的总装机容量达到10 MW。20世纪80年代中期,开始建造第二电站,站址位于羊八井地热田北部、中尼公路以北约45 km处,距第一电站约3 km。该电站一期工程安装了1台日本生产的3.18 MW机组,自动化程度较高,以后,又安装了4台功率各为3 MW的国产机组。目前,第二电站的总容量为15.18 MW。到2002年底,整个羊八井地热电站的总装机容量为25.18 MW。

羊八井第一电站1号机组是最初的试验机组,采用单级扩容法发电系统。以后建造的3台3 MW机组,则均采用两级扩容法发电系统,较单级扩容法可增发20%的发电量。首级扩容时,蒸汽中的气体含量约为1%~1.5%,采用射水装置抽取凝汽器中的非凝结气体,机组全部采用凝汽式,其冷却水直接从藏布曲(河)抽取,每生产1 kW·h电能的比耗为130 kg总流体。羊八井地热电站3号机组系统示意图如图10-20所示,其主要参数如表10-1所示。

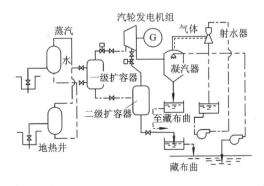

图10-20　羊八井地热电站3号机组系统示意图

表 10 - 1 羊八井地热电站 3 号机组主要参数

	电站类型	双级扩容		电站类型	双级扩容
汽轮机数据	类型	二重混压式	凝汽器数据	类型	压力喷射式
	额定功率	3000 kW		压力（平均）	2.94 kPa
	转速	3000 r/min		冷却水进口温度	10℃
	主蒸汽压力	421.7 kPa		循环水泵功率	150 kW
	主蒸汽温度	145℃	抽气器数据	类型	射水型
	首级蒸汽压力	166.7 kPa		单机数量	3
	首级蒸汽温度	114.6℃		气体流量	单机 0.185 t/h
	次级蒸汽压力	49.0 kPa		水压力	392 kPa
	次级蒸汽温度	80.8℃		水流量	750 t/h
	首级蒸汽流量	22.7 t/h		水泵功率	100 kW
	次级蒸汽流量	22.3 t/h	冷却系统	类型	直流式

羊八井地热田迄今共打了 40 多眼地热井。根据地质部门对羊八井地区浅层热储能的勘探与评价，南、北两区的发展潜力约为 28～32 MW。

为进一步开发利用西藏的高温地热资源，目前西藏的地热开发利用已从羊八井地热田扩展到那曲地区的那曲地热田、距羊八井 45 km 的羊易乡地热田，以及羊八井的近邻拉多岗地热田等地。

3. 中国地热发电未来

经过 30 多年来的研究、开发与建设，中国的地热发电在技术上和产业建设上均取得了很大的进步和发展，为未来更大地发展奠定了坚实的基础。在技术上，已建立起了一套比较完整的地热勘探技术方法和评价方法；地热开发利用工程的勘探、设计和施工，已有资质实体；地热开发利用设备基本配套，可以国产化生产，并有专业生产制造工厂；地热监测仪器基本完备，并可进行国产化生产。地热发电的成本，目前已接近小水电而远低于柴油发电。地热发电的年运行小时数，已达到 7500 h，远高于柴油发电的 5000 h 和小水电的3000 h。在产业建设上，已奠定一定的基础和能力，可以独立建设 30 MW 规模商业化运行的地热电站，单机容量可以达到 10 MW；已具备施工 5000 m 深度地热钻探工程的条件和能力；已初步建立起地热的监测体系和生产与回灌体系；已初步建立起一些必要的地热开发利用法规、标准和规范。

关于中国地热发电未来的初步构想，一些专家和相关职能部门也有一些计划和预测：努力勘探开发藏滇高温地热 200～250℃ 以上深部热储，力争单井地热发电潜力达到10 MW 以上，单机发电装机容量达到 10 MW 以上。

（1）2001～2005 年的目标，是使高温地热发电装机容量发展 15～25 MW，累计达到40～50 MW。

（2）到 2010 年的目标是，发展高温地热发电装机 25～50 MW，累计装机达到 60～100 MW。

（3）中国 2020 年的目标是地热发电装机容量将达到 400～585 MW。

目前，全国地热发电只有羊八井具有一定的生产规模，它既是我国目前最大的地热试验基地，也是当今世界唯一利用中温浅层热储资源进行工业性发电的电厂，同时，羊八井地热电厂还是藏中电网的骨干电源之一，年发电量在拉萨电网中占 45%。羊八井电厂当前的主要任务应该是对现有发电设备进行更新，对发电系统进行技术革新，提高运行与发电的效率。与此同时，应尽快实施发电尾水的回灌工程，这是保证现有机组稳发、满发安全生产必不可少的重要措施。健全热田的监测系统和资料，为羊八井电厂今后扩建兴建积累经验。

据悉，日本的一家公司目前正在与西藏自治区有关单位合作，共同钻探羊八井热田北区硫黄矿附近的深部热储，截止到 2003 年年底，正在施工的 ZK3001 井，已钻进 1900 m（冬季暂停施工），并于 1500 m 钻孔深处测取的流体温度达 278℃。若能继续钻进到理想的裂隙型热储，两国将会在今后一段时间共同合作扩建羊八井地热电厂，预计至少可以增加装机容量 20～30 MW。

2004 年 5 月中旬，云南省有关单位和以色列奥玛特公司投资，拟在腾冲地区兴建地热电站项目，对建议书进行了专家评估。电站一期工程设计装机规模为 48.8 MW，年发电量 3.5 亿度，总投资 1.2 亿美元。这项工程若被国家批准立项，将在 3～4 年内建成并发电，而且成为除西藏外，我国大陆建造的第二座具有一定生产规模的地热电站。

2012 年 7 月，国家发展改革委发布《可再生能源发展"十二五"规划》指出，"十二五"期间可再生能源投资需求估算总计约 1.8 万亿元。地热能"十二五"发展目标是，到 2015 年，各类地热能开发利用总量达到 1500 万吨标准煤，其中，地热发电装机容量争取达到 100 MW，浅层地温能建筑供热制冷面积达到 5 亿平方米。

复习思考题

10-1　什么是地热能？它有哪些特点？

10-2　什么是地热资源？根据其在地下热储中存在的形式可以分成哪几类？如何加以利用？

10-3　中国地热分布带是怎样的？

10-4　地热发电的分类及其基本工作原理如何？

10-5　中国地热发电的现状和未来如何？

第十一章　潮汐能发电技术

❈❈

　　海洋是一个新兴的具有战略意义的开发领域，海洋拥有地球上最丰富的资源。随着海洋科学技术的发展，发现海洋中蕴藏的许多种资源，远远超过了陆地上已知的同类资源的蕴藏量。从海水到海底或海底以下，都蕴藏着极其丰富的宝藏。

　　从 20 世纪 70 年代，世界范围就开始了向海洋进军的热潮，目前，海洋领域备受重视的开发利用主要集中在海洋油气开采和海洋能资源开发利用两个方面。海洋能资源是取之不尽的巨大的可再生的绿色能源，它包括潮汐能、波浪能、海流能、温差能和盐差能。

　　潮汐能发电是目前海洋能资源利用中技术上最为成熟的一种方式。潮汐能发电技术也是水力发电技术的一个分支，是一种低水头、大流量的水力发电技术。

　　我国海岸线辽阔，海洋能资源丰富，海洋能源开发利用技术又涉及许多高新技术领域，作为海洋大国，我国的海洋资源开发利用前途漫漫，任重道远。

11.1　潮汐和潮汐能

11.1.1　海洋和海洋能

　　潮汐能是海洋能的一种。因此，我们先了解海洋和海洋能。

1. 海洋和海洋资源

　　地球上广阔连续的水域称之为海洋，海洋的面积约为 3.62×10^8 km²，占地球表面积的 70.9%。根据海洋要素特点及形态特征，海洋又可分为主要部分和附属部分，前者称为洋，后者是洋的边缘附属部分，称为海、海湾和海峡。

　　远离陆地的水体部分为洋，洋是海洋的主体部分，占海洋总面积的 89%。洋一般较深，平均水深在 2000~4000 m。洋内有独立的洋流和潮汐系统，主要海洋要素，例如，海水温度、盐度等，都不受大陆影响，大洋的海水盐度为 35。大洋具有面积广阔、深度较大、水体相对稳定、很少受大陆影响的特点，是全球气候的调节中枢。

　　海则与洋不同了，海濒临大陆，面积比较小，各大洋海的面积只占海洋总面积的 11%。由于海是大洋的边缘附属部分，从地理形态上看，一般的海多分布在大陆架上，其海水深度较浅；靠近陆地部分，还有海湾、海峡等。海又分两大类：一类是边缘海，另一类是地中海。地中海的地理特征是海水水域介于大陆之间，或深入大陆的内部，例如，在欧亚大陆之间的地中海，还有伸入美洲大陆的加勒比海等。边缘海则位于大陆边缘，例如，濒临我国的黄海、东海等。由于边缘海靠近大陆，因此，边缘海靠大陆一侧受陆地影响较大，而靠大洋一侧，明显受大洋水体的影响。

　　世界大洋是相互沟通的，但是，由于洋与洋地理位置等因素不同，各大洋之间又有较明显的差别。根据水文特征、海岸线的轮廓、洋底地貌特点等，人们把世界大洋分为太平洋、大西洋、印度洋、北冰洋和南大洋五大洋区。

　　海洋中的生物资源是极其丰富的。海洋中生活着16~20万种动物，其中鱼类25 000多种，软体动物和甲壳动物40 000多种。据估计，在不破坏生态平衡的情况下，海洋每年可向人类提供数亿吨鱼类。海水中生长着的植物，仅藻类就有10万种之多。许多藻类具有很高的食用价值，单是供人类食用的就有几十余种，它是人类潜在的巨大食物资源。

　　海洋中蕴藏着丰富的矿产资源，其中有：利用潜力最大的深存于海洋巨大水体中的各种化学元素（包括各种金属和盐类）；拥有地球半数以上石油资源的海洋石油、天然气；具有很强的再生能力的，富含锰、铜、镍、钴等，可供人类开采两万多年的海底矿产——锰结核；被称之为"海底金银库"的，含有铜、银、铬、钼、铅、锌等多种金属，并含有金、银等贵重金属的热液——沉积矿床；被国际公认是迄今海底最具价值的矿产资源，足够人类使用1000年的天然气水合物可燃冰。

　　海洋不仅拥有种类繁多的生物资源、矿产资源、化学资源，而且还储有取之不尽、用之不竭的再生能源——动力资源。海洋动力资源主要是指海水的能量——海洋能。

　　海洋中虽然也蕴藏着石油、天然气、铀、氢以及海洋生物质能等动力资源，但是因为这些资源在海陆两域中都存在，所以在现代的能源分类上一般不列入海洋能的范围。

2. 海洋能及其特点

1）海洋能

　　海洋是个庞大的能源宝库，它既是吸能器，又是储能器，蕴藏着巨大的动力资源。海水中蕴藏着的这一巨大动力资源的总称就叫做海洋能，它包括潮汐能、波浪能、海流能（潮流能）、海水温差能和海水盐差能等各种不同形态的能源。

　　潮汐能是指海水涨潮和落潮形成的水的动能和势能。波浪能是指海洋表面波浪所具有的动能和势能。海流能（潮流能）是指海水流动的动能，主要是指海底水道和海峡中较为稳定的流动，以及由于潮汐导致的有规律的海水流动。海水温差能是指海洋表层海水和深层海水之间水温之差的热能。海水盐差能是指海水和淡水之间或两种含盐浓度不同的海水之间的电位差能。在海洋能中，除潮汐能和潮流能来源于星球间的引力作用以外，其余各类均来源于太阳辐射能。

　　海洋能按其赋存形式，可分为机械能、热能和化学能，其中潮汐能、海流能（潮流能）、波浪能为机械能，海水温差能为热能，海水盐差能为化学能。

2）海洋能的特点

　　（1）能量蕴藏量大，并且可以再生。据统计，地球上海水温差能的理论蕴藏量约500亿千瓦，可能开发利用的约20亿千瓦；全球海洋波浪能的蕴藏量约700亿千瓦，可开发利用的约30亿千瓦；全世界潮汐能的理论蕴藏量约30亿千瓦；世界海流能（潮流能）的总功率约50亿千瓦，其中可开发利用的约为0.5亿千瓦；全世界海水盐差能的蕴藏量约300亿千瓦，可开发利用的在26亿千瓦以上。

　　（2）能量密度低。海水温差能是低热的，较大温差为20~25℃；潮汐能是低水头，较大潮差为7~10 m；潮流能和海流能是低速的，最大流速一般仅2 m/s左右；即使是浪高3 m的海面,波浪能的密度也比常规火电站热交换器单位时间、单位面积的能量低一个数量级。

(3)稳定性比其他自然能源好。海水温差能和海流能比较稳定,潮汐能与潮流能的变化有规律可循,盐差能也是比较稳定的。

(4)海洋是一个水深、缺氧、高压的世界,因而开发利用海洋能的技术难度大,对材料和设备的要求比较高。

3. 中国的海洋能

中国不仅是闻名于世的陆地大国,而且是世界上的海洋大国之一。中国的海域辽阔,海洋能资源丰富。中国大陆海岸线漫长曲折,北起辽宁中朝两国交界的鸭绿江口,经河北、天津、山东、江苏、上海、浙江、福建、广东,南到广西中越两国交界的北仑河口,全长18 400多千米。中国拥有6500多个大小岛屿,岛屿海岸线长达14 000多千米。中国海域总面积为473万多平方公里,渤海是中国的内海,毗邻中国的海有黄海、东海、南海以及台湾以东的洋域。中国位于亚洲的东南部,东毗太平洋,海岸带跨越温带、亚热带、热带3大气候带,可以充分接受来自大洋的风、浪、流、潮等条件的各种影响,这就为海洋能的形成提供了极为良好的条件。据初步估算,中国海洋能的蕴藏量约为6.3亿千瓦,其中潮汐能1.9亿千瓦,波浪能1.5亿千瓦,温差能1.5亿千瓦,海流能(潮流能)0.3亿千瓦,盐差能1.1亿千瓦,分布在煤、水等能源贫乏的沿海工业基地附近,如果能够加以开发利用,将为中国沿海、尤其是华东沿海工农业生产的发展和人民生活的改善,提供数量相当可观的可再生能源。

11.1.2 潮汐和潮汐能定义

1. 潮汐

到过海边的人都会看到,在浩瀚无际的大海里,海水总是处在永不停息的运动当中。有时候,海水像奔驰的野马,蜂拥到岸边,一望无际的海面上,波涛滚滚,白浪高腾,轰轰作响;有时候,海水又像溃逃的士兵,急速退到离岸很远的地方,大片的海滩、沙洲露出水面,遗留下遍地的贝类和鱼虾,这就是海水的涨潮和退潮现象。这种由于太阳和月球对地球各处引力的不同所引起的海水有规律的、周期性的涨落现象,就叫做海洋潮汐,习惯上称为潮汐。不仅海洋里有潮汐,在大气圈和看来坚如磐石的地壳里也存在着潮汐现象。所不同是,海洋潮汐的涨落异常显著,它的涨落高度可达几米以至十几米,而大气潮汐的振幅大约仅有1 MPa左右,固体地球潮汐只有几十厘米上下。潮汐现象在垂直方向上表现为潮位的升降,在水平方向上则表现为潮流的进退,二者是一个现象的两个侧面,都受同一的规律所支配。潮汐水位随时间而变化的过程线,叫潮位过程线。每次潮汐的潮峰与潮谷的水位差,叫潮差。潮汐这次高潮或低潮至下次高潮或低潮相隔的平均时间,叫潮汐的平均周期,一般为12小时25分。人们把海水在白昼的涨落称为"潮",在夜间的涨落称为"汐",合起来则称为潮汐,两者名异而实同。潮汐要素示意图如图11-1所示。

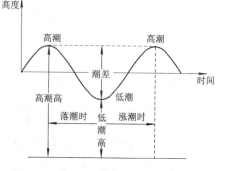

图 11-1 潮汐要素示意图

2. 潮汐的类型

潮汐的涨落现象成因相当复杂，且因时因地而异。但是，从涨落的周期来说，可以把潮汐分为3种类型：

（1）半日潮：多数海区潮汐的涨落在24h50min（天文学上称为"一个太阴日"）内有两个周期，即出现两次高潮和两次低潮，这种半日完成一个周期的潮汐为"半日潮"，它的特点是相邻两个高潮或低潮的潮高几乎相等；涨、落潮时间也几乎相等。

（2）全日潮：在某些海区，在一个太阴日内潮汐仅出现一次高潮和一次低潮。这种一日完成一个周期的潮汐，称为"全日潮"。

（3）混合潮：每日升降两次和一次混杂出现的潮汐，称为"混合潮"。它又分为不正规半日潮和不正规全日潮两类。前者在一个太阴日内有两次高潮和两次低潮，但相邻的高潮或低潮的高度不等，涨潮时和落潮时也不等；后者在半个月内的大多数日子里为不正规半日潮，但有时也发生一天一次高潮和一次低潮的全日潮现象。所以，混合潮是介于半日潮和全日潮之间的一种形式。

潮汐的3种类型如图11-2所示。中国黄海、东海沿岸多数港口属半日潮海区，例如上海、青岛、厦门等地区的沿海区就是比较典型的半日潮海区；南海多数地方属于混合潮；有些地方则属全日潮海区，如北部湾地区。

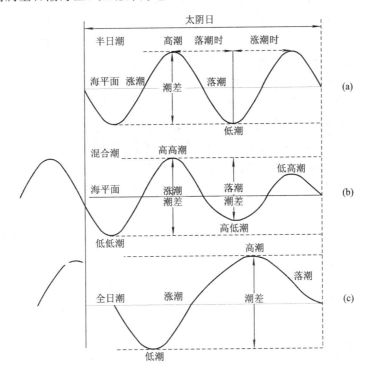

图 11-2 潮汐的 3 种类型

3. 引潮力

潮汐主要是由月球和太阳对地球的引力所引起的，一般叫做引潮力。要说明月球和太阳的引潮力，必须首先介绍牛顿的万有引力定律。牛顿的这个定律告诉我们：任何两个物体之间都存在着相互吸引的力，吸引力的大小和这两个物体的质量的乘积成正比，而与两

个物体之间的距离的平方成反比。把万有引
力定律运用到地球和其他天体之间存在的引
力关系上时，可以把地球本身的质量看作是
不变的。因此，吸引力与天体的质量成正比，
与地球到天体的距离的平方成反比。天体对
地球表面的引潮力的大小，与天体的质量成
正比，与天体到地球的距离的平方成反比。
太阳的质量为月球的质量的 2710 万倍，日地
距离平均约为月地距离的 389 倍。389 的立
方大约是 5886 万。用 2710 万去除 5886 万，
所得结果为 2.17。就是说，太阳的质量影响
地球的引潮力比月球的距离影响地球的引潮

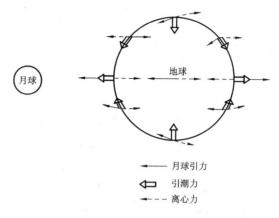

图 11－3　月球引潮力分布图

力小。因此，太阳的引潮力小于月球的引潮力，两者之比约为 1∶2.17。可见，潮汐现象主
要是随月球的运动而变化的。月球引潮力分布图见图 11－3。

4. 潮汐能

那么，什么叫做潮汐能呢？简单地说，潮汐能就是潮汐所具有的能量。潮汐含有的能
量是十分巨大的，潮汐涨落的动能和位能可以说是一种取之不尽、用之不竭的动力资源，
人们誉称它为"蓝色的煤海"。潮汐能的大小直接与潮差有关，潮差越大，能量也就越大。
由于深海大洋中的潮差一般较小，因此，潮汐能的利用主要集中在潮差较大的浅海、海湾
和河口地区。中国的海岸线漫长曲折，港湾交错，入海河口众多，有些地区潮差很大，具有
开发利用潮汐能的良好条件。例如浙江省杭州湾钱塘江口，因海湾广阔，河口逐渐浅狭，
潮波传播受到约束而形成了有名的钱塘潮，每当涌潮出现时，潮头壁立，波涛汹涌，轰轰
作响，有如万马奔腾，十分壮观，潮头高度可达 3.5 m，潮差可达 8.9 m，蕴藏巨大的能量，
据估算，其能量约为三门峡水电站（规划容量 90 万千瓦）的一半之巨。

潮汐能的蕴藏量是十分巨大的。1977 年世界动力会议认为，全世界可开发利用的潮汐
能可发电 1400 亿～1800 亿千瓦时（不包括中国），绝大部分蕴藏在窄浅的海峡、海湾和一
些河口区。例如英吉利海峡的潮汐能约有 8000 万千瓦，美国和加拿大附近芬迪湾的潮汐能
约有 2000 万千瓦。

11.2　潮汐能发电技术

11.2.1　潮汐能发电的原理及型式

1. 潮汐能发电原理

由于电能具有易于生产、便于传输、使用方便、利用率高等一系列优点，因而利用潮
汐的能量来发电目前已成为世界各国利用潮汐能的基本方式。

潮汐发电，就是利用海水涨落及其所造成的水位差来推动水轮机，再由水轮机带动发
电机来发电。其发电的原理与一般的水力发电差别不大。不过，一般的水力发电的水流方

向是单向的，而潮汐发电则不同。从能量转换的角度来说，潮汐发电首先是把潮汐的动能和位能通过水轮机变成机械能，然后再由水轮机带动发电机，把机械能转变为电能。如果建筑一条大坝，把靠海的河口或海湾同大海隔开，造成一个天然的水库，在大坝中间留一个缺口，并在缺口中安装上水轮发电机组，那么涨潮时，海水从大海通过缺口流进水库，冲击水轮机旋转，从而就带动发电机发出电来；而在落潮时，海水又从水库通过缺口流入大海，则又可从相反的方向带动发电机组发电。这样，海水一涨一落，电站就可源源不断地发出电来。潮汐发电的原理如图 11 - 4 所示。

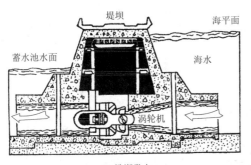
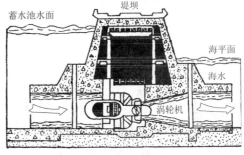

(a) 涨潮发电　　　　　　　　　　　　　　　(b) 落潮发电

图 11 - 4　潮汐发电原理图

潮汐发电可按能量形式的不同分为两种：一种是利用潮汐的动能发电，就是利用涨落潮水的流速直接去冲击水轮机发电；一种是利用潮汐的势能发电，就是在海湾或河口修筑拦潮大坝，利用坝内外涨、落潮时的水位差来发电。利用潮汐动能发电的方式，一般是在流速大于 1 m/s 的地方的水闸闸孔中安装水力转子来发电，它可充分利用原有建筑，因而结构简单，造价较低，如果安装双向发电机，则涨、落潮时都能发电。但是由于潮流流速周期性地变化，致使发电时间不稳定，发电量也较小。因此，目前一般较少采用这种方式。但在潮流较强的地区和某个特殊的地区，也还是可以考虑的。利用潮汐势能发电，要建筑较多的水工建筑，因而造价较高，但发电量较大。由于潮汐周期性地发生变化，所以电力的供应是间歇性的。

由此可见，与普通水力发电比较，潮汐发电没有明显的季节性，但却有固定的周期性。

2．潮汐能发电站型式

潮汐能发电站又可按其开发方式的不同分为如下 4 种型式。

1）单库单向式

单库单向式也称单效应潮汐电站，这种电站仅建一个水库调节进出水量，以满足发电的要求。电站运行时，水流只在落潮时单方向通过水轮发电机组发电。其具体运动方式是：在涨潮时打开水库，到平潮时关闭闸门，落潮时打开水轮机阀门，使水通过水轮发电机组发电。在整个潮汐周期内，电站的运行按下列 4 个工况进行。

（1）充水工况：电站停止发电，开启水闸，潮水经水闸和水轮机进入水库，至水库内外水位齐平为止；

（2）等候工况：关闭水闸，水轮机停止过水，保持水库水位不变，海洋侧则因落潮而水位下降，直到水库内外水位差达到水轮机组的启动水头；

（3）发电工况：开动水轮发电机组进行发电，水库的水位逐渐下降，直到水库内外水位差小于机组发电所需要的最小水头为止；

（4）等候工况：机组停止运行，水轮机停止过水，保持水库水位不变，海洋侧水位因涨潮而逐步上升，直到水库内外水位齐平，转入下一个周期。

单库单向型潮汐能发电站布置及其运行工况，如图 11-5 所示。这种型式的电站，只需建造一道堤坝，并且水轮发电机组仅需满足单方向通水发电的要求即可，因而发电设备的结构和建筑物结构都比较简单，投资较少。但是，因为这种电站只能在落潮时单方向发电，所以每日发电时间较短，发电量较少，在每天有两次潮汐涨、落的地方，平均每天仅可发电 10～12 h，使潮汐能不能得到充分地利用，一般电站效率仅为 22%。

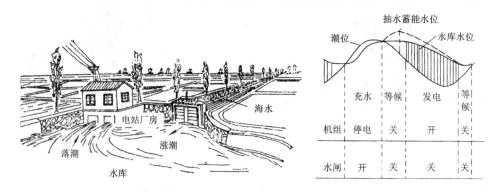

图 11-5　单库单向型潮汐发电站布置及运行工况

2）单库双向式

单库双向式潮汐能发电站与单库单向式潮汐能发电站一样，也只用一个水库，但不管是在涨潮时或是在落潮时均可发电。只是在平潮时，即水库内外水位相平时，才不能发电。单库双向式潮汐电站有等候、涨潮发电、充水、等候、落潮发电、泄水 6 个工况，其电站布置及运行工况，如图 11-6 所示。这种型式的电站，由于需满足涨、落潮两个方向均能通水发电的要求，所以在厂房水工建筑物的结构上和水轮发电机组的结构上，均较第一种型式的要复杂些。但由于它在涨、落潮时均可发电，所以每日的发电时间长，发电量也较多，一般每天可发电 16～20 h，能较为充分地利用潮汐的能量。

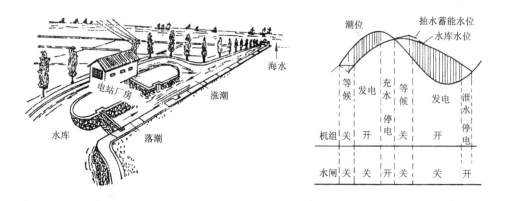

图 11-6　单库双向型潮汐发电站布置及运行工况

3）双库单向式

双库单向式潮汐能发电站需要建造两座相互毗邻的水库，一个水库设有进水闸，仅在潮位比库内水位高时引水进库；另一个水库设有泄水闸，仅在潮位比库内水位低时泄水出库。这样，前一个水库的水位便始终较后一个水库的水位高，故前者称为上水库或高水库，后者则称为下水库或低水库。高水库与低水库之间终日保持着水位差，水轮发电机组放置于两水库之间的隔坝内，水流即可终日通过水轮发电机组不间断地发电。其电站布置及运行工况，如图 11-7 所示。这种型式的电站，需建 2 座或 3 座堤坝、两座水闸，工程量和投资较大，但由于可连续发电，故其效率较第一种型式的电站要高 34％左右。同时，也易于和火电、水电或核电站并网，联合调节。

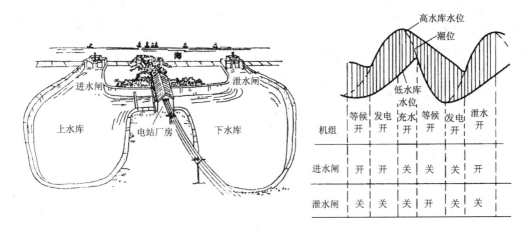

图 11-7　双库单向潮汐发电站布置及运行工况

4）发电结合抽水蓄能式

这种电站的工作原理是：在潮汐电站水库水位与潮位接近并且水头小时，用电网的电力抽水蓄能。具体做法是：

（1）对于单向发电，涨潮时开闸进水，平潮时将水抽入水库，这时是低水头抽水，耗电小。落潮时放水发电，因增加了有效水头、水量，发电量提高；

（2）对于双向发电，涨潮时进水发电，平潮时将水抽入水库，以增加出水发电的有效水头。落潮时放水发电，泄水完毕时将水库内残存的水往海中抽，以增加进水发电的有效水头，这时也是低水头抽水，耗电小。图 11-5 和图 11-6 都表示了抽水蓄能的工况。

上述 4 种型式的电站各有特点、各有利弊，在建设时，要根据当地的潮型、潮差、地形、电力系统的负荷要求、发电设备的组成情况以及建筑材料和施工条件等技术经济指标，综合进行考虑，慎重加以选择。

3. 潮汐发电开发方式的技术经济比较

潮汐能源在一日内和一月内的不均匀性，以及潮汐时间过程与人类活动的时间表不相适应，给潮汐能源的利用带来一定困难。为此，人们在开发利用潮汐资源的过程中，除了提出了上述的 4 种电站型式开发方式外，还提出了许多更为复杂的开发方式。

为了比较上述各个开发方式的动能及经济指标，对同一个海湾条件进行了计算，其结果如表 11-1 所示。

表 11 - 1 开发方式比较

开发方式	潮汐能利用率/(%)	装机容量/MW	最大出力/MW	最小出力/MW	年平均电能/(10^{7}度)	利用小时数/h	单位千瓦投资/(%)	单位电能投资/(%)
单库双向	34	48	48	0	13.7	2500	100	100
单库单向	22.4	49	49	0	9.4	1780	90	130
双库单向,电站位于海与水库间	224	24.5	24.5	0	9.3	3350	190	160
双库单向,电站位于两库间	13	11	11	1.5	4.8	4200	275	170
双库单向,两个电站一个抽水站	16	32	14	2.5	6.7	1850	135	190
双库单向,有水泵	23.4	23.8	15.5	4.5	10.0	3500	525	250
双库单向,有可逆式机组	27.7	32.3	32.3	0	11.6	3150	142	120
双库双向	21	15	15	4	10.8	6200	670	300
双库,主库双向,辅库单向	19.8	10.5	10.5	1.2	8.3	6900	420	150
三库	23.7	13.2	13.2	1.5	10.5	6640	525	210
联合水库	13.3	39.0	13.5	1.5	5.5	1200	450	350
联合水库,有抽水站	13.7	51.0	14.0	2	5.7	980	550	420

(1)单库单向与单库双向的比较。在单向方式中水头变化范围较小,平均工作水平略高,这可能使水轮机的数量和尺寸减小,从而减少潮汐电站的投资。单向工作水轮机的造价亦比双向工作水轮机造价低一些。有的计算表明,双向工作方案发电量较单向工作发电量增加得不多,有的只有 2.7%～5.9%。但另一些电站的计算表明,双向工作的发电量增加较多,如美晋电站(俄罗斯)增加 18%,塞汶电站(英国)增加 25%等。所以,有些结论不是通用的:在有些电站上,可能潮差较大而引起双向工作效益降低;由于地形和坝址的条件不允许安装足够数量的机组;在潮差较小、海湾条件允许的电站,采用双向工作可能是有利的。

(2)单库与多库开发方式的比较。虽然目前投运的电站还没有采用多库开发方式的,但是多库方案通过调节使电站能连续发电的优点很吸引人,甚至可按日负荷图需要发电,但最终多库方式也无法解决月内不均匀性。而多库方式的主要缺点是潮汐能源利用率低。由于将海湾分为 2～3 个库,利用率就成为原来的 1/3～1/2,再由于建造附加的建筑物,甚至电站和抽水站,多库方式的投资比较大。

据上分析,目前通常认为,单库方案优于多库方案。实际上,目前已投运的潮汐电站中法国的朗斯、俄罗斯的基斯洛及中国的江厦均采用单库双向工作,而加拿大的安那波利斯采用单库单向工作。

11.2.2 潮汐能发电站的组成

潮汐能发电站是由几个单项工程综合而成的建设工程,主要由拦水堤坝、水闸和发电厂三部分组成。有通航要求的潮汐能发电站还应设置船闸。

1. 拦水堤坝

拦水堤坝建于河口或港湾地带，用以将河口或港湾水域与外海隔开，形成一个潮汐水库。其作用是利用堤坝构成水库内、外的水位差，并控制水库内的水量，为发电提供条件。因为潮汐很难高于 10 m，故潮汐水库与常规水电站比较一般堤坝不高，但通常较长。堤坝的种类繁多，按所用材料的不同，可分为土坝、石坝和钢筋混凝土坝等。近年来，利用橡胶坝的结构型式和采用爆破方法进行基础处理的施工方法日渐增多，取得较好的效果。

1）土坝

土坝分为单种土质坝和多种土质坝两种。单种土质坝施工比较简单，但如果单种土料数量不够，就只能采用多种土料。如果单质土壤是非黏性土，阻水性能差，则必须在坝内夹筑一道黏性土壤的心墙，以起到挡水的作用。如果坝是建造于非黏性土壤的基础上，还应在心墙之外再设置板桩或深的齿墙，使之与不透水的黏土层或岩石层连接，以达到从上到下都起挡水作用。如不透水层很深，可将隔水墙沿坝的上游坡脚向上游方向水平延伸，以增强坝的阻水能力。土坝的优点是可以采用当地的土料，结构简单，投资较少，对地基要求不高，岩基和土基均能适应，但在雨期长的地区则施工比较困难。土坝的横断面如图 11-8 所示。

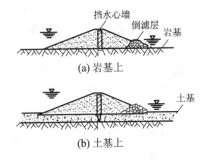

图 11-8　土坝横断面示意图

在建设较大潮汐电站时，为保证坝的质量，一般不宜采用土坝。

2）石坝

石坝分为堆石坝和干砌石坝两种。堆石坝的横断面和土坝差不多，也是靠堆石的自然坡度维持稳定。断面的两边是用不同大小的石块堆积而成的，以使坝体稳定。坝的中间要设置隔水心墙，或设置沿上游边坡倾斜的隔水斜墙。隔水墙有的由混凝土或钢筋混凝土建造，也有的由黏土填筑而成。采用黏土隔水墙时，应在墙的上、下游两面均设置颗粒由小到大的分层排列的倒滤层，以防止黏性土壤颗粒被渗水冲走。堆石坝较高时，要求应有岩石基础，以防止不均匀沉陷导致的隔水墙破坏。高度不大的潮汐电站堤坝，也可建于土基上，但隔水墙必须与基础中的不透水层相连接。堆石坝比土坝和混凝土坝的工程量大、需要劳动力多，但如果当地有大量的石料可用，取材方便，则反而有可能比较经济。此外，如在堆石坝的施工中，

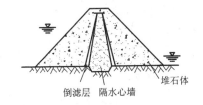

图 11-9　堆石坝横断面示意图

先堆积上、下游两部分的坝体，然后再于其间填筑黏土作为隔水墙，则可不需另搞围堰挡水施工，使得投资节省。堆石坝横断面示意图，如图 11-9 所示。

干砌石坝，对于石块的大小和形状要求较高，劳动力需要量也较大，并且要较多有经验的砌石工，又不便于机械化施工，因而造价也较高，一般很少采用。

3）混凝土和钢筋混凝土坝

这种坝，有的是筑成平板式挡水坝，有的是筑成重力式挡水坝。平板式挡水坝是把钢筋混凝土的挡水平板支撑于两端的支撑墩上建成的，它要求各支撑墩间没有不均匀沉陷，

因而最好建于岩石基础上，在土基上建造时需设置坝的底板，以尽量减少支撑墩间的不均匀沉陷。平板坝的示意图如图 11 - 10 所示。

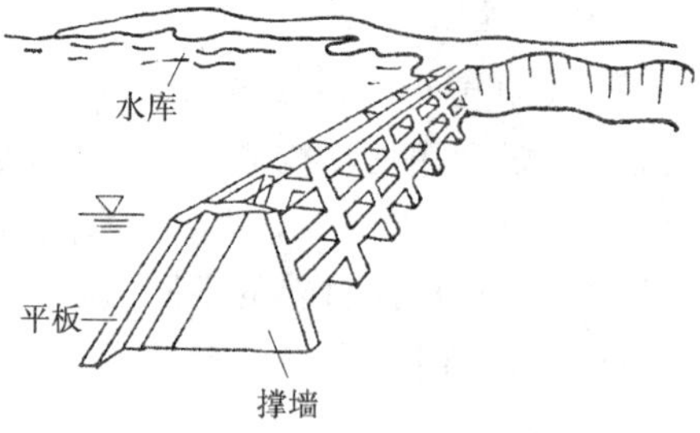

重力式挡水坝主要依靠坝体本身的重量来维持稳定，如果全用混凝土，则混凝土用量太大，很不经济，因此目前多采用先制成钢筋混凝土箱形结构，然后在箱内填放块石或砂卵石等，以增大其自身质量。

图 11 - 10　平板坝（适用于单向水位的挡水工程）

4）浮运式钢筋混凝土沉箱堵坝

上述坝型都要在坝址周围先造围堰挡水，以便施工，故增加了工程量、提高了造价，工期也较长。为解决该问题，近年来研究开发出了浮运式沉箱堵坝，并已在工程上广为采用。这种坝是在岸上预制好钢筋混凝土箱式结构，然后将其浮运至建坝地点，沉放到预先处理好的河床坝基上面，接着在沉箱之间用挡水板及砂土等填充物将它们连接成为一个整体。此坝也是依靠坝身的重量来维持稳定，因而严格地说，也属于重力坝，只是建造方法不同。这种坝不需建造围堰，可在坝基上直接浇灌，施工较简便，因而工程量、资金、劳动力均较节约，工期也较短。另外，用围堰施工，对防洪、排涝、防潮、航运等会有一定的影响，而采用浮运式沉箱建坝则对上述各方面干扰少，因而在目前这种坝是比较先进的。

2. 水闸

水闸用来调节水库的进出水量，在涨潮时向水库进水，在落潮时从水库往外放水，以调节水库的水位，加速涨、落潮时水库内、外水位差的形成，从而缩短电站的停机时间，增加发电量。它的另一作用，是在洪涝和大潮期间用以加速库内水量的外排，或阻挡潮水侵入，控制库内最高、最低水位，使水库迅速恢复到正常的蓄水状态，同时满足防洪、排涝、挡潮、抗旱、航运等多方面的水利要求。

水闸的闸墩、闸底板等，一般均用钢筋混凝土制成。但在闸孔不宽、闸内外水位差不大、且当地石料较多时，也有用浆砌块石建造的。这种闸，目前多采用平底的宽顶堰型式，它泄流比较稳定，施工也较方便。闸门可用木材、钢材和钢筋混凝土制造。闸门型式一般有平面和弧形两种，结构比较简单。闸的施工方法主要有现场浇筑和预制浮运两种。

3. 发电厂

发电厂的设备主要包括水轮发电机组、输配电设备、起吊设备、中央控制室和下层的水流通道及阀门等。它是直接将潮汐能转变为电能的机构。其中最关键的设备是水轮发电机组。对机组的主要要求为：① 应满足潮汐低水头、大流量的水力特性；② 机组一般在水下运行，因而对机组的防腐、防污、密封和对发电机的防潮、绝缘、通风、冷却、维护等要求高；③ 机组随潮汐涨落发电，开、停机次数频繁，因而要选用适应频繁起动和停止的开关设备；④ 对双向发电机组，由于正、反向旋转，相序也相应变换，因而在设计电气主接线时，要考虑安装倒向开关，使电源接入系统或负荷时，保证相序固定不变。潮汐电站的水轮发电机组有 3 种基本结构型式：

1）竖轴式机组

将轴流式水轮机和发电机的轴竖向连接在一起，垂直于水面。这种型式的机组由于将水轮机置于较大的混凝土水涡壳内,发电机置于厂房的上部,厂房面积较大,工程投资偏高,且进水管和尾水管弯曲较多,水能损失大,效率低。竖轴式机组如图 11-11 所示。

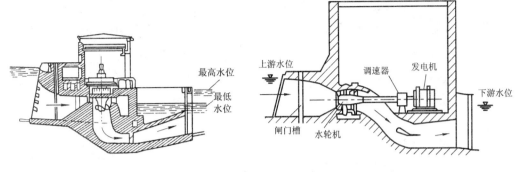

图 11-11　竖轴式机组　　　　　　　　图 11-12　卧轴式机组

2) 卧轴式机组

卧轴式机组即将机组的轴卧置。这种型式的机组进水管较短,并且进水管和尾水管的弯度均大大减少,因而厂房的结构简单,水流能量损失也较少,因而性能比竖轴式机组优越。但仍然需要很长的尾水管,所以需要厂房仍然较长。卧轴式机组如图 11-12 所示。

3) 贯流式机组

贯流式机组是为了提高机组的发电效率、缩小输水管的长度以及厂房的面积,而在卧轴式机组的基础上发展起来的一种新式机组。贯流式机组主要有两种:一种是灯泡贯流式机组(如图 11-13 所示),即把水轮机、变速箱、发电机全部放在一个用混凝土做成的密封灯泡体内,只有水轮机的桨叶露在外面,整个灯泡体设置于电机厂房的水流道内。这种机组的缺点,是安装操作不便、占用水道太多。另一种是全贯流式机组(如图 11-14 所示),它将发电机的定子装于水道的周壁,水轮机、发电机的转子则装在水流通道中的一个密封体内,因而在水流道中所占的体积较灯泡贯流式机组小、操作运行方便。但其发电机转子和定子之间的动密封技术难度大,使得设备不易制造。这种型式的机组,都是将发电机与水轮机连成一轴,一同密封在一个壳体内,并且直接置于通水管道之中。它的优点是机组的外形小、质量轻、造价低;厂房的面积可以大为缩小,甚至不用厂房;进水管道和尾水管道短而直,因而水流能量损失小、发电效率高。由于上述优点,所以这种型式的机组目前被国内外广泛采用。贯流式机组可以满足涨潮和落潮两个水流方向均能发电的要求,除发电外,它还可担负涨、落潮两个水流方向的抽水蓄能和泄水的任务,做到一机多用。

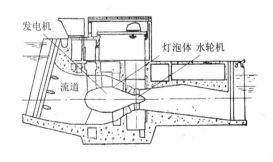

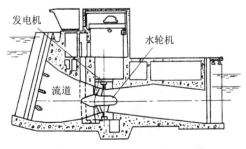

图 11-13　灯泡贯流式水轮发电机组　　　　图 11-14　全贯流式水轮发电机组

11.2.3 潮汐能发电站建设的相关问题

1. 潮汐能可开发资源量计算

潮汐能发电站的实际装机容量和发电量，一般用经验公式计算。中国的经验公式如下。

1）单向潮汐电站

$$装机容量 \quad N = 200A^2F \quad (kW)$$

$$年发电量 \quad E = 0.40 \times 10^6 A^2 F \quad (kW \cdot h)$$

式中：A 为平均潮差，m；F 为水库面积，m^2。

2）双向潮汐电站

$$装机容量 \quad N = 200A^2F \quad (kW)$$

$$年发电量 \quad E = 0.55 \times 10^6 A^2 F \quad (kW \cdot h)$$

2. 潮汐能发电的优缺点

1）潮汐能发电的优点

潮汐能发电具有许多优点，主要有：

(1) 能量可以再生，取之不尽、用之不竭，不消耗化石燃料。

(2) 潮汐的涨落具有规律性，可以作出准确的长期预报，因而供电稳定可靠，没有枯水期，可长年发电。

(3) 清洁干净，没有环境污染。

(4) 运行费用低。

(5) 建站时基本没有淹地、移民等问题。

(6) 除发电外，还可进行围垦农田、水产养殖、蓄水灌溉等项事业，收到综合利用效益。

2）潮汐能发电的缺点

潮汐发电目前存在的主要问题是：

(1) 单位投资大，造价较高。

(2) 水头低，机组耗钢多。

(3) 发电具有间断性。

(4) 在工程技术上尚存在泥沙淤积以及海水、海生物对金属结构和海工建筑物的腐蚀及污黏等问题，需要进一步研究解决。

3. 潮汐能发电的经济性初步分析

潮汐能发电站虽然一次性投资大，单位造价较高，但是建成以后海水可以大量稳定地自动供应，并且电站仅需少量人员管理即可，所以发电成本很低。根据国外 20 世纪 90 年代初的资料，火电站的发电成本为 0.4 法郎/kW·h，核电站为 0.3 法郎/kW·h，内燃机发电为 0.6 法郎/kW·h，水电站为 0.05 法郎/kW·h，潮汐能发电站为 0.05～0.08 法郎/kW·h。潮汐能发电与水力发电的成本相当或稍高，较火力发电、核能发电的成本为低。

关于潮汐能发电的经济性，总的来说，目前还稍逊于水力发电，但比其他能源发电优越许多，这里还未考虑环境效益和社会效益。并且在各类海洋能发电、甚至整个新能源发电中，潮汐发电的工程费和发电成本却是最低的一种。从中国已建成的几个潮汐能发电站的实际情况来看，电站的建设投资为 2000～2500 元/kW，和当时的河川小水站的建设费相近。但河川小水电站却存在着淹没农田及有人口迁移等问题，而潮汐电站却不仅不存在这些问题，并且除了提供电力外还具有水产养殖、围垦、灌溉、交通运输以及旅游等综合效益。

4. 确定建设潮汐能发电站时应考虑的主要问题

1）建设潮汐电站应从当地工农业生产和人民生活用电的需要出发

对那些远离电网，无法由电网供电，并且常规能源短缺的沿海地区，如果潮汐能资源较为丰富，建造潮汐电站的技术经济性较好，可以考虑建设潮汐电站满足当地的用电需要。

2）建设潮汐能发电站的客观条件

必须根据当地的自然条件，科学地、认真地分析是否具备建设潮汐能发电站的客观条件。

（1）潮汐条件，主要是潮差条件。潮差大，发电可利用的水头差就大，发电量也大；潮差小，发电可利用的水头差则小，发电量也就小。

（2）地形条件。筑坝比较理想的地形条件，是"肚子大，喉咙小"。选择在海湾内或河口段，有着较大的容水区，而同时在出口处却很浅狭，在这种地形条件处建坝，工程量最小，投资最省，可拦蓄的水量却最多，发电量也最多。

（3）地质条件。主要应搞清坝址的两岸和水底的地质情况，要求具有一定的承压强度、不漏水、并且经济性也好。

3）建筑材料条件

在工程建设之前，应认真调查研究当地的建筑材料情况，包括有哪些可用的建筑材料及其各自的技术性能、分布地点、可提供数量、采掘运输条件等内容。掌握了这些基本情况之后，即可比较、选择合适的水工建筑物型式和当地可供选用的建筑材料，以达到在确保质量的基础上减少工程量、节约投资、缩短建设时间的目标。

11.3　潮汐能发电现状与展望

11.3.1　世界潮汐能发电

1. 世界潮汐能利用简况

人类为了开发利用潮汐能，进行了长期的研究和探索。早在 11～12 世纪，法国、英国和苏格兰沿海地区就出现了潮汐能水磨。16 世纪时，俄国沿海居民也使用过同类的水磨。到了 18 世纪，在俄国阿尔汉格尔斯克出现了以潮汐能为动力的锯木厂。以后，随着电力工业和机械工业的发展，19 世纪末，法国工程师布洛克首先提出了一个在易北河下游兴建潮汐能发电站的设计构想。1912 年，德国首先在石勒苏益格—荷尔斯太因州的苏姆湾建成了一座小型潮汐能发电站；接着，法国在布列太尼半岛兴建了一座容量为 1865 kW 的小型潮汐能发电站，使人类利用潮汐能发电的幻想变成了现实。

近 30 多年来，由于扩大能源来源的要求日益增长，法国、英国、俄罗斯、加拿大、美国等潮汐能资源丰富的国家，都在进行潮汐能发电的开发建设。目前，世界潮汐能发电站总装机容量为 265 MW，年发电量约达 6 亿千瓦时，是海洋能中技术最成熟和利用规模最大的一种。据统计，全世界约有近百个站址可建设大型潮汐能发电站，能建设小型潮汐能发电站的地方则更多。表 11-2 所示为世界上正在运行的大型潮汐电站。

表 11-2　世界上正在运行的大型潮汐电站

国　　家	站　　址	库区面积/km²	平均潮差/m	装机容量/MW	投运时间
法国	朗斯	17	8.5	240	1966 年
加拿大	安纳波利斯	6	7.1	20	1984 年
前苏联	基斯拉雅	2	3.9	0.40	1968 年
中国	江厦	2	5.1	3.20	1980 年

2. 世界主要潮汐能发电国家现状及规划

1）法国

法国的潮汐能利用在世界上处于领先地位。法国专门成立了一个"潮汐能利用协会"，并特别对朗斯河口的朗斯潮汐能发电站及肖晋岛潮汐能发电站进行了详细的研究和规划。1961 年 1 月，由戴高乐政府批准，开始正式兴建圣马洛附近朗斯河口的朗斯潮汐能发电站，1966 年第一台机组投入运行，至 1967 年全部竣工投入运行。朗斯潮汐能发电站是迄今为止世界上正在运行的装机容量最大的潮汐能发电站。该电站位于法国西北部英吉利海峡沿岸，由于大西洋潮汐流入英吉利海峡，布里塔尼半岛伸入峡中，使潮位涌高，最大潮汐达 13.5 m，是世界上著名的潮差地点之一。同时，流入海峡的朗斯河口地形狭窄，只有750 m 宽，便于建造拦水堤坝。这样的潮差和地形条件对于建设潮汐能发电站十分理想。该电站装机 24 台，每台容量为 1 万千瓦，总装机容量为 24 万千瓦，现年发电能力约为6 亿千瓦时。采用可在 6 种工况下运行的低水头双向灯泡贯流式机组，设备中使用了大量的不锈钢材，并采用了计算机控制等新技术。30 多年来，该电站运行正常，机组利用率高达 95%，每年因事故而停止运转的时间少于 5 天。朗斯潮汐能发电站的总投资高达 4.8 亿法郎，每千瓦造价为 2000 法郎，约为当时水电站造价的 2.5 倍。

朗斯潮汐发电工程主要包括：

（1）发电站厂房。它是挡水坝和厂房相结合的建筑物，也起着挡水坝的作用。其水下部分安装水轮发电机组，水流通过灯泡贯流式水轮发电机组进出水库，从而推动机组转动发电。

（2）船闸。船闸位于河的左侧，朗斯河与海峡航行的船只可由此通过。

（3）泄水闸。泄水闸分置于坝的两侧，用以控制进、出水库的水量。

（4）堆石坝。堆石坝与厂房毗连，厂房虽然起到部分挡水作用，但长度较河的宽度小，因而无法全部拦断河道，不足部分则用堆石坝挡水。

上述各项建筑物的建设，使朗斯河与海湾隔开，并形成了一个面积为 22 km² 的大水库，蓄水量最大可达 1.84×10^8 m³。在 384.5 m 长的厂房内，安装了 24 台单机容量为 1 万千瓦、水轮机直径为 5.5 m 的水轮发电机组。

该电站采用的是灯泡贯流式水轮发电机组(图 11－15)，其优点有：

(1) 既能在涨潮水流方向发电又能在落潮水流方向发电。

(2) 既可以发电又可以在需要时输入电力，把发电机变成电动机。

(3) 水轮机起着水泵抽水的作用，在不需要发电和抽水时，还可以当作泄水管排水。

该工程灯泡式装置的注水门和船闸的阴极保护系统在抵抗盐水腐蚀方面很有效。这个系统使用的是白金阳极，耗电仅为 10 kW。

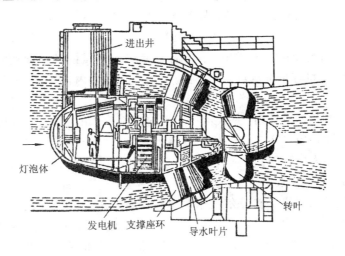

图 11－15　朗斯灯泡贯流式机组构造示意图

这个工程对环境的影响是良好的。在拦河坝体上修筑的车道公路使圣马洛和狄纳尔德之间的路线缩短，在夏季每月的最大通车量达 50 万辆。这个工程对于旅游者有很大的吸引力，每年前去游览的游客达 20 多万人。拦河坝有效地把这个河口变成人工控制的湖泊，大大改善了驾驶游艇、防汛和防浪的条件。

朗斯潮汐电站的主要技术经济参数如下：最大潮差 13 m；平均潮差 8.5 m；库容 1.84×10^8 m³；坝总长 750 m；坝高 12 m；水库面积 22 km²；厂房总长 384.5 m；装机台数 24 台；单机容量 10 000 kW；机组型式为双向六工况灯泡贯流式机组；年发电能力 6 亿千瓦时；总投资 4.8 亿法郎；控制方式采用计算机控制系统；发电成本：1973 年为 0.0967 法郎/kW·h，1975 年为 0.0872 法郎/kW·h。

目前，法国正在建设中的还有圣马诺湾潮汐能发电站，年发电量为 250 亿千瓦时。

2) 俄罗斯

俄罗斯于 1968 年在乌拉湾中的基斯拉雅湾建成了本国第一座潮汐能发电站——基斯拉雅潮汐能发电站。这是一座小型的试验性潮汐能发电站。该电站采用了预制浮运钢筋混凝土的水闸结构。电站的钢筋混凝土站房是在摩尔曼斯克附近的一个干船坞中建好的，在里面装设一台 400 kW 的灯泡式水轮发电机组，然后将整个站房用拖船拖到站址，下沉到预先准备好的砂石基础上，在拖运中用一些浮筒来保持稳定。

基斯拉雅潮汐能发电站主要技术参数为：最大潮差 3.9 m；平均潮差 2 m；坝总长 50 m；装机 1 台；单机容量 400 kW；总容量 400 kW；机组型式为灯泡贯流式机组。

目前，在俄罗斯规划中的潮汐能发电站有多处，如固尔湾电站，平均潮差 5.3 m，预计总装机容量 800 MW；伦博夫斯基电站，预计总装机容量 400 MW；缅珍斯卡亚电站，平均潮差 9 m，装机 800 台，预计总装机容量 15 000 MW；品仁电站，平均潮差 13.5 m，预计总装机容量 87 000 MW。

3）英国潮汐发电计划

英国潮汐能资源丰富，但在过去的 10 多年中，仅对一些拟议中的潮汐电站进行了大规模的可行性研究和前期开发研究。最近，在苏格兰艾莱岛西部一个崎岖不平的半岛上，建成投产了一座具有开创性的潮汐电站，装机容量 150 kW。

英国首席大臣亚历克斯·萨尔门德在 2012 年 9 月表示，经过一系列的测试和投资，英国的潮汐能即将开启大规模商业应用。正在苏格兰近海测试的潮汐能发电装置预计将于 2015 年正式投产，装机容量可达数十万千瓦。而在全国范围内，潮汐能有望满足英国 20% 的能源需求，使英国成为"海洋能源中的沙特"。

（1）塞汶河口潮汐发电计划。塞汶河口的平均潮差 9.3 m，最大潮差达 15.6 m，采用灯泡式水轮机组，单机容量 3.75 万千瓦，共装 192 台，总装机容量 720 万千瓦。

（2）默西河潮汐发电计划。在利物浦市中心上游安装 21 台直径 7.6 m 的贯流式机组，总装机容量 62 万千瓦，年发电量 12 亿千瓦时。

（3）斯特兰福德湾。位于北爱尔兰东海岸的中部，是一个强潮流海湾，最大潮差为 4.4 m，布置 31 台水轮发电机组，单机容量 7000 kW，电站总装机容量在 20 万千瓦以上。

（4）索尔威湾。索尔威湾位于爱尔兰海东岸苏格兰和英格兰交界处，最大潮差 7.2 m，采用 9 m 直径、单机容量 3.1 万千瓦的水轮发电机组 180 台，年发电量 100.5 亿千瓦时。

（5）莫尔卡姆湾。莫尔卡姆湾位于英格兰西海岸的中部，最大潮差 8.2 m，采用单机容量 3.8 万千瓦的水轮发电机组，共安装 80 台机组，总造价 23.51 亿英镑。

（6）迪河口。迪河口位于默西河口的西南面，该处大潮潮差 7.7 m，采用单机容量 1.6 万千瓦的水轮发电机组，共设置 50 台机组和 40 孔水闸，总造价 8.02 亿英镑。

此外，还有亨伯河口、沃什湾、卡马森湾等都是具有较好开发前景的站址。

4）加拿大潮汐发电及规划

加拿大的潮汐能源主要分布在东南部的芬迪湾、东部哈得逊海峡内的昂加瓦湾和西南角的不列颠哥伦比亚沿岸。然而，最有希望且调查得最多的是芬迪湾。

加拿大于 1984 年建成了安纳波利斯潮汐能发电站。该电站为单库单向潮汐发电站，建设该站的主要目的是验证大型全贯流式水轮发电机组的适用性，为计划建造的芬迪湾大型潮汐能发电站提供技术依据。该电站的水轮发电机组单机容量为 2 万千瓦，总共装机一台，机组采用全贯流技术，可比灯泡式机组成本低 15%。水轮机的入口直径 7.6m，额定水头 5.5 m，额定效率 89.1%。经过多年运行的考核，该机组性能优良，运行完好率达 97% 以上。

（1）昂加瓦湾潮汐发电计划。昂加瓦湾位于加拿大东部，有佩恩、利夫、卡尼亚皮斯考、惠尔和乔治等河汇入。考虑到海湾与河川联保开发是最有吸引力方案，两者总计有 1760 万千瓦。

（2）不列颠哥伦比亚潮汐发电计划。已经查明，沿加拿大西南不列颠哥伦比亚海岸的 13 处潮汐发电总潜力约每年发电 13.10 万千瓦时。

（3）芬迪湾潮汐发电计划。芬迪湾坐落在加拿大大西洋沿岸的新斯科舍和新不伦瑞克两省之间，最大潮差为 15.9 m，加拿大政府制订了在芬迪湾修建潮汐能发电站的计划，决定修建大型潮汐能发电站。

此外，拟建的还有坎伯兰湾电站，平均潮差 10.5 m，预计总装机容量 1147 MW；魁北克湾电站，平均潮差 12.4 m，预计总装机容量 4028 MW。

5）其他国家

除法国、加拿大、俄罗斯等开展潮汐能利用较早的国家外，十几年来，美国、印度、韩国、日本、朝鲜、阿根廷等国也都相继投入力量进行潮汐能的开发和探讨。计划或拟议中的大型潮汐电站约有 20 多座（不包括中国）。其中计划建两座以上的国家有俄罗斯（4 座）、英国（3 座）、美国（2 座）和印度（2 座）。预计到 2020 年，世界潮汐电站发电总量将达 120 亿到 600 亿千瓦时。

3. 潮汐发电新技术

潮汐能是指海水潮涨和潮落形成的水的势能，它包括潮汐和潮流两种运动方式所包含的能量。工程师们通常使用两种方式来利用潮汐：一种是在有潮汐的河口建造堤坝来使用水流的起伏推动涡轮，另一种是在快速流动的潮汐流水域中安装涡轮。近年来，潮汐发电相关技术进步迅速，已开发出多种将潮汐能转变为机械能的设备，如螺旋桨式水轮机、轴流式水轮机、开敞环流式水轮机等，日本甚至开始利用人造卫星提供潮流信息资料。

1）潮汐涡轮机

2012 年 9 月，美国绿色能源公司在罗斯福岛与皇后区之间的纽约东河河底完成了为期 10 天的潮汐涡轮机发电测试，以检测涡轮机设备是否可以承受水流的强烈冲击和适应流速的变化。除了潮汐涡轮机的强度，这次测试还包括了以较大规模阵列排布涡轮机的发电效果。绿色能源公司在东河河底安装了 30 台潮汐涡轮机。平均每台潮汐涡轮机可以提供约 35 千瓦的发电能力，这相当于一个风力发电机，可供一百个家庭的日常用电。这些潮汐涡轮机的外形类似夏天所使用的手持电扇，由牢牢固定在河床上的支撑杆和三片涡轮叶片组成，如图 11 - 16 所示。

图 11 - 16 排布在河底的潮汐涡轮机

虽然在本次实验中，涡轮机在东河的河水里浸泡了 10 天，但是叶片没有发现明显的磨损和损坏迹象。这家公司的联合创始人兼 CMO 泰勒表示，公司仍然在继续委托其他制造商制造更坚固耐用的分层玻璃纤维或塑料叶片。

绿色能源公司在纽约东河河底建造的涡轮机机组为利用潮汐能开辟了新的方式，这家公司希望未来能够为纽约提供 25％的日常用电。

根据绿色能源公司与美国国家可再生能源实验室、明尼苏达大学等机构共同开发的"自由流"系统，无需建造堤坝或其他土木建筑主动控制潮汐，只需要凭借水流和潮汐的自由转动，驱动一个涡轮上的增速器，然后驱动通过电网连接的发电机，即可以提供稳定的电力供应。

2）SEAGEM

2008 年，英国在北爱尔兰斯特兰福德湾入海口安装了世界首台潮汐能发电机 Sea Gen，它有两个潮汐能涡轮机，可为当地提供 1.2 兆瓦的电力。虽然这台发电机提供的电能总量不大，但是英国的海岸线绵长，能够提供足够多的地点来安装涡轮机。

Sea Gen 潮汐能源系统长约 37 米，好似一个"水下风车"，旋翼由潮汐流带动工作，如图 11 - 17 所示。潮汐发电机的原理与风力发电类似，只不过把风力推动改为潮汐和水流推动，由此而产生更为环保的电力。

该系统自 2008 年 5 月开始试运行，于 2008 年 7 月联入英国国家电网，现发电能力 12MW，可满足大约 1000 户家庭的平均用电需求，位居世界潮汐能系统发电量首位。但有环保人士提出可能会影响海洋中的鱼类等。不过，也有人指出，生活在湍急水域的海洋生物通常都比较敏捷，因此这款涡轮机对海洋生态环境所带来的影响并不会太大。

图 11 - 17　SEAGEM 潮汐能发电机

该开发公司还将在安格尔西郡西北海岸安装一个由 7 个"Sea Gen"组成的潮汐能发电机组，如果能按预期在 2012 年投入运作的话，届时其装机总容量将达到 10.5MW。

TRITON 与 Sea Gen 异曲同工，装有 6 个潮汐能涡轮发电机。英国潮流公司（Tidal Stream）最近在位于法国布雷斯特的法国海洋开发研究院能源测试中心对 3 米高的原型装置进行了测试。预计全尺寸的 60 米高的 Triton 能够有效利用潮汐，可产生 10 MW 的电力。

我国国内首台利用海洋潮流发电的新型永磁直驱式发电装置前不久在青岛胶州市的青岛海斯壮铁塔有限公司问世，海底潮流发电机就像把风电发电机放到海里。据介绍，真机风扇直径 7 米多，翅膀用的是碳纤维纳米材料，研制过程中攻克了密封、防海水腐蚀等数道技术难关，可以实现海上无故障运行时间大于 1 年的质量目标。设备通过船舶投放到近海海域 16～40 米左右的距离，只要潮流满足 0.6～1.3 米/秒的流速即可发电。

3）风力潮汐复合发电装置

日本 2013 年秋天在佐贺县沿岸海域安装由风力发电和潮汐发电组合成的复合型发电装置，并进行实证实验。

这种发电装置为日本国内的海洋开发公司所设计，建造在海洋上使用，并且可以共同利用风力发电和潮汐发电。风车在海面上的高度大约有 47 米左右，相当于十几层楼高。另外，沉在海底的水车的直径也有 15 米左右。两者连接的部分安装有发电机。据称，这种将风车和水车相结合建造在海面上的发电装置，即使是在世界上也尚属首次。这种发电装置当时正在香川县造船厂制造，1座发电装置产生的电量可供300户普通家庭使用。

11.3.2 中国潮汐能开发利用简史

1. 中国古代潮汐利用

中国人民对潮汐能的认识在世界上是最早的，中国古代的许多科学家就对潮汐进行过研究，不仅驳斥了潮水涨落与神龙有关的迷信传说，并且明确地指出"潮之涨退，海非增减，盖月之所临，则水往从之"，潮水是一种"此盈彼竭，往来不绝"的波动现象。

中国古代人民早就在生产实践中利用潮汐的能量为人类服务，中国利用潮汐能的历史悠久，是世界上最早的国家之一。在距今大约1000多年以前，中国就有了潮汐磨，利用潮汐的能量代替人力推磨，近年已在山东省的蓬莱地区发现了这种潮汐磨。潮汐能还可应用于桥梁的施工和海洋工程的建筑。其中较早载入史册的是应用于距今900多年前的宋代修建洛阳桥的建筑工程上。洛阳桥在福建省泉州市附近，桥长834 m，桥宽7 m，全部是用大石头砌成的，工程宏伟，建筑技术精湛。正如诗人所形容的那样："一望五里排琳瑶，行人不忧沧海潮"。在建筑这座石桥时，由于缺乏起重设备，人们就用潮汐作"起重机"，用它的能量来搬运石块。人们把凿下的石块放在木筏上，乘涨潮时把载有石块的木筏运到两个桥墩之间，并利用高潮水位使石块上升，随着潮位的下降，石块便慢慢落在预定的位置上，完整无损。洛阳桥的建成是中国劳动人民的一项创造，它同时启发人们开动脑筋对如何更好地利用潮汐的巨大能量加以研究。

2. 中国近代潮汐利用

现在，福建沿海的一些盐场仍把潮汐能应用于制盐业上，在海水高潮时，将海水引进盐田蒸发，叫做"纳潮"，自然纳取外海流来的高盐度海水，不但可以节省用于抽水的人力和电力，而且还能缩短蒸发过程，提高出盐率。利用潮水灌溉农田的现象在中国沿海也很普遍。福建省长乐县人民在营建莲柄港水利工程时，利用潮水的顶托作用，引闽江水灌溉农田，这可以说是利用潮水为农业生产服务的一个创举。继1954年福建农机所研制出了水轮泵样机以后，1955年冬，在闽江末游福州市郊的浚边，中国的第一座潮汐能水轮泵站建成了，这个泵站可以通过抽水灌溉农田840亩，由于它经济效益显著，深受广大人民的欢迎，邻里竞相仿造。到1983年，福州市城门乡已建成潮汐泵站20座，安装水轮泵25台，灌田1.05万亩，占全乡水田的55%，有的站还考虑了综合利用。据当年统计，由这20处泵站代替机灌、电灌，每年可省柴油100多吨，或节电30多万千瓦时，每年的支出却仅为机灌、电灌的30%。据统计，1983年福建全省共有潮汐能水轮泵站37座。

中国修建潮汐能发电站，利用潮汐能发电，是在新中国建立以后开始的。1958年，沿海人民出于早日改变落后面貌的急切愿望，曾经掀起过一个兴办小型潮汐能发电站的热潮。继广东顺德县兴建了中国第一座潮汐能发电站——鸡州潮汐发电站之后，在20世纪50年代～70年代曾先后共计建造了约50余座小型潮汐能发电站。但是，由于当时的历史条件，这些电站往往忽视科学勘查设计，过分强调土法上马、造价低廉，以致工程质量差、设备粗劣，现在大多数已经停运报废。只有浙江沙山潮汐能发电站较好，40多年来一直正常运行发电。

"吃一堑，长一智"，走过这段弯路，却为科学、健康地发展潮汐能发电积累了经验，中国建设小型潮汐能发电站的工程技术水平提高很快，日益成熟，以后兴建的电站，多数质量较高，运行正常，经济效益明显。

11.3.3 中国潮汐能资源

中国的潮汐能资源十分丰富。1958 年，原水利电力部勘测设计总局曾对中国的潮汐能资源进行过建国后第一次较为系统的统计。如果按照堤线长 2～5 km 以下、堤线处水深一般 10 m 以下、多年平均潮位差在 0.5 m 以上的 500 处潮汐能地址来计算的话，中国潮汐能的理论蕴藏量大约为 1.1 亿千瓦，年可发电量约为 2752 亿千瓦时。如把港湾面积和潮差更小的地址也包括在内，那么中国潮汐能的理论蕴藏量还要更大一些。

中国潮汐能的开发利用条件也较好，一般潮差在 1 m 以上、平均潮差达 2 m、每公里堤长能量为 0.5 亿千瓦时、规模在 1 亿千瓦时以上的潮汐能资源，总计能量达 2310 亿千瓦时，占潮汐能理论蕴藏总量的 80% 以上；潮差 3 m 以上、每公里堤长能量为 1 亿千瓦时、规模在 1 亿千瓦时以上的潮汐能资源，总计能量达 1940 亿千瓦时，占潮汐能理论蕴藏总量的 70%。从资源的地理分布来看，中国有 11 个省、市、自治区拥有潮汐能资源，它们是辽宁省、河北省、天津市、山东省、江苏省、上海市、浙江省、福建省、广东省、广西壮族自治区以及台湾省。其中，浙江和福建两省蕴藏量最大，约占全国潮汐能总资源量的 80.9%，并且港湾地形优越，潮差较大。中国沿海各省、市、自治区潮汐能资源的理论蕴藏量如表 11-3 所示。

表 11-3 中国沿海各省、市、自治区潮汐能资源理论蕴藏量表

省 份	堤长 /km	内港面积 /km²	加权平均潮差/m	年潮汐总能量 /(亿千瓦时/年)	潮汐能量比重/(%)	单位堤长能量 /(MkW·h/km)	装机容量 /万千瓦
全国	2488.6	20 829.5	2.10	2751.6	100.0	110.0	11 012.2
浙江	584.0	3733.0	3.70	1146.0	41.6	196.0	4580.0
福建	415.0	3857.0	3.70	1081.0	39.3	260.0	4340.0
山东	525.0	3029.0	1.50	165.0	6.0	31.5	660.0
广东	485.0	6075.0	0.95	133.0	4.8	27.4	530.0
辽宁	342.0	1350.0	1.95	118.0	4.3	4.5	470.0
江苏，上海	90.0	2627.0	1.24	101.0	3.7	111.1	400.0
河北，天津	1.6	27.5	0.65	2.6	0.1	162.5	10.5
台湾	47.0	131.0	1.20	5.0	0.2	10.6	21.7

注：1. 加权平均潮差的计算，以内港面积为权。

2. 表内数据系原水利电力部勘测设计总局规划水能处 1958 年统计。

河口潮汐能资源在中国潮汐能资源的总蕴藏量中占有重要地位。中国河口潮汐能资源以钱塘江口最为丰富，其次为长江口，以下依次为珠江、晋江、闽江和瓯江等河口。中国各主要河流的河口潮汐能资源理论蕴藏量如表 11-4 所示。

表 11-4 中国各主要河流的河口潮汐能资源理论蕴藏量表

河 流	年潮汐能量 /(亿千瓦时/年)	堤 长 /km	单位堤长能量 /(MkW·h/km)	加权平均潮差 /m
鸭绿江	10.9	5.5	198	2.74
辽河	2.8	1.5	187	2.00
淮河	1.2	1.2	100	2.80
射阳河	8.0	0.8	1000	2.60
长江	78.0	36.0	217	2.00
钱塘江	590.0	32.5	1815	5.00
灵江	5.3	1.2	442	3.00
瓯江	12.0	5.0	240	3.00
鳌江	1.3	0.8	163	3.00
福安江	4.4	1.0	440	3.00
闽江	15.0	2.5	600	3.00
晋江	33.0	11.2	295	4.00
珠江	41.0	25.0	164	1.00
合计	802.9	124.2	646	

注：表中数据系原水利电力部勘测设计总局规划水能处 1958 年统计。

为摸清中国潮汐能资源情况和可开发利用数量，1958 年以来中国有关部门组织了对中国潮汐能资源的系统普查。据原水利电力部规划设计院 1982 年 12 月《中国沿海潮汐能资源普查》(初稿)所提供的数据，中国潮汐能资源理论蕴藏量为 1.9 亿千瓦，可开发利用的装机容量为 2157.5 万千瓦，可开发的年电量为 618 亿千瓦时。其中闽、浙两省可开发的装机容量为 1912.6 万千瓦，可开发的年电量为 547 亿千瓦时，占全国可开发利用潮汐能总装机容量的 88.65%，中国可开发利用潮汐能总装机容量如表 11-5 所示。

表 11-5 中国可开发利用潮汐能总装机容量表

省 份	平均潮差/m	装机容量/万千瓦	年发电量/亿千瓦时
合计	2.66	2157.52	618.08
辽宁	2.57	58.62	16.14
河北(包括天津)	1.01	0.47	0.09
山东	2.36	11.78	3.63
江苏(包括上海)	(1.60~3.70)	0.08	0.04
长江口北支	3.04	70.40	22.80
浙江	4.29	880.16	263.44
福建	4.20	1032.40	283.82
广东	1.38	64.88	17.20
广西	2.46	38.73	10.92
台湾	(1.80)	(10.60)	(2.70)

注 1. 平均潮差是按省调查的港湾(河口)、水库面积加权平均求出的。

2. 本表所列以装机容量以大于 500 千瓦为起点。

　　根据对中国潮汐能资源的普查，有关专家和部门认为：在中国沿海，特别是东南沿海，有很多能量密度较高、平均潮差 4～5 m、最大潮差 7～8 m、自然环境条件优越的站址。其中已做过大量调查勘测、规划设计和可行性研究，具有近期开发价值和条件的中型潮汐能发电站站址有：福建大官坂（装机容量 1.4 万千瓦、年发电量 0.45 亿千瓦时）；福建八尺门（装机容量 3.3 万千瓦、年发电量 1.8 亿千瓦时）；浙江健跳港（装机容量 1.5 万千瓦、年发电量 0.48 亿千瓦时）；浙江黄墩港（装机容量 5.9 万千瓦、年发电量 1.8 亿千瓦时）等。已做过规划设计，有较好的工作基础，还需进行前期综合研究论证的大型潮汐电站站址有：长江口北支（装机容量 70.4 万千瓦、年发电量 22.8 亿千瓦时）；杭州湾（装机容量 316 万千瓦、年发电量 87 亿千瓦时）；浙江乐清湾（装机容量 55 万千瓦、年发电量 23.4 亿千瓦时）等。

11.3.4　中国潮汐能发电现状

　　中国的小型潮汐能发电站，数量多，效益高，闻名于世。

　　截止至 2002 年底，中国正在运行发电的潮汐能发电站有 8 座、潮洪电站有 1 座，分布在浙江、江苏、广东、广西、山东、福建等省、自治区，总装机容量为 10 650 kW。

　　下面对这些潮汐能发电站作一简介。

1. 江厦潮汐能发电站

　　该电站位于浙江省温岭县西部沙山乡乐清湾的江厦港上，是目前中国最大的双向潮汐能发电站。该电站的研建列入了国家"六五"重点科技攻关计划，总投资为 1130 万元，1974 年开始研建，1980 年首台 500 kW 机组开始发电，1985 年建成。该电站共安装 500 kW 机组 1 台、600 kW 机组 1 台、700 kW 机组 3 台，总装机容量为 3200 kW，为单库双作用式电站，水库面积 1.58×10^6 m^2，设计年发电量为 10.7×10^6 kW·h。1996 年全年的净发电量为 5.02×10^6 kW·h，约为设计值的一半，造成这一情况的主要原因是机组的设计状态与实际状态有差异，同时机组的保证率、运行控制方式等也需要提高。该电站是一项综合性的开发工程，除发电外，还兼有土地围垦和水产养殖等多项效益。

　　该电站所处的地形条件很为有利，湾内肚子较大，而湾口狭窄，整个形态像布袋形。这样，水库容积大，而出口处筑的堤坝却可以较短，从而使得工程量小，最大潮差与著名的钱塘江潮差接近。江厦潮汐能发电站平面示意图如图 11-18 所示。由图可见，该电站虽然采用单水库的型式，但却是涨、落潮都能发电的双向潮汐电站。

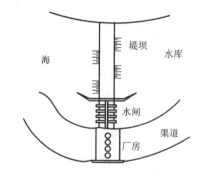

图 11-18　江厦潮汐能发电站平面示意图

　　该电站采用的是卧轴双向灯泡贯流式机组。电站厂房及机组的剖面示意图如图 11-19 所示。由图可见，水轮机和发电机连接在同一卧轴上，水流可径直通向水轮机，带动发电机发电。因潮汐能发电站水位差较小，推动水轮机转动的力量有限，所以在水轮机和发电机之间加入一个传动增速器以提高发电机的转速。为了保护发电机和增速器不被水浸，在其仓部包了一层钢的封壳，外表很像个大的灯泡，故而称做灯泡贯流式机组。该电站的机组有单机容量 500 kW、600 kW 和 700 kW 三种规格，转轮直径为 2.5 m。并在海上建筑和机组防腐蚀、防海洋生物附着等方面，以较先进的办法取得了良好的效果。尤其是后两台机组，达到了国际先进技术水平，具有双向发电、泄水和泵水蓄能等多种功能，并采用了先进的行星齿轮增速传动机构，这样既不用加大机组的体积，又增大了发电功率，还降低了建筑成本。

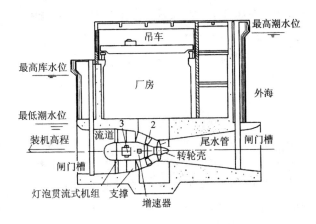

1—水轮机转叶；2—水轮机导水叶片；3—发电机

图 11-19　江厦潮汐能发电站厂房及机组的剖面示意图

从总体上来说，江厦潮汐能发电站的建设是成功的，它为中国潮汐能发电站的建设提供了较为全面的技术，并为潮汐能发电站的运行、管理及多种经营等积累了较为丰富的经验。

2. 其他潮汐能发电站

白沙口潮汐能发电站位于山东省烟台市乳山县海阳所与白沙滩两个乡交界处的白沙口海湾，为单库单向型潮汐能发电站，总装机容量为 4×160 kW。

沙山潮汐能发电站位于乐清湾江厦港东岸，属浙江省温岭县，是一座蓄水式单向型的潮汐能发电站，平均出力 40 kW。

岳浦潮汐能发电站位于浙江省三门湾口象山县南田岛岳浦乡汪涂山嘴，面朝石浦港，背靠黄金坛山，是单库单向式的潮汐能发电站，装机容量为 2×75 kW。

海山潮汐能发电站位于浙江省乐清湾中部玉环县海山乡茅埏岛的南端，装机容量 2×75 kW。采用双库单向开发方式，并与小型蓄能电站配套，涨潮、落潮和平潮时均能发电。

浏河潮汐能发电站位于江苏省苏州市太仓县浏河口，是利用长江潮汐能量依靠水闸挡落差进行双向发电的试验电站，装有 75 kW 卧轴半贯流式水轮发电机组 2 台。

甘竹滩洪潮发电站位于西江下游与北江相通的一条支流甘竹溪上，属广东省顺德县，是一座设计水头较低、利用洪水和潮汐等综合能源发电的径流电站。该电站共安装了转轮直径为 3 m 的半贯流式水轮发电机组 22 台，总装机容量为 5000 kW。

幸福洋潮汐能发电站位于福建省平潭岛，总装机容量为 1280 kW，装有 320 kW 贯流式机组 4 台。运行方式为单向发电式，设计水头为 3.02 m。于 1990 年建成发电。

果子山潮汐能发电站位于广西钦州，装有 1 台 40 kW 的水轮发电机组，设计水头 2 m，运行方式为退潮发电式，于 1997 年建成发电。

11.3.5　中国潮汐能发电前景

1. 中国未来潮汐发电的基本情况

关于中国潮汐能发电的今后发展，国家计委、国家科委、国家经贸委在 1995 年 1 月 5 日印发的《新能源和可再生能源发展纲要(1996～2010)》中提出："潮汐能的开发重点以浙江和福建等地区为主，2000 年以前开展低水头、大流量万千瓦级的全贯流机组及海工技术的试验和研究，开发能力达 5 万千瓦；2010 年争取建成 30 万千瓦实用型电站，年供能量达到 31 万吨标准煤"。

据 1982 年我国水电部普查材料不完全统计，我国沿海潮汐能蕴藏量中可开发利用部分即达 2100 万千瓦，618 亿度，这些潮汐资源 92% 以上的潮汐能集中在能源消耗量大、最缺能源的沿岸——华东地区，其中 99.3% 集中在福建、浙江和上海一带，可装机容量达 1900 多万千瓦，大大超过华东地区现有的发电装机容量(1981 年为 1037 万千瓦)。

特别应该指出，在这个地区有三个被认为最有可能大规模开发潮汐电站的地点，即长江北口、钱塘江和乐清湾。这三个地点测算装机容量可达 600 万千瓦，占该地区潮汐能源总量的 31.1%。其中，长江北口的潮汐能开发，装机容量可达 90 万千瓦，年发电量 26.4 亿度，可与新安江水电站的发电能力相媲美；而钱塘江潮汐能开发，装机容量约为 396 万千瓦，年发电量达 100 亿度以上，超过葛洲坝水电站的能力，如果加以开发利用，不仅可以大大缓解华东地区的电力紧张，而且将有力促进沪、杭、宁经济三角区的繁荣。

此外，我国沿海还有一些潮差较大(3～4 m)的地带，根据勘测计算，其潮汐能资源开发条件也较优越，这些地区如浙江省有 254.2 万千瓦，山东省有 1.52 万千瓦，广东省有 69.3 万千瓦，广西壮族自治区有 25.5 万千瓦，都有开发利用潜力。

可见，中国的潮汐能发电，任务繁重，前景诱人，大有可为。

2. 中国规划中的潮汐电站

中国沿海潮汐能蕴藏量中可开发利用部分的 92% 是集中在华东沿海地区，其中尚未包括沿海许多岛屿周围的潮汐能蕴藏量在内。这个数量相当于长江三峡的水电量，实在是一个很大的能源资源，加之潮汐能分布面广，且沿海各地质和建筑材料等自然条件均较有利于建造潮汐电站，很有开发价值。

随着我国国民经济的持续快速增长，沿海地区对能源的需求也在与日俱增，尤其是工农业生产比较发达的华东沿海一带，对能源的需求更为迫切。20 世纪末期，我国对潮汐能的开发利用再度引起各省有关部门的重视，作出了比较详细的规划。

下面分别介绍浙江和福建两省部分大中型潮汐电站的站址规划概况。

1) 浙江省

浙江省沿海潮汐资源分布十分丰富，北起杭州湾的乍浦，南到浙闽交界处的南关山，其电站资源点共计 21 个，可能开发的潮汐资源量为 1240.23 万千瓦。其中已规划选址的有：

① 黄墩港潮汐电站，装机容量 2.4 万千瓦，年发电量 0.5901 亿千瓦时；

② 狮子口潮汐电站，装机容量 7.2 万千瓦，年发电量 1.8245 亿千瓦时；

③ 岳井洋潮汐电站，装机容量 5.5 万千瓦，年发电量 1.4385 亿千瓦时；

④ 健跳港潮汐电站，装机容量 1.5 万千瓦，年发电量 0.45 亿千瓦时；

⑤ 乐清湾潮汐电站，装机容量 39 万千瓦，年发电量 10.424 亿千瓦时。

2）福建省

福建省沿海潮汐能资源分布非常丰富，北起福鼎的沙埕港，南到闽粤交界的诏安宫口港，电站资源点 64 个，可能开发的潮汐资源量为 1032.1021 万千瓦。其中已规划选址的有：

① 百尺门潮汐电站，装机容量 3.3 万千瓦，年发电量 0.8638 亿千瓦时；

② 长屿潮汐电站，装机容量 6.6 万千瓦，年发电量 1.6953 亿千瓦时；

③ 罗源湾潮汐电站，装机容量 51 万千瓦，年发电量 13.0637 亿千瓦时；

④ 大官坂潮汐电站，装机容量 1.4 万千瓦，年发电量 0.4544 亿千瓦时；

⑤ 马銮湾潮汐电站，装机容量 3.3 万千瓦，年发电量 0.8448 亿千瓦时；

⑥ 厦门潮汐电站，装机容量 27.5 万千瓦，年发电量 6.14 亿千瓦时。

复 习 思 考 题

11-1　什么是海洋能？它有哪些特点？

11-2　什么是潮汐？潮汐有哪些类型？什么是潮汐能？潮汐能有哪些特点？

11-3　潮汐能发电的工作原理是什么？

11-4　潮汐能发电站有哪些开发方式？如何进行潮汐能发电站开发方式的选择？

11-5　中国的潮汐能资源分布如何？中国的潮汐能发电前景怎样？为什么？

第十二章 燃料电池发电技术

氢能是人类21世纪最具希望的新的二次能源。氢能的大规模利用主要是直接燃烧、燃料电池和核聚变，燃料电池是氢能利用的主要方式之一。

燃料电池(fuel cell，FC)是一种直接将储存在燃料和氧化剂中的化学能高效地转化为电能的发电装置。这种装置的最大特点是由于反应过程不涉及到燃烧，因此其能量转换效率不受"卡诺循环"的限制，能量转换效率高达60%～80%，实际使用效率是普通内燃机的2～3倍。另外，它还具有燃料多样化、排气干净、噪声小、环境污染低、可靠性高及维修性好等优点。燃料电池被认为是21世纪全新的高效、节能、环保的发电方式之一。

12.1 燃料电池发电原理

12.1.1 燃料电池简史

1. 威廉·格罗夫的燃料电池

燃料电池的历史可以追溯到第19世纪英国法官和科学家威廉·格罗夫(William Robert Grove)爵士的工作。1839年，格罗夫进行了使用电将水分解成氢和氧的电解实验。

格罗夫推想，如果将氧和氢反应就有可能使电解过程逆转产生电。为了证实这一理论，他将两条白金带分别放入两个密封的瓶中，一个瓶中盛有氢，另一个瓶中盛有氧。当这两个密封瓶浸入稀释的硫酸溶液时，电流开始在两个电极之间流动，盛有气体的瓶中生成了水。为了升高所产生的电压，格罗夫将几个这种装置串联起来，终于得到了所谓的"气体电池"(图12-1)。

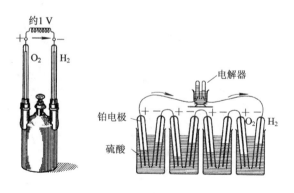

图 12-1 格罗夫电池

2. 燃料电池的发展

自从 1839 年格罗夫第一次进行燃料电池的实验以来，到现在对燃料电池的研究已经有 160 多年了。1889 年英国人 Mond 和 Langer 首先采用"燃料电池"这一名称，他们当时试图用空气和工业煤气制造第一个实用的装置，并获得 $0.2A/cm^2$ 的电流密度。20 世纪初，W. H. Nernst 和 P. Haber 对碳的直接氧化式燃料电池进行了许多研究。20 世纪中叶以来，燃料电池的研究得到迅速发展。20 世纪 50 年代末，英国剑桥大学的培根（Bacon）教授用高压氢、氧气体演示了功率为 5 kW 的燃料电池，工作温度为 150℃，随后建造了一个 6 kW 的高压氢氧燃料电池的发电装置。

燃料电池的实用化最早是 1960 年 10 月，美国通用电气公司（GE）把该系统加以发展，首次成功地研制了质子交换膜燃料电池用于为双子星座飞船提供电力。之后，1968 年又在美国阿波罗登月飞船上将碱性燃料电池作为主电源，为人类首次登上月球做出了贡献。

随着技术的发展，除了用于航天工业，美国在 1967 年开始了以民用为目标的研究计划，首先开发磷酸型燃料电池。之后，以美国、日本为中心，进行了磷酸型燃料电池实用化的工作。日本于 1981 年的"月光计划"中，全面地开展了 5 类燃料电池的研究（碱性、磷酸型、熔融碳酸盐型、固体电解质型、固体高分子型）。而在 1993 年开始的"新阳光计划"中，燃料电池成为日本政府加速实施的一个重点计划，开始投入大规模研究。如今在地面实用燃料电池电站的研究中，几兆瓦级的磷酸燃料电池的发电装置已经研制成功，在日本东京湾附近已建成一套示范性装置。

中国也很早就开始了燃料电池的研究。中国科学院大连化学物理研究所于 1969 年开始进行石棉膜型氢氧燃料电池的研制，至 1978 年完成了两种型号航天用石棉膜型氢氧燃料电池系统的研制，并通过了例行的地面航天环境模拟试验。20 世纪 70 年代，天津电源研究所也研制成功了石棉膜型动力排水的航天用氢氧燃料电池系统。此外，还有不少高等院校和研究院所也开展了燃料电池的研究试制。在"九五"至"十一五"期间，燃料电池都被列入国家重点科技项目攻关计划重点实施的重大项目。最近几年，我国燃料电池技术的研究开发取得很大进展，特别在 PEMFC 方面，达到或接近了世界水平，但是在 MCFC、SOFC 研究方面与国外的差距还很大。总而言之，我国对燃料电池的组织开发力度远远不够，国家和企业的资金投入极为有限，年度经费仅为千万元量级人民币，与发达国家数亿美元的投入相比显得微不足道。

目前，已有 200 多台燃料电池电站在世界各地运行。日本首相成为燃料电池轿车的第一位顾客；联邦快递公司用燃料电池汽车在东京街头忙碌奔波；燃料电池公共汽车在欧美十几个城市进行预商业化示范；全世界的人通过互联网看到美国布什总统试用燃料电池手机；美国士兵配备着移动式燃料电池在伊拉克作战；德国的燃料电池潜艇在水下悄然无声地游弋。显然，燃料电池已经站在商业化的门前，不久就将进入人们的生活。

12.1.2　燃料电池的基本原理

1. 一种新的发电方式

燃料电池发电不同于传统的火力发电，其燃料不经过燃烧，没有复杂的从燃料化学能转化为热能,再转化为机械能,最终转化成电能的过程,而是直接将燃料(天然气、煤制气、石油等)中的氢气借助于电解质与空气中的氧气发生化学反应,在生成水的同时进行发电,因此其实质是化学能发电。燃料电池发电被称为是继火力发电、水力发电、原子能发电之后的第4大发电方式。

燃料电池也不同于平时所说的干电池与蓄电池。平时所说的干电池与蓄电池,没有反应物质的输入与生成物的排出,所以其寿命有一定限度;而燃料电池可以连续地对其供给反应物(燃料)及不断排出生成物(水等),因而可以连续地输出电力。

2. 燃料电池发电原理

化学反应与电子的运动如图12-2所示。在能量水平高的氢与氧结合产生水时,首先氢气放出电子,具有正电荷;同时,氧气从氢气中得到电子,具有负电荷,两者结合成为中性的水。在氢与氧进行化学反应中,发生电子的移动,把电子的移动取出,加到外部连接的负载上面,这种结构即为燃料电池。

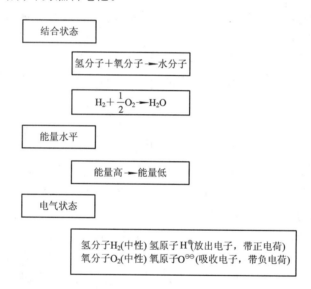

图 12 - 2 化学反应与电子的运动

为使移动的电子能够取出加到外部连接的负载上,有必要把氢与氧用以离子为导体的电解质将其分开,在电解质的两边进行反应。氢气反应的地方为燃料极,氧气反应的地方为空气极,夹在这两个极中间通过离子传导电力的地方为电解质。燃料电池的构成如图12-3所示。

燃料极中流动的氢,通过金属的催化剂,分离成氢离子(H^+)与电子(e^-)。氢离子通过电解质或者电子通过外部负载,到达空气极。在空气极,通过外部负载得到电子,同时也由于金属催化剂,氧气变为氧离子(O^{2-})。氧离子与电解质中流来的氢离子进行反应,产生水。

燃料极与空气极统称之为电极,由电子导体的金属或炭等制成,而且为了对电极提供氢与氧,以及排出化学反应生成的水,电极中有相当多的细小毛孔。燃料极为阳极,空气极为阴极。

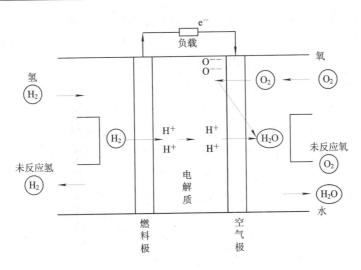

图 12-3　燃料电池构成

电解质是由不透气的通过离子导电的导体组成。所谓离子导体，是指离子移动而使电子传递。碱性液体和酸是良好的离子导体；熔融碳酸盐也是良好的离子导体；在固体中，锆也是一种良好的离子导体。

在图 12-3 的燃料极中必须有以下反应

$$H_2 \rightarrow 2H^+ + 2e^- \qquad\qquad (12-1)$$

到达燃料极中细小毛孔中的氢在电极与电解质的交界处，借助于金属的帮助（催化作用），分离出氢离子与电子，如果这个氢离子与电子能各自通过电解质与电子传递的话，就能够连续地发生式（12-1）所表示的化学反应。

在空气极处，利用燃料极所产生的氢离子与电子，产生以下化学反应

$$2H^+ + 2e^- + \frac{1}{2}O_2 \rightarrow H_2O \qquad\qquad (12-2)$$

综合式（12-1）及式（12-2），最终只有一个由氢与氧反应生成水的结果。可以通过把燃料极所产生的电子通过外部负载流入到空气极的方法，从燃料电池中获取电力。

在电极与电解质的界面上，当表面上电流不流动而处于平衡状态时，电极上发生氧化-还原反应，其电极的平衡电压由能斯脱式可得到

$$E = E_0 + \frac{2.03RT}{nF}\log\frac{(a_0)^a}{(a_R)^b}$$

式中，R 为气体常数（8.31 $mol^{-1}K^{-1}$）；T 为绝对温度，K；F 为法拉第常数（96500 c/mol）；a_0 为氧化体的活性；a_R 为还原体的活性；E_0 为 $a_0 = a_R = 1$ 时标准平衡电压；n 为氢的原子数。

根据计算，发电时的开路电压约为 1.23 V。

为了尽可能获取电力，可以采取以下促进方法：

(1) 提高温度与燃料气的压力；

(2) 为提高催化作用，应用白金与镍；

(3) 扩大燃料、空气与电极、电解质的接触面积；

(4) 电极中的细小毛孔应使氢、氧、水（水蒸气）易于流动。

因此，材料的选择、制造方法、电池构造和运行方法均是研究开发的重要课题。

由一个燃料极和空气极及电解质、燃料、空气通路所组成的一组电池称为单体电池，多个单体电池的重叠称为电堆。实用的燃料电池均由电堆组成。

3. 燃料电池分类

迄今为止，已研究开发出了多种类型的燃料电池。最常见的分类方法是按电池所采用的电解质分类。据此，可将燃料电池分为碱性燃料电池、磷酸型燃料电池、熔融碳酸盐型燃料电池、固体电解质型燃料电池、固体高分子型燃料电池以及直接甲醇型燃料电池等。

碱性燃料电池是最先研究成功的，多用于火箭、卫星上，但其成本高，因此不宜大规模研究开发。磷酸型燃料电池目前已进入实用化阶段，在研究上已不再花费很多财力、物力与人力。固体高分子型燃料电池又称为质子交换膜燃料电池，是目前研制的热点。直接甲醇型燃料电池特别适合于作为小型电源（如手提电话、笔记本电脑等的电源），因而很受重视，目前已开始对其进行基础研究。燃料电池分类及特性如表 12-1 所示。

表 12-1 燃料电池分类及特性

类型 性能	磷酸型 (PAFC)	熔融碳酸盐型 (MCFC)	固体电解质型 (SOFC)	碱 性 (AFC)	质子交换膜型 (PEFC/PEMFC)	直接甲醇型 (DMFC)
工作温度	160~220℃	620~660℃	800~1000℃	室温~90℃	室温~80℃	室温~110℃
电解质	磷酸溶液	熔融碳酸盐	固体氧化物	KOH	质子交换膜	PBI
反应离子	H^+	CO_3^{2-}	O^{2-}	OH^-	H^+	H^+
可用燃料	天然气、甲醇	天然气、甲醇、煤	天然气、甲醇、煤	纯氢	氢、天然气、甲醇	甲醇
电化学效率	55%	65%	60%~65%	60%~70%	40%~60%	40%~60%
功率输出	200 kW	2 MW~10 MW	100 kW	300 W~5 kW	1 kW	1 kW
适用领域	分散电源	分散电源	分散电源	移动电源	移动电源、分散电源	移动电源
衍生中毒物	CO	无	无	无	CO	CO

有时也把燃料电池按照电池的工作温度进行分类。工作温度低于100℃的为低温燃料电池，包括碱性燃料电池和质子交换膜型燃料电池；工作温度在100~300℃的为中温燃料电池，包括直接甲醇型燃料电池和磷酸型燃料电池；工作温度在600~1000℃的为高温燃料电池，包括熔融碳酸盐型燃料电池和固体电解质型燃料电池。

12.2 燃 料 电 池

12.2.1 磷酸型燃料电池

1. 原理

磷酸型燃料电池简称 PAFC，它以磷酸为电解质，使用天然气或者甲醇等作为燃料，在约200℃温度下使氢气与氧气发生反应，得到电力与热。磷酸型燃料电池原理图如图12-4所示。

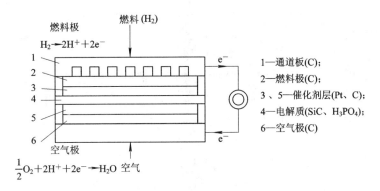

图 12 - 4　磷酸型燃料电池原理图

在燃料极中，氢分解成氢离子与电子，氢离子在电解质中移动，电子则通过外部回路达到空气极；电解质因为使用的是磷酸水溶液，而这种水溶液是强电解质，所以分解成磷酸离子与氢离子和电子；氢离子在电解质内向空气极移动。

燃料极的反应为

$$H_2 \rightarrow 2H^+ + 2e^- \tag{12-3}$$

在空气极，由燃料极移动来的氢离子与流经外部负载而来的电子以及不断由外部供给的氧气发生以下反应：

$$\frac{1}{2}O_2 + 2H^+ + 2e^- \rightarrow H_2O \tag{12-4}$$

为了发生以上反应，必须在电极中存在与反应有关的离子，通过电子导体及氢与氧。这对燃料电池来说是相当重要的。

2. 特征与工作温度

1）特征

磷酸型燃料电池与其他燃料电池相比，特别是与高温燃料电池相比，有以下几个特征：① 低温下发电时，稳定性好；② 反应后排出的热量的温度适合于人类日常生活；③ 启动时间短；④ 催化剂必须要有白金；⑤ 电池燃料中如果 CO 含量高，易引起催化剂中毒。

2）工作温度

磷酸型燃料电池的反应温度的设定应考虑以下几点：① 磷酸的蒸气压（浓度）；② 材料的耐蚀性；③ CO 中毒特性；④ 电池特性。

如果温度过高，则磷酸的蒸气压力增加，磷酸的蒸发与消失现象也随之增加，同时促进材料的老化；如果温度过低，则反应速度变慢，同时催化剂 CO 中毒现象也变得严重。因此，应选择温度为 180～210℃作为磷酸型燃料的反应温度。

3. 燃料重整反应

当燃料电池用化石燃料为燃料时，必须要把碳氢混合物变为氢气。氢气制造的方法主要有水蒸气重整法和部分氧化法两种。

水蒸气重整法是一种常见的制氢方法，需要利用催化剂来进行，其反应式为

$$C_nH_m + nH_2O \rightarrow nCO + \left(\frac{m}{2} + n\right)H_2 + Q \tag{12-5}$$

$$CO + H_2O \rightarrow CO_2 + H_2 + 41.16 \quad (kJ) \tag{12-6}$$

在利用甲烷时，式(12-5)为

$$CH_4 + H_2O \rightarrow CO + 3H_2 - 206.28 \quad (kJ) \tag{12-7}$$

一般在进行式(12-5)、(12-7)的反应时，催化层温度为 $700 \sim 950℃$，压力为 400 MPa。式(12-6)的反应在 $200 \sim 450℃$ 范围内进行。而在利用甲醇时，反应式如式 (12-8)所示的反应，重整催化剂一般采用铜，反应温度为 $200 \sim 300℃$，在 100 MPa 压力以下进行。

$$CO_2 + H_2O \rightarrow CO + H_2 + 41.16 \quad (kJ/mol) \tag{12-8}$$

$$CH_3OH \rightarrow CO + 2H_2 - 90.85 \quad (kJ/mol) \tag{12-9}$$

部分氧化法是把碳氢元素的一部分在氧气中或者空气中燃烧，再把燃烧中生成的水和碳酸气与残余的碳氧元素通过燃烧再进行反应的方法。这一方法常应用于使用碳氢元素大规模制造氢气的情况。

4. 电池催化剂

为促进电极的反应，常使用催化剂。催化剂的使用情况对电池性能影响很大。在燃料极方面，只要有一点白金催化剂，即可以促进氢的离子反应。而在空气极方面，更需要有催化剂的帮助，且用量要比燃料极多，还要有很大的活性，这是因为溶液中氧气的还原反应速度很慢，为使反应速度加快必须要有高活性的催化剂。反应中常用白金、铬、钛等合金作为固体催化剂，实际上由于有氧化硫和一氧化碳的污染，常用白金-合金作为催化剂。

5. 电解质

电解质除上面所述要求蒸气气压低、化学稳定之外还必须满足以下条件：① 高温动作；② 耐 CO 腐蚀；③ 不妨害电极的化学反应；④ 离子导电性高；⑤ 腐蚀性低；⑥ 纯度高；⑦ 可湿性。

为降低电池内部的阻挠，电解质的厚度应尽量薄一些。

6. 现状及动向

磷酸型燃料电池较早就已经商用化，世界上已有 150 多台磷酸型燃料电池在运行中。世界最大级的 11 MW 装置安装在日本东京电力五井火力发电厂内，曾并入电网供电，累计运行时间超过 2 万小时，在额定运行情况下实现发电效率 43.6%。磷酸型燃料电池的发电效率一般可达 $30\% \sim 40\%$，如再将其余热加以利用，其综合效率可达 $60\% \sim 80\%$，因此目前已将其应用于多个领域。

研究表明，这种燃料电池目前未能实现市场商业化的原因大致有以下几方面：

(1)电效率最高为 40%，超过维修期限后会降到 35% 甚至更低水平，通常情况下设备的使用期限不超过 20 000 h；

(2)有些试验性的设备(如东芝公司管理的 1 套 11 MW 设备)未能达到预期的性能水平；

(3)美国和日本政府大幅度削缩用于 PAFC 技术研究和开发的投资；

(4)从迄今积累的经验及在改善设计参数和降低产品成本方面的潜力来看，让 PAFC 技术成功地跻身于当今市场中的可能性是极低的。

12.2.2　熔融碳酸盐型燃料电池

1. 原理

熔融碳酸盐型燃料电池简称 MCFC，它以碳酸锂（Li_2CO_3）、碳酸钾（K_2CO_3）及碳酸钠（Na_2CO_3）等碳酸盐为电解质，在燃料极（负极，阳极）与空气极（正极，阴极）中间夹着电解质，工作温度为 $600\sim700℃$，电池本体的发电效率可达 $45\%\sim60\%$，电极采用镍的烧结体，熔融碳酸盐燃料电池原理如图 12-5 所示。

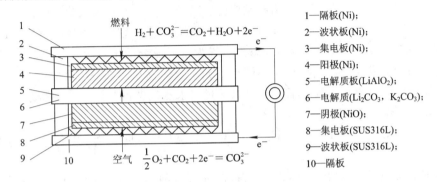

1—隔板(Ni)；
2—波状板(Ni)；
3—集电板(Ni)；
4—阳极(Ni)；
5—电解质板($LiAlO_2$)；
6—电解质(Li_2CO_3, K_2CO_3)；
7—阴极(NiO)；
8—集电板(SUS316L)；
9—波状板(SUS316L)；
10—隔板

图 12-5　熔融碳酸盐燃料电池的原理

熔融碳酸盐燃料电池发电时，向燃料极（阳极，负极）供给燃料气体（氢、CO），对空气极（阴极，正极）供给氧、空气和 CO_2 的混合气体。空气极从外部电路（负载）接受电子，产生碳酸离子，碳酸离子在电解质中移动，在燃料极与燃料中的氢进行反应，在生成 CO_2 和水蒸气的同时，向外部负载放出电子，这个过程的反应式如下：

$$燃料极\qquad 2H_2 + 2CO_3^{2-} \rightarrow 2CO_2 + 2H_2O + 4e^- \qquad\qquad (12-10)$$

$$空气极\qquad 2O_2 + 2CO + 4e^- \rightarrow 2CO_3^{2-} \qquad\qquad (12-11)$$

$$整\ 体\qquad 2H_2 + O_2 \rightarrow 2H_2O \qquad\qquad (12-12)$$

一般碳酸盐的熔点在 $500℃$ 左右，在工作温度 $650℃$ 时已成为液体，氢与氧的活性提高，很容易发生化学反应，因此可以不用高昂价格的白金催化剂，也避免了白金催化剂的 CO 中毒问题，故可以用 CO 作为燃料电池燃料，对天然气、煤制气不用重整即可利用，预期可替代大型的火力发电。

但也正是由于这种电池的发电温度高，因此其使用的碳酸盐电解质具有强烈的腐蚀性，当工作时电池的各种材料易被腐蚀；同时，电解质本身的变化以及电池的密封也都成为需要研究的重要课题。

2. 特征与工作温度

熔融碳酸盐型燃料电池以碳酸盐为电解质，具有以下特征：

（1）工作温度为 $600\sim700℃$，在这一温度下氢与氧的活性大大提高，可以有较高的发电效率，催化剂采用镍已足够；

（2）不产生催化剂 CO 中毒问题，可以使用的燃料的范围大大增加；

（3）排热温度高，可以与燃气轮机或蒸汽轮机联动，进行复合发电，从而更大地提高燃料使用率；

（4）增加压力可以加强其反应，一般工作压力约为 $49\sim117.6\ Pa$；

（5）因为其工作温度高，且使用强腐蚀性的材料，所以技术上的难度相当大。

熔融碳酸盐型燃料电池的电解质是熔化的碳酸盐，这种碳酸盐大约在 490℃ 时熔化，温度越高，其离子的导电性越好。但是，当温度增加到 700℃ 以上时，材料被强烈地腐蚀。所以，一般工作温度取为 650℃ 左右。而在发电取出其电力时，还会产生热量，如果不对电池进行冷却，则电池温度将上升，为了保持电池工作温度在 650℃ 左右，在空气极通入的空气又作为冷却剂使用。

3. 使用的燃料

碳酸盐型燃料电池所使用的燃料范围广泛，以天然气为主的碳氢化合物均可，如碳氢气、甲烷、甲醇、煤炭、粗制油等。但不能直接使用这些作为燃料，而要把它们通过化学反应转换成氢气与 CO 才能使用。例如，以天然气为主要成分的甲烷要利用式（12-13）所示的反应进行重整，成为以氢气与 CO 为主要成分的气体（这里的 $b_1 \sim b_5$ 是指投入 a mol 的水蒸气时，生成各成分的摩尔数）。而 CO 可以通过与水蒸气进行置换反应，生成氢气。因此，CO 可以作为燃料直接使用。

$$CH_4 + aH_2O \rightarrow b_1H_2 + b_2CO + b_3CO_2 + b_4H_2O + b_5CH_4 \qquad (12-13)$$
$$CO + H_2O \leftrightarrow H_2 + CO_2 \qquad (12-14)$$

发电时，必须对空气极供给 CO_2，通过循环可再利用，不需要从外部供给新的 CO_2。在使用煤炭时，可以利用煤制气炉产生 CO 与氢气，作为燃料使用。

熔融碳酸盐型燃料电池的工作温度与燃料如图 12-6 所示。

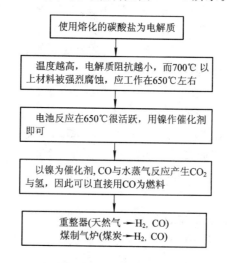

图 12-6　熔融碳酸盐型燃料电池的工作温度及燃料

在燃料重整方面，常采用外重整与内重整两种方式。外重整方式如上所述，利用式（12-13）和式（12-14）所示反应即可获得所需燃料；而内重整的方式则是在燃料极设置甲烷重整催化剂，在工作温度 650℃ 左右，进行如式（12-13）所示的反应。内重整方式的转换效率不是很高，但由于燃料极的电池不断反应，可不断产生热量，因此利用这个热量可以得到较高的转换效率。这样，内重整时既可以利用化学反应产生的热量，又可利用电池反应所得到的水，从而减少了电池冷却时的动力。因此，内重整比外重整有更高的效率。而外部重整为防止重整时碳的析出，必须提供较多的水，同时，为提供重整时的热量，还须提供燃料以燃烧(可以用电池中未反应完的燃料),这样,外重整效率就要下降。不过,外重整结构较单纯,适合于大型化应用。在使用煤制气时,没有重整的必要,因此可用外重整方式。熔融碳酸盐型燃料电池重整方式比较如表 12-2 所示。

表 12-2　熔融碳酸盐型燃料电池重整方式比较

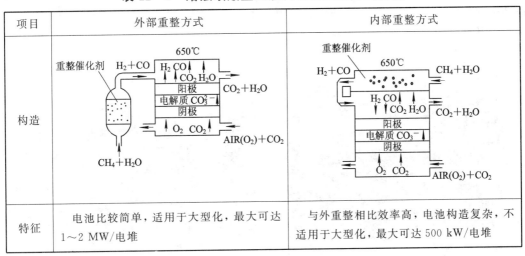

项目	外部重整方式	内部重整方式
构造		
特征	电池比较简单,适用于大型化,最大可达 1~2 MW/电堆	与外重整相比效率高,电池构造复杂,不适用于大型化,最大可达 500 kW/电堆

4. 性能与寿命

电池性能一般指电压、电流密度等特性。除了材料、结构之外,运行时温度与压力对电池性能起决定性作用。

温度上升时,电解质的阻抗(内部阻抗和阴极反应阻抗)减少,这是因为加压时能促进燃料向电解质中溶解与扩散。但在压力继续增加时,效果可能反而下降,这是因为在燃料极生成了甲烷气,使得氢气被消耗,氢气浓度变稀,阻碍了燃料极的反应。生成甲烷的反应式为

$$3H_2 + CO \rightarrow CH_4 + H_2O \qquad\qquad (12-15)$$

为防止以上现象,抑制甲烷的生成,可以提高水蒸气的分压或减少氢与 CO 的分压。

目前一般熔融碳酸盐型燃料电池的目标寿命为 40 000 h,要达到这个目标还有相当多的工作要做。影响熔融碳酸盐型燃料电池寿命或性能的主要问题有以下 4 个:

(1) 运行中阴极中镍的析出,溶入电解质中长时间地工作,形成电解质短路;

(2) 阳极的蠕变;

(3) 电解质板的腐蚀;

(4) 电解质的流失。

经过科学技术人员的多年工作,以上 4 个问题已有了长足的进步,获得了很大成果。

5. 现状与动向

多年来,熔融碳酸盐型燃料电池由于其可以作为大规模民用发电装置的前景而一直成为世界各国燃料电池研究的重点。目前,美国已成功进行了 2 MW 熔融碳酸盐型燃料电池的试验,美国 FCE 公司的 1 台 250 kW 的熔融碳酸盐型燃料电池已连续运行了 11 000 h 以上,其热量综合利用总效率达到 75%,其中 8 个月处于无人操作状态。因此可以说,熔融碳酸盐型燃料电池的水平已很接近实用化水平。

　　美国 FCE 公司的 250 kW 熔融碳酸盐型燃料电池如图 12-7 所示。

　　日本对熔融碳酸盐型燃料电池的发展一直采取积极态度,继 1993～1994 年成功地进行了 100 kW 熔融碳酸盐型燃料电池运转试验后,1999 年又成功地进行了 1000 kW 熔融碳酸盐型燃料电池的运转试验,各项指标达到设计要求。日本 1000 kW 熔融碳酸盐型燃料电池结构图如图 12-8 所示。1998 年,日本电力中央研究所又试验运转了 1 台 10 kW 的熔融碳酸盐型燃料电池。它在技术方面进行了改良,用碳酸钠代替碳酸盐,已经过 10 000 h 运转,取得了相当大的进展。

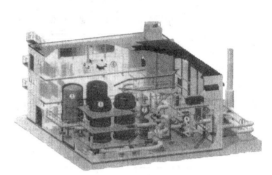

图 12-7　美国 FCE 公司 250 kW 熔融　　　图 12-8　日本 1000 kW 熔融碳酸盐型
　　　　　碳酸盐型燃料电池　　　　　　　　　　　　　燃料电池结构图

　　由于熔融碳酸盐型燃料电池的研究已取得了可喜的成果,美国、日本等国家均已制定了新的计划,力争在 5 年内实现其商业化。在美国的 21 世纪计划中,清洁煤技术已投入巨资制造熔融碳酸盐型燃料电池,日本也在过去的 5 年增加了对熔融碳酸盐型燃料电池研究的投资。由于燃料电池发电技术仍有许多技术上的难题没有突破,因而其进展速度低于预期值。尽管如此,美、日两国仍在 MCFC 的商业化应用上取得了可喜的进展:2003 年和 2004 年在美国的华盛顿 King 郡污水处理厂投产 DFC1500 发电系统;在美国的洛杉矶 Terminal 岛、Palmdale、圣芭芭拉,日本的福冈污水处理厂以及日本 Kirin 酿酒厂投产 DFC300 发电系统;2005 年在美国的 Sierra Nevada 酿造公司投产 4 台 DFC300 发电系统,在 Santa Rita 监狱投产 DFC1500 MCFC 电站;2006 年在旧金山邮政分配中心投产 250 kW 天然气 MCFC 电站,并与太阳能电站配合工作。另外,在美、日两国的规划中都计划在 2010 年实现 50～100 MW 分布式 MCFC 发电机组的商业化。

12.2.3　固体电解质型燃料电池

1. 原理

　　固体电解质型燃料电池简称 SOFC,它利用氧化物离子导电的稳定氧化锆(ZrO_2 + Y_2O_3)等作为电解质,其两侧是多孔的电极(燃料极和空气极)。固体电解质型燃料电池原理如图 12-9 所示。

　　固体电解质型燃料电池的工作温度高于熔融碳酸盐型燃料电池,一般为 800～1000℃,发电效率可达 45%～65%。

　　与熔融碳酸盐型燃料电池一样,因为固体电解质型燃料电池在高温下工作,不需要白

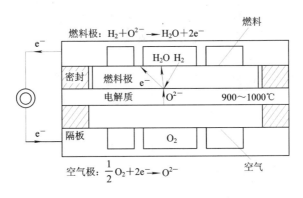

图 12-9　固体电解质型燃料电池原理图

金作催化剂，也可以使用煤制气为燃料。固体电解质型燃料电池适用于代替大型火力发电或作为分散电源。由于固体电解质型燃料电池由固体构成，因而其寿命也长。

固体电解质型燃料电池对燃料极(阳极，负极)供给燃料气(氢、CO、甲烷等)，对空气极(阴极，正极)供给氧、空气，在燃料极与电解质、空气极与电解质的界面处发生化学反应，形成氧离子与电子，氧离子在电解质中流动，燃料极与空气极之间进行了电子与电荷的移动，其电极上的反应为

$$燃料极 \qquad H_2 + O^{2-} \rightarrow H_2O + 2e^- \qquad\qquad (12-16)$$

$$空气极 \qquad \frac{1}{2}O_2 + 2e^- \rightarrow O^{2-} \qquad\qquad\qquad (12-17)$$

$$整\ 体 \qquad H_2 + \frac{1}{2}O_2 \rightarrow H_2O \qquad\qquad\qquad (12-18)$$

2. 特征

固体电解质型燃料电池的电解质，有用氧离子为导电体与用质子(H^+)离子为导电体的两种。为得到较高的导电率，必须在 800～1000℃ 条件下工作。其主要结构的构成材料均为固体，有圆筒形与平板形等的构造方式。

(1) 利用氧离子为导电体，空气极中生成的氧离子(O^{2-})在电解质中移动，到达燃料极，O^{2-} 与氢(H_2)在燃料极反应，放出电子，得到电力与水。

氧离子的导电体主要是稳定的氧化锆，在稳定的氧化锆中添加 ZrO_2、CaO 及 Y_2O_3 等再烧结而成。它不仅在高温下有良好的导电性，也有稳定的机械强度，价格也比较便宜。

(2) 在电解质中使用质子为导电体时，与利用氧离子为导电体时相反，反应生成的水是在空气极产生的，因此，供给的燃料气不会因为水蒸气稀释而浓度下降。

目前，大都用氧离子作为电解质，如果能找到合适的质子导电体，那么也可以制造利用质子作为导电体的固体电解质型燃料电池。但是目前仅发现极少类的质子导电体，且其导电率与 YSZ(稳定氧化锆)相比要差一个数量级，因此不易使用。

3. 电池构造的种类

固体电解质型燃料电池的构造大致有 3 种方式，即圆筒式、平板式与一体化电堆式。

(1) 圆筒式即把电解质板、电极均制作成圆筒形状，因此机械强度比较高，而且对热应力反应比较缓和，密封也比较方便，其工作的可靠性也高，但是其单位体积所输出的电力较低。

（2）平板式即是把电解质板、电极均制作为平板形状。从原理上说，这种方式比圆筒式的内部阻抗小，因此发电效率高，且可以制成比较薄的电堆，所以单位容积的输出密度高。它还可以通过湿式制造法制作，进行批量生产，从而降低成本。但平板型的方式是将气体密封、薄膜制造以及连接材料交互一起烧结而成，电池构造相当复杂，因此目前还处于研究阶段。

4. 电池材料

在固体电解质型燃料电池的研究开发中，材料是当前最主要的问题之一，主要材料有：

（1）固体电解质材料。固体电解质材料大多是在 ZrO_2 中添加 CaO 或 Y_2O_3 等，其资源丰富，价格便宜。

（2）燃料极材料。燃料极材料应有良好的电子导电性，能与电解质密切结合且是多孔的。电解质上的电极反应发生在反应气、电解质及电极的三相相接处（三相界面），因此要尽可能增加三相界面使燃气易于到达，而生成的水蒸气又易于排出。作为燃料极还必须有稳定的还原能力，在使用煤制气时还应能够抗硫黄。根据这些条件，可以用镍或钴作为燃料极材料，目前多采用镍或镍与锆的复合材料。

（3）空气极材料。因为空气极必须要在 1000℃ 的氧化气氛中才稳定，因此不能使用通常金属，而要用白金等贵金属，从成本看是不现实的。现在，大多考虑采用 $LaSrMnO_3$ 或者 $LaCaMnO_3$ 等复合氧化物。

空气极不仅要求有良好的特性，还要有高的稳定性以及与电解质的密切连接和热膨胀系数的配合，因此 $LaMnO_3$ 是目前的主流材料。

（4）其他构成材料。电池组成电堆时，因为采用串联连接的方法，因而必须要有隔板。固体电解质型燃料电池的工作温度为 1000℃ 的高温，其对隔板的要求为：

① 在氧化、还原气氛中稳定；

② 没有离子导电性；

③ 导电率高；

④ 具有不使燃料气与空气混合的高的气密性；

⑤ 与其他电池构成材料有相同的热膨胀系数；

⑥ 具有高的热力学稳定性（不与其他材料反应）。

这些条件是相当严苛的，现在大多采用 $LaCrO_3$ 等的氧化物。

5. 现状与动向

目前，美国在固体电解质型燃料电池技术方面处于世界领先地位。美国 WH 公司以研究圆筒形电池为主，其开发的 25 kW 级电堆已经运行了 13 000 h，劣化率达到 0.1/1000 h 以下，1998 年又与荷兰、丹麦合作，开发 100 kW 的电堆。Allied signal 公司及 Z-tek 公司则从事平板型电池的研究，也有很大进展。西门子-西屋公司开发出的世界第一台 SOFC 和燃气轮机混合发电站，于 2000 年 5 月安装在美国加州大学，功率 220 kW，发电效率 58%。最近，西门子-西屋公司已经完成了以天然气为燃料，内重整的 100 kW 级管状电池的现场试验发电系统，试运行了 4000 h，电池输出功率达 127 kW，电效率为 53%。

固体氧化物燃料电池可作为移动式电源，为大型车辆提供辅助动力源。第一辆装有固体氧化物燃料电池辅助电源系统（APU）的汽车，由巴伐利亚发动机公司与德尔福汽车系统公司合作推出,已于 2001 年 2 月 16 日在德国慕尼黑问世。

此外,日本的富士电机、三洋电机、三菱公司,德国的西门子、奔驰公司以及英国、法国、荷兰的一些公司,也在对固体电解质燃料电池进行研究,研究的重点是合金系的隔板、陶瓷系的隔板及共同烧结技术、高性能电极技术等。

目前,工作温度的降低也是一个研究重点。由于固体电解质型燃料电池工作在 800～1000℃的高温范围内,材料问题难以解决。因此,各国科学家均把降低工作温度作为研究目标,已作出了 800℃以下、甚至 500～600℃和 350℃的固体电解质型燃料电池发电成功的报告。

12.2.4 质子交换膜型燃料电池

1. 原理

质子交换膜型燃料电池简称 PEMFC 或 PEFC,它不用酸与碱等电解质,而采用以离子导电的固体高分子电解质膜(阳离子膜)。这种膜具有以氟的树脂为主链、能够负载质子(H^+)的磺酸基为支链的构造,其离子导电体为 H^+,与磷酸所不同的是,电解质是阳离子交换膜。质子交换膜型燃料电池原理如图 12-10 所示。

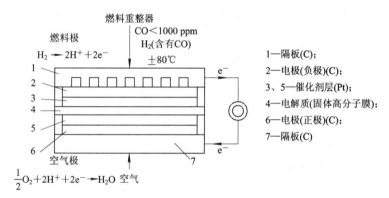

图 12-10 质子交换膜型燃料电池原理图

质子交换膜型燃料电池使用的是电气绝缘的无色透明的薄膜,因此没有电解质之类的麻烦,而且它不透气体,所以只要有 50 μm 的厚度即可使用。

质子交换膜在吸收水分子后,开始把磺酸基之间连接起来,显出质子导电性能。因此,有必要对反应燃料气进行加湿以维持其质子导电性,运行温度也因为要保持膜的湿度而在 100℃以下。

在室温条件下,因为可以保证膜的质子导电性能,这样,实现低温发电也是可能的。工作温度定在室温～100℃之间,中间隔着固体高分子膜,两侧即为燃料极(负极)与空气极(正极),对燃料极供给氢气,对空气极供给空气或氧气,利用水电气分解的逆反应,每个单体电池可得到 1 V 左右的直流电压,这个反应可用以下一组反应式表示

$$燃料极 \quad H_2 \rightarrow 2H^+ + 2e^- \tag{12-19}$$

$$空气极 \quad \frac{1}{2}O_2 + 2H^+ + 2e^- \rightarrow H_2O \tag{12-20}$$

$$全\quad体 \quad H_2 + \frac{1}{2}O_2 \rightarrow H_2O \tag{12-21}$$

质子交换膜燃料电池的运行温度低，因此起动时间短，输出密度高（3 kW/m²），可以做成小型电池，适合用于移动电源。

但是，因为质子交换膜型燃料电池以氢为燃料，在使用天然气和甲醇时，在高温中使之与水蒸气发生反应，必须要有制造的工程（重整）。这时，在这过程中所生成的 CO，使燃料电池的催化剂性能显著下降。因此，重整工程中，CO 浓度的减小及不受 CO 影响的催化剂的开发就成为一个重要的项目。

2. 特征

质子交换膜燃料电池的输出密度高，可以制成小型轻量化的电池；其电解质是固体的，不会流失，易于差压控制；其构造简单，电解质不会腐蚀，寿命长，工作温度低，材料选择方便，起动停止也易于操作。这些，都是这种电池的优点。

由于这种电池的工作温度低，必须要用白金作催化剂。为防止白金的 CO 中毒，使用重整的含有 CO_2 燃料时，必须除去 CO，还要对质子交换膜进行水分控制。由于排热温度低，无法利用，如何确保重整用的蒸气也是一个问题。

其燃料与磷酸型电池相同，限于氢气，但也可以使用经过重整的天然气和甲醇，特别是甲醇，它要求很高的重整温度，很适合于此类电池，被认为是应用于电动车的理想电源。

在成本方面，除军事应用外，成本是决定其能否进入市场的最关键的因素之一。以目前的材料（如膜、碳纸）、白金催化剂来看，还不能达到市场化程度，为了实用化，交换膜的低成本及白金的减量是不可缺少的一个研究开发课题。

3. 结构

电解质使用的离子交换膜都是氟树脂交换膜，在湿润时具有良好的导电性，如果含水率降低，则阻抗增大，作为电解质将失去其工作机能，因此对其水分含量必须进行控制，一般要进行加湿控制。在工作温度100℃附近，饱和水蒸气压力高，为保持水分的水蒸气分压以及所需燃料气的比例，通常要进行加压。在常用的燃料电池中，一般加压至0.196 MPa 左右。

电极一般由具有防水性和粘着性能的聚四氟乙烯等与白金或含有白金的碳纸等的催化剂粒子组成，通过与膜热压而组成一体。这样一对电极中间夹着离子交换膜，再在两侧装上集电板，即组成单体电池。

其周边装置由气泵、水分控制回收系统、冷却系统及电气系统构成。在使用重整气时，还要有重整器及除去 CO 的装置。

4. 适用范围

此类燃料电池最初主要用于军事。由于它输出密度高、起动时间短、噪声小、结构简单，因此可以考虑代替潜水艇、野战发动机等的蓄电池和柴油机。但是，它存在着一个纯氢难于确保的问题，而使用重整器的话，其优点又会丧失，所以燃料的供应是一个重大课题。

质子交换膜电池可以应用于车辆，特别是在要求汽车零排放的情况下，燃料电池可以做成小型发动机，由于其起动迅速，因此很有希望成为新一代汽车发动机。美国还希望把质子交换膜燃料电池用做火车发动机。

此外，质子交换膜燃料电池还可考虑用于家庭，将其与电网相连，白天从电网买电，晚上卖电给电网；其排热还可加以综合利用，用于洗澡和洗涤等。据测算，功率达到 1 kW 即可用于家庭，这类电池在家庭应用方面也具有广阔的前景。

5. 现状及动向

著名的加拿大 Ballard 公司在 PEMFC 技术上全球领先，它的应用领域从交通工具到固定电站。巴拉德公司正和世界许多著名公司合作以使 Ballard Fuel Cell 商业化。

Ballard Fuel Cell 已经用于固定发电厂：经过 5 年的开发，第一座 250 kW 发电厂于 1997 年 8 月成功发电；第二座电厂安装在柏林，250 kW 输出功率，也是在欧洲的第一次测试；第三座 250 kW 电厂也在 2000 年 9 月安装在瑞士进行现场测试；紧接着，在 2000 年 10 月将第四座燃料电池电厂安装在日本的 NTT 公司，向亚洲开拓了市场。

目前，质子交换膜燃料电池作为车用动力电源的研究开发越来越成为世界各大汽车公司技术开发的重中之重。迄今为止，世界 6 大汽车公司在开发氢燃料电池车上的开发费用已超过 100 亿美元，并以每年 10 亿美元的速度递增。1997 年至 2001 年，各大公司研制出的车用燃料电池就达 41 种。2009 年，戴姆勒、福特、通用、丰田、本田和现代汽车 6 个世界主要汽车公司签署备忘录，持续开展燃料电池汽车研发，计划于 2015 大力推广燃料电池汽车，并快速形成几十万辆燃料电池汽车保有量。

2009 年，欧盟计划从第七框架计划中拿出 4.7 亿欧元，持续资助燃料电池汽车及基础设施技术研发。此外，加拿大、韩国、澳大利亚、巴西、法国和英国等国家政府都积极支持燃料电池汽车和氢能研发。

德国政府拟与企业联合资助 14 亿欧元，用于燃料电池汽车、氢能等关键技术研发，以确定德国在燃料电池汽车领域的国际领先地位和竞争力。2009 年，德国计划将在 2015 年建成 1000 个加氢站，开始实现燃料电池动力汽车的大规模商业化，到 2020 年将有 100 万辆电动车和 50 万辆燃料电池汽车投入使用。

日本政府在过去 30 年时间内先后投入上千亿日元用于燃料电池汽车和氢能的基础科学研究、技术攻关和示范推广。2011 年 1 月，包括丰田、本田、尼桑三大汽车厂商在内的日本 13 家汽车和能源企业共同签订协议，决定在东京、大阪、名古屋和福冈四大都市圈的市区和高速公路上建立 100 座加氢站。

美国能源部宣布从美国振兴计划中拨款 4190 万美元支持燃料电池特种车的研发和示范，另在 2011 年美国财政预算中安排 5000 万美元用于燃料电池和氢能技术研发。

中国"十二五"规划提出，为新能源汽车产业化发展提供必要的条件和支撑，促进交通燃料清洁化替代，结合充电式混合动力、纯电动、天然气（CNG/LNG）等新能源汽车发展，在北京、上海、重庆等新能源汽车示范推广城市，配套建设充电桩、充（换）电站、天然气加注站等服务网点，到 2015 年，形成 50 万辆电动汽车充电基础设施体系。

12.2.5　直接甲醇型燃料电池

直接甲醇型燃料电池简称 DMFC，目前，其电解质是聚合物，因而它是质子交换膜燃料电池的一种，只是燃料不是氢而是甲醇。DMFC 是一种不通过重整甲醇来生成氢，而是直接把蒸气与甲醇变换成质子（氢离子）而发电的燃料电池。因为它不需要重整器，所以可以做得更小，更适合于汽车等应用。

直接甲醇燃料电池是目前世界上研究和开发的热点之一。

直接甲醇型燃料电池的基础是 1922 年 E. Muelier 首次进行的甲醇的电氧化实验。1951 年，Kordesch 和 MarKo 最早进行了 DMFC 的研究。

1. 原理

直接甲醇型燃料电池是质子交换膜燃料电池的一种，其工作原理与质子交换膜燃料电池的工作原理基本相同。不同之处在于直接甲醇燃料电池的燃料为甲醇（气态或液态），氧化剂仍为空气或纯氧。直接甲醇燃料电池的工作原理如图 12-11。

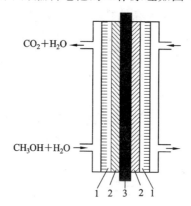

1—扩散层；2—催化层；3—质子交换膜

图 12-11　直接甲醇燃料电池的工作原理图

其阳极和阴极催化剂分别为 Pt - Ru/C（或 Pt - Ru 黑）和 Pt/C。其电极反应为

$$\text{阳极}\qquad CH_3OH + H_2O \rightarrow CO_2 + 6H^+ + 6e^- \qquad\qquad (12-22)$$

$$\text{阴极}\qquad \frac{3}{2}O_2 + 6H^+ + 6e^- \rightarrow 3H_2O \qquad\qquad (12-23)$$

$$\text{总体}\qquad CH_3OH + \frac{3}{2}O_2 \rightarrow CO_2 + 2H_2O \qquad\qquad (12-24)$$

对于 DMFC 理论转换效率，由热力学数据可得为 96.68%。实际上由于电池内阻的存在和电极工作时极化现象的产生，特别是甲醇有较高的氧化过电位，使得电池实际效率和比能量大大降低。

2. 直接甲醇燃料电池研究现状

直接甲醇燃料电池以其潜在的高效率、设计简单、内部燃料直接转换、加燃料方便等诸多优点吸引了各国燃料电池研究人员对其进行多方面的研究。对 DMFC 进行研究的主要有美国、英国、意大利、韩国、中国、日本等国家的诸多大学和公司的科研机构。

对 DMFC 的研究重点集中在以下几个方面：

（1）DMFC 性能研究。研究的内容包括如温度、压力、Nafion 类型、甲醇浓度等运行参数对 DMFC 的影响。

（2）新型质子交换膜研究。质子交换膜是 DMFC 的核心部分。目前 PEMFC 中所使用的 Nafion 系列全氟磺酸型质子交换膜适用于以氢为燃料的 PEMEC，但在 DMFC 系统中会引起甲醇从阳极到阴极的渗透问题。因此要使 DMFC 进入商业化，必须开发出性能良好、防止甲醇渗透的质子交换膜。

（3）甲醇膜的渗透研究。目前 DMFC 研究中尚未解决的一个主要问题是甲醇从阳极到阴极的渗透问题，这在典型的全氟磺酸膜中尤为严重。

（4）电催化剂研究。迄今为止，Pt-Ru 二元合金催化剂被认为是甲醇氧化最具活性的电催化剂。以 Pt 和 Pt-Ru 为基础，人们也对其他二元、三元或四元合金进行了广泛的研究。包括二元合金 Pt-Sn、Pt-Rh 和 Pt-Re，三元合金 Pt-Ru-Os、Pt-Ru-Rh、Pt-Ru-Ir、Pt-Ru-WO$_2$ 和 Pt-Ru-Sn 等，四元合金 Pt-Ru-Sn-W 等。

3. 直接甲醇燃料电池发展前景

DMFC 是潜在的移动式电源，并有可能替代部分军用电池，这些特有的优点引起世界各国燃料电池研究人员的注意，成为当前各国政府优先发展的高新技术之一，各国的科研机构对此展开了深入研究，目前已取得了较大的进展，展现了广阔的前景。

2002 年，以色列特拉维夫大学首先开发成功了甲醇直接方式的手机燃料电池。

2003 年日本东芝公司宣布开发出一种可用于手机和小型信息终端的以高浓甲醇为发电原料的燃料电池，这种电池的大小像手掌一样，输出的电能却是现在手机用锂电池的6倍。

德国 SFC 燃料电池公司宣称已开发出甲醇电池设备的初期生产样品。该设备可创造出 40 W 的电源，未来将被应用于笔记本电脑、打印机、手机等产品。

最近美国 Energy Ventures 公司宣布已解决了 DMFC 甲醇渗透问题，使电池功率输出增加 30%～40%。美国 Los Alamos 国家重点实验室已研制成功应用直接甲醇燃料电池的蜂窝电话（Cellular Telephone），其能量密度是传统可充电电池的 10 倍。

图 12-12　戴姆勒·克莱斯勒公司生产的燃料电池公共汽车

Motorola 实验室的科学家们已经展示了用于微型 DMFC 的陶瓷燃料传输系统原型。他们的目的是要创建一种 5 倍于传统的锂离子可充电电池能量密度的电源。

Manhattan Scientifics 公司正致力于可为各种可移动电子器件供电的微型醇类燃料电池的研究，他们宣布研制成功蜂窝电话用燃料电池，比能量是锂离子电池的 3 倍，将来可达到 30 倍。该项研究已引起世界各国科学家和有关公司的关注。

Siemens 公司在 DMFC 研究方面处于世界领先地位，其阴极用纯 O$_2$（0.4～0.5 MPa），电池温度为 140℃ 的条件下获得的功率密度约 200 mW/cm^2。最近他们对阴极性能进行了研究，在阴极空气压力 0.15 MPa，电池温度 80℃ 的条件下获得的功率密度为 50 mW/cm^2。

戴姆勒·克莱斯勒公司与巴拉德公司（加拿大）合作，成功开发出世界上首辆安装了直接甲醇式燃料电池的汽车"戈卡特"，如图 12-12。该燃料电池输出功率为 6 kW，发电效率高达 40%，工作温度 110℃。直接甲醇燃料电池汽车的试验成功使燃料电池在汽车上推广使用的重大问题向前跨了一大步，直接甲醇燃料电池车很可能在 10 年内上路行驶。

在国内，清华大学核能与新能源技术研究院、中山大学物理系、南京双登电源技术公司、大连化物所都承担国家"十五"863的DMFC任务。图12-13所示为我国自行研制的燃料电池小轿车。

图12-13　我国自行研制的燃料电池小轿车(863计划项目)

尽管DMFC的研究已经成为世界关注的热点，其研究与开发仍处于初期阶段，真正实用化还需一些时间。可以预见在不远的将来，DMFC首先会用于小型可携带电器。

12.3　燃料电池发电系统

12.3.1　燃料电池发电系统的特征

燃料电池发电系统由于燃料不通过燃烧，而由化学反应直接发电，因此具有以下特征：

（1）不受卡诺循环的限制，可以得到很高的发电效率，其本体的效率即可达到40%～50%。如果将排出的燃料进行重复利用，再利用其排热，对于中、高温燃料电池，综合效率可达70%～80%。

（2）污染极少，是保护环境的绿色能源。由于燃料电池发电过程没有燃烧，几乎不排出NO_x与SO_x，CO_2的排出量也大大减少，因此在污染日益严重的今天，这是最适宜的发电方式之一。

（3）可以使用天然气、石油、煤炭、乙醇、沼气等多种多样的燃料，资源广泛。

（4）由于燃料电池本体没有旋转部分，所以噪声很小。

（5）由于燃料电池由基本电池组成，因此可以用积木式的方法组成各种不同规格、功率的电池，并可按需要装配成要求的发电系统安装在海岛、边疆、沙漠等地区，容易构成21世纪发展方向的分散电源。

（6）不需要大量的冷却水，适合于内陆及城市地下应用，对缺水的中国极为有利。

由于以上特征，不难预想，燃料电池将来可以用做代替火力发电的大型电厂，接近消费用户的分散电源，旅馆、医院、家庭等的独立电源，电动车和潜艇等的移动电源。

12.3.2　燃料电池发电系统

除了燃料电池本体之外，燃料电池发电系统还必须和以下周边装置共同构成一个系统。燃料电池发电系统因燃料电池本体的形式、燃料和用途的不同而有所区别，主要有燃料重整供应系统、氧气供应系统、发电系统、水管理系统、热管理系统、直流－交流逆变系统、控制系统、安全系统等周边装置。燃料电池系统的原理图如图 12－14 所示。

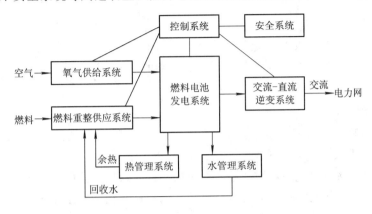

图 12－14　燃料电池系统原理图

1. 燃料重整供应系统

燃料重整供应系统是将所得到的燃料转化成为燃料电池能够使用的以氢为主要成分的燃料的转换系统。这一系统如果直接采用氢气可能比较简单，但当使用碳氢化合物的气体燃料(如天然气等)或者液体燃料(石油、甲醇等)用作燃料电池的燃料时，通过水蒸气重整法等对燃料进行重整，而当使用煤炭时，则通过煤制气的反应，制造出以氢与一氧化碳为主要成分的气体燃料。这些转换的主要反应装置称之为重整器和煤气化炉。

2. 氧气供给系统

氧气供给系统是对燃料电池提供反应用氧的系统，可以是直接使用纯氧，也可以用空气中的氧。这一系统可以使用马达驱动的送风机或者空气压缩机，也可以使用回收排出余气的透平机或压缩机的加压装置。

3. 发电系统

发电系统是指燃料电池本身，它将燃料和氧化剂中的化学能直接转变为电能，而不需要经过燃烧的过程，因此它是一个电化学装置。

4. 水管理系统

由于质子交换膜燃料电池中质子是以水合离子状态进行传导的，因此燃料电池需要有水，水少了会影响电解质膜的质子传导特性，进而影响电池的性能。由于在电池的阴极生成水，因此需要不断及时地将这些水带走，否则会将电极"淹死"，也造成燃料电池失效。由此可见，水的管理在燃料电池中是至关重要的。

5. 热管理系统

对于大功率燃料电池而言，在其发电的同时，由于电池内阻的存在，因此不可避免地会产生热量，通常产生的热量与其发电量相当。而燃料电池的工作温度是有一定限制的，如对 PEMFC 而言，应控制在 80℃，因此需要及时将电池生成的热量带走，否则就会发生过热，烧坏电解质膜。水和空气是常用的传热介质。此外，这一系统中必须包括泵(或风机)，流量计，阀门等。

6. 直-交流逆变系统

燃料电池所产生的是直流电，而所需要的往往是交流电，因此要有一个将燃料电池本体所产生的直流电变换成适合用户使用的交流电的装置，如交流 220 V、50 Hz 等。

7. 控制系统

控制系统是燃料电池发电装置起动、停止、运转、外接负载等的控制装置，是具有实时监测、调节燃料电池工况和远距离数据传输功能的系统。控制系统由控制运算的计算机以及测量与控制执行机构等组成。

8. 安全系统

由于氢是燃料电池的主要燃料，因此氢的安全十分重要。安全系统由氢气探测器、数据处理系统以及灭火设备等构成。

当然，由于燃料电池的多样性和用户对象的不同，燃料电池的部分系统可能被简化甚至取消。例如微型燃料电池就不会再有自己独立的控制系统和安全系统。

12.3.3 燃料电池应用范围

燃料电池有广阔的应用领域，根据燃料电池的特点、功率大小，其大致划分如表 12-3 所示。随着技术的进步，以下的预测也会有些变化，最终的选择权在市场。

表 12-3 燃料电池应用前景表

应用目标	应用形式	应用场所	质子交换膜燃料电池（PEMFC）	直接甲醇燃料电池（DMFC）	碱性燃料电池（AFC）	磷酸燃料电池（PAFC）	熔融碳酸盐燃料电池（MCFC）	固体氧化物燃料电池（SOFC）
固定式电站	基于电网电站	集中	○	○	○	○	●	●
		分布	○	○	○	○	●	●
		补充动力	○	○	●	●	●	●
	基于用户的热电联产电站	住宅区	●	○	◎	●	●	●
		商业区	●	○	◎	●	●	●
		轻工业	◎	○	◎	●	●	●
		重工业	○	○	○	●	●	●
交通运输	发动机	重型	●	○	○	●	●	●
		轻型	●	○	○	○	○	○
	辅助功率单元（千瓦级）	轻型和重型	●	●	○	○	○	●
便携电源	小型（百瓦级）	娱乐、自行车	●	●	○	○	○	◎
	微型（瓦级）	电子、微电器	●	●	○	○	○	○

注：●有可能；◎待定；○不可能。

复习思考题

12-1 什么是燃料电池? 燃料电池有哪些类型? 特性如何?

12-2 质子交换膜燃料电池有什么特点? 前途如何?

12-3 固体氧化物燃料电池有什么特点? 用途如何?

12-4 哪些燃料电池你认为最值得推广? 为什么?

12-5 燃料电池发电系统由哪些部分组成?

12-6 燃料电池应用范围有哪些?

第十三章　新能源与分布式发电技术

＊＊

分布式发电技术在很早以前就已经开始应用，如：早期的小水电和小火电都是独立发电、自成体系并直接向用户供电的，实质上就是分布式独立发电系统。后来，人们将各自独立的电厂和用户连接起来组成了电力系统，实现了合理利用资源、提高供电可靠性和电能质量的目的，进而发展成为大电网、大机组以达到提高能源效率、增加经济性的目标。但是，随着互联电网的逐步壮大，它的缺陷也更加显现出来，特别是如果发生故障，又一旦处置不当，就会造成大范围内的严重停电事故，世界著名的美加大停电事故就是实例。正因为如此，分布式发电作为一种新型发电技术在21世纪初被重新提出来，它是针对当今超大规模电网的缺陷提出的，人们希望充分利用分布式发电技术供电可靠、发电方式灵活等优点，对未来大电网提供有力的补充和有效的支撑，以期达到优势互补的成效。同时，分布式发电的特点与新能源发电十分匹配，所以分布式发电技术与新能源发电技术一定会在未来电力系统中共同创造辉煌。

13.1　分布式发电技术的概念

13.1.1　分布式发电技术的定义

一般认为分布式发电（Distributed Generation，DG）是指为满足终端用户需求、接在用户侧附近的小型发电系统。其中"分布"二字，相对于集中发电的大型机组而言，是指其总的发电能力由分布在不同地点的多个中小型电源来实现；相对传统的小型独立电源而言，则是指其容量和布置有一定的规律，其分布要满足特定的整体要求。

分布式电力（Distributed Power，DP）指分布式发电与储能装置（Energy Storage，ES）的联合系统。它们规模一般不大，通常为几十千瓦至几十兆瓦，所用的能源包括太阳能、风能、生物质能、小水电、氢能以及天然气等可再生能源或清洁能源；而储能装置主要为蓄电池，还可能采用超级电容、飞轮储能等。此外，国内外也常常将冷、热、电联产和各种分布式能源一起的系统称为分布式能源（Distributed Energy Resource，DER）系统，而将包含分布式能源在内的电力系统称为分布式能源电力系统。

从上述关于 DG、DP、DER 定义可以看出三者之间的关系，即 DP 包含 DG，而 DER 包含 DP，它们的概念是由狭义趋于广义。

近年来，以可再生能源为主的分布式发电技术得到了快速发展，与传统电力系统相比克服了大系统的一些弱点，成为电能供应不可缺少的有益补充。分布式发电与大电网的有机结合是本世纪电力工业和能源产业的重要发展方向。

13.1.2　分布式发电技术的特点

与常规的集中式大电源或大电网供电比较，发展分布式发电系统供电具有很多优越性，具体包括：

（1）装置容量小，占地面积小，初始投资少，降低了远距离输送损失和相应的输配系统投资，可以满足特殊场合的需求。分布式发电多采用风能、太阳能、生物质能等可再生能源或微型燃气轮机，单机容量和发电规模都不大，因而不需要建设大规模的厂房、变电站和输配电系统，建设成本低，施工周期短，投资规模小而且不会有大的风险，特别适合于民营资本和个人资金投入。

当然，分布式供能模式由于失去了大型系统的规模化效益，其单位容量的造价要比集中式大机组发电高出许多。不过，综合考虑其他优势，这还是可以接受的。

（2）弥补大电网安全稳定性方面的不足。现代大型集中式供电模式在充分展现其诸多优势的同时也反映出其脆弱的一面，在应对大型事故，甚至自然灾害和战争时常常分崩瓦解。而分布式发电系统中单机容量小，机组数量多，彼此独立，不容易同时发生故障。在用户附近直接安置分布式能源系统，与大电网配合，可以大大地提高供电可靠性，在电网崩溃和意外灾害（例如地震、暴风雪、恐怖袭击、战争）情况下，维持重要用户的供电，这也是现代分布式发电技术重新提出的初衷。人们规划，在未来大系统中配置20%的分布式电源，将对未来供电的安全稳定性产生极大的提升。

（3）环境友好，能源利用多元化，能很好利用可再生能源。相对化石能源而言，可再生能源如太阳能、风能、地热能、潮汐能、波浪能的能量密度较低、分散，而且目前的可再生能源利用系统规模小、能源利用率低，作为集中供电手段难度很大。分布式能源系统规模小，适合与可再生能源相结合。除了微型燃气轮机等小型化石燃料发电机组外，分布式发电可以广泛采用各种可再生能源发电技术，发电过程很少有污染物排放，噪声也不大。同时，分布式发电系统的电源等级较低（多为400 V），产生的电磁辐射也远远低于常规集中发电方式，更不会因为高压输配电线路建设而大量占用土地和砍伐林木，环境相容性好，减轻了环保压力。

（4）实现能源综合梯级利用，能源利用率高。有些分布式电源，如以天然气或沼气为燃料的小、微燃气轮机可以与小、微型汽轮机实行联合循环，发电后工质的余热还可用来供热、制冷，实现能源的阶梯利用，从而极大地提高了能源效率（可达60%～90%）。此外，由于靠近用户侧就近供电、供热，可以降低输电损耗和克服冷、热无法远距离传输的困难。

（5）运行灵活，安装方便。许多边远农牧地区、海岛地区远离大电网，难以从大电网直接取用电源，采用小型光伏发电、风力发电和生物质能发电的分布式独立发电系统显然是一种优选的方法。而靠近沿海和发达地区的分布式发电则采用并网的运行方式，将发出的电能输入电网，又可在需要时直接由电网供电，这样既能节约储能装置的投资，减少了蓄电池的二次污染，还可以简化系统，减少安装占地和成本。

（6）联网运行时有提供辅助性服务的能力。夏季和冬季往往是电力负荷的高峰时期，采用生物质能发电或天然气为燃料的燃气轮机等冷、热、电三联供分布式发电系统，不但可解决冬、夏的供热和供冷的需要，同时能够提供电力，降低电力峰荷，起到调峰的作用。有些发达国家（如英国）还将用户们的紧急备用柴油机群联入分布式电网作为备用容量，以期应对可再生能源的间歇性变化和用于调峰。

13.1.3 分布式发电技术的运行方式

分布式发电系统往往规模小、投资少、建设灵活、运行方便、可用能源种类多，既可以直接向其附近的负荷供电也能按需要向电网输出电能，因此运行方式灵活。现代分布式发电系统有两种常用的运行方式，即离网运行和联网运行。

（1）离网运行。对于许多边远乡村、牧区、山区、海岛等大电网难以覆盖的地方，采用离网运行的小型光伏发电、风力发电的分布式技术是一种优先的选择。为了克服可再生能源的间歇性缺点，保证持续供电，通常应配置某些储能设备。

（2）联网运行。对于靠近沿海和发达地区的负荷快速增长的地方和某些重要的负荷区域，则可以采用联网运行方式，分布式电源与公用电网共同向负荷供电。分布式电源发出的电能既能直接供给用户也可以直接输入电网，还能在需要时直接由电网供电，这种方式可以减少储能装置的投资，也减少了蓄电池的二次污染，还能够简化系统，降低安装成本和占地面积。

联网运行模式是新能源分布式发电技术当前发展的主要方向。

13.2　分布式发电技术

13.2.1　新能源分布式发电技术

1. 太阳能光伏发电技术

光伏发电系统一般为模块化组成，可根据需要构成各种规模，具有环境友好、安全可靠、维护简单、组装方便等突出优点，可用于太空航天器、通信系统、微波中继站、光伏水泵、边远地区的无电缺电区以及城市屋顶光伏发电等。目前，用于发电的光伏发电技术大多为小规模、分散式的独立发电系统或中小规模并网式光伏发电系统。光伏发电系统的建设成本至今仍然较高，发电效率也有待提高。（详见本书第八章。）

2. 风力发电技术

我国是风力发电技术发展得最好的国家之一，风电装机容量全世界第一，用于农村和牧区的家庭自用小风力发电机保有量也居世界第一位。我国正在新疆、内蒙古、甘肃、吉林、辽宁等省区兴建一大批大型风电场。在各种新能源发电中，风电技术最成熟，发电成本也最低，可望在不久的将来与常规发电技术相竞争。（详见本书第六章。）

3. 生物质能发电技术

生物质能发电系统是以生物质为能源的发电工程总称，包括沼气发电、薪柴发电、农作物秸秆发电、工业有机废料和垃圾焚烧发电等，这类发电的规模和特点受生物质能资源的制约，所用发电设备的装机容量一般也较小，比较适合作为小规模的分布式发电系统，能够体现发展循环经济和能源综合利用的方针。（详见本书第九章。）

4. 燃料电池发电技术

燃料电池主要包括碱性燃料电池、质子交换膜燃料电池、磷酸燃料电池、熔融碳酸盐燃料电池、固体氧化物燃料电池等。燃料电池寿命较为有限，材料价格也较贵。尽管国外已有各种类型和容量的商品化燃料电池发电系统可供选择，但目前在国内基本上处于实验室阶段，尚无大规模的商业化产品应用。燃料电池发电技术在电动汽车等领域中有所应用。这种静止型发电技术的发电效率与容量大小几乎无关，因此在小规模分布式发电的应用中有一定的优势，是一种很有前途的未来型发电技术。（详见本书第十二章。）

5．海洋能发电技术

海洋能包括潮汐能、波浪能、海流能、温差能和盐差能等多种能源形态，均可用于发电。目前只有潮汐发电技术较为成熟，波浪能、海流能和温差能发电正处于研发实验阶段，其他尚处于原理实验阶段。（详见本书第十一章。）

6．地热能发电技术

地热能发电技术较为成熟，其发电原理与火力发电类似，只是以地下热水和蒸汽代替燃料和锅炉。我国地热资源丰富，但能用于发电的高温热源却不多。（详见本书第十章。）

13.2.2　燃气轮机、内燃机、微燃机分布式发电技术

燃气轮机、内燃机、微燃机发电技术是以天然气、煤层气或沼气等为常用燃料，以燃气轮机、内燃机和微燃机等为发电动力的发电系统。（详见本书第二章。）

1．燃气轮机发电技术

燃气轮机有轻型燃气轮机和重型燃气轮机两种类型。轻型燃气轮机为航空发动机的转型，有装机快、体积小、启动快、快速反应性能好、简单循环效率高等特点，适合在电网中调峰、调频或应急备用；重型燃气轮机为工业型燃机，优点是运行可靠、排烟温度高、联合循环效率高，主要用于联合循环发电、热电联产。

2．内燃机发电技术

在分布式发电系统中，内燃机发电技术是较为成熟的一种。它的优点包括：初期投资较低、效率较高、适合间歇性操作，且对于热电联供系统有较高的排气温度等；另外，内燃机的后期维护费用也相对低廉。往复式发电技术在低于 5 MW 的分布式发电系统中很有发展前景，其在分布式发电系统中的安装成本大约是集中式发电系统的一半。除了较低的初期成本和较低的生命周期运营费用外，内燃机发电技术还具有更高的运行适应性。目前，内燃机发电技术广泛应用在燃气、电力、供水、制造、医院、教育以及通信等行业。

3．微燃机发电技术

微燃机是指发电功率在几百千瓦以内（通常为 $100\sim200$ kW 以下），以天然气、甲烷、汽油、柴油为燃料的小功率燃气轮机为主。微燃机可长时间工作，且仅需要很少的维护量，可满足用户基本负荷的需求，也可作为备用调峰以及用于废热发电装置。另外，微燃机具有体积小、重量轻、结构简单、安装方便、发电效率高、燃料适应性强、燃料消耗率低、噪声低、振动小、环保性好、使用灵活、启动快、运行维护简单等优势，并得到越来越广泛的应用，特别适合用于微电网中。

13.2.3　分布式发电的储能技术

由于大多数可再生能源的间歇性和波动性，当分布式发电以离网方式运行时，储能系

统是必不可少的，否则将不能满足供电的连续性和可靠性。分布式储能技术主要包括：蓄电池储能、超级电容器储能、超导储能、飞轮储能等。此外，电力系统中常用的还有抽水蓄能、压缩空气储能、电解水制氢储能等。

1. 蓄电池储能技术

蓄电池储能系统由蓄电池、直-交逆变器、控制装置和辅助设备（安全、环境保护设备）等组成，目前在小型分布式发电中应用最为广泛。根据蓄电池所使用的化学物质的不同，可以分为铅酸电池、镍镉电池、镍氢电池、锂离子电池等。

性价比很高的铅酸蓄电池被广泛应用于分布式发电系统。不过，这种传统的蓄电池存在着初期投资高、寿命短、对环境有污染等问题。

锂离子电池是近年来兴起旳新型高能量蓄电池，其工作电压高、体积小、储能密度高（$300\sim400\ kW\cdot h/m^3$）、无污染、循环寿命长（若每次放电不超过储能的80%，可反复充电3000次），充放电转化率高达90%以上。种种优点使得锂离子电池在未来的分布式发电储能中将发挥越来越重要的作用。

2. 超级电容器储能技术

超级电容器因其具有数万次以上的充放电循环寿命和完全免维护、高可靠性等特点，成为一种较理想的蓄电池替代产品。超级电容器从原理上可分为双电层电容器和电化学电容器，后者储能密度较优，但因材料昂贵和性能不稳定而尚未商业化。双电层电容器技术成熟，已实现商业化。

超级电容器的充放电过程是一个物理过程，不发生电化学反应。因此，其性能稳定、能量存取速度快、充放电损耗小，与蓄电池相比，具有较大的性能优势。

超级电容器具有极大的电容量，可以存储很大的静电能量。一般地，双电层电容器的电容量很容易超过 1 F，比普通电解电容器高 3～4 个数量级。目前，单体超级电容器的最大电容量可以达到 5000 F。

电解液的分解电压决定了超级电容器的最高工作电压。一般地，采用水电解液的双电层电容器的单体工作电压约为 1 V，采用有机电解液的双电层电容器单体工作电压可达 3～3.5 V。

超级电容器具有电容量很大、循环寿命长、功率密度大、充放电速率快、高低温性能好、能量管理简单准确和环境友好等优点，广泛应用于各种蓄电池替代能源，并可用于电子类电源、电车电源等领域中。

3. 超导储能技术

超导储能装置在概念上非常简单，其基本原理就是对超导线圈通以直流电流从而将能量存储在线圈的磁场中。如果储能线圈是由常规导线绕制而成的，那么线圈所存储的磁能将不断地以热的方式损耗在导线的电阻上。由于超导体的直流电阻为 0 Ω，超导线圈中的能量会永久存储在其磁场中，直到需要释放时为止。

超导特性一般需要在很低的温度下才能维持，一旦温度升高，超导体就变为一般的导体了。因此，超导储能系统的超导线圈需放置在温度极低的环境下，一般是将超导线圈浸泡在温度极低的液体（液态氢、氦等）中，然后封闭在容器中。因此，超导储能系统除了核心部件超导线圈以外，还包括冷却系统、密封容器以及用于控制的电子装置。

超导储能系统能量损失少，效率高，坚固耐用，具有很高的可靠性。但是，超低温保存技术导致超导储能系统成本很高（大概是铅酸蓄电池成本的 20 倍），短期内不可能在分布式发电系统中大规模应用，但适合有高质量和高可靠性要求的用户采用。

4. 飞轮储能技术

飞轮储能技术是一种机械储能方式。飞轮储能的原理为：外部输入的电能通过电力电子装置驱动电动机旋转，电动机带动飞轮旋转，飞轮将电能储存为机械能；当外部负载需要能量时，飞轮带动发电机旋转，将动能变换为电能，并通过电力电子装置对输出电能进行频率、电压的变换，满足负载的需求。

实际的飞轮储能系统（FESS）其基本结构由 5 个部分组成：① 飞轮转子，一般采用高强度复合纤维材料制成；② 轴承，用来支承高速旋转的飞轮转子；③ 电动/发电机，一般采用直流永磁无刷电动/发电互逆式双向电机；④ 电力电子变换器，将输入交流电转化为直流电供给电动机，将输出电能进行调频、整流后供给负载；⑤ 真空室，为了减少损耗，同时防止高速旋转的飞轮引发事故，飞轮系统必须放置于高真空密封保护套筒内。此外，飞轮储能装置中还必须加入监测系统，监测飞轮的位置、振动、转速、真空度和电机运行参数等。

飞轮储能效率高、寿命长、储能量大，而且充电快捷，充放电次数无限制，对环境无污染。作为一种蓄能供电系统，飞轮储能在太阳能发电、潮汐、地热等方面都具有良好的应用前景，但由于成本还较高，还不能大规模应用于分布式发电系统中，主要是用作蓄电池系统的补充。

5. 电解水制氢储能技术

电解水制氢储能需与燃料电池联合应用。在系统运行过程中，当负荷减小或发电容量增加时，电解水制氢储能将多余的电能用来电解水，使氢和氧分离，作为燃料电池的燃料送入燃料电池中存储起来；当负荷增加或发电容量不足时，电解水制氢储能使存储在燃料电池中的氢和氧进行化学反应直接产生电能，继续向负荷供电，从而保证供电的连续性。（详见本书第十二章）

6. 其他储能技术

在电力系统中应用较多的储能方式还有压缩空气储能和抽水蓄能等。压缩空气储能不是蓄电池那样的简单储能系统，它是一种调峰用燃气轮机发电厂，对于同样的电力输出，它所消耗的燃气要比常规燃气轮机少 40% 左右；抽水蓄能在现代电网中大多用于削峰填谷，在集中式发电中应用很多。我国电网规划在 2020 年将抽水蓄能机组规模扩充到 9800 万千瓦。（详见本书第三章）

13.3　分布式发电的微电网集成技术与应用

13.3.1　微电网集成技术

分布式发电尽管优点突出，但由于分布式电源的不可控性及随机波动性，随着其渗透率的提高也增加了对电力系统稳定性的负面影响。故而 IEEE 1547 对分布式电源的入网标准规定：当电力系统发生故障时，分布式电源必须马上退出运行。这使得分布式电源的效益没能得到充分的发挥。基于此，研究人员近年来提出一种新的分布式电源组织方式和结构——微电网。它是一种新型能源网络化供应与管理技术，能够便利可再生能源系统的接入、实现需求侧管理以及现有能源的最大化利用。

从系统的观点来看，微电网是将发电机、负荷、储能装置及控制等结合，形成的一个单一可控的独立供电系统。它采用了大量的现代电力电子技术，将微型电源和储能设备一起，直接接在用户侧。对于大电网来说，微电网可被视为电网中的一个可控单元，可以在数秒钟内动作以满足外部输配电网络的需求；对用户来说，微电网可以满足他们特定的需求，如降低馈线损耗、增加本地可靠性、保持本地电压稳定、通过利用余热提高能量利用的效率等。

微电网或与配电网互联运行，或离网运行（独立运行），当配电网出现故障而微电网与其解列时，仍能维持微电网自身的正常运行。这种微电网在结构、模拟、控制、保护、能量管理系统和能量储存技术等方面都与传统分布式发电技术有较大不同，须进行专门的研究。

由美国的电力集团、伯克利劳伦斯国家实验室等研究机构组成的美国电气可靠性技术解决方案联合会（Consortium for Electric Reliability Technology Solutions，CERTS），在美国能源部和加州能源委员会等资助下，对微电网技术开展了专门的研究。CERTS 定义的微电网基本概念是：这是一种负荷和微电源的集合。该微电源以在一个系统中同时提供电力和热力的方式运行，这些微电源中的大多数必须是电力电子型的，并提供所要求的灵活性，以确保能以一个集成系统运行，其控制的灵活性使微电网能作为大电力系统的一个受控单元，以适应当地负荷对可靠性和安全性的要求。

CERTS 定义的微电网提出了一种与以前完全不同的分布式电源接入系统的新方法。传统的方法在考虑分布式电源接入系统时，着重考虑分布式电源对网络性能的影响。传统方法在 IEEE 1547—2003 中得到充分的体现，即当电网出现问题时，要确保联网的分布式电源自动停运，以免对电网产生不利的影响。而 CERTS 定义的微电网要设计成当主电网发生故障时微电网与主电网无缝解列或成独立运行，一旦故障去除后便可与主电网重新连接。这种微电网的优点是：它在与之相连的配电系统中被视为一个自控型实体，可保证重要用户电力供应的不间断，提高供电的可靠性，减少馈线损耗，对当地电压起支持和校正作用。因此，微电网不但避免了传统的分布式发电对配电网的一些负面影响，还能对微电网接入点的配电网起一定的支持作用。

基于上述概念，微电网中光伏发电、小型风电和生物质能发电都是很好的电源选择。功率范围在 100 kW 以下的微型燃气轮机将得到广泛的应用。燃料电池由于具有高效和低排放的特点，自然也很适合作为微电网的电源，特别是高温 MCFC 和 SOFC 比较适用于发电。蓄电池、飞轮和超级电容器等是微电网重要的储能元件。余热回收装置也是重要的部件之一，正是由于余热的利用提高了能源利用的效率，因为热水或热蒸汽并不像电能那样容易而经济地长距离输送，而微电网的结构恰恰能使热源更接近热负荷。

13.3.2 微电网的结构

相对电力系统而言，微电网类似于一个独立的控制单元，其中每一个微电源都具有简单的即拔即插功能。对每一个微电源，最关键的是它本身的接口、控制、保护以及对微电网的电压控制、潮流控制和维持其运行稳定性。另一个重要的功能是微电网的联网运行和离网运行方式间的平稳转移。在微网中，为了防止微电网与配电网解列时对微电网内负荷的冲击，微电网的配电结构需重新设计，将不重要的负荷接在同一条馈线上，重要或敏感的负荷接在另外的馈线上。接敏感负荷的馈线上还要装有分布式电源、储能元件及相应的控制、调节和保护设备。如此，在微电网与主网解列时，通过隔离装置可甩去一些不重要负荷，但仍能保证一些重要负荷的正常、连续运行。

微电网具有控制、协调、管理等功能，并由以下系统来实现：

（1）微电源控制器。微电网主要靠微电源控制器来调节馈线潮流、母线电压以及与主网的解、并网运行。由于微电源的即拔即插功能，控制主要依赖于就地信号，且响应是毫秒级的。

（2）保护协调器。保护协调器既适用于主网的故障，也适用于微电网的故障。当主网故障时，保护协调器要将微电网中重要的负荷尽快地与主网隔离。在某些情况下微电网中重要负荷允许电压短时暂降，在采取一定的补偿措施后可使微电网不与主网分离。当故障发生在微电网内时，该保护应该在尽可能小的范围内将故障段隔离。

（3）能量管理器。能量管理器按电压和功率的预先整定值对系统进行调度，响应时间为分钟级。

13.3.3　微电网的运行方式

（1）当微电网并网运行时，要根据微电网中负荷的需求来确定保护的方案，也即要根据负荷对电压变化的敏感程度和控制标准来配置保护。一方面，如果故障发生在配电网中，则要采用高速开关类隔离装置（Separation Device，SD），将微电网中的重要敏感性负荷尽快地与故障隔离，此时微电网中的 DP（或 DER）是不应该跳闸的，以确保故障隔离后仍能对重要负荷正常供电（供热）；另一方面，如果故障发生在微电网中，除了上述隔离装置协调动作进行故障隔离以免影响上一级馈线负荷之外，一旦配电网恢复正常，就应通过测量和比较 SD 量测电压的幅值和角度，采用自动或手动的方式将微电网重新并网运行。如果微电网内仅有一个微电源，当然允许采用手动的方式再同步并网；若微电网内有多个微电源，则必须考虑采用自动的方式再同步并网。

（2）当微电网离网运行时，为了使所隔离的故障区尽可能小，微电网中保护装置的协调尤为重要。特别需要指出的是，由于微电网的电源大多为电力电子型设备，所发出的电力通过逆变器与网络连接，故障时仅提供很小的短路电流（例如两倍于正常负荷电流），难以启动常规的过电流保护装置，因此，保护装置和策略就应相应地修改，如采用阻抗型、零序电流型、差分型或电压型继电保护装置。此外，微电网的接地系统必须仔细设计，以免微电网解列时继电保护误动作。

13.3.4　微电网的控制功能

微电网控制功能基本要求包括：新的微电源接入时不改变原有的设备，微电网解、并列时是快速无缝的，无功功率、有功功率要能独立进行控制，电压暂降和系统不平衡可以校正，要能适应微电网中负荷的动态需求等。因此，微电网的控制功能主要有以下几种：

（1）基本的有功和无功功率控制（P-Q控制）。由于微电源大多为电力电子型的，因此有功功率和无功功率的控制、调节可分别进行，可通过调节逆变器的电压幅值来控制无功功率，调节逆变器电压和网络电压的相角来控制有功功率。

（2）基于调差的电压调节。在有大量微电源接入时用P-Q控制是不适宜的，若不进行就地电压控制，就可能产生电压或无功振荡，而电压控制要保证不会产生电源间的无功环流。在大电网中，由于电源间的阻抗相对较大，不会出现这种情况。微电网中只要电压整定值有小的误差，就可能产生大的无功环流，使微电源的电压值超标。由此要根据微电源所发电流是容性还是感性来决定电压的整定值。发容性电流时电压整定值要降低，发感性电流时电压整定值要升高。

（3）快速负荷跟踪和储能。在大电网中，当一个新的负荷接入时最初的能量平衡依赖于系统的惯性，主要为大型发电机的惯性，此时仅系统频率略微降低而已（几乎无法觉察）。由于微电网中发电机的惯量较小，有些电源（如燃料电池）的响应时间常数又很长（10～200 s），因此当微电网与主网解列成独立运行时，必须提供蓄电池、超级电容器、飞轮等储能设备，相当于增加一些系统的惯性，才能维持电网的正常运行。

（4）频率调差控制。在微电网成独立运行时，要采取频率调差控制，改变各台机组承担的负荷比例，以使各自出力调节在一定的比例且都不超标。

13.3.5 微电网的保护

微电网的结构对继电保护提出了一些特殊要求，必须考虑的因素主要有以下几方面：

（1）配电网一般是放射型的，由于有了微电源，保护装置上流经的电流就可能由单向变为双向。

（2）一旦微电网独立运行，短路容量会有大的变化，影响了原有的某些继电保护装置的正常运行。

（3）改变了原有的单个分布式发电接入电网的方式。构成微电网的初衷之一是尽可能地维持一些重要负荷在电网故障时能正常运行而不使其供电中断，因此必须采用一些快速动作的开关，代替原有的相对动作较慢的开关。

以上保护均可能使原有的保护装置和策略发生变化。

13.3.6 微电网的能量管理系统

微电网被定义为发电和负荷的集合，而通常负荷不仅包括了电负荷，还包括热和冷负荷，即热电联供或冷、热、电三联供。因此，微电网不仅要发电，而且要利用发电的余热来提高总体效率。能量管理系统（Energy Management System，EMS）的目的为：做出决策以最优地利用发电产生的电和热（冷）。该决策的依据为当地设备对热量的需求、气候的情况、电价、燃料成本等。

能量管理系统的调度控制功能：能量管理系统是为整个微电网服务的，即为系统级的，由此首要任务是将设备控制和系统控制加以明确区分，使各自的作用和功能简单明了。微型汽轮机的转速、频率、机端电压、发电机（微电源）的功率因数等应由微电源来控制，它们依据的是就地信号。CERTS的模型中，EMS只调度系统的潮流和电压。潮流调度时需考虑燃料成本、发电成本、电价、气候条件等。EMS仅控制微电网内某些关键母线的电压幅值，并由多个微电源的控制器配合完成，与配电网相连的母线电压应由所联上级配电网的调度系统来控制。

除了上述基本功能外，EMS 还具有其他一些功能，如：当微电网与配电网解列后微电网应配备快速切负荷的功能，以使微电网内的发电与负荷平衡；由于微电源同时供给电、热等负荷，调度时应同时兼顾，一般情况下往往采取"以热定电"的原则，即在满足用户对热负荷需求的条件下再进行电量的调度；微电网中应配备一些储能设备，如蓄电池、超级电容、飞轮等。

13.4　分布式发电技术的研发重点与应用前景

13.4.1　分布式发电技术的研究与开发的重点

近年来，我国可再生能源发电发展迅猛，特别是风能发电和太阳能光伏发电更是突飞猛进，截至 2013 年底，我国风电装机总量已达 91.424 GW，占世界总容量的 28.7%，居世界第一位；光伏发电累计装机容量达到 17.16 GW，居世界第三位。根据计划，2014 年我国光伏装机容量是 14 GW，届时我国会超过意大利，成为世界第二位。可再生能源发电与分布式发电技术密切相关，《可再生能源法》的颁布极大地促进了各种可再生能源发电的发展，分布式发电工程项目在北京、上海、广州等大城市发展较快，工程相继付诸实施。大量的小型生物质电厂也在农村和中小城市接连投运。但相关技术的研究和开发显得有些滞后，因此应加大研究的力度，研制出具有我国自主知识产权的产品和系统并降低它们的成本。此外，大多数分布式发电由于采用与配电网并网运行的方式，因此对未来配电网的规划和运行影响较大，须进行深入研究。

这些研究具体包括以下几个方面：

（1）分布式发电系统的数字模型和仿真技术研究。建立分布式发电本身及并网运行的稳态、暂态和动态的数学模型，开发相应的数字模拟计算机程序或实验室动态模型和仿真技术，也可建立户外分布式电源试验场。

（2）规划研究。进行包括分布式发电在内的配电网规划研究，研究分布式发电在配电网中的优化安装位置及规模，以及对配电网的电能质量、电压稳定性、可靠性、经济性、动态性能等的影响。配电网应规划设计成方便分布式发电的接入并使分布式发电对配电网本身的影响最小。

（3）控制和保护技术研究。研究对大型分布式发电的监控技术，包括分布式发电在内的配电网新的能量管理系统、将分布式发电作为一种特殊的负荷控制、需求侧管理和负荷响应的技术、对配电网继电保护配置的影响及预防措施等。

（4）电力电子技术研究。新型的分布式发电技术常常需要大量的应用电力电子技术，须研究具有电力电子型分布式电源的交/直流变换技术、有功和无功的调节控制技术等。

（5）微电网技术研究。微电网的模拟、控制、保护、能量管理系统和能量储存技术等与常规分布式发电技术有较大的不同，须进行专门的研究，还要研究微电网与配电网并网运行、电网出现故障时微电网与配电网解列以及解列后再同步运行的问题等。

（6）分布式电源并网规程和导则的研究与制定。我国目前尚无国家级分布式电源的并网规程和导则,应尽快加以研究并制定相应的规程和导则,以利于分布式发电(分布式电源)的接入。

13.3.2 分布式发电的应用前景

一方面,在目前的经济技术条件下,可再生能源发电还不容易做到集中的大规模应用,包括我国已经建成或正在建设的大型风电场和大型光伏发电站也地处边隅,远离负荷中心,难于接入大电网。于是,分布式发电就成为大量利用可再生能源发电的重要手段,不但能实现能源利用的可持续发展,还可以解决环境污染和温室气体排放问题。即使是在沿海和经济发达地区分布式发电也大有作为,不论是风能、太阳能、潮汐能、海流能、波浪能,还是生物质能以及煤气、沼气、天然气等清洁燃料都可利用分布式发电技术。例如,2014 年国家下达的 8 GW 分布式光伏装机容量其主要应用方向是沿海和经济较发达地区,并且将主要采用并网运行方式。

另一方面,热力发电形式的分布式发电如秸秆发电、垃圾发电、沼气发电、微型燃气轮机发电等随着技术水平的提升、各种分布式电源设备性能不断改进和效率不断提高,其成本也在不断降低,应用范围也将不断扩大,特别是热电联产和冷、热、电三联供分布式电源的应用可以覆盖到包括办公楼、宾馆、商店、饭店、住宅、学校、医院、福利院、疗养院、大学、体育馆等多种场所,许多城市和地方都已经有了这方面的应用。

尽管目前分布式电源在我国仅占较小比例,但可以预计未来的若干年内,分布式电源不仅可以作为集中式发电的一种重要补充,而且将在能源综合利用上占有十分重要的地位。

复 习 思 考 题

13-1 什么是分布式发电?它与分布式能源系统有什么不同?

13-2 分布式发电技术有什么特点?

13-3 新能源分布式电源有哪些?其他电源呢?

13-4 分布式发电有哪些运行方式?

13-5 分布式发电有哪些储能方式?它们各有什么特点?

13-6 什么是微电网?微电网与传统的分布式供电系统有什么不同?

13-7 微电网由哪些部分组成?

13-8 微电网有些什么样的功能?

参 考 文 献

[1]　王革华. 能源与可持续发展. 北京：化学工业出版社，2005.

[2]　王长贵，等. 新能源发电技术. 北京：中国电力出版社，2003.

[3]　方勇耕. 发电厂动力部分. 北京：中国水利水电出版社，2004.

[4]　关金锋. 发电厂动力部分. 北京：中国电力出版社，1998.

[5]　王加璇. 热力发电厂. 北京：中国电力出版社，1997.

[6]　林汝谋，金红光. 燃气轮机发电动力装置及应用. 北京：中国电力出版社，2004.

[7]　姚强，等. 洁净煤技术. 北京：化学工业出版社，2005.

[8]　张超. 水电能资源开发利用. 北京：化学工业出版社，2005.

[9]　郑源，张强. 水电站动力设备. 北京：中国水利水电出版社，2003.

[10]　马栩泉. 核能开发与应用. 北京：化学工业出版社，2005.

[11]　汪玉林. 垃圾发电技术及工程实例. 北京：化学工业出版社，2003.

[12]　张希良. 风能开发利用. 北京：化学工业出版社，2005.

[13]　罗运俊，等. 太阳能利用技术. 北京：化学工业出版社，2005.

[14]　姚向君，田宜水. 生物质能资源清洁转化利用技术. 北京：化学工业出版社，2005.

[15]　刘时彬. 地热资源及其开发利用和保护. 北京：化学工业出版社，2005.

[16]　褚同金. 海洋能资源开发利用. 北京：化学工业出版社，2005.

[17]　毛宗强. 氢能：21 世纪的绿色能源. 北京：化学工业出版社，2005.

[18]　国务院. 能源发展"十二五"规划.

[19]　国务院. 中国的能源政策(2012).

[20]　中国水力发电工程学会，等. 中国水力发电科学技术发展报告(2012 年版). 北京：中国电力出版社，2013.

[21]　肖创英. 欧美风电发展的经验与启示. 北京：中国电力出版社，2010.

[22]　Godfrey Boyle. 可再生能源与电网. 中国电力科学研究院新能源研究所，译. 北京：中国电力出版社，2011.

[23]　郑志宇，艾芊. 分布式发电概论. 北京：中国电力出版社，2012.

[24]　朱永强. 新能源与分布式发电技术. 北京：北京大学出版社，2010.

[25]　刘永前. 风力发电场. 北京：机械工业出版社，2013.

[26]　惠晶. 新能源发电与控制技术. 北京：机械工业出版社，2014.

[27]　江苏省电力科学研究院. 电力新技术概览. 北京：中国电力出版社，2013.

[28]　刘振亚. 中国电力与能源. 北京：中国电力出版社，2012.

[29]　刘国敬，曹远志，吴福保，等. 分布式发电与微电网技术[J]. 农村电气化，2010(10)：38 - 39.

[30]　刘业胜. 分布式发电与微电网及其关键技术[J]. 开关电气，2013(4)：14 - 17.

[31]　刘杨华，吴政秋，等. 分布式发电及其并网技术综述[J]. 电网技术，2008，32(15)：

　　　　　71 - 76.

[32]　王希舟,陈鑫,罗龙,等. 分布式发电与配电网保护协调性研究[J]. 继电器,2006,
　　　　34(3):15 - 19.

[33]　王钧铭,鲍安平,徐开军. 微电网技术及其应用关键问题综述[J]. 电子世界,2013
　　　　(17):33 - 34.

[34]　郑漳华,等. 微电网的研究现状及在我国的应用前景[J]. 电网技术,2008,32(16):
　　　　27 - 31,58.

[35]　鲁宗相,王彩霞,闵勇,等. 微电网研究综述[J]. 电力系统自动化,2007,31(19):
　　　　100 - 107.

[36]　盛鹍,孔力,齐智平,等. 新型电网:微电网(Microgrid)研究综述[J]. 继电器,
　　　　2007,35(12):75 - 81.

[37]　王成山,李鹏. 分布式发电、微网与智能配电网的发展与挑战[J]. 电力系统自动
　　　　化,2010,34(2):10 - 14,23.